追求自然的数学思考

师前 著

复旦大学出版社

前　言

由上海教育出版社出版的沪教版高中数学新教材于2020学年(2020年9月—2021年7月)开始在沪上高中全面试用,但该学年笔者任教高三(使用的是二期课改教材).按学校安排,2021学年将会回到高一执教新教材.机缘巧合,2021年6月底长宁区教育系统新一轮创新团队(2021—2023)申报工作开始.7月11日笔者填报了相关申报表,7月20日经过专家面试、答辩等评审流程后,我领衔的"高中数学新教材教学的校本化实施研究团队"于2022年1月4日被中共长宁区教育工作委员会正式命名,并于2022年3月3日参加了区里组织的启动工作会.

团队的重点工作有四项.其一是学习及反思,回顾、总结和思考过往与现在的教学、教研、参训等;其二是编写新学案,与二期课改教材配套的老学案已不适用,需在研读新课标、新教材及教参的基础上编写全新的学案,并结合教学实践不断完善;其三是积累研讨课,团队成员选择新教材中的相关内容,定期开设专题公开课;其四是将上述三项整理、修改形成较为正规的物化成果,如论文、教学设计、论著、录像等,便于交流与传承.

针对前两项工作,我们重点完成了两件事:其一是出版了《走在理解数学的路上》(师前,复旦大学出版社,2024年);其二是历经三届完成了与新教材配套的除必修四与选择性必修三之外的全部学案.

与此同时,在项目研究过程中,以下问题逐渐引起我们的关注:在数学概念教学、解题教学等过程中,师生之间思维的隔阂普遍存在.即教师自认为比较好的概念引入方式、解题切入点等对学生来讲却很不自然.怎么克服这种现象呢?我们知道,数学教育的本质是教会学生"如何思考,如何学习".为此,教师的任务首先是在充分了解学生思维特点的基础上找到"最自然"的方式;其次是基于这种方式完成课堂教学和师生交流;最后还要能够不断引领学生实现"不自然"向"自然"的转化,与之相伴的便是悟性与能力的提升.本书的任务即是:立足双新,通过一系列案例具体阐述如何完成上述三项任务,顺带有一点理论收获.

本书的最大特点是基于一线实践的真实性,最大创新点是基于个人思考的透明性.前者是指,本书所有的教学案例、解题案例、研究案例均源于作者的中学数学一线教学,是对真问题的发现、记录、思考、反思与再记录.后者是指,每一个案例的介绍与剖析均娓娓道来,是对作者思考历程的透明呈现,哪儿困惑、如何调整、何为自然、为何不自然、怎么拓展等等,均做了详细的记录与解读.既可为一线数学教师提供借鉴与参考,又可作为理论人员研究的好素材.

本书共分四章.

第一章是对"自然的数学思考"的总述,主要用意是尝试通过具体的案例给出自己对"自然"的认识与理解:内涵、价值、特性等,以及在实践中如何实现"自然的思维教学".所用案例既有正例也有反例,内容涵盖小学、初中和高中,相关教材涉及沪教版与人教版等.在如何实现"自然的思维教学"方面,单设一节讨论了"留白"对实现"自然"的促进作用,以及在这种教学的

长期熏陶下对学生"灵感激发""创新意识及能力形成"的孕育功能.当然,作者本人可能对本章还有更高的期待,那就是能对平时常见于诸杂志或口语中的"自然"二字能有一点理论上的浅薄贡献,但若文中所述离理论尚远,也希望所用案例能成为理论研究工作者的重要参考.

"自然的数学思考"的一个重要体现是教师能设计合理的课堂教学,此处的"合理"笔者称为"自然生长".第二章首先在第一章的基础上基于经验梳理了自然生长的课堂教学的基本特征,如:自然生长的数学课堂一定是令听者愉悦的课堂、一定是以生为本的课堂、一定是立足单元保持逻辑连贯的课堂、一定是努力化抽象为可视的课堂等.接下来在第二节中以六个取材于沪教版高中数学新教材的具体教学案例加以诠释,每一个案例均分"教材分析"与"课时设计"两部分展开.案例内容涉及必修和选择性必修,在重点考虑高考内容的基础上兼顾教材中的打＊号内容."教材分析"从内容本身的数学特点、基于联系的单元地位、横纵多元比较下的编写特色、达成自然生长教学的设计分析等角度详细展开."课时设计"有别于通常著作中的详案,而是重在指出设计要点及理由或给出设计框架,这样做的原因之一是在"教材分析"部分对"如何上？为什么这样上？"已有分析,二是在给出总的设计思路下留白,想象、发挥空间更大.

在第三章我们将"自然的数学思考"聚焦在解题,这是所有学生与高三数学教师特别关注的.很多学生都有过这样的体会:①命题者或网上给的标准答案看不懂,思路比较奇怪;②老师讲的不是自己想听的,老师认为的难"点"我想到了,但难住我的"点"老师不知道,因此上课也听不到;③老师的方法对我来讲很别扭、想不到,我认为我的思路很好但没做对,经反复检查仍不知错在何处;④其他同学认为"自然"的方法我却不理解;⑤数学优生做了一段时间压轴题专练,非但压轴题仍感觉肤浅,基础题的正确率反而下降了.我认为出现上述现象的主要原因在教师,要么教师没有亲自解题,而照搬标准答案做法,从而导致对题目的分析"唯心""生硬";要么教师没有梳理学生解法,逆生而行,想当然讲题,导致没能解决学生存在的真问题.由此所导致的必然后果就是教师所留的"亡羊补牢"式作业与自己学生存在的问题匹配不佳,更没有引领学生由"不自然"走向"自然"的对策与行动.本章首先对自然解题的基本原则、实现自然突破的解题教学的基本特征做了梳理,然后以六个解题案例对如何自然解题及实施解题教学做了详细呈现.希望能在一定程度上对解决学生、教师的上述问题有所助益.

作为数学教师,有两件事是他(或她)最高兴看到的.其一是自己能在读懂、学会更多历史或前沿数学成果的基础上,也能够有所发现,不仅仅是发现题目的新解法,更期待能发现一些新的命题或结论(甚至历史上也有中学数学教师开创新的数学分支的).其二是自己所教的学生能有所发现(当然不排除历史上某些数学教授刻意打压自己学生的新发现,如集合论创始人康托尔的老师克罗内克等).如何自然地获得数学发现？能否通过分析历史上某些已有的数学发现(与中学数学有关的)获得"自然发现"的些许灵感或启发呢？这即是撰写第四章的主要目的,但由于自己远非专业的数学史研究者,故只能算一次有益的尝试吧,深感自己撰写的过程也是难能可贵的学习过程,虽丑但愿与大家分享.

本书更多的是实践经验的呈现,但系统的理论阐述欠缺,这也是笔者常年身在教学第一线最大的遗憾.曾与大学教授、众多教研员有过面对面的交流,更拜读过他们的文章与著作,常常折服于他们的理论与实践浑然一体的洋洋论述.这也是自己今后不断努力的方向.

感谢长宁区第五轮教育系统创新团队项目的资助！新教材校本化实施的研究之路还很曲折和悠长,但我们会义无反顾地走下去.

由于水平有限,书中定有诸多不妥之处,敬请读者朋友不吝指正.

师　前

2023 年 11 月

目 录

前言

第一章 "自然的数学思考"的内涵、价值与实现路径 ········· 1
  第一节 何谓"自然"? ········· 1
    1.1.1 "自然"的内涵与价值 ········· 1
    1.1.2 "自然"与"不自然"的对比示例 ········· 3
    1.1.3 "自然"的相对性与"不自然"的变异性 ········· 6
    1.1.4 自然的数学思考与德育浸润 ········· 7
  第二节 数学教师如何教"自然的思维" ········· 11
  第三节 留白与自然、灵感与创新 ········· 22

第二章 设计自然生长的课堂教学 ········· 28
  第一节 自然生长的课堂教学的基本特征 ········· 28
  第二节 自然生长的数学课堂教学示例 ········· 33
    2.2.1 不等式的性质 ········· 35
    2.2.2 指数幂的拓展 ········· 46
    2.2.3 向量的投影 ········· 62
    2.2.4 三角形式下复数的乘方与开方 ········· 69
    2.2.5 两条直线的相交、平行与重合 ········· 78
    2.2.6 导函数与原函数的性质之间的关系 ········· 87

第三章 学会自然突破的数学解题 ········· 98
  第一节 自然解题的基本原则 ········· 98
  第二节 自然突破的解题教学的基本特征 ········· 98
  第三节 例析如何实现自然的数学解题 ········· 100
    3.3.1 思维真实生长的样子——从一道一模考题说起 ········· 100
    3.3.2 都是负数——一道独特的不等式恒成立问题 ········· 111
    3.3.3 朝题夕拾——盘点那些"高龄"的三角"周期性难题" ········· 123
    3.3.4 "分式化整式"的自然变形所引出的尴尬 ········· 159
    3.3.5 第四种数学语言 ········· 164
    3.3.6 由费解走向自然 ········· 166

　　3.3.7　美丽而高冷的同构 …………………………………………………… 169
　　3.3.8　"死算"中的"柔道" …………………………………………………… 178
　　3.3.9　再探椭圆的一类内接三角形问题 …………………………………… 186
　　3.3.10　此处能否边角齐飞——兼议解三角形问题中的"加权周长"……… 191
　　3.3.11　繁、茫——对"难题"之"难"的认识 ……………………………… 204

第四章　品味历史上某些数学发现的自然意味——基于学习与教研的视角 …… 231
第一节　"数学发现"的内涵解析 …………………………………………………… 231
第二节　品味"数学发现"背后的自然意味 ………………………………………… 235
　　4.2.1　对数学发现自然性的一点认识 ……………………………………… 235
　　4.2.2　出现在多类高等数学教材与中学数学新教材中的最小二乘法 …… 238
　　4.2.3　误差分析——从解斜三角形与卡方统计量谈起 …………………… 256
　　4.2.4　数列是数? ……………………………………………………………… 263
　　4.2.5　指导解析几何学习的射影几何 ……………………………………… 268
　　4.2.6　表征与表示　分类与实现　分解与展开　分化与类化 …………… 274

参考文献 ……………………………………………………………………………… 278

第一章 "自然的数学思考"的内涵、价值与实现路径

第一节 何谓"自然"？

1.1.1 "自然"的内涵与价值

"自然"是较常被提及的一个词，出现在各种场合，如顺其自然、师法自然、自然而然、习惯成自然、大自然、不自然等等．通常认为，"自然"有七种含义：①天然，非人为也；②自由发展、不经人力干预；③不勉强，不局促，不做作，不拘束，不呆板，非勉强的；④副词或连词，犹当然，理所当然；⑤人或事物自由发展变化，不受外界干预；⑥指"道"，《道德经》有云"道法自然"；⑦指人的自然本性和自然情感，与名教相对．本书中的"自然"取"不牵强，顺其自然"之义．

具体而言，"自然的数学思考"的特征或内涵主要有两个：其一是顺应知识的逻辑发展序；其二是顺应学生的认知发展序．在教学方面，这其实是"循序渐进"教学原则的体现．"循序渐进"教学原则是指教师严格按照科学知识的内在逻辑体系和学生认识能力发展的顺序进行教学．循序渐进的"序"，包括教材的逻辑顺序、学生生理节律的发展之顺序、学生认识能力发展的顺序和认识活动本身的顺序，是这四种顺序的有机结合．依序所做的有关教学的思考是"自然的数学思考"的一个重要方面．特别地，在解题与解题教学方面，那些生硬的、包含技巧性的、脱离学生认知现实的解法就是"不自然"的数学思考．

沪教版《普通高中教科书 数学 必修第三册》第 10 章"空间直线与平面"10.2 节"异面直线"介绍了异面直线判定定理：过平面外一点与平面上一点的直线，和此平面上不经过该点的任何一条直线都是异面直线．并给出了"已知""求证"及基于反证法的"证明"．配套教参《普通高中数学教学参考资料 必修第三册》在对"10.2 直线与直线的位置关系"的分析中给出了五条"注意事项"，其中第 5 条是：与"二期课改"教材不同，本教材增加了异面直线判定定理和等角定理的两个推论，主要是便于学生直接运用定理和推论进行判断与证明．基于这条说明，我们就可以把直线与平面平行的判定定理的证明优化得更自然一些．在新教材中，出现在"10.3 直线与平面的位置关系"第 1 节中的"直线与平面平行的判定定理"与前述"异面直线判定定理"仅有三张纸的间隔，但学生学过后面的"直线与平面平行的判定定理"之后，在心中对这两个判定定理的认识仍是"相隔远出天际，彼此毫无关系"，乃至老死不相往来．如果继续追问，能讲出"它们都使用了反证法来证明"的就是数学优生了．为了改变新教材中这种"前面有变，后面照旧"的编写现状，笔者在教学中直接使用"异面直线判定定理"来证明"直线与平面平行的判定定理"，使得前后知识依逻辑序自然而然地联系、延伸与

发展.具体来讲,一句话即可概括,即:如果不在平面上的一条直线与这个平面上的一条直线平行但不与该平面平行,则由异面直线判定定理,这两条直线一定是异面直线,这就立刻导出矛盾.

在进行沪教版"第7章 概率初步(续)"第2节"随机变量的分布与特征"中"7.2.3 方差"的概念教学时,教师如果像课本上那样,在通过情境创设揭示过"我们需要相应的指标来衡量随机变量的分散度"的必要性之后,直接出示如下定义,我们认为是很不自然的,会令学生不知所云.

定义:随机变量X的方差$D[X]$定义为$D[X]=E[(X-E[X])^2]$.

自然的做法可以是:仍然像期望定义的给出那样先出示随机变量X的分布,然后在前期将期望定义与必修三"第13章 统计"中所学的"样本平均数"做过比较的基础上,启发学生自己给出随机变量X的方差的定义.学生容易写出:

若$X \sim \begin{pmatrix} x_1 & x_2 & \cdots & x_n \\ p_1 & p_2 & \cdots & p_n \end{pmatrix}$,则定义$X$的方差为

$$D[X]=(x_1-E[X])^2 p_1+(x_2-E[X])^2 p_2+\cdots+(x_n-E[X])^2 p_n.$$

在此基础上再提炼出$D[X]=E[(X-E[X])^2]$则是水到渠成、自然而然.在进行随机变量的期望的线性性质与方差的性质教学时,也引领学生回到必修三所学习过的统计的相关知识中去,则学生将不再感到突兀和困难,反之获得的将是如下体会:这些所谓的新的知识不过是旧的知识依逻辑序发展的自然结果,其认知过程乃同化而已.

需要指出的是,二期课改教材中对随机变量的方差的介绍即是上述做法(见《高级中学课本 数学 高中三年级 拓展Ⅱ(理科)(试用本)》),值得沿用.不仅如此,值得沿用的还有二期课改教材中对符号的处理.这是因为新教材中还有一处不自然的现象,就是表示方差的数学符号与教材中所给的英文单词与期望相比有差异.期望中所给的单词是"expectation",表示期望的符号是$E[X]$;方差中所给的英文单词是"variance",但表示方差的符号却是$D[X]$,很不协调,甚是别扭,学生只能死记硬背,对在文理相融中实现跨学科学习毫无助益.而二期课改教材在给出随机变量的方差(variance)$D\xi$后,又随之说"方差的算术平方根叫做随机变量ξ的标准差(standard deviation)",其中出现的单词"deviation"是统计专业教材里常用来表示偏差(偏离)的词,虽说也有些不自然(同一处出现了两个不同的表示方差的词),但毕竟方便了学生阅读与教师教学.

就教材编写而言,笔者认为,新旧教材宜有一定的延续性,比如在符号上不要改来改去,否则会给人以故意标新立异之嫌.例如此处期望与方差的符号中所使用的方括号让人感觉拖泥带水,不仅与同是沪教版教材的二期课改教材中不同,也与高等数学《概率论与数理统计》和其他版本的高中数学教科书中所使用的符号不同.再如,沪教版选择性必修二新教材中对"常用分布"的介绍,随机变量X服从二项分布与服从正态分布均给出了相应的记号,但超几何分布却没有相应的记号,其用心虽然良苦(担心增加学生的记忆负担),却破坏了学生"实现系统认识,达成完整理解,在比较中走向掌握"的好机会.教师又不敢做补充,因为担心学生若在考试中使用了就可能会丢分.

无论是学习者自己学习还是教师开展课堂教学都会经历"数学思考",那么"自然的数学思考"的价值体现在何处呢?

解题教学中,低效或无效教学主要有以下几种:一是用一些看似高明却极其不自然的技巧

让学生眼花缭乱,学生只能感叹数学看上去很美;二是用极其复杂的思路与方法让学生晕头转向,学生在解题的百转千回中迷失方向;三是只以追求正确答案为目的,单纯为解题而解题,忽略了反思提升这一高效解题的重要手段.

曾有数学家说过,数学的优美感不过是问题的解答合乎我们心灵需要产生的一种满足,简单、自然、直接、明快地解决问题正是我们追求问题解决的最佳途径.人教A版教材的主编寄语也明确提出,数学是自然的,数学是清楚的.因而,在解题教学中,教师应当倡导自然而然的思路,让学生追求自然、合理的解法,注重通性,讲究自然简单,它逐步地将问题化繁为简、化未知为已知,其每一步都是易于理解、易于操作的.

著名小学数学特级教师吴正宪说:"严格的不理解不如不严格的理解."比如,教师请学生表达想法,自然比追求精准更重要;教师教解题,自然发散比被动前行要有趣;规律掌握,自由运用比先导后演更有效(思维不能带着镣铐跳舞).数学教学中的"施"法自然,实质上就是放下教者自身的序,关注学习者自然生成的"序",在此基础上设法引导,以学定教.

因此,"自然的数学思考"的价值主要体现在"可以更快、更好地学会数学思维;在面对问题时可以于有序思考中循律获得突破".

1.1.2 "自然"与"不自然"的对比示例

空间两条直线为什么有且只有三种不同的位置关系?我们找到了平行的两条线、相交的两条线与不同在任何一个平面上的两条直线(即异面直线)后,凭什么就断定空间两条直线就只有这三种位置关系呢?沪教版必修三新教材中首先指出"在同一平面上的两条直线只有平行或相交两种位置关系,而将不在同一平面上既不相交也不平行的两条直线定义为异面直线",接下来以正方体为模型找到并证明了体中某两条直线为异面直线后,就断言如下.

这样,空间的两条直线就有三种不同的位置关系,可以用表1.1来分类.

表 1.1

位置关系	是否共面	是否有公共点
相交	是	是
平行	是	否
异面	否	否

笔者在教学中将上述问题抛给学生,并启发同学们借助该表格来回答问题.善于思考的金同学很快给出了自己的看法.他说:"空间两条直线按是否共面、是否有公共点共可分为四类,第一类是共面且有公共点;第二类是共面但无公共点;第三类是不共面也无公共点;第四类是不共面但有公共点.其中前三类分别对应着相交、平行、异面.第四类与公理2的推论2矛盾,因此不存在第四类中所描述的两条直线."这种说理,自然清晰,很有说服力,学生不再疑惑.

接下来,如何引出"异面直线判定定理"呢?

教材中在给出空间两条直线的三种位置关系后,首先出示了异面直线的画法,然后直接给出了异面直线判定定理.现将上述过程抄录如下:

画两条异面直线时,通常需要用一个或两个平面来衬托,如图 1.1 所示.

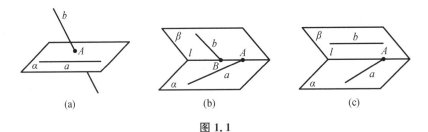

图 1.1

为了判定两条直线是否为异面直线,由定义,就要判断两条直线是否"不同在任何一个平面上",这显然不太方便,一般只能用反证法来进行论证. 为了便于判断两条直线是否异面,我们给出下面的定理.

> **异面直线判定定理** 过平面外一点与平面上一点的直线,和此平面上不经过该点的任何一条直线都是异面直线.

接下来就是"已知"、"求证"与"证明".

教师如何开展该环节的教学?

显然,直接出示定理不是明智之举. 比较自然的方式是抓住要探索的问题"用什么方法判定某两条直线的位置关系是异面直线",并与现实世界中"事物之间或人之间的关系"做类比,启发学生说出定理中的那个"辅助平面". 教师的语言可以组织为:"同学们,如何判断我校一位教师与一位同学之间是否为师生关系?"几乎所有同学都会说:"看该同学在哪个班级,再看该教师是否执教该班."这样,"班级"就成为判断师生关系的桥梁或纽带! 进一步提炼为"可先找到该同学所处的环境,然后看该教师与该环境的关系,进而判断出教师与同学的关系."回到要解决的问题上来,总存在一个平面 α 使得直线 $a \subset \alpha$,而直线 b 与 α 的位置关系有三种:$b \subset \alpha$,$b // \alpha$ 或 b 与 α 相交. 若 $b \subset \alpha$,则 b 与 a 平行或相交. 若 $b // \alpha$,则 b 与 a 平行或异面. 若 b 与 α 相交且交点在直线 a 上,则 b 与 a 相交;若 b 与 α 相交且交点不在直线 a 上,则 b 与 a 是什么位置关系? 该问题对学生来讲较为容易,因为前面在正方体中寻找两条直线以验证异面直线的存在性时已有经验(用反证法说理).

这样,异面直线判定定理就被自然地发现了出来.

接下来,我们将视角转向解题.

例 1.1 已知函数 $y = f(x)$,$y = g(x)$,其中 $f(x) = \dfrac{1}{x^2}$,$g(x) = \ln x$.

(1) 求函数 $y = g(x)$ 在点 $(1, g(1))$ 处的切线方程;

(2) 函数 $y = mf(x) + 2g(x)$,$m \in \mathbf{R}$,$m \neq 0$ 是否存在极值点,若存在求出极值点,若不存在,请说明理由;

(3) 若关于 x 的不等式 $af(x) + g(x) \geqslant a$ 在区间 $(0, 1]$ 上恒成立,求实数 a 的取值范围.

对于(1)易得切线方程为 $y = x - 1$. 对于(2)易知当 $m < 0$ 时不存在极值点;当 $m > 0$ 时,$y = \dfrac{m}{x^2} + 2\ln x$ 在 $(0, \sqrt{m})$ 上严格减,在 $(\sqrt{m}, +\infty)$ 上严格增,故此时存在一个极小值点 $x = \sqrt{m}$,无极大值点.

笔者想重点分析的是第(3)小问,命题者提供的参考答案(即所谓的标答)如下:

(3) 原不等式 $af(x)+g(x)\geqslant a \Leftrightarrow a\left(\dfrac{1}{x^2}-1\right)+\ln x\geqslant 0$. 当 $x=1$ 时,$a\in\mathbf{R}$,恒成立;当 $x\in(0,1)$ 时,$a\geqslant\dfrac{-\ln x}{\dfrac{1}{x^2}-1}$,即 $a\geqslant\dfrac{\ln x}{1-\dfrac{1}{x^2}}$.(至此,所有的变形都十分正常.但接下来的操作似乎特别生硬!)由(2)知 $N(x)=\dfrac{1}{x^2}+\ln x^2$ 在 $x=1$ 处有最小值 $N(1)=1$,所以 $1-\dfrac{1}{x^2}\leqslant\ln x^2$. 因为 $x\in(0,1)$,所以 $1-\dfrac{1}{x^2}\leqslant\ln x^2<0$,故 $\dfrac{\ln x^2}{1-\dfrac{1}{x^2}}\leqslant 1$. 所以由 $2a\geqslant\dfrac{2\ln x}{1-\dfrac{1}{x^2}}$ 恒成立得 $2a\geqslant 1$,$a\geqslant\dfrac{1}{2}$ 即为所求.

上述解法的生硬之处在于"为何想到考察函数 $N(x)=\dfrac{1}{x^2}+\ln x^2$?"是注意到此处的不等式 $a\geqslant\dfrac{\ln x}{1-\dfrac{1}{x^2}}$ 与第(2)小问中的函数 $y=\dfrac{m}{x^2}+2\ln x$ 在结构上有相似之处?这的确颇为牵强!

比较自然的思路有三:

其一是参变分离为 $a\geqslant\dfrac{x^2\ln x}{x^2-1}$,即转化为求函数 $M(x)=\dfrac{x^2\ln x}{x^2-1}$,$x\in(0,1)$ 的最大值问题;

其二是参变不分离,转化为直接求函数 $h(x)=\dfrac{a}{x^2}+\ln x-a$,$x\in(0,1]$ 的最小值;

其三是参变半分离,将 $a\left(\dfrac{1}{x^2}-1\right)+\ln x\geqslant 0$ 变形为 $a(x^2-1)\leqslant x^2\ln x$,然后考察两个函数 $u(x)=a(x^2-1)$,$x\in(0,1]$ 与 $v(x)=x^2\ln x$,$x\in(0,1]$ 的大小关系.

若我们由教学、解题转向教师教研,自然与不自然现象依旧随处可见,其间的博弈影响了一位教师专业发展的变化进程.

当一个人入了教师行,会面临多重发展要求,不仅班主任要做得好,业务上备课、上课、说课、评课、教育技术、写论文、做课题、出专著、树特色等,常常被压得喘不过气来.若身在名校,还要面临竞赛数学的挑战.这时,教师本人的选择就至关重要.是随波逐流顺应环境要求什么都做,还是聚焦重点攻其一端?是明知自己软肋却费时一搏,还是避短扬长早出成果?笔者年轻时深羡竞赛数学之美,曾买了好多相关书籍研读,一字一句冥思苦想,看懂了好多绝妙小技,但面对试题时依然脑中空空、眼神迷茫,导致一腔热情无处安放.随着年龄的增大,自己终于明白过来,竞赛数学乃命中没有之物,不可强求.俗话说:"智商就是硬伤!"清楚地记得购买单墫教授专著《我怎样解题》到货时的激动心情,但里面几乎没有一篇短文自己能读得懂,后来也就束之高阁了.一次偶然的机会,笔者拥有了华罗庚教授的世界名著《堆垒素数论》(据说数学大师陈景润读了数十遍),赶紧翻开阅读,结果连第一页第一行都无法理解!不自然的专业发展之路不可走!否则浪费的不仅是时间,还有本可以做得很好的自身之长.

再说说时下流行的各种工作室.为了完成指标,很多名号都是像小品王赵本山所讲的那样,是"提前用大棚扣出来的"(见赵本山、范伟、高秀敏小品《送水工》).这导致工作室培育下的教师发展颇像拔苗助长，远非自然发展之结果．还有某些学校对青年教师的培养，总是强调让骨干教师多为他们提供平台，以促成青年教师的快速成长．殊不知这种"短、平、快"但美其名曰"全方位护理"的培养，会导致青年教师头重脚轻根底浅、发展之路走不远的尴尬处境．而拥有长远眼光，不愿过多干预青年教师自主发展的某些骨干教师还常常被扣上"不愿帮助青年教师"的大帽子．

1.1.3 "自然"的相对性与"不自然"的变异性

2002 年至 2005 年笔者在华东师范大学数学系读研时，导师开设讨论班，主要由学员逐个就所学课程中的相关章节进行汇报讲解．令笔者印象深刻的是对南开大学孟道骥教授的著作《复半单李代数引论》（北京大学出版社，1998 年）的讲解．导师在指导时经常说的口头禅是"这是很自然的"，这令作为学员的我们深感汗颜与羡慕．这一步是如何想到的？为什么是这样而不是那样？如何理解这个结果？总之我们心中很多久思不得其解的数学推理、现象或结论在导师那儿统统是"这是显然的，这是自然的"！这就是"自然"的相对性（基于此，我们说自然是一种感觉）．同样，作为高中数学教师，我们认为很自然的思路、解法、推理等在学生那儿未必如此．数学优生眼中的"自然"与数学后进生眼中的"自然"也鲜有相同．初中生眼中处理三角形问题时很自然的"辅助线法"在高中生这里却是很少采用的，高中生习惯用的是正弦定理或余弦定理．不同的时期也是如此，笔者大学毕业后教高中时用蜡纸刻印试卷是自然的，但现在蜡纸时代早已远去，而代之以笔记本电脑了．

自然的相对性还体现在自然的未必是最优的，有时甚至是错误的（却都是值得尝试的）．例如高中生解三角形时认为比较自然的正弦定理法或余弦定理法有时不如初中时常用的辅助线法直观迅速；处理解析几何问题时的坐标运算法有时不如直接运用图形的几何特征来得简洁．学过等差数列、等比数列后自然地会想到等和数列、等积数列而且确实都是存在的．学过到两个定点的距离之和为定值、之差为定值所对应的椭圆、双曲线后自然地想到之积为定值、之商为定值，也都是大有探索空间的．而学过两个向量的和、差、积（数量积）运算后自然想到两个向量的商却是错误的推广．将等差数列中 S_n，$S_{2n}-S_n$，$S_{3n}-S_{2n}$，$\cdots$ 仍成等差数列的结论自然地迁移到等比数列也是错误的思考．但尽管如此，我们认为，这些或优、或劣、或对、或错的自然的数学思考对于数学思维品质的优化都是有贡献的．

对同一个人或不同的时期来说，不自然可以变得自然，我们称之为不自然的变异性．比如，看到式子 $x^2+y^2=6$，能自然地想到三角换元 $x=\sqrt{6}\cos\theta$，$y=\sqrt{6}\sin\theta$；看到 $\begin{cases}am^2-4m+4=0,\\ an^2-4n+4=0,\end{cases}$ 能自然地想到 m，n 是方程 $ax^2-4x+4=0$ 的两个根，等等，这些学习初期很不自然的想法（需要教师明示后强加给学生），一般需要多次反复后尚能变得自然．基于此，我们认为，教师教学的核心任务就是引领学生把原先他们感觉不自然的思考不断地变得自然，即实现不自然的变异．

要想实现不自然的变异，除了教师的帮助外，最重要的必然是内因．比如，为了帮助学生突破直线与圆锥曲线位置关系问题中那些烦琐的运算，在教学初期，教师会带着学生将每一步过程详细板书，并分析每一步运算的注意点、易错点、用途、必要性，同时经常会将提炼出的代数变形的关键词用红笔写在旁边（随时对思想或方法做总结）．比如代入消元、减元转化、消元归一、三角换元、无理换元、同除、设点、设线、设而不求、整体处理、同构、均值不等式、参变分离、特置探路先求后证等．而随着学习的深入，教师对解析几何问题的分析会逐渐淡化过程的书写,而侧重于对解题方法主线的梳理,外加告诉最后的答案.不管在上述教学的哪个阶段,如果一个学生不亲自将教师的过程或思路重演一遍(或多遍),要想将这些想法或对运算细节的处理变得自然,进而像庖丁解牛一样面对运算如入无人之境而轻车熟路,甚至爱上运算、留恋运算,是万万不可能的.

1.1.4 自然的数学思考与德育浸润

在《上海市中小学数学学科德育教学指导意见》(上海市教育委员会教学研究室,华东师范大学出版社,2021年)第一章"上海市中小学数学学科德育教学指导意见(征求意见稿)"的第(二)节"学科德育核心要求"的第3小节"高中阶段德育核心要求"中,有对高中阶段数学学科德育核心要求的详细阐述.比如第3-4条:通过数学思维活动,逐步形成重论据、有条理、合乎逻辑的思维品质;能运用数学思想方法对问题开展科学的分析研究,并做出理性的价值判断.第3-12条:在观察、运算、分析、论证、数据处理和建模等数学学习活动中,坚持实事求是的科学态度,逐步形成锲而不舍、精益求精的自我发展要求和意志品质.

在第(三)节"学科德育教学策略"中指出:数学学科的德育功能是数学知识体系本身所固有的,每一项数学教学活动都可以努力挖掘其中的德育价值.数学教师要针对各种具体的教学内容,将数学德育核心要求自然贴切并且恰如其分地表达出来,据此形成各单元和各课时教学的有效策略,使得教学活动能够体现出明确的德育指向,使学生和家长能比较清晰地体会到数学的德育功能,激发和巩固学生学习数学的兴趣和愿望,帮助学生形成正确的价值观以及学习动机和长久的学习动力.

自然的数学思考承载了良好的德育浸润功能.

一、揭示自然背后的不自然,感悟数学基于逻辑的严谨性

在进行立体几何教学时,作为公理2"不在同一直线上的三点确定一个平面"的3个推论,课本上给出的推论1的证明常被学生认为"这是自然的,无须证明".对课后所要求的"证明公理2的推论2"及"证明公理2的推论3"也缺乏兴趣,认为是多余的不需要做的事.比如,对推论3"两条平行直线确定一个平面"的证明极少有同学能够完整写出.事实上,对该推论的证明是不自然的,颇有一定难度,哪怕教师提示要用到课本中给出的"公理4 平行于同一直线的两条直线互相平行",绝大多数同学仍然满脸困惑、难以入手.最后在教师的亲自示范、解读与不断释疑下才能写出如下的证明过程.

已知: l, m 是两条直线,且 $l // m$.

求证: l, m 确定一个平面.

证明:存在性.在直线 l 上取一点 A,因为 $l // m$,所以 $A \notin m$,由公理2的推论1知,经过直线 m 和 m 外一点 A 存在一个平面 α.在平面 α 内过点 A 作直线 $l' // m$,由公理4知,l' 和 l 只能重合,即 $l \subset \alpha$ 且 $m \subset \alpha$.

唯一性.假设存在另一不同于 α 的平面 β,使得 $l \subset \beta$ 且 $m \subset \beta$.在直线上取一点 A,因为 $l // m$,所以 $A \notin m$,此时经过直线 m 和 m 外的一点 A 有两个不同的平面 α 和 β,与公理2的推论1相矛盾.唯一性得证.

综上,l, m 确定一个平面.

作为课内知识的补充或延拓,可以告知学生:平行公理在我们教材中是作为公理出现的,但其实它也是不自然的,即它是可以由其他公理推证出来的.在欧几里得《几何原本》中是作为第Ⅰ卷的命题30出现的.而在希尔伯特《几何基础》中是作为第四组公理"平行公理"(又称为欧几里得公理)的推论出现的.

"两点之间线段最短"是学生早已熟知的事实,也被学生认为是显而易见的.如果老师对他说"请你证明两点之间线段最短",他肯定会认为老师脑子有问题.但其实这并非公理.欧几里得《几何原本》中所给出的五条公设、五条公理中并没有这一条.在第Ⅰ卷中,直到命题20才给出"在任何三角中,任意两边之和大于第三边",该命题的证明并非使用"两点之间线段最短"来给出的,而是通过"大角对大边"(命题19)来得到证明.而"大角对大边"是通过引用定理"大边对大角"(命题18)以及"等腰三角形底角相等"(命题5)来证明的.

现在,如果两点之间相连的是曲线,怎么办呢?对于曲线,是无法直接求出长度的,但我们可以"以直代曲",通过引入一些切分点来得到一些折线段,然后用折线段的和来近似曲线的长度,分点取得越多,近似效果越好.最终取折线段和的最小上界作为曲线的长度.从这个过程可以看出,这样定义出来的曲线长度肯定大于折线段长度,从而曲线长度肯定大于两点之间的线段距离,所以"两点之间线段最短"对于曲线情形也是成立的.

因此,在平面几何中,"两点之间线段最短"并不是一个公理,是可以被证明出来的,有欧几里得给出的那五条公设就足够了.

回溯历史,在1899年以前,享誉世界的德国大数学家希尔伯特唯一正式发表的几何论述只有致克莱因的信"论直线作为两点间的最短联结",由此我们也可以感受到,"两点之间线段最短"这件事从逻辑上来看绝非显而易见之事.

我们认为,作为高中数学教师,多了解一些欧几里得的公理化方法与希尔伯特的公理化方法是很有益处的,这可以增长我们对数学的敬畏之心(基于逻辑严密的、步步有据的思维)并将其传递给学生.

欧几里得几何一向被看作数学演绎推理的典范,但人们逐渐察觉到这个庞大的公理体系并非天衣无缝.对平行公理的长期逻辑考察,孕育了罗巴切夫斯基、鲍耶与高斯的非欧几何学,但数学家们并没有因此而高枕无忧.看起来显而易见成立的第五公设的独立性迫使他们对欧几里得公理系统的内部结构做彻底的检查.在这一领域,希尔伯特主要的先行者是帕施和皮亚诺.帕施最先以纯逻辑的途径构筑了一个射影几何公理体系(1882),皮亚诺和他的学生皮耶里则将这方面的探讨引向欧氏几何的基础.但他们对几何对象以及几何公理逻辑关系的理解是初步的和不完善的.例如帕施射影几何体系中列出的公理与必需的极小个数公理相比失诸过多;而皮亚诺只给出了相当于希尔伯特的部分(第一、二组)公理.在建造逻辑上完美的几何公理系统方面,希尔伯特是真正获得成功的第一人.正如他在《几何基础》导言中所说:

"建立几何的公理和探究它们之间的联系,是一个历史悠久的问题;关于这问题的讨论,从欧几里得以来的数学文献中,有过难以计数的专著,这问题实际就是要把我们的空间直观加以逻辑的分析." "本书中的研究,是重新尝试着来替几何建立一个完备的,而又尽可能简单的公理系统;要根据这个系统推证最重要的几何定理,同时还要使我们的推证能明显地表出各类公理的含义和个别公理的推论的含义."

二、揭示自然发展背后的曲折性,感悟数学探索之路的艰辛、数学家精神的顽强性与数学之美

让我们以代数方程的根式解的历史发展为例.早在公元前几世纪,巴比伦人用配方法解二次方程之后,经历两千多年的漫长岁月,直到16世纪意大利数学家才给出三次方程的求根公式,即卡尔达诺公式.其后,卡尔达诺的学生费拉里又得出四次方程的求解方法.于是,人们自然而然地推断五次方程也存在根式解.许多数学家都曾尽力寻求,如欧拉、拉格朗日、鲁菲尼等,但都宣告失败.拉格朗日首先怀疑五次方程存在根式解.直到1826年,当时年仅24岁的挪威数学家阿贝尔才首先证明高于四次的一般代数方程不能用根式解,同时给出一类能用根式解的方程.这类方程现称拉格朗日方程.但是,阿贝尔没有给出一个法则来判别一个高于四次的具体的代数方程能否有根式解.其后不久,伽罗瓦建立了代数方程的伽罗瓦域的子域与它的伽罗瓦群的子群间的一一对应关系,证明了代数方程能用根式解的充分必要条件是其伽罗瓦群为可解群,从而彻底解决了这一问题.

在上述过程中,止住"像二次、三次、四次方程一样,从正面直接寻找解"这一自然探索之路的是拉格朗日.他仔细分析了前人求解三次、四次方程的方法,首次逆向从研究根入手,开辟了一条代数方程求解的全新道路.在《关于解数值方程》和《关于方程的代数解法的研究》两篇论文中,拉格朗日提出了"方程的预解"和"根的置换"这样的概念,指出解方程的关键在于找到方程根的某种置换后保持不变的函数,这实际上已经蕴含了置换群的思想.这样的思想最终被伽罗瓦和阿贝尔继承,并最终彻底解决了一般高次方程无根式解这一千年数学难题.

当我们真正深入这一领域,就会被美丽的伽罗瓦对应(群与域之间)深深震撼.笔者一直有一个梦想,那就是:彻底理解伽罗瓦理论,感受它的美!但显然,由于智商所限,尽管身为代数专业的研究生,但为此要走的路还很长很远.然"道远且长,虽远必达;心之所向,行必能至",相信只要坚持不懈走下去,就一定能够抵达目的地.

三、揭示概念自然演变的联系性,感悟知识的育人力量

我们举一则小学数学的例子,选自《种子课2.0——如何教对数学课》(俞正强,教育科学出版社,2022年).

俞老师以"确定位置"为例,谈了数学学科的育人实现.

在小学数学中,"确定位置"大约分为四个阶段的内容.

第一阶段:用"上下前后左右"等方位来描述位置.

第二阶段:用"东西南北"(上北下南左西右东)来描述位置.

第三阶段:用"数对"来描述位置.

第四阶段:用"方向+角度+距离"来描述位置.

不同的教材之间会有少许的不同,但大致如此.确定位置的格式基本可以描述为:谁,用什么工具,描述谁的位置.在这里,工具是知识目标,包括基础知识与基本技能.谁来描述谁,即谁和谁之间,蕴含着孩子们的角色体验.这个角色体验是一个持续的过程,持续时间前后相隔五年.在这五年间,学生从以自我为中心的角色体验到以我们为中心的角色体验,到以老师为中心的角色体验,再到以第三方为中心的角色体验.各阶段相应的思维方式如表1.2所示.

表1.2

阶段	观测点的角色体验	思维方式
第一阶段	以自我为观测中心	我怎么认为
第二阶段	以我们为观测中心	我们怎么认为
第三阶段	以老师(对方)为观测中心	老师(对方)怎么认为
第四阶段	从第三方以某处为观测中心	旁人怎么认为

那么,其育人价值何在呢?所谓育人,本质上是教人如何做人做事.在做人做事中,关键要学会思考,从不同的角度进行思考,如表1.3所示.

表1.3

思维方式	育人意义	品质
我怎么认为	自我觉知	个人
我们怎么认为	团队觉知	集体
老师(对方)怎么认为	同理觉知	同理心
旁人怎么认为	舆论觉知	反省

俞老师强调,什么是育人?人怎么育?比如我们要培养孩子具有同理心,关键是培养他们怎么从对方角度出发思考问题的思维方式.没有这种思维方式的经历,同理心永远只是一个概念.当下社会中的巨婴症是怎么来的?因为他的思维点永远在"我",从来没有过"去我"的经历.当下社会中的戾气为何时不时地会冒出来?因为他的思维中只有"我",没有对方,没有第三方.如果每个孩子的思维方式,都能在"我""我们""对方"和"第三方"之间自由往返,那么每个孩子就会成长得比较理性、平和而有力量.

在高中函数概念教学中,教师通过对函数发展史的介绍,让学生了解函数发展同人类社会生产、生活、科技发展密切相关,以及其概念不断精确化、严谨化的曲折发展历程.让同学们感受数学家们严谨的治学精神、锲而不舍的探索精神,体会学好数学需要有坚忍不拔的意志品质;同时让他们感受中西方数学文化的差异,理解和欣赏多元的世界数学文化.

四、揭示实现不自然变异的途径与困难,感悟量变引起质变的渐进性,体会自身拼搏的重要性

对数学对象、现象、方法及规律的认识不断地从不自然走向自然是每一位学生奋斗的方向.他们期待自己也能"像老师那样自然地思考",期待面对陌生的考题时能像呼吸一样自然地想到破解之法,期待在阅读参考答案时经常发出"这是自然的、我也是这样想的"等愉悦之音.然而,现实会不断地击碎他们的美好幻想.通常,一个陌生的方法不经历七次失败是无法形成记忆,从而实现从教师到学生的转化的.甚至有些细节即使错上多次也无法形成自然.例如,求等比数列前n项和时对公比q是否为1的讨论,将直线与双曲线(或抛物线)方程联立后对二次项系数是否为零以及判别式的关注,判断一个数列是否为等比数列时对首项的考察,设直线方程时对斜率是否存在的预判,求出动点的轨迹方程后对纯粹性是否具备的检验等等,都是久错不辍的失误点.这些现象既对学生的学习提出了持久学习、深入思考的要求,也使教师明白向学生说"我讲过了你还不会"的肤浅.

为了引领学生,同时鼓励学生踏实奋进,教师可以通过数学史的介绍,使学生明白"哪怕取得一点进步都需要付出十分的努力".如位值制的发展历史长达千年,而数的发展则又是一段更长、更曲折的历史了.再如,"用字母表示数"的历史轨迹.在数学发展的历史长河中,从具体的量抽象出一般的数,是第一次抽象;随着生产的发展、生活的需要,第一次抽象出来的数不够用了,必然会引起数学史上的第二次抽象,即由自然的"算术语言"走向抽象的"代数语言"."用字母表示数"是由算术语言"向"代数语言"过渡的起始,是学生学习代数的入门知识,也是学习方程、不等式等内容的重要基础,它打破了从"确定的数"到"不确定的数"之间的壁垒,实现了由算术向代数的重大跨越."用字母表示数"的发展大致经历了三个主要阶段,即文辞代数阶段

(花拉子米为代表)、缩略代数阶段(丢番图为代表)和符号代数阶段(韦达为代表). 韦达之后,费马用字母来表示曲线的方程,大写元音字母表示变量,大写辅音字母表示常量;笛卡儿则采用了小写字母,并将字母表中靠前的字母(如 a,b,c 等)表示已知数或常量,而靠后的字母(如 x,y,z 等)表示未知数或变量,正是站在韦达这位巨人的肩膀上,费马和笛卡儿成了解析几何的发明者. 但韦达、费马、笛卡儿所用字母表示的数,都表示正数. 直到 1657 年,荷兰数学家赫德提出字母既可以表示正数,又可以表示负数. 从此以后,数学家历经两千多年努力所创造的用字母表示数的方法,便贯穿于全部数学中. 由此,数学在表达方法、解题思想和研究方法方面都发生了深刻的变化. 有了字母表示数,代数学中的代数式、代数方程便出现了.

第二节 数学教师如何教"自然的思维"

孔子曰:"己所不欲,勿施于人."要想教给学生自然的思维,教师首先要拥有自然的思维. 沪教版《普通高中教科书 数学 必修第一册》"第 2 章 等式与不等式"第 2.3 节"基本不等式及其应用"中"2.3.2 三角不等式"是双新教材新增内容,在表达中有多处是不自然的.

在后续向量、复数等内容的学习中,下述三角不等式将起着重要的作用,且其几何意义将十分明显.

定理(三角不等式) 两个实数和的绝对值小于等于它们绝对值的和,即对于任意给定的实数 a,b,有 $|a+b|\leqslant|a|+|b|$,且等号当且仅当 $ab\geqslant 0$ 时成立.

接下来的证明使用的是基于平方转化的分析法.

另有两处边款. 其一是定理的边款:这个不等式与三角形两边之和大于第三边相似,故称为三角不等式(triangle inequality). 其二是证明的边款:请通过讨论 a,b 的符号证明三角不等式.

首先,第一段作为"三角不等式"的引入是不自然的. 说其"启下"本无可厚非,然而,在后续相关内容学习中起重要作用的知识为什么非得在此处学习呢(此处的"重要"二字值得商榷,需打引号,后面会有进一步的说明)? 最关键的还是"承上"的衔接作用没有体现出来. 教师在教学时如果照本宣科也依此引入,势必会令学生反感,因为这种强加的做法太生硬,远没做到顺其自然.

笔者通过查阅资料,发现常用的引入方式有如下四种.

方案 1 按照教材的编写体例,直接给出三角不等式的定理内容,并利用分析法加以证明. 这种讲解式的处理方式,简洁明了. 但在实际教学中,由于缺少启发和引导,学生对于三角不等式的理解往往停留在结论本身,被动接受三角不等式这一定理,不利于学生对三角不等式结论的探索和证明思路的形成. 新教材前期对于不等式的证明没有系统介绍(不同于"二期课改"教材),在用分析法证明时,学生的课堂反应是:看得懂证明过程,不会独立书写,且对于分析法的证明原理一知半解.

方案 2 通过创设一个问题情境(如曼哈顿距离等),抽象出两个绝对值的和的最值问题,利用数学软件(如几何画板),发现绝对值的和的最小值. 这种设计利用实际问题引入课题,有利于突出数学与实际生活的联系,增强学生的应用意识,激发学生学习的积极性. 但在实际教学过程中,效果并不理想,没有达到预期目标. 遇到的主要困难是:从实际问题中抽象出数学问题对学生思维要求比较高;高一学生对绝对值的几何定义的理解只停留在数轴(一维)上的距离,并没有达到二维平面上的几何背景(三角形的两边之和大于第三边)的认识高度.

方案3 采用从数学知识内部结构出发创设数学情境,即从运算出发,利用绝对值的代数意义和几何意义,两数积、商的绝对值与它们的绝对值的积、商之间的关系 $|ab|=|a|\cdot|b|$, $\left|\dfrac{a}{b}\right|=\dfrac{|a|}{|b|}(b\neq 0)$,通过类比思想,引导学生探究两数和的绝对值与它们的绝对值的和之间的关系.学生可以通过特殊值,观察 $|a+b|$ 与 $|a|+|b|$ 的大小关系,进一步进行归纳:当 $ab\geqslant 0$ 时, $|a+b|=|a|+|b|$;当 $ab<0$ 时, $|a+b|<|a|+|b|$;猜想 $|a+b|\leqslant|a|+|b|$.这样设置的好处在于顺应学生的逻辑思维,既然有积与商的绝对值运算律,学生自然会去思考和与差的绝对值性质.在观察思考的过程中,结合已有的处理绝对值问题的基本经验,容易想到以分类讨论的思想去掉绝对值符号.

方案4 借鉴大学《数学分析》教材的编写,回顾初中阶段学习的绝对值概念和性质之后,由浅入深设计了两个问题,即比较 $-|a|$、a 和 $|a|$ 的大小,以及比较 $-|a|-|b|$、$a+b$ 和 $|a|+|b|$ 的大小,一方面过渡到本节课的课题,另一方面复习前几节课所学习的不等式的性质.具体操作如下:

由 $-|a|\leqslant a\leqslant|a|$ 及 $-|b|\leqslant b\leqslant|b|$,并利用不等式的同向可加性,得到 $-(|a|+|b|)\leqslant a+b\leqslant|a|+|b|$,再引导学生逆向运用不等式的性质,推导出三角不等式 $|a+b|\leqslant|a|+|b|$.这个方案的优势在于通过两个比较大小问题的设计,结合不等式的知识,比较自然地推导出三角不等式的定理内容.

事实上,以上四种引入方案都属"就事论事",即因为本节欲研究的是绝对值三角不等式,所以引入时就紧紧围绕它展开.至于本小节在教材中所处的这个位置为什么要来研究它却毫无体现.本小节是"2.3 基本不等式及其应用"的第2小节,第1小节是"平均值不等式及其应用".那么,为什么要把三角不等式归入基本不等式?它与平均值不等式有何关系呢?能否从前后衔接的角度,就像语文学习中"结合上下文来看"一样,顺着本大节(基本不等式及其应用)及第1小节(平均值不等式及其应用)来引出"三角不等式"这一节呢?

第2章研究的主题词是"等式与不等式",对不等式的研究始终需紧扣一条主线,那就是处处都要想着类比等式的研究.无论是2.1节"等式与不等式的性质",还是2.2节"不等式的求解"都是如此.那么2.3节呢?对"基本不等式及其应用"这一节引入的起点就是"基本恒等式",即初中时学过的乘法公式,如平方差公式、完全平方公式等.这些恒等式中所包含的运算有"加、减、乘、乘方"等,其他常见的运算还有除、取绝对值、取倒数等,可以请同学们说出与这三种运算相关的恒等式.然后回到恒不等式,前面刚学习了平均值不等式及其应用,类比等式的研究,即可让学生尝试着寻找与绝对值运算有关的恒不等式,在此基础上便可顺利展开对所谓三角不等式的探究与学习.

其次,第一段中,讲"在后续向量、复数等内容的学习中,下述三角不等式将起着重要的作用"这句话的人的表情是不自然的.不知道讲这句话时是否尊重了自己内心真实的教学感受.事实上,凡是亲自教过平面向量、复数的教师都感受不到三角不等式对这两块内容学习的重要性(仅仅出现了一下而已),甚至等全部内容都学完了还没有提及三角不等式.而且,三角不等式在高中其他知识领域中的运用也很难用"重要"二字表达.

最后,"三角不等式"的命名是不自然的.笔者运用网络资源所搜到的三角不等式的含义均指的是与三角函数有关的不等式,而非此处所议的三角不等式.此处所议的"三角不等式"常被称为"三角形不等式"或"绝对值三角不等式". 华东师范大学教师教育学院汪晓勤教授是数学史与数学教育大家,他在 2021 年 10 月 13 日在我校指导"三角不等式"公开课时严肃地指出了新教材中"三角不等式"命名的不合理性.

在教学上,教师为了教"自然的数学思考",必须对教材中知识发展的逻辑序从小初高衔接以及高中内部角度有非常清晰的把握,并结合自己所任教学生的认知特点对教材的序做出合理的调整. 即只有正确地理解数学、理解学生,才能正确地理解教学,从而设计并实现自然的数学教学.

笔者听过多节初中乘法公式的课,教师们对平方差公式与完全平方公式的教学均是创设了与教材中类似的思考或探究情境,如表 1.4 所示.

表 1.4

	平方差公式	完全平方公式
情境	计算下列各题,并观察下列乘式与结果的特征: (1) $(y+2)(y-2)=$ (2) $(3-a)(3+a)=$ (3) $(2a+b)(2a-b)=$ 通过计算你发现了什么规律?	计算下列各题,并观察乘式与结果的特征: (1) $(a+b)^2=$ (2) $(2a+3b)^2=$ (3) $(x-y)^2=$ (4) $(2x-3y)^2=$ 通过计算你发现了什么规律?

上述引入情境均摘自沪教版《九年义务教育课本 数学七年级第一学期(试用本)》(上海教育出版社,2019.7)"第九章 整式""第 4 节 乘法公式".

我们以上述平方差公式的引入教学为例做些分析. 教材中的这种"探究"情境通过特殊的多项式与多项式相乘得出结论之后,引导学生观察这些结论,归纳出平方差公式. 可以看出,名义上是探究活动,实际上给学生进行数学思维活动的空间很小,仅仅是操作之后对计算结果的归纳. 但这样的设计被很多教师认可并广泛地应用在课堂教学中,不仅仅是因为教材如此呈现的缘故,更主要的原因还是在于很多教师认为:这样的设计是遵循着从特殊到一般的思维规律,符合初中学生的认知水平.

但笔者认为,这种教学绝非自然的数学教学!

如何从上一节"§9.10 整式的乘法"(含§9.10.1 单项式与单项式相乘;§9.10.2 单项式与多项式相乘;§9.10.3 多项式与多项式相乘)自然地过渡到平方差公式的教学才是关键,而不是直接出示几个准备好的题让学生计算.

经常能听到一些教师的观点是:"抽象对初中的学生很困难,还是贴近学生的特点好."类似这样的表达带有一定的普遍性. 的确,我们经常能够看到一些教师在教学设计与实施中,花费了很多的心思在如何降低教学难度、如何让学生快速接受知识上. 课堂教学表面看来是学生学习知识的难度下降了,但降低的是代数教学中最有价值的抽象思维能力的培养;学生看似轻松了,得到的却是没有经过思维活动的结论.

实际上,抽象是代数这门学科最显著的思维特征,因为代数的研究对象主要是用数学符号表达的. 因此,教会学生能看懂数学的符号语言,理解抽象符号语言背后的丰富内涵是代数教学的核心价值. 这种抽象的思维过程不能简单地通过操作替代,如果那样就削弱了代数思维的培养力度,降低了代数教学的要求.

我们回到对"平方差公式"这节课教学设计的思考.

由于平方差公式是特殊的多项式与多项式相乘,因此,从具有一般性的多项式与多项式相乘,即:$(a+m)(b+n)=ab+an+bm+mn$ 引出平方差公式更自然,更符合数学知识发生发展的逻辑. 从"乘法公式"这一单元知识来看,多项式与多项式相乘的公式 $(a+m)(b+n)=ab+an+bm+mn$ 也是单元知识整体性的核心所在. 基于上述认识,本节课引入环节的设计就应该是对多项式与多项式相乘公式的理解与研究,基于这样的认识,可以设计如下问题引发学生的思考.

问题1 我们从 $(a+m)(b+n)=ab+an+bm+mn$ 看到:二项多项式与二项多项式相乘得 4 项,即 4 个单项式. 那么,这 4 个单项式与前面的 2 个二项多项式是什么关系呢?

分析与思考:计算 $(a+m)(b+n)$ 是先把其中的 1 个多项式如 $b+n$ 看成整体,运用单项式与多项式相乘的法则得 $a(b+n)+m(b+n)$,之后再次运用单项式与多项式相乘的法则得到最后的结果. 因此,等式右边的 4 个单项式中的任何一项中的两个字母分别来自两个不同的多项式,也就是从 $(a+m)$ 中取一个字母,从 $(b+n)$ 中取一个字母,两个字母相乘得 1 个单项式.

问题2 等式 $(a+m)(b+n)=ab+an+bm+mn$ 右端的单项式能不能变成 3 项或 2 项呢?

分析与思考:只有这 4 个单项式中的某 2 项合并,才有可能由原来的 4 项变成 3 项或 2 项,而要做到这一点,这两项就必须是同类项. 那么,什么样的多项式与多项式相乘才能产生同类项呢?根据同类项的概念,这两个单项式要字母相同并且相同字母的指数相同才是同类项. 因此,多项式 $a+m$ 与 $b+n$ 中的字母必须是有关系的.

问题3 在公式 $(a+m)(b+n)=ab+an+bm+mn$ 中,b,n 与 a,m 具有什么关系才会使得计算结果少于 4 项呢?

分析与思考:可以先让第 1 个多项式中的 a,m 不变,而让第 2 个多项式中的字母 b 或 n 与 a 或 m 找到联系. 不妨设 $b=a$,则 $(a+m)(a+n)=a^2+an+am+mn=a^2+a(n+m)+mn$.

若 $n+m=0$,也就是 $n=-m$ 时,等式右边为两项,即 $(a+m)(a-m)=a^2-m^2$,这个结果就是平方差公式;继续观察 $a^2+a(n+m)+mn$ 不难发现,如果 $n=m$,则原来的 4 项就会变为 3 项,即 $(a+m)^2=a^2+2am+m^2$,也就是完全平方公式.

按照以往课时的安排,平方差公式和完全平方公式至少是两节课的教学内容. 但是,从多项式与多项式相乘的角度看,它们是对同一个代数结构式 $(a+m)(b+n)=ab+an+bm+mn$ 的不同特征的分析与理解. 从这样的逻辑看,平方差公式与完全平方公式就是一个整体,用一节课的时间将它们的内在逻辑关系揭示出来,对学生数学思维的培养是有积极的促进作用的.

既然聊到了乘法公式,就自然会聊到因式分解.

张奠宙教授在《数学教育的"中国道路"》(张奠宙,于波,上海教育出版社,2013 年)"第九章 数学新知的'教学导入'艺术"中的第五节介绍了"李庾南的因式分解课例". 张先生认为因式分解是初中数学的一项基本技能,完全是纯粹数学的演算,找不到任何实际背景,更谈不上"学生的日常生活情景". 而李庾南老师将因式分解看作整式乘法运算的逆运算. 一个"逆"字,从哲学层面介入,达到了教学导入的目标. 以下摘录的是李庾南老师关于因式分解第一课时开始时,进行"教学导入"设计的片段,该片段详见《中学数学新课程教学设计 30 例》(李庾南,陈育彬,人民教育出版社,2007 年).

课例　因式分解

教学目标:

1. 以整式速算为切入口,让学生在感受"化积"的独特作用的同时,体悟"化积"的途径与依据.

2. 通过对因式分解过程的充分暴露,全方位揭示因式分解与整式乘法是两种互逆的变形,以强化对因式分解本质的把握.

3. 通过引导探究、互助合作、自主建构,强化学生的学习体验,发展学力.

4. 通过因式分解的多元应用,激发学生的学习欲望.掌握因式分解的意义,了解因式分解的方法和作用.掌握整式乘法与因式分解的联系和区别.

教学过程片断:

1. 通过速算比赛,激发学生自主地进行"和"化"积"的数学变形,感受"化积"的独特作用.

化简:

(1) $(x+y+1)^2 - x(x+y+1) - y(x+y+1)$;

(2) $(x+1)^2 - 2(x+1) + 1$;

(3) $(a+b+c)^2 - (a-b-c)^2$.

(学生独立计算,教师巡视,了解学生的解题思路和过程)

2. 全班交流(请速度快的学生讲解自己的思维过程、解题方法和依据).

解:

(1) 原式 $= (x+y+1)(x+y+1-x-y)$　……逆运用乘法分配律

$\qquad = (x+y+1) \cdot 1$

$\qquad = x+y+1.$

(2) 原式 $= (x+1-1)^2$　……逆运用完全平方公式

$\qquad = x^2.$

(3) 原式 $= (a+b+c+a-b-c)(a+b+c-a+b+c)$　……逆运用平方差公式

$\qquad = 2a(2b+2c)$

$\qquad = 4ab+4ac.$

3. 师生共同概括因式分解定义.

将一个多项式化成几个整式的积的形式,叫作把这个多项式因式分解,也叫作把这个多项式分解因式.

4. 归纳.因式分解是将"和"的形式化成"积"的形式,整式乘法是将"积"的形式化成"和"的形式,它们是互逆变形,即

$$积 \underset{\text{因式分解}}{\overset{\text{整式乘法}}{\rightleftharpoons}} 和$$

张先生点评说,李庾南老师以上的教学片段,既没有实际情境,也没有日常生活情景,而是以"逆向"这种带有哲学意味的启示,调动了学生对因式分解的学习积极性.这种创造性的"导入"教学,较之一些粗俗的所谓"生活情景"联系,在思维境界上显然更为高雅、精练,显示出一种教学智慧的光芒.

李庾南老师对因式分解的教学遵从了数学知识发展的逻辑顺序,从与其最近的整式乘法自然引入.确实,对于代数结构式 $(a+m)(b+n) = ab+an+bm+mn$ 的理解可以有不同的

方向:从左往右看是多项式乘多项式,转化为单项式与多项式相乘得到几个单项式的和或者说得到一个多项式,这个方向的变形所引发的数学思维活动聚焦在运算上;从右往左看是几个单项式的和也就是一个多项式变形为几个整式的乘积,也就是所谓的因式分解,这个方向的变形所引发的数学思维活动聚焦在对多项式代数特征的分析上.

在因式分解教学中,不要把"将多项式 $ab+an+bm+mn$ 写成整式乘积的形式"作为问题提出来,因为如果这样问的话,学生的思维活动就有可能被操作所替代.提出的问题应该有助于学生对这个多项式的理解与研究.如可以设计这样的问题:这个多项式有什么特点?这个多项式由 4 个单项式构成,那么都是由哪些字母所组成?单项式与单项式之间的关系是什么?等等.

例如:在多项式 $ab+an+bm+mn$ 中,第 1 项与第 3 项都含有字母 b,第 2 项和第 4 项都含有字母 n,两项一组分别提取相同字母之后得:$b(a+m)+n(a+m)$;继续分析变形后的多项式,如果将 $a+m$ 看成整体,这样就是两项多项式,每一项都含有 $a+m$,再将每一项的相同项 $a+m$ 提取,就得到 $(a+m)(b+n)$,即 $ab+an+bm+mn=(a+m)(b+n)$.

同样,我们引导学生分析多项式 $pa+pb+pc$,这是一个三项多项式,从整体看每一项都含有字母 p,也就是各项都有一个公共的因式 p,逆用乘法对加法的分配律,可得 $pa+pb+pc=p(a+b+c)$.

在有关因式分解的教学中,教师为了引导学生研究多项式而不是用操作替代思维活动,可以先不告诉学生对于这个多项式要做什么方向上的变形,而是让学生观察这个多项式,问问学生你看到了哪些特点?如:

例 1.2 观察多项式 $-4yz+3x^2-2xz+6xy$,你能发现哪些特征?

教学分析与问题设计.从多项式的整体看:这个多项式所含有的 4 个单项式没有共同的字母作为公因式提取,因此,转而从两项为一组来进行分析(退而求其次).这时新问题就来了,也就是哪两项分为一组进行分析呢?从各项的系数看:-4,6 与 -2,3 是对应成比例的;从单项式的字母组成看:第 1 项 $-4yz$ 与第 4 项 $6xy$ 有共同的字母 y,而中间两项 $3x^2$ 与 $-2xz$ 有共同的字母 x.

综合以上分析,教师再提出如何将 $-4yz+3x^2-2xz+6xy$ 变形,化为整式乘积的形式,具体过程如下:$-4yz+3x^2-2xz+6xy=(-4yz+6xy)+(3x^2-2xz)=2y(3x-2z)+x(3x-2z)=(3x-2z)(2y+x)$.

当然,由于第 1 项、第 3 项的系数与第 4 项、第 2 项的系数也是对应成比例的,还可以据此分组提取公因式后进行因式分解.

例 1.3 观察多项式 t^2+6t+8,你能发现哪些特征?(此处选择字母 t,有初高衔接的意味)

教学分析与问题设计:这个多项式含有 3 项且没有共同的因式,但如果能将 3 项变为 4 项,是不是就可以建立关系了呢?那么就需要将其中某一项分解为 2 项.分解哪一项呢?为什么要分解中间项 $6t$?分解之后哪两项与哪两项放在一组?

也就是:$t^2+6t+8=t^2+2t+4t+8=t(t+2)+4(t+2)=(t+2)(t+4)$.

对于多项式 x^2-y^2,尽管这是两个数的平方差的形式,但不要让学生去套用刚刚学过的平方差公式,而是要把学生的思维活动引导到分析这个多项式的代数特征上,即:由于构成这个多项式的两个单项式没有公因式,可不可以添加 1 项,使得它与原多项式中的 2 项都有关系?那么,添加的这一个单项式具有什么特征?添加之后如何保证多项式没有改变?

也就是：$x^2-y^2=x^2+xy-xy-y^2=x(x+y)-y(x+y)=(x+y)(x-y)$.

经过对上述问题的思考，学生对于研究多项式会多一些感受和体验．同样，对于不能进行因式分解的多项式 x^2+y^2，也可以启发学生思考：如何通过添加 1 项的方法使之能够变形为整式乘积的形式呢？

也就是：
$x^2+y^2+2xy=x^2+xy+y^2+xy=x(x+y)+y(x+y)=(x+y)(x+y)=(x+y)^2$.

或：
$x^2+y^2-2xy=x^2-xy+y^2-xy=x(x-y)-y(x-y)=(x-y)(x-y)=(x-y)^2$.

因式分解的教学按照以往的教学要求至少是需要用两课时完成的，分别教"提公因式法"和"公式法"．但正如李庾南老师所示范的那样，一课时亦可．事实上，如果从因式分解这个单元整体看，"公式法"本质上就是"提公因式法"，在教学设计上就可以在第一课时通过分析多项式 $ab+an+bm+mn$ 的代数特征，将课堂教学的数学思维活动聚焦到研究多项式 $ab+an+bm+mn$ 上．那么，将一个多项式化为整式乘积的形式采用的是什么方法也就不是那么重要了，换句话说，也就是在因式分解的第一课时，就可以提出所谓的"提取公因式法"和"公式法"，其目的是让学生对因式分解本质的理解更深刻．

从乘法公式到因式分解，我们可以从整式乘法这一更大的单元去体会数学教学的整体性和一致性，深刻体会到多项式与多项式相乘的公式，即：$(a+m)(b+n)=ab+an+bm+mn$ 在整式乘法这一单元中所处的核心地位，为我们通过数学知识这个载体培养学生的数学思维能力找到了更为有效的途径，也为教师通过研究知识本质进行自然的教学设计提供了更加丰富的创新空间．

数学教师如何教自然的思维是一个很大的课题，让我们再举一些例子来做分析．

笔者听过一节八年级"直角三角形的性质（第一课时）"的职称评比课，在复习引入部分，教师出示了如图 1.2 所示的思维导图．

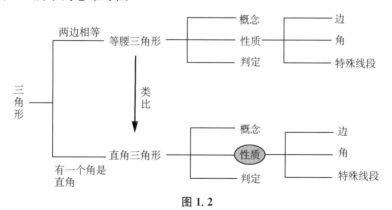

图 1.2

将对直角三角形的研究与等腰三角形的研究进行类比，体现了教师的大单元观念与系统的几何思维．因为在沪教版教材中，等腰三角形出现在七年级第二学期"第十四章 三角形"的第 3 节"等腰三角形"，而直角三角形则出现在八年级第一学期"第十九章 几何证明"的第 3 节"直角三角形"．学生从学习等腰三角形到学习直角三角形，中间相隔近五个月，而教师的这种类比迅速帮学生建立了必要的回忆，做了很好的先行组织者，理清了对刚学过的直角三角形接

下来欲研究的数学问题. 不仅如此, 在后面学习过"直角三角形斜边上的中线等于斜边的一半"这条性质时, 教师又自然地将其与等腰三角形的"三线合一"性质做类比, 得到了非常优美的、让学生印象特别深刻的孪生性质: 等腰三角形底边上的中线将其分为两个直角三角形; 直角三角形斜边上的中线将其分为两个等腰三角形. 以上这些设计都体现了教师对教材中知识发展的逻辑序的良好把握. 然而, 教材中对直角三角形的研究真得像等腰三角形一样处处自然吗?

事实上, 若我们仔细分析教材, 就会发现直角三角形知识展开中的"不自然". 通常的研究顺序是: 先对组成直角三角形的要素展开研究, 如角、边, 从而获得角与边的相应性质, 如直角三角形的两个锐角互余、勾股定理等. 再对直角三角形的相关要素展开研究, 如中线、角平分线、中垂线等, 获得"斜边上的中线等于斜边的一半"等性质. 但众所周知, 对勾股定理的学习是放在直角三角形的性质(角与斜边中线的性质)之后的. 为什么做出这样"不自然"的安排呢? 其实是为了做到与学生认知发展自然吻合后和谐共生的必然选择.

在笔者听过的很多节"直角三角形的性质"课中, 几乎所有教师都是在角的性质(两锐角互余)的运用中, 通过例题将一般的直角三角形特殊化为等腰直角三角形, 进而引领学生发现等腰直角三角形斜边上的中线(顶角平分线、底边上的高)等于斜边的一半, 接下来过渡到一般的直角三角形, 请学生思考在斜边上的中线、斜边上的高以及直角的角平分线中, 哪条会像等腰直角三角形一样等于斜边的一半呢? 通过直观观察, 学生容易猜测是斜边上的中线, 接下来即展开对此猜测的验证.

与此类似的是, 高中数学教材中对函数的单调性与奇偶性的研究顺序. 人教版的"先单调再奇偶"与沪教版的"先奇偶再单调"形成了鲜明的对比. 其实, 前者更基于研究函数的根本目的与函数图像本身呈现给学生的最大特点, 而后者则更考虑到了学生学习这些内容难易度的递进性, 各有侧重, 却均较自然.

谈到自然的数学教学, 课堂引入与课堂提问是受关注度最高的, 也是最能体现是否自然的关键环节.

人民教育出版社章建跃博士在历届全国青年优秀课展评的总评环节都有过类似的呼吁, 比如章博士在谈到"提高情境与问题的设计能力"这个话题时, 指出存在的主要问题有: 引入环节刻意联系实际, 不够自然——几乎所有的课都"从现实问题出发"; 刻意设计探究、讨论等活动环节等; 问题设计不适切的情况仍然存在. 并指出: "数学教学情境应当具有丰富性, 不仅仅是现实生活情境, 还可以是数学情境, 也可以是科学情境, 要看教学内容的需要. 一般而言, 数学知识发生发展过程中的内容, 要加强从数学内部提出问题的思考, 多用特殊化、类比、推广等策略." 在谈到课堂提问时, 章博士概括了高水平问题的基本要点: ①反映当前学习内容的本质; ②在学生思维最近发展区内, 对学生的思维形成挑战性——"窗户纸"不能捅破; ③具有可发展性, 形成系列问题; ④具有可模仿性, 实现从"问题引导学习, 激发学生思维"到"学生自主提问, 展开创新学习"过渡.

笔者曾学习过南京师范大学附属中学特级、正高级教师陶维林老师的"直线与圆的位置关系"这节课, 被陶老师对课题自然而然地处理深深折服.

在新课引入、创设问题情境阶段, 陶老师现场运用几何面板先绘出了一个圆和一条直线, 二者的初始状态为相离, 然后, 陶老师动态地调整此直线与圆的位置至单凭视觉一时难以辨别是相交还是相切的状态, 接着陶老师就此位置关系到底是相切还是相交的问题引导学生们展开讨论.

这一过程具有许多可供学习的地方: ①运用数学软件现场动态作图, 准确、直观地呈现数学问题. ②调整直线与圆的位置至或许相交或许相切的临界位置, 让学生进行判断, 这样就巧妙地直击问题的实质,建构了富有创意和教育价值的教学情境.③围绕其所创设的数学情境展开讨论的目的,是将学生置于数学认知困惑的境地,从而促使学生自发产生要学好今天的学习主题(研究判断直线与圆的位置关系的新方法)的内在学习需求与数学知识发生、发展的逻辑需求.④在此基础上,师生展开讨论,提出建立直角坐标系,通过依序分别求出此圆 A 和直线 CD 的方程,以及联立方程,求出方程组的根的个数,从而来断定圆和直线的位置关系;或者通过计算圆心到直线的距离,再将此距离值与圆的半径的长度进行比较,从而确定直线与圆的位置关系.⑤这一过程让学生切身体会《普通高中数学课程标准(2017 年版)》中的"解析几何……其本质是用代数方法研究图形的几何性质……运用代数方法研究它们的几何性质及其相互位置关系……体会数形结合的思想……".⑥这一过程也让学生理解了计算是数学推理的重要环节,同时看到计算推理具有深刻、准确、简便和其正确计算后所获结论具有无可争辩的正确性的特点.

在课堂教学时,最令教师尴尬的是"教师激情高涨,学生无动于衷",没有将学生引入自己的教学是造成这种现象的最大原因.那么,靠什么把学生"引"入到教学过程中来呢?靠"问题".问题是把学生"引"入到教学中来的动力.教师提出问题(引导学生自己提出问题,捕捉来自学生的问题更好),首先让学生通过自己的努力尝试解决.若有困难,教师可以适时做出启发、引导,笔者甚至要求学生,你不要企望我简单地告诉你什么,你必须通过自己的思考来获得,你有困难,我一定帮助你.他们自己获得的结果可能是不准确、不完整的.这并不奇怪,可贵的是这些结果来自他们自己的思考,是自己思维劳动的成果,是积极、主动、有效的.教师要练就"提好问题"("提——好问题"以及"提好——问题")的本领.以"问题串"的方式呈现教学内容、组织教学过程是一种好办法.顺应知识发展的逻辑序与学生思维发展的递进序是自然地提出问题的关键.

笔者在本小节开始部分曾以沪教版必修一教材中的"三角不等式"为例,阐述了其引入课题的牵强性.教师在教学时应该做到合理地使用教材,摒弃这种不自然的问题出现.再如,在某初中教材"三角形中位线的性质"这一节,开篇是这样引入的:在本节,我们将运用平行四边形的有关知识,探索三角形中位线的性质.这个"情境+问题"有两点值得商榷:一是与"三角不等式"的教材引入类似,出发点不是"前面我们学了什么,下面我们学习什么",二是缺乏发现和提出问题的自然性.由此导致的问题是:学生不知道"老师是怎么想到的",该用哪些知识来解决问题.可以换一种提出问题的方式如下.

前面学习了平行四边形,我们利用平行线、三角形的相关知识得出了平行四边形的性质、判定等.反过来(类似研究根与系数的关系时提出问题的方式,逆向思维是一种重要思维),能不能利用平行四边形的知识推出一些新的三角形性质呢?

下面我们用三角形的眼光再看平行四边形,你有什么新的发现?

教师做引导:在研究图形性质时,我们可以让某些元素运动起来,看运动过程中出现什么规律(寻找并刻画变化中的不变是数学的重大使命).例如,如图 1.3 所示,让对角线 BD 绕中心 O 旋转,你有什么发现?——绕到与平行四边形的边平行的位置就出现三角形的中位线,其中还蕴含了作辅助线的方法.

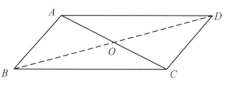

图 1.3

"重结果,轻过程"仍然是当前教学中的普遍现象,为此,教师应该经常自然地问一问"为什么""你凭什么这么说""你是怎么想到的""你是怎样研究的",这些都是永远的好问题.不仅关注结果,更要关注结果产生背后的思维过程、研究过程,把"数学教学是思维的教学"落到实处.一堂课是否为好课关键看学生的"思维参与度"以及有没有高水平、深层次的思维,而这种思维的呈现与激发离不开教师顺其自然(顺着学生所思、所想、所疑、所惑、所趣)的好问题.

谈到"好问题",相信大家都读过《美国老师是如何讲灰姑娘的故事的》这篇文章.现完整摘录如下与读者共勉,他山之石可以攻玉,希望我们一起深耕数学学科,通过提出更好的问题促发指向立德树人的深度思考,实现"润物细无声"的优质熏陶.

一、美国版

上课铃响了,孩子们跑进教室,这节课老师要讲的是灰姑娘的故事.

老师先请一个孩子上台给同学讲一讲这个故事.孩子很快讲完了,老师对他表示了感谢,然后开始向全班提问.

老师:你们喜欢故事里面的哪一个?不喜欢哪一个?为什么?

学生:喜欢辛德瑞拉(灰姑娘),还有王子,不喜欢她的后妈和后妈带来的姐姐.辛德瑞拉善良、可爱、漂亮.后妈和姐姐对辛德瑞拉不好.

老师:如果在午夜12点的时候,辛德瑞拉没有来得及跳上她的番瓜马车,你们想一想,可能会出现什么情况?

学生:辛德瑞拉会变成原来脏脏的样子,穿着破旧的衣服.哎呀,那就惨啦.

老师:所以,你们一定要做一个守时的人,不然就可能给自己带来麻烦.另外,你们看,你们每个人平时都打扮得漂漂亮亮的,千万不要突然邋里邋遢地出现在别人面前,不然你们的朋友要吓着了.女孩子们,你们更要注意,将来你们长大和男孩子约会,要是你不注意,被你的男朋友看到你很难看的样子,他们可能就吓昏了(老师做昏倒状).

老师:好,下一个问题,如果你是辛德瑞拉的后妈,你会不会阻止辛德瑞拉去参加王子的舞会?你们一定要诚实哟!

学生:(过了一会儿,有孩子举手回答)是的,如果我是辛德瑞拉的后妈,我也会阻止她去参加王子的舞会.

老师:为什么?

学生:因为,因为我爱自己的女儿,我希望自己的女儿当上王后.

老师:是的,所以,我们看到的后妈好像都是不好的人,她们只是对别人不够好,可是她们对自己的孩子却很好,你们明白了吗?她们不是坏人,只是她们还不能够像爱自己的孩子一样去爱其他的孩子.

老师:孩子们,下一个问题,辛德瑞拉的后妈不让她去参加王子的舞会,甚至把门锁起来,她为什么能够去,而且成为舞会上最美丽的姑娘呢?

学生:因为有仙女帮助她,给她漂亮的衣服,还把番瓜变成马车,把狗和老鼠变成仆人.

老师:对,你们说得很好!想一想,如果辛德瑞拉没有得到仙女的帮助,她是不可能去参加舞会的,是不是?

学生:是的!

老师:如果狗、老鼠都不愿意帮助她,她可能在最后的时刻成功地跑回家吗?

学生:不会,那样她就可以成功地吓到王子了.(全班再次大笑)

老师:虽然辛德瑞拉有仙女帮助她,但是,光有仙女的帮助还不够.所以,孩子们,无论走到哪里,我们都是需要朋友的.我们的朋友不一定是仙女,但是,我们需要他们,我也希望你们有很多很多的朋友.下面,请你们想一想,如果辛德瑞拉因为后妈不愿意她参加舞会就放弃了机会,她可能成为王子的新娘吗?

学生:不会!那样的话,她就不会到舞会上,不会被王子遇到、认识和爱上她了.

老师:对极了!如果辛德瑞拉不想参加舞会,就算她的后妈没有阻止,甚至支持她去,也是没有用的,是谁决定她要去参加王子的舞会?

学生:她自己.

老师:所以,孩子们,就算辛德瑞拉没有妈妈爱她,她的后妈不爱她,这也不能够让她不爱自己.就是因为她爱自己,她才可能去寻找自己希望得到的东西.如果你们当中有人觉得没有人爱,或者像辛德瑞拉一样有一个不爱她的后妈,你们要怎么样?

学生:要爱自己!

老师:对,没有一个人可以阻止你爱自己,如果你觉得别人不够爱你,你要加倍地爱自己;如果别人没有给你机会,你应该加倍地给自己机会;如果你们真的爱自己,就会为自己找到自己需要的东西,没有人可以阻止辛德瑞拉参加王子的舞会,没有人可以阻止辛德瑞拉当上王后,除了她自己.对不对?

学生:是的!

老师:最后一个问题,这个故事有什么不合理的地方?

学生:(过了好一会)午夜12点以后所有的东西都要变回原样,可是,辛德瑞拉的水晶鞋没有变回去.

老师:天哪,你们太棒了!你们看,就是伟大的作家也有出错的时候,所以,出错不是什么可怕的事情.我担保,如果你们当中谁将来要当作家,一定比这个作家更棒!你们相信吗?

孩子们欢呼雀跃.

此为美国一所普通小学的一堂阅读课.我们是几岁的时候才想到这些层面?

——小学老师教的,终身受用——

二、中国版

上课铃响,学生、老师进教室.

老师:今天上课,我们讲灰姑娘的故事.大家都预习了吗?

学生:这还要预习?老得掉渣了.

老师:灰姑娘?是格林童话还是安徒生童话?作者是谁?哪年出生?作者生平事迹如何?

学生:……书上不都写了吗?不会自己看啊?

老师:这故事的重大意义是什么?

学生:得,这肯定要考的了.

老师:好,开始讲课文.谁先给分个段,并说明一下这么分段的理由.

学生:前后各一段,中间一段,总分总……

老师:开始讲课了,大家认真听讲.

学生:已经开始好久了……

老师:说到这里,大家注意这句话.这句话是个比喻句,是明喻还是暗喻?作者为什么这么写?

学生:(n 人开始睡觉……)

老师:大家注意这个词,我如果换成另外一个词,为什么不如作者的好?

学生:(又 n 人开始睡觉……)

老师:大家有没有注意到,这段话如果和那段话位置换一换,行不行?为什么?

学生:我又不是你,我怎么会注意到啊?(又 n 人开始睡觉……)

老师:怎么这么多人睡觉啊?你们要知道,不好好上课就不能考好成绩,不能考好成绩就不能上大学,不能上大学就不能……你们要明白这些做人的道理.

这篇文章给我带来的震撼胜过了很多重量级的评论和分析．这位天使般的老师带给孩子的是公心、是独立、是宽容和爱、是团结互助精神、是理性的思维、是生命的意义……在这样的教育下，孩子怎么会没有爱心、怎么会受某种条框的拘束和限制呢？立德树人也自在其中了．

数学课堂不也是如此吗？比如在进行"方差"的概念教学时，很多教师的说理仅局限在知识范围内，只是从数学、统计学意义上说明方差是描述一组数据离散程度的量，自始至终没有启发学生领悟并点破方差的本质及其对实际生活的指导意义．事实上，方差的本质是对风险的度量，方差越大，说明这件事波动性越大，而风险，本质上指的就是这种波动性．所以，一个随机事件的方差越大，可能的结果离期望值越远，就说明它的风险越大．股票与国债、货币基金对比，股票起伏不定，就是方差太大，风险太高了．在实际生活中如何抵抗和利用方差呢？在理财投资领域，一方面"不要把鸡蛋放在一个篮子里面"，就是基于方差的考量；另一方面就是本钱越多，投资人承受风险的能力就越强，因为他有资本多次试错，一旦试对了，就会得到可观的收益，毕竟数学期望是着眼于长期的，适于长期做，即便试错了，他也有足够的实力抵御风险压力，正如风华正茂的同学们，敢闯敢试，敢于质疑，勇于创新才是年轻人应有的模样．

第三节　留白与自然、灵感与创新

在实际教学的很多情况下，教师获得的是假的信息，而非本真的、自然的．"思考需要时间"这本来是很自然的事情，但课堂上很多教师不留时间给学生思考．基于此，我们说，留白是欲催生自然的数学思考的必要条件，长此以往也必定会催生源源灵感与创新实践．

在一节"整数指数幂及其运算（第 1 课时）"概念及公式课的"课堂练习"环节，教师依次出示了下面三道练习．

1. 判断题．

(1) $3^{-1} = -3$；　(2) $(-10)^0 = -1$；　(3) $1 \div 5^5 = 5^{-5}$；　(4) $\left(\dfrac{1}{3}\right)^{-2} = \dfrac{1}{9}$．

2. 比较 -4^{-2}，-0.2^2，$\left(-2\dfrac{2}{3}\right)^0$，$\left(\dfrac{3}{5}\right)^{-3}$ 的大小．

3. 将下列各式表示成不含分母的形式．

(1) $\dfrac{ab}{2c^2}$；　(2) $\dfrac{3xy}{x-3y}$；　(3) $\dfrac{1}{x} - \dfrac{1}{y}$．

在每出示相应的练习后，教师均为学生留了一定的独立思考及解答的时间，这很好！但在提问环节，教师却忽略了一些学生的真实回答，而通过明显的质疑（如：嗯？是吗？不对吧？等）强行将学生拉到自己心中正确的答案上来．最明显的是有一位男生在回答 -0.2^2 时，说答案是 -25，在教师两次质疑后才重新顺着老师的提示算得 -0.04，然后教师就继续下一题了．自然而真实的、可能还带有较大普遍性的、然而却是步入误区的数学思考就这样与老师和同学们擦肩而过，很好的课堂生成、错误资源被浪费了，太可惜了！因为是一节职评课，在课后的答辩环节，笔者就问了教师这样的问题："请你说说这位男生在计算这道题时心里是如何想的？如何顺其自然地帮助同学们纠正这种想法？"该问题一问出，这位教师就连连点头，说"自己确实没有处理好这个环节，课后会主动走近回答问题的同学并及时记录下其真实的想法，在下一节课上亡羊补牢．"

听过一节"余弦定理再探"的课,在运用多种方法导出余弦定理后,教师说(也是在提问题):"上述证明,本质上都是在运用勾股定理的结论推导.我们能否从史书中勾股定理的推导过程,窥探出余弦定理呢?"

接着出示"阅读材料",出自欧几里得《几何原本》第1卷命题47.欧几里得借助面积,给出勾股定理的证明,如下:

如图1.4(a)所示,分别以直角三角形 ABC 的三边为边长向外作正方形 $ABFG$、正方形 $ACIH$、正方形 $BCED$.过 A 作 BC 的垂线,交 BC 于 K,交 DE 于 L.连接 CF 和 AD,显然有 $\triangle FBC \cong \triangle ABD$,故 $S_{\triangle FBC}=S_{\triangle ABD}$;因为 $S_{ABFG}=2S_{\triangle FBC}$ 及 $S_{BDLK}=2S_{\triangle ABD}$,故 $S_{ABFG}=S_{BDLK}$.同理,$S_{ACIH}=S_{KLEC}$,故 $S_{ABFG}+S_{ACIH}=S_{BDEC}$,即 $AB^2+AC^2=BC^2$ 成立.

教师留时间之白,学生较长时间钻研……

师:请各小组推选同学进行交流.生8、生9、生10以图1.4(b)所示的锐角三角形为例进行展示.

师:同学们所展示的方法,也是《几何原本》第2卷中的命题13,课后同学们也可以研究三角形为钝角三角形的情形,即命题12.

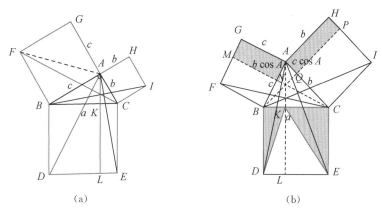

图 1.4

命题13 在锐角三角形中,锐角所对的边上的正方形比夹锐角的两条边上的正方形的和小一个矩形的2倍.此矩形为由另一锐角向对边作垂线,垂足到原锐角之间一段与该边所构成的矩形.

命题12 在钝角三角形中,钝角所对的边上的正方形比夹钝角的两条边上的正方形的和大一个矩形的2倍,此矩形为由其中一个锐角向对边的延长线作垂线,垂足到钝角之间一段与另一边所构成的矩形.

师:我国古代数学家也有对勾股定理的精彩证明.

师:图1.5(a)为弦图,是我国古代三国时期的数学家赵爽为《周髀算经》作注时为证明勾股定理所绘制.请解释如何利用弦图证明勾股定理?

生11:弦图是由四个全等的直角三角形组成的正方形,其面积由四个全等的直角三角形面积之和与中间的小正方形面积相加得到.即:$a^2=4\times\dfrac{1}{2}bc+(c-b)^2=b^2+c^2$.

师(提出问题):能否在弦图中进行构造,进而推导出余弦定理呢?

学生小组讨论后……

生12:如图1.5(b)所示,将四个全等的钝角三角形补成直角三角形,于是有

$$a^2 = 4 \times \frac{1}{2}(c - b\cos A)b\sin A + (c - b\cos A - b\sin A)^2 = b^2 + c^2 - 2bc \cdot \cos A.$$

若三角形为锐角三角形,也可以用类似方法得出.

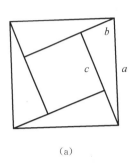
(a)

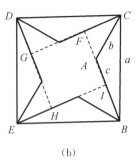
(b)

图 1.5

应该说,授课教师的设计意图很明显,就是对数学史进行再开发,引领学生学习前辈数学家思考问题的方法,以此作为提升学生创新意识的重要路径.具体而言,即以中外两位数学家证明勾股定理的不同方法为借鉴,激发学生在学习后再思考,在感悟先人数学思维中耀眼的智慧的同时也解决了新的问题.教师通过创设问题之白,给予学生充分的时间思考,在交流环节确实收获了来自学生满满的思想果实(不乏创新之举).

笔者对现场教学的一点建议是,希望教师在学生表达时能耐心倾听,不轻易插嘴,不打断学生的叙述,请学生组织语言、梳理思路、调整方向、完善成果.教师在最后总结时再提炼、升华,效果必定会更好.

关于留白式课堂,读者朋友可以阅读著作《留白式课堂的实践探索》(周国正,郭兆年,王长芬,上海教育出版社,2018 年)与《中小学数学"留白创造式"教学——理论、实践与案例》(王华,汪晓勤,华东师范大学出版社,2023 年).下面给出的是我校"留白式课堂"的教学评价表(见表 1.5)供参考.

表 1.5 上海市复旦中学"留白式课堂"教学评价表(修改版)

一级指标	二级指标	具体内容	得分
教师的引领导学(30分)	引导(30分)	把学生原有的知识经验作为新知识的生长点(5)	
		学习任务明确,促进学科核心素养的有效落实(5)	
		创设问题情境,注重问题的延展性和层次性,引导学生自主提出问题(10)	
		为学生提供解决问题的思路和方法,避免直接给出答案(5)	
		对学生的表现及时点评,引导学生自我评价与反思(5)	
学生的思维思辨(20分)	等待(10分)	每节课留给学生自主学习的时间,为学生创造充分发挥自主性、积极性和创造性的机会(5)	
		宽容学生的错误或不足,帮助学生在纠正错误与反思中收获知识(5)	
	倾听(10分)	耐心倾听学生的回答与见解,把握学生思维的状态(5)	
		耐心倾听学生的质疑与争论,发现学生思维的亮点(5)	

(续表)

一级指标	二级指标	具体内容	得分
学生的 合作探究 (25分)	组织 (15分)	以教学目标确定各环节的教学组织形式,将探究聚焦于1—2个核心问题(5)	
		合理分组激发全体学生的学习兴趣,促进每位学生积极主动的探索与交流(5)	
		客观评价各小组的学习成果,引发学生持续的兴趣和创造性的学习活动(5)	
	协助 (10分)	为学生提供完成任务的多种资源(材料、工具等)(5)	
		为学生提供完成任务的多种方法(比较、推理等)(5)	
教师的 教学素养 (25分)		教学目标、教学策略的制定基于课程标准和学情(5)	
		教学流程清晰规范;课堂容量合理(5)	
		针对学生的表现应变自如,没有知识性的错误和疏漏(5)	
		语言简练明确,课堂小结到位,作业布置合理(5)	
		教学效果好,教学目标达成度较高(5)	
总分			

有一节"同位角、内错角、同旁内角"的初中数学概念课给笔者留下了深刻的印象.这是2023年3月25日,在上海市晋元高级中学附属学校,第十届数学史与数学教育高级研修班暨首届"留白创造式"数学教学研讨会上听到的一节课,由晋元高级中学特级教师、正高级教师王华书记主持的数学"留白创造式"教学课题组集体研发,晋元附校薛平老师执教.笔者现场听过本节课后的第一感受是"自然"! 教师的引领导学、问题激发自然而然,知识的发生发展、层级递进自然而然,学生的合作探究、质疑创新自然而然,促成这些现象发生的根本原因正是教师的生本意识与留白行动.

本节课共分五个环节:情境引入、探究新知、例题讲解、变式练习与总结感悟.现介绍其第二个环节与读者分享,该环节的教学设计如下:

1. 观察探究,直观感受

【问题串】

问1:在如图1.6所示的"三线八角"图中,每两个角之间共有多少对角?(预设:28对)

师:由于"三线八角"图中角比较多,为了方便探究其中的角的关系,我们可以借助一个工具来帮助我们分析.

(出示表格,如表1.6所示)

设计意图:由于"三线八角"图中角较多,希望给予学生一个脚手架,方便他们寻找各对角,为下一步的探究铺垫.

问2:这八个角中哪两个是对顶角,哪两个是邻补角? 请大家填入表格.

预设:对顶角有4对,具体略,邻补角有8对,具体略.

问3:其余的两角之间为什么不是对顶角和邻补角?

预设1:其余两角之间没有共同的顶点.预设2:其余两角之间不一定相等或互补.

问4:(小组合作)观察剩余两角间的位置特征,可以分为哪几类?

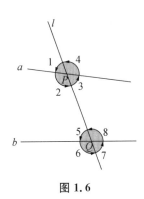

图 1.6

表 1.6

与	∠1	∠2	∠3	∠4	∠5	∠6	∠7	∠8
∠1								
∠2								
∠3								
∠4								
∠5								
∠6								
∠7								
∠8								

预设：六种关系.

2. 自主归纳，建构概念

师：请各小组介绍你们所归类的角所具有的位置关系，并请试着给这种关系的角命名.

注：每一小组都发给如表 1.7 所示的工作单.

表 1.7

我们小组将_____ _____归为一类，理由是：

命名	角的位置关系	
	与截线 l 的位置关系	与直线 a、b 的位置关系

具有这样位置关系的一对角叫作_____.

此处，笔者建议把"具有这样位置关系的一对角叫作_____."调整为"我们小组把具有这样位置关系的一对角叫作_____."

接下来，教师将学生的结果进行展示，各小组派代表发言.

师：同学们通过合作探究，分析了"三线八角"图中顶点不重合的角，总共有六种不同的位置关系，而教科书上主要讨论了如表的三种角的位置关系.

思考1：同位角、内错角、同旁内角有哪些共同的特征？（可能会有困难，适时主动引导）

预设：在每对角中，两个角的顶点不重合且顶点都在截线上；每个角各有一条边在截线上.

我们说，在常规性的教学中，教师一般会直接给出同位角、内错角和同旁内角的描述性概念，然后学生会根据老师给出的概念，"按图索骥"，进行一定的练习巩固，虽然这样的教学过程也能使学生掌握本节课的知识点，但这种"灌输式"的教学，使得整个课堂成为教师的一言堂，无法点燃学生的求知热情、激活课堂，学生只是在被动地识记知识点，并没有领略到"三线八角"中蕴含的数学思想. 而基于对八个角每两个角之间的关系的枚举（这是一种自然的思考，而不是比着葫芦画瓢似地教教材），通过问题而创设留白的时间与空间，便激发出学生的积极性和创造性，促使学生主动思考，归纳并概括. 教师在授课时鼓励学生畅所欲言，说出自己的想法和猜想，并对学生生成的各种回答和命名给予肯定. 通过分析角的位置关系，慢慢引导学生理解并接受教材的命名.

当然，该环节尚有改进空间，笔者认为在小组合作为各种角命名之后不宜直接跳到对同位角、内错角和同旁内角的研究，而应对为什么只研究这三类关系的角做出简单、合理的说明. 授课教师将该合理性的说明以问题留白的方式让学生课后思考似乎不是最佳选择,因为必然会有一些学生在上课过程中一直持有这种疑问,在一定程度上影响了其对新知学习的热情与效果.当然,也造成第二环节向第三环节的过渡较为生硬,不够自然丝滑.

作为前面论述的一点补充,我们说,环境会影响自然的数学思考,从而阻碍了思维的创新.我们举一个"遗忘意味着背叛,怀旧就是创新"的小例子.

下面这道三角题难倒了班级几乎所有同学.

在$\triangle ABC$中,已知$BC=4$,$AC=3$,且$\cos(A-B)=\dfrac{17}{18}$,则$\cos C=$ _____.

因为本题出现在高中数学"三角"背景下,所有同学使用的解题工具均为各种三角公式,如和差角余弦公式、正弦定理、余弦定理等,做得非常烦琐,绝大多数同学都没有算出答案.究其原因,是环境影响了其水平自然地发挥,从而弱化了其本就不强的创新意识与思维灵感.若将该题放在初中,该题的得分率必然会大大提高.因为,面对三角形、四边形、圆等平面图形,初中生的作辅助线习惯早已养成,本题只需利用初中常用的"截长补短"法,在$\angle A$中作出一个与$\angle B$相等的角,即构造出角"$A-B$",进而再用一次余弦定理,便可顺利获解.其实,来自每一领域的数学题本质上都为学生的思维留了白,学生只要具有较强的联系意识(跨域联系、新旧联系、正反联系、小初高联系等),就能促成思维创新、从容补白.

最后,我们认为,灵感是长期思考的自然结果.

著名数学家华罗庚说:"科学的灵感,绝不是坐等可以等来的.如果说,科学上的发现有什么偶然的机遇的话,那么这种'偶然的机遇'只能给那些学有素养的人,给那些善于独立思考的人,给那些具有锲而不舍的精神的人,而不会给懒汉."所以,长期思考是获得灵感的必要条件.

通常认为,灵感是在思维过程中,通过大量的思考、积累和体验,积攒了足够的信息和能量,从而在某个特殊的时刻,突然产生了一个新的想法或创意.这种创造性的想法往往是在特殊的精神状态下产生的,比如放松状态、沉思状态、快乐状态等等.但并不一定是连续的联想,也可能是不经意间的灵光一闪.因此,灵感的产生是一个复杂的心理过程,不同的人也有不同的灵感体验.但可以肯定的是,长期思考的必然结果是或多或少灵感的产生.

徐利治教授认为,无意识活动过程能产生有用的顿语.他在其名著《数学方法论》中阐述道,不只是数学创造,即使像文学艺术领域的创造性灵感或顿悟,也往往产生于无意识活动阶段.例如中国古代大文豪欧阳修谈到过所谓"三上文章"的经验,他的一些文学作品的构思往往产生在厕上、马上或枕上.这就是说,正是在厕上、马上或枕上的时候,特别有利于欧阳修的文学思维进入无意识阶段,从而能产生出美妙的文思或灵感,类似于科学研究中的顿悟.事实上,枕上能形成科学发明的顿悟现象,科学史上也不乏其例,例如笛卡儿解析几何的萌芽思想即产生于凌晨枕上初醒的时候.

以上这些道理可用来对数学资优生的培养与指导,比如,有时教师不可提示得太多,要为学生留有余地,给点提示或一些方向上的指点、提供一些可供参考的资源等等,往往更利于其数学思维的长远发展.这就如导师对学员教师的指导,亲自写好论文交给他是最愚蠢的,好的做法是引他入得门来、给他技术指点、提供交流平台,帮其自然但快速地发展,这才是正确的育人之道.

第二章　设计自然生长的课堂教学

第一节　自然生长的课堂教学的基本特征

一、自然生长的课堂往往是令听者愉悦的课堂

此处的听者包括真正融入课堂的学生与教师.曾在上海行知中学"讲台上的名师"活动中听过一节"简单的对数方程"的展示课,由江苏省太仓高级中学特级教师偶伟国老师借班执教.偶老师从"简单的指数方程"引入(偶老师在自我点评中专门强调了它的教学起点在简单的指数方程,并着意体现"简单"二字),并请学生类比独自写出几个他们心中的"简单的对数方程",巧的是,学生现场写出的三个方程恰好代表了求解简单的对数方程的三种方法"同底法、取对法、换元法".精彩的是,接下来整堂课皆是围绕着学生写的这三个方程展开,自然而然,美不胜收,令听者爽心悦目,久久回味.

二、自然生长的课堂一定是以生为本的课堂

首先是课前的备课要想着学生.如果是新授课,教师心中要清楚学生是否具备欲学新内容的预备知识,如果不具备,就要做好先行组织者,即要准备好具有抛砖引玉作用的教学材料.具体到如何设计新课的教学内容,比如如何自然引入、如何依序展开、如何无痕过渡、如何组织讨论、如何小组活动、如何应用巩固、如何提炼小结等等,都要紧紧围绕学生.那么,如何判断是否紧紧围绕学生呢?换位思考、稚化思维是较为有效的策略.而换位后教师的思考是否妥当,就要靠教师对学情的把握程度.这就需要教师平时经常走近学生,多与学生聊数学学习,特别是在轻松的环境下学生的表达最为真实,有时甚至特别迫切,充满了对老师的信任与期待.比如地铁里的偶遇、餐厅里的相逢、走廊上的同行、考试后的逗留、上课后的切磋、表扬后的畅言等,都是教师应当充分利用、及时把握的好机会.在充分了解学生心理、洞悉学生需求及认知现状的基础上来设计自己的教学方案,并在教学进程中不断优化、螺旋递进.此处需要特别强调的是新课的引入与情境的创设,引入任何一节新课要遵循的原则一定是学生在前几节课学了什么,相应地学会了什么知识,形成了什么能力,由前面学过的如何自然过渡到欲学的新课,这是特别考验教师的一点.现在很多课的引入美其名曰"开门见山""直奔主题",教师上课的第一句话是:"同学们,我们今天学习……"让学生摸不着头脑,他们心里会想(甚至有时嘴里会嘀咕):"这是哪跟哪啊,为什么今天要学这个呢?"听过一节用 TI 图形计算器辅助数学建模的课,内容选自上海教育出版社《普通高中数学教科书》选择性必修第三册第四课"水葫芦的生长",是一节数学建模活动课.教师开篇第一句话是"今天我们学习水葫芦的生长",没有做必要的回顾或铺垫,学生被牵着走得很被动.还有的教师上课伊始直接让学生上来做游戏,让人莫名奇妙.比如,有一节初中"直线与圆的位置关系"的新授课,上课后,教师直接让学生前来在桌面上做抛硬币的游戏,桌的一侧有一根铁丝,非常突兀,学生的学习缺乏目标性与方向感,从而往往会迷失听课与思考的方向.

其次,以生为本还表现在课中.笔者听过小学著名特级教师吴正宪老师的好多节课,也拜读过她主编的"小学数学结构化单元教学丛书",最大的感受是吴老师的眼睛"长"在孩子身上.同样的一节课,为什么吴老师上出来的感觉和我们自己上出来的感觉不一样呢?这应该是许多数学教师心中的疑问,思考吴老师教学艺术的背后,其实是因为吴老师的眼睛"长"在了孩子身上.吴老师在课堂上叫起的每一个孩子总是引领着课堂的走向,完美地达成学习目标,正是因为吴老师一直关注着每一个孩子!其一,吴老师的眼睛"长"在提问题的孩子身上:当一个同学回答完问题后,吴老师总会停一停,把机会留给有疑问的同学,鼓励勇于质疑的孩子说出自己的不同想法,哪怕说得不对也不会否定,而是尊重孩子的想法,在后面的讨论中慢慢教会他们.其二,吴老师的眼睛"长"在没听懂的孩子身上:当思维较快的学生兴奋地回答问题后,我们常常认为学生都懂了,便进入下一个环节,可是吴老师从不这样做,她总是关注着那些没有真正听懂的孩子.还记得在"小数的意义"一课中,坐在教室最角落里的女孩子一个轻轻挠头的动作,吴老师马上发现了,请她回答问题,并把她没有听懂的同桌一起请到讲台上,慢慢地带着他们再讲一遍.我想就是因为这放慢速度的一遍,让很多基础较弱或者没有理解的孩子跟了上来,从没听懂到听懂.其三,吴老师的眼睛"长"在没发言的孩子身上:课堂上总有些沉默、安静的孩子,但在吴老师的课堂上他们总会被叫起回答问题,因为吴老师清楚这些沉默背后可能是不理解,也可能是没有足够的自信心,还可能是短暂的游离或"溜号".当他们被唤起,暴露出自己的问题时,才能在课堂上解决,从而达到真正的成长.

写到这儿,笔者颇有感慨,听过一些名师的课,敞开心扉的问答,一般会超时拖堂,也听过一些严格按照时间走完预定程序的课.课堂到底是仅传授知识还是要多引发思考?优质课、公开课评比中看到了很多"精彩"的课堂,教师激情澎湃,学生表现完美,热闹过后,教师收获了高分和荣誉,学生收获了骄傲和自信,可是这真是学生本应接受的吗?公开课上成了表演课,交给学生剧本,表演给评委看,有的课若临时换掉某几个学生就根本无法上课了,这显然不是以生为本,甚至有些侵犯学生受教育的权益了,这绝不是自然生长的课堂!

我们渴求真实的课堂,可是担心驾驭不了随机的生成,我们期望学生回答正确,可是担心解读不了学生的想法,如果去除功利化的追求,我们需要做的就是踏实研究,尤其要多多研究学生,在此基础上用心上课.要研究教师如何在课堂上锤炼"不急"的心态与内功."不急"是一种心态,更是一种策略,是儿童观的具体体现.给学生机会,在关键处驻足并追问,续上"半口气儿",等待学生的对接和顿悟,让感悟、体验和内化自然而然发生.在吴老师的课堂上,我们经常听到这样的对话:"不急,不急,慢慢来,我们错着错着就对了,聊着聊着就会了."吴老师总是耐心等待,让所有学生学会在等待中思考,帮助学生树立学习数学的自信心.这就是自然生长的课堂!

为什么需要"教师不急,要有足够的耐心等待,允许学生用不同的速度和方式进行学习"呢?因为老师的知道不是学生的知道,部分学生的知道也不是全体学生的知道,一个人的精彩不是全班的精彩.要照顾基础薄弱的学生,关注全体参与,一个都不能少,静待花开.我们说,学生的数学学习,往往就差"半口气儿",要在重点概念形成时给孩子机会,给他们尝试的机会、犯错的机会、自悟的机会、反思的机会,这样才会有新发现的机会,以及表达和交流的机会,才是自然生长的课堂教学应有的样子.

"不急"的一个重要表现是教师的语言、行为或提供的资源要适度.听过一节初中"反比例函数的图像与性质"的公开课,这是上海的一次三区联合教研活动,活动主题是"合作推理、留白创造、激活思维". 在教师出示了几幅学生在预习单里面画的反比例函数图像后,教师说"大家看看这些图都错在哪儿?";在组织学生通过观察来寻找、总结反比例函数图像的共性时教师出示了画在同一个坐标系中的$k>0$时的两个图像,同时又出示了画在同一个坐标系中的$k<0$时的两个图像. 我们认为,前者教师提问的指向过于明确,而后者对学习资源的呈现也妨碍了学生通过比较而提炼规律过程中的思维深度,都不利于学生开展独立的思考与判断,不利于创造性学习行为的催化与发生. 在检验猜想"对于反比例函数$y=\dfrac{k}{x}$,当$k>0$时,在所在的每一个象限中,y随x的增大而减小"时,第一个男生给出了符合猜想的证明过程与解读,而第二个男生在出示了他们小组的过程后得到了"不需加上'在所在的每一个象限中'"的结论. 此时,教师说:"大家看看,这位同学到底是中间哪个地方出了问题? 为什么不满足我们所要的猜想呢?"这种问法的指向不仅过于明确而且其本身也是错误的,是教师按照对待"证明"的思路来对待"猜想". 需知,既然猜想未必正确,那为什么第二个男生的回答就一定是"有问题"的呢? 也有可能是第一个男生的过程出了问题啊! 此时的正确做法应该是通过留白(可称为问题留白,即把问题抛给学生,让学生来当裁判),让学生展开讨论、发言. 而不应是教师直接把第二个男生的做法判了死刑.

心中装有学生并研究过学生认知特点的教师除了要学会不着急、学会等待之外,还要努力做到不争、不抢、不换. 学生能做的就不要和学生争着做,教师的任务是顺应学生之路帮其做得更好. 学生能慢慢表达清楚的就不要抢学生的话头帮他说,也不要随意换一个同学替他说,教师的任务是在其基础上引导其提炼出本质的、规律的、共性的东西来,如果教师的点拨能经常让学生有恍然大悟、原来如此的惊呼或感叹,师生所营造出的这种课堂才是自然生长的(可以听到拔节的声音)、优美的课堂.

三、自然生长的课堂一定是立足单元、逻辑连贯的课堂

沪教版新教材在每一册课本的前言中都有一句话:"数学学科是一个有机联系的整体,一定要避免知识的碎片化,从根本上改变单纯根据'知识点'来安排教学的做法. 人为地将知识链条打断,或将一些关键内容以'减负'的名义删去,只会造成学生思维的混乱,影响学生对有关知识的认识与理解,实际上反而会加重学生学习的负担,是不值得效法的."笔者始终将这段用来阐释编写教材所遵循宗旨的话来指导自己的教学. 例如,相对于上海二期课改数学教材,在沪教版新教材选择性必修第二册"第7章 概率初步(续)"中增加了条件概率与全概率这两节内容. 笔者所在备课组在初期研讨时一致认为,本章的教学应该安排在必修三"第12章 概率初步"这一章教学的后面,但后来我们又放弃了这种想法. 是基于什么考虑改变了这种自然而然的授课计划呢? 按照初期研讨的想法,我们的授课顺序是:必修三"第12章 概率初步"、选择性必修二"第7章 概率初步(续)"、必修三"第13章 统计". 但后来考虑到,"概率初步(续)"这一章的第2节"7.2 随机变量的分布与特征"中随机变量的数学期望与方差是"统计"这一章第5节"13.5 统计估计"中的平均数与方差、标准差等概念的自然延伸,前后概念在内涵与性质上有很多相通之处! 再考虑到教材使用上的跳跃性,学生先使用必修三再使用选择性必修二,然后再回到必修三,最后再学习选择性必修二的"第8章 成对数据的统计分析",像这样来回切换,不利于学生对所学知识形成整体的认识与把握. 因此,最后确定的教学顺序是:必修三"第12章 概率初步""第13章 统计"、选择性必修二"第7章 概率初步(续)""第8章 成对数据的统计分析".

在进行条件概率与全概率这两节的教学时,我们紧紧把握住条件概率与无条件概率(即必修三第12章中所学的概率)的联系,引导学生回忆必修三中所学的概率知识,并结合具体例子让学生体验总体的相对性,然后自然过渡,得到条件概率这种新的概念.而在进行全概率教学时,我们从其上一节的条件概率(一个条件)出发,结合具体例子,体会"一个条件""两个条件""多个条件"下事件的概率,自然得到全概率问题,并展开对其求解方法的探索.

在进行高三数学"圆锥曲线"复习课教学时,为了使学生完成对圆、椭圆、双曲线的整体认识,我们在试卷中有意识地加入与"阿波罗尼斯圆""卡西尼卵形线"相关的一些试题,也是对数学文化的主动渗透,例如以下各题.

试题1 满足条件 $AB=2$,$AC=\sqrt{2}BC$ 的三角形 ABC 的面积的最大值为_____.

试题2 已知 $\triangle ABC$ 中,内角 A,B,C 的对边分别为 a,b,c,且 $c=2b$,$a=1$,则 $\triangle ABC$ 面积的最大值为_____.

试题3 定义:如果曲线段 C 可以一笔画出,那么称曲线段 C 为单轨道曲线,比如圆、椭圆都是单轨道曲线;如果曲线段 C 由两条单轨道曲线构成,那么称曲线段 C 为双轨道曲线.对于曲线 $\Gamma:\sqrt{(x+1)^2+y^2}\cdot\sqrt{(x-1)^2+y^2}=m(m>0)$ 有如下命题:

p:存在常数 m,使得曲线 Γ 为单轨道曲线;

q:存在常数 m,使得曲线 Γ 为双轨道曲线.

下列判断正确的是(　　).

A. p 和 q 均为真命题　　　　　　　　B. p 和 q 均为假命题

C. p 为真命题,q 为假命题　　　　　D. p 为假命题,q 为真命题

当然,选择这些试题的原因绝不仅仅是为了促成对圆锥曲线认识的整体化与对数学文化的感悟,也是着眼于学生对数学思想方法与学科本质的体会.对于试题1与试题2,其求解方法很多,如基于作高的勾股定理法、基于解斜三角形的纯三角法、直奔欲求主题的面积公式法、基于寻找动点(如试题1中的点 C,试题2中的点 A)运动规律的坐标法等.而试题3的用意在于考查学生对解析几何学科本质的理解,即用代数的方法研究图形的几何性质,如通过将曲线方程中的 x 替换为 $-x$,y 替换为 $-y$ 来判断曲线 Γ 的对称性,通过令 $x=0$ 及令 $y=0$ 来推断曲线 Γ 与坐标轴的位置关系等等.

试题1、2、3完成后,我们还引导学生课外去探索相应的一般情形,从而获得对阿波罗尼斯圆与卡西尼卵形线的完整认识,在此基础上达成对圆锥曲线较为整体而全面的把握(基于定点个数与四则运算意义).

四、自然生长的课堂一定是努力让数学可视化的课堂

《普通高中数学课程标准(2017年版2020年修订)》中对数学学科的课程性质有一段描述:"数学源于对现实世界的抽象,基于抽象结构,通过符号运算、形式推理、模型构建等,理解和表达现实世界中事物的本质、关系和规律."确实,抽象性是数学的重要特性.事实上,数学抽象是数学的基本思想,是形成理性思维的重要基础,反映了数学的本质特征,贯穿在数学产生、发展、应用的过程中.数学抽象使得数学成为高度概括、表达准确、结论一般、有序多级的系统.如何理解抽象、克服抽象、习惯抽象也成为学生学好数学与否的关键,而如何具化抽象(将抽象具体化、形象化)、解释抽象、利用抽象就成为教师能否教好数学的重要标志.

那么,面对抽象,教师的教学对策如何?

我们说,这个问题答案的一部分就在课标中.上述课标在"实施建议"的"教学建议"部分所

给出的第(5)条建议为:重视信息技术运用,实现信息技术与数学课程的深度融合.该条建议指出:在数学教学中,信息技术是学生学习和教师教学的重要辅助手段,为师生交流、生生交流、人机交流搭建了平台,为学习和教学提供了丰富的资源.教师应重视信息技术的运用,优化课堂教学,转变教学与学习方式.例如,为学生理解概念创设背景,为学生探索规律启发思路,为学生解决问题提供直观,引导学生自主获取资源.教师应注重信息技术与数学课程的深度融合,实现传统教学手段难以达到的效果.例如,利用计算机展示函数图像、几何图形运动变化过程;利用计算机探究算法、进行较大规模的计算;从数据库中获得数据,绘制合适的统计图表;利用计算机的随机模拟结果,帮助学生更好地理解随机事件以及随机事件发生的概率.因此,我们获得了这样的教学见解:合理地使用信息技术在一定程度上可以变抽象的不可见为直观的可见(即可视化),从而化解学生对抽象的理解困难(眼见为实),帮助学生自然地跨越学习之困难.

然而,笔者认为,信息技术绝非实现(或基本实现)数学可视化的唯一手段!举例、类比(以数学或生活中的相关对象或现象作比)、特殊化等都可以对可视化做出贡献.

表 2.1 呈现了若干数学概念、公式或现象及相应的可视化对策.

表 2.1

数学概念、公式或现象	可视化对策
进水管与排水管问题	举例类比:居民楼居民用水;家中使用热水宝;电量不足的电脑插上插头后继续使用;手机充电时仍然使用手机的坏习惯等
平方差公式、完全平方公式;基本不等式;和差角三角公式	平面图形的拼接、旋转中线段、面积之间的等量或不等关系等
抽象的数列问题	特殊化对策,列出前有限项观察寻找规律
数学归纳法	多米诺骨牌演示;愚公移山子子孙孙无穷匮矣类比
复数概念的引入	用抛物线图像呈现意大利数学家卡尔达诺《大术》中的一个问题"将 10 分成两个部分,使它们的乘积等于 40";16 世纪意大利数学家邦贝利解三次方程 $x^3=15x+4$ 时遇到的奇怪现象
函数的零点	二分法让零点可视
$\sqrt{2}$	用迭代数列求 $\sqrt{2}$ 的近似值(详见沪教版高中数学选择性必修第一册教材) 推荐阅读著作《2 的平方根——关于一个数与一个数列的对话》(戴维·弗兰纳里著,郑炼译)
圆锥曲线名称的由来	在 GeoGebra 环境下,通过平面从不同角度截取圆锥,动态展示平面截取圆锥的过程,得到圆、椭圆、双曲线、抛物线等圆锥曲线,并总结出所截曲线类型与平面倾斜角之间的关系
对椭圆、双曲线、抛物线定义的理解	课前请学生预习,教师准备两套徒手画图教具,上课伊始请两组学生上台在黑板上合作作图
两个二面角的半平面对应垂直,判断这两个二面角大小之间的关系	请两位学生上台,各拿一本书演示
$f(x)f(y)=f(x)+f(y)$、$f(x+y)=\dfrac{f(x)+f(y)}{1-f(x)f(y)}$ 等函数方程问题	借助模特函数[如 $f(x)=\log_a x$,$g(x)=\tan x$]寻找解题思路
章或单元复习课	思维导图

关于数学的可视化,下面两本书供读者朋友参考.

(1)《数学的语言:化无形为可见》(齐斯·德福林著,洪万生等译,广西师范大学出版社,2013年).该书以简单易懂的方式解释并深入浅出地介绍了一系列数学概念,对数学的基础理论和应用进行了全方位解读.书中内容丰富、生动有趣,不仅让读者感受到了数学的美妙和辽阔,也使人们更深入地了解了数学在各领域的应用.读完本书,读者不仅可以对数学产生浓厚的兴趣和爱好,而且可以开阔视野,拓展生活中对数学的应用.数学教师也可以从本书中学到不少用于数学教学的对策,从而更好地设计出自然生长的数学课堂.

(2)《数学的可视化技术及数学美赏析》(方文波,宁敏,方朝剑,科学出版社,2021年).本书用精美直观的几何图形来展现数学的美,使只有中学数学基础的广大读者也能欣赏到数学的美.内容有曲线、曲面、平面区域与空间立体、分形等四章.每章先介绍本章对象的可视化技术;方程设计方法以及绘制算法,然后对本章对象进行赏析,在这部分,有图形,有方程,有的还有应用和故事.书中有 300 多幅彩色插图,共有 1 000 多幅几何图形,囊括了几乎所有世界著名曲线和曲面.所有图形均在随书赠送的绘图软件 MathGS 中绘制,读者可以根据书中给出的方程及相关绘图参数在 MathGS 中亲手绘制出图形.本书可作为高等院校理工科各专业高等数学课程的教材,也可作为大学数学教师进行信息化教学的有力工具用书,同时也可供中学数学教师作为拓展读物.

第二节　自然生长的数学课堂教学示例

身边有一本由复旦附中数学组集体编写的《复旦大学附属中学数学教学讲稿选辑》(谢应平,学林出版社,2005 年),是 2005 年我校发给每一位数学教师的.在本书"编者的话"中编者阐明了编写该书的目的:对 55 年来附中数学教研组的课堂教学进行总结,以便于同行互相之间的切磋和提高,并向 55 周年校庆献上一份贺礼.

在本书的"序"中,主编谢应平校长指出:复旦附中的数学教学得到了数学家苏步青、谷超豪、胡和生、李大潜等院士的直接关心和指导,在以特级教师曾容为代表的历任教师的扎实有效的努力下,形成了"过程教学法"的特色.如果说,早先完成的市级科研课题"数学教学应是过程教学"和出版的书籍《返璞归真、滋兰树蕙》是总结了曾容老师个人的教学特色,那么,本书则是反映了全体数学教师的教学现状,他们正在继承和发扬复旦附中的优秀传统,从中可以看到复旦附中引导学生应该学什么和如何学的轨迹.

若从教学设计结构的完整性来看,本书正文中呈现的所有案例的结构都不完整,但细细读来却很有味道(将深刻的数学思考娓娓道来),这说明无论是形式(娓娓道来)还是内容(数学思考)均受到了曾容老师的直接影响,令笔者无限仰慕.接下来本书所呈现的一些案例也想模仿这种风格(但也会同时融入自己对教学设计的诸多思考).为了使读者能体会这种风格,在此先将笔者十几年前所拿到的曾容老师的一段手写讲稿(曾老师到我校授课时所发)与大家分享.

曲线与方程

什么是解析几何? 我们先来思考下面两个问题:

1. 什么是线段的长度? 什么是两点间的距离公式? 它们是用什么方法得到的? 在概念上有什么不同?

2. 什么是数轴? 数轴与直线有何差别? 为什么?

解析几何又称坐标几何.是用位置概念(坐标)使数形结合,是数形结合的范例.是用数系统地研究形的.建立坐标系,使点有坐标,然后建立曲线方程,用方程的代数性质研究曲线的几何性质.

几何研究的对象是图形,简单的是直线形,复杂些的是曲线形,构成平面图形的基本元素是点和直线,直线也可看作点的某种轨迹(集合).

直线形简单的是多边形,多边形的基本结构是边和角,怎样把它们代数化?用数表示.边长由两点间的距离公式量化,而角呢?角由射线构成,先把它看作由基本元素直线构成,任意两条直线都可构成角,怎样代数化?我们另用一条直线去交它们,如果知道它们各自与第三条直线所交成的角,那么它们之间的角就可算出.我们取 x 轴为第三条直线,作为基准.考察任意直线对 x 轴的角,称为倾斜角,记为 α,再把倾斜角 α 代数化为斜率,即斜率 $k = \tan\alpha\left(\alpha \neq \dfrac{\pi}{2}\right)$,作为研究角的基本工具.这样就把两条任意直线的角化为一条任意直线关于 x 轴的角,把两个"任意"降为一个"任意",便于掌握.

曲线是作为点的轨迹或集合,由几何条件确定的轨迹称为几何曲线,如圆是到一个定点的距离等于定长的点的轨迹,是几何曲线.

对于一条几何曲线,它是由具有某种几何性质或者满足某种条件的点构成的(集合),因此它的点都具有某种性质或者都满足某种条件,而不是它的点就都不具有或都不满足所说的性质条件.在坐标平面内我们把所说的性质条件列成方程(一个方程就是一个条件),于是:

对于坐标平面内的一条几何曲线 C,若存在一个方程 $F(x, y)=0$,使得曲线 C 上的点的坐标都满足方程 $F(x, y)=0$,而不在曲线 C 上的点的坐标都不满足方程 $F(x, y)=0$,则方程 $F(x, y)=0$ 称为曲线 C 的方程.

因为逆否命题与原命题等价,所以可把"不在曲线 C 上的点的坐标都不满足方程 $F(x, y)=0$"换成"坐标 (x, y) 满足方程 $F(x, y)=0$ 的点 $P(x, y)$ 都在曲线 C 上",这是由曲线条件确定方程,称为曲线方程.

解析几何还要研究方程的曲线,即方程作图问题,是以方程 $F(x, y)=0$ 的解为坐标 (x, y) 的点的轨迹(集合).

对于几何曲线,曲线方程与方程曲线是一致的,但若不是几何曲线,则只有方程曲线,无所谓曲线方程,曲线依赖于方程而存在.

《复旦大学附属中学数学教学讲稿选辑》中杨丽婷老师撰写的《直线的倾斜角和斜率》就具有曾老师的鲜明风格,尤其是开始部分完全沿用了曾老师的做法,摘录部分如下:

直线的倾斜角和斜率

上一节课我们在平面上建立坐标系之后,点有了坐标即点已经数字化、代数化.几何最简单、最基本的图形是直线形、多边形.它们的边可以通过距离公式代数化,而角呢?

角可以看作由几何的基本元素直线构成的,是两条直线的交角,任意两条直线都有交角,两条直线是任意的,怎么把它们的交角算出来?怎么代数化呢?

如果我们用一条已知直线与它们相交,能算出它们分别与这一已知直线的交角,那么能否算出它们之间的交角呢?显然可以,只要把两条任意的直线的交角分解成一条任意直线与一条已知直线的交角,就把问题简化了.可是,究竟取哪一条直线作为已知的呢?最基本的是 x 轴,所以我们说对于一条和 x 轴相交的直线 l,x 轴绕着交点按逆时针方向转到和直线 l 重合时所转过的最小正角 α,称为直线的倾斜角;规定直线 l 与 x 轴平行或重合时,其倾斜角为 0.

从倾斜角的定义中可以知道,直线倾斜角的范围是$[0,\pi)$,平面上任何一条直线都有唯一的倾斜角与之对应.

为了使角能参与代数运算,我们考虑倾斜角的三角函数,可是对于角的三角函数而言有很多,正弦、余弦、正切、余切以及正割、余割,到底选择哪一个作为倾斜角代数化的对象呢?考虑直角坐标平面内任意一条与x轴相交的直线,直线与x轴相交于点$A(a,0)$,在直线上任取一点异于点A的点$B(x,y)$,可以发现……(论述了选择倾斜角的正切的思考过程及合理性)

为了使读者对这种"曾氏"风格有更深的了解与认识,我们再摘录《复旦大学附属中学数学教学讲稿选辑》中李朝晖老师撰写的《充分条件和必要条件》教学案例中的若干片段.

充分条件和必要条件

这节课我们学习充分条件和必要条件.我们做事情都需要具备条件.例如:

1. 做一件衬衫,需要布料,到布店去买,店员说买 3 米就足够了.这就产生了 3 米布料与做一件衬衫够不够的关系.

2. 一人病重,呼吸困难,急诊住院接氧气,这就产生了接氧气和活命与否的关系.

下面我们来讨论条件与事件的两种关系.

像例①的条件足够使事件完成,我们就说这种条件是充分条件.

充分条件:若条件A足以使事件B成立,则称条件A为事件B成立的充分条件,简称A是B的充分条件.(充分为足够之意,保证能由A证得B,$A \Rightarrow B$.)

像例②的条件,未必能使事件完成,但要活命,接氧气是必不可少的,少则没命,我们称这种条件为必要条件.

必要条件:若没有条件A,则事件B不能成立,就称条件A为事件B成立的必要条件,简称A是B的必要条件.(必要为不可缺少之意,少则不成.$\bar{A} \Rightarrow \bar{B}$.)

由于逆否命题与原命题等价($B \Rightarrow A$ 与 $\bar{A} \Rightarrow \bar{B}$ 等价),故若由B能证得A,亦即A是B的必要条件.

充分条件可能会有多余浪费,必要条件可能还不够使事件成立,既是必要条件又是充分条件称为充要条件(不多不少).

例 1 判断下列各题中条件与事件的关系(略).

一般说来,在现实生活中,做一件事情,没有单一的充分条件使它成立;破坏一件事情,也没有单一的必要条件.

接下来探索命题的四种形式与充要条件的关系(略).

若常常以上述方式展开对教学的思考,则自然生长的数学课堂将常伴我们左右.

2.2.1 不等式的性质

一、教材分析

在沪教版新教材中,"不等式的性质"这节课位于必修一"第 2 章 等式与不等式"的第 1 节"§2.1 等式与不等式的性质"中,与上海二期课改教材不同的是,新教材中融入了预备知识.如此处的"§2.1.1 等式的性质与方程的解集"及"§2.1.2 一元二次方程的解集及根与系数的关系".这两部分内容学生在初中已经学习或有所了解,而现在,学习它们的经验及所得的知识将迁移至高中对不等式的学习,为不等式的学习提供了可以参考、比较、应用的原料.俗话说,比较出真知、比较分优劣、比较见真伪,在新旧对比中开展学习往往可以有更多的启发,获取知识、形成能力更快、更牢.

对于等式的性质,学生早在小学五年级第一学期与六年级第二学期已经学习过,并且都是以文字语言表述的.例如:

等式性质1 等式两边同时加上(或减去)同一个数或同一个含有字母的式子,所得结果仍然是等式.

等式性质2 等式两边同时乘以同一个数(或除以同一个不为零的数),所得结果仍是等式.

小学学习等式的基本性质是在刚刚认识了等式与方程的基础上进行授课的,授课方法是在实验的基础上做出归纳.初中在学习一元一次方程及其解法时对上述性质做了回顾.上述高中教材中对等式性质的介绍有三点变化:其一是将文字语言变为符号语言;其二是为每一条性质命了名;其三是增加了传递性,并将其作为第一条性质.变化一是因为符号既可以表示数,也可以表示含有字母的式子;变化二便于记忆;变化三背后的逻辑思考是:传递性反映了相等关系自身的特性,而原来的两条性质均是从运算角度提出的,反映了等式在运算中保持的不变性(运算中的不变性就是性质).

沪教版必修一教材中对等式性质的描述如下.

(1) **传递性** 设 a,b,c 均为实数,如果 $a=b$,且 $b=c$,那么 $a=c$.

(2) **加法性质** 设 a,b,c 均为实数,如果 $a=b$,那么 $a+c=b+c$.

(3) **乘法性质** 设 a,b,c 均为实数,如果 $a=b$,那么 $ac=bc$.

紧接着的下一段又做了一点补充说明:当一个等式成立时,由上面的性质,在等式两边减去同一个数,或除以同一个不等于零的数,该等式仍然成立.这条说明沿袭了小学、初中对等式性质表述时所用的文字语言.笔者同意这种"补充说明"形式的处理方式,因为它凸显了加法与乘法的主体地位,而将减法与除法视为上述性质的自然推论(减去一个数就是加上该数的相反数,除以一个非零数就是乘以该数的倒数,体现了鲜明的转化思想).但考虑到实际应用时的方便,还是把减法与除法的情况做了补充,意在引导学生既要回头从性质中寻找其正确的依据,又要会在实战中直接使用.

诚如上述分析,对等式性质的思考与呈现遵循了如下的自然顺序:首先是呈现"反映相等关系自身特性"的性质;然后再呈现"等式在运算中的不变性"所对应的性质.这种"序"将会直接迁移至对不等式性质的研究.

基于这种思考,人教版新教材中对等式性质的描述如下.

等式有下面的基本性质:

性质1 如果 $a=b$,那么 $b=a$;

性质2 如果 $a=b$,$b=c$,那么 $a=c$;

性质3 如果 $a=b$,那么 $a\pm c=b\pm c$;

性质4 如果 $a=b$,那么 $ac=bc$;

性质5 如果 $a=b$,$c\neq 0$,那么 $\dfrac{a}{c}=\dfrac{b}{c}$.

综合比较沪教版教材与人教版教材对等式性质的表述,笔者建议在沪教版上述三条性质的最前面增加一条对称性:设 a、b 为实数,如果 $a=b$,那么 $b=a$. 也是在为接下来要研究的不等式的性质做铺垫.

值得说明的是,对称性的呈现看似莫名其妙,好像确实给人一种"完全没有必要"的感觉,但事实并非如此. 因为, 若基于"等价关系"考虑, 再加上一条自反性才更完整, 即: 设 a 为实数, 则 $a = a$.

什么是等价关系呢? 它在中学数学中的重要性如何呢?

在用向量表示复数时, 为什么要以原点为始点的向量与复数建立一一对应? 讨论正弦函数性质时, 为什么只在区间 $[0, 2\pi]$ 上研究就行了? 讲解数学概念或进行数学解题时, 常需要把研究对象分类, 那么分类是如何进行的? 它的思想方法是什么? 在数学研究中, 我们常常从各种各样的对象中筛选出它们的共同性质, 这种抽象过程的思想方法又是什么? 在概念形成中起了什么作用? ……所有这些问题的回答都与一种特殊关系——等价关系有密切的联系.

等价关系是个重要的概念, 它贯穿于初等数学与高等数学之中.

具体而言, 记 R 是集合 X 上的一个关系, 如果 R 满足自反性、对称性、传递性, 则称 R 是 X 上的等价关系. 例如中国人集合上的"同姓"关系、"同民族"关系都是等价关系. 数集上的"相等"关系, 三角形集合上的"全等""相似"关系, 正整数集合上的同余关系也都是等价关系. 但实数集上的"大于"关系、"小于"关系都不是等价关系, 大于等于关系虽然具有自反性、传递性, 但不具有对称性(与集合的包含关系一样具有反对称性, 即: 如果 $a \geqslant b$, 且 $b \geqslant a$, 那么 $a = b$), 因此也不是等价关系. 若在集合 X 上给定一个等价关系 R, 把 X 划分成一些等价类, 每一个等价类中的元素在等价的意义下具有同等的地位与"相同"的性质. 比如, 两个全等三角形, 它们的位置可能不同, 但就它们的形状、大小而言, 这两个三角形是"相等"的. 两个相似三角形, 尽管它们的大小不一样, 但它们具有相同的形状, 在相似这个意义下, 它们是"相等"的. 因此, 等价类中的任一元素, 都可以代表此类中所有元素的共性. 在实际运用中, 我们常常选择适当的元素作为等价类的代表.

可以看出, 如果我们在研究对象中引进一种等价关系, 那么, 由此而产生的等价类中所有元素就某一性质而言是"相等"的, 于是, 这个性质从这些对象的其他性质中抽象出来, 成为独立的高一级的抽象概念, 这就是数学抽象的一种形式: 等置抽象. 这对于数学抽象核心素养的培养具有积极的意义.

生活中, 爱可以理解为一种等价关系, 具有自反性、对称性、传递性. 自反性是自己与自己具有这种关系, 即自己要会爱自己. 对称性是你爱我我也爱你, 爱具有相互性. 传递性表明爱的光辉可以由此及彼, 具有感染力. 德国卡尔·西奥多·雅斯贝尔斯在《什么是教育》中说: 教育的本质是一棵树摇动另一颗树, 一朵云推动另一朵云, 一个灵魂唤醒另一个灵魂. 而充满爱的教育可以成全这种本质的实现.

事实上, 对"相等"的界定正是借用了等价关系. 在等式的性质这一节, 对符号"="的含义, 即"相等"一词, 一般不做解释. 因为通常把"相等"看作一个不需要用其他数学概念解释的原始概念——两个东西是相等的, 说明这两个东西可以互相代替. 通常是用由"自反性、对称性、传递性、代入公理"所组成的基本事实作为公理来间接地规定应该怎么使用等号, 即:

(自反性) 对于一切对象 x 都有 $x = x$;

(对称性) 如果 $x = y$, 那么 $y = x$;

(传递性) 如果 $x = y$ 并且 $y = z$, 那么 $x = z$;

(代入公理) 如果 $x = y$, 那么把一切"关于 x 的式子"中 x 的值换成 y 的值后, 计算结果不变.

代入公理其实在小学就使用过. 因为是否遵从代入公理是判定我们"能不能这么定义一个数学概念"的标准. 比如, 假设我们规定 0 可以作除数, 那就意味着对于每一个实数 x, 它除以

0后都能得到一个结果y,即$\frac{x}{0}=y$.现在考察式子$0\times a$.如果$\frac{x}{0}=y$,那么分别用$\frac{x}{0}$,y去替换$0\times a$中的a,所得结果应该是相同的.但$0\times\frac{x}{0}=x$,$0\times y=0$,这就导致对于一切实数x都有$x=0$,从而违反了代入公理.因此,我们不能把0当除数.

我们回到对等式性质与不等式性质的讨论,前面梳理的是等式的性质,下面看不等式的性质.

学生在初中是学习过不等式的性质的.出现在六年级第二学期一元一次不等式(组)这一节,当时是通过具体实例归纳出了一些不等式的性质.

如创设观察天平秤活动:天平秤左右两边原来分别有5个、4个砝码,在两边各增加3个砝码;在两边各减少1个砝码.观察天平秤的偏向.要求学生写出相应的不等式(5>4,5+3>4+3,5-1>4-1).从而归纳出不等式性质1(教师在授课时还需再增加几个类似的活动才能开始归纳):

不等式性质1 不等式的两边同时加上(或减去)同一个数或同一个含有字母的式子,不等号的方向不变,即:如果$a>b$,那么$a+m>b+m$;如果$a<b$,那么$a+m<b+m$.

创设距离情境:李老师与王老师的家离学校的距离都是6千米,下班后他俩同时骑车回家,骑车的速度分别是每分钟0.2千米与每分钟0.15千米.10分钟后,他俩谁离学校的距离远?谁离自己家的距离远?要求学生写出相应的不等式并做判断,归结的问题是:已知$0.2>0.15$,问0.2×10与0.15×10的大小关系如何?$6-0.2\times10$与$6-0.15\times10$的大小关系如何?再通过几个相类似的情境启发学生纳出不等式性质2与不等式性质3.

不等式性质2 不等式的两边同时乘以(或除以)同一个正数,不等号的方向不变.即如果$a>b$,且$m>0$,那么$am>bm$(或$\frac{a}{m}>\frac{b}{m}$);如果$a<b$,且$m>0$,那么$am<bm$(或$\frac{a}{m}<\frac{b}{m}$).

不等式性质3 不等式的两边同时乘以(或除以)同一个负数,不等号的方向改变.即如果$a>b$,且$m<0$,那么$am<bm$(或$\frac{a}{m}<\frac{b}{m}$);如果$a<b$,且$m<0$,那么$am>bm$(或$\frac{a}{m}>\frac{b}{m}$).

可以发现,相对于小学五年级对等式性质的文字化描述,六年级对不等式性质的描述同时呈现了文字语言与符号语言,这是符合学生的认知水平的.但在每一条性质中,都同时对$a>b$与$a<b$加以陈述则稍嫌啰唆,需知不等号不仅有"大于""小于",还有"大于等于"与"小于等于".作为优化措施,可在不等式的性质中增加类似于等式中"对称性"的性质作为第一条:如果$a>b$,那么$b<a$;如果$b<a$,那么$a>b$.即$a>b \Leftrightarrow b<a$.在人教版的必修一教材中,对不等式性质的展开即是如此.

自此,一个自然的问题出现了:既然初中已学习过不等式的性质,现在到了高中,为什么还要研究不等式的性质?与初中的区别何在?事实上,答案也是明显的:初中由具体实例归纳出的这些性质为什么是正确的呢?除了初中介绍过的,还有其他不等式的性质吗?我们说,这正是高中要解决的任务.

基于上述认识,我们来梳理"不等式的性质"这一讲教学的要点(2课时).

要点1 建立实数之间比大小的依据(三等价原则,或称基本事实);
要点2 类比等式的性质猜测并证明不等式的性质;
要点3 继续探索不等式的其他性质;
要点4 应用不等式的性质解决问题(如比较大小等)、得到重要的恒不等式.

详述如下.

对于要点1,要明确两点:其一是实数的大小关系是如何规定的;其二是借助运算将实数的大小关系转化为差运算所得实数的正负性.此处体现了几何与代数的比翼齐飞、数与形的自然结合.由于数轴上的点与实数一一对应,因此可以利用数轴上点的位置关系来规定实数的大小关系,位于左边的点对应的实数小于位于右边的点对应的实数.但考虑到实际操作的便捷性,关于实数大小的比较常有赖以下的基本事实:如果 $a-b$ 是正数,那么 $a>b$;如果 $a-b$ 等于 0,那么 $a=b$;如果 $a-b$ 是负数,那么 $a<b$.反过来也对.即:$a>b \Leftrightarrow a-b>0$;$a=b \Leftrightarrow a-b=0$;$a<b \Leftrightarrow a-b<0$.即要比较两个实数的大小,可以转化为比较它们的差与 0 的大小(常被称为作差比较法).

对于要点2,沪教版必修一教材中完全将等式的三条性质平移过来,叙述、命名并证明了不等式的三条性质(被称为不等式的基本性质):

(1) 传递性 设 a,b,c 均为实数,如果 $a>b$,且 $b>c$,那么 $a>c$.
(2) 加法性质 设 a,b,c 均为实数,如果 $a>b$,那么 $a+c>b+c$.
(3) 乘法性质 设 a,b,c 均为实数,
 如果 $a>b$,且 $c>0$,那么 $ac>bc$;
 如果 $a>b$,且 $c<0$,那么 $ac<bc$.

沪教版中的这种安排非常方便教师开展类比教学:不等式与等式性质的相同与相异.在对性质的表述上,与五年级、六年级相比,高一教材中直接以符号语言给出,但在边款中同时给出了相应的文字语言表述.笔者体会这种处理很好!因为步入高中数学,符号语言便大行其道,稳居上风.但在对符号语言的理解上,文字语言起着极端重要的作用,然而这却是学生的薄弱点——不习惯或不会用自己的语言将符号语言翻译出来,在形成自己的理解上存在困难.

对于要点3,沪教版教材中以例题的形式依次给出了同向可加性、倒数法则、正数同向不等式可乘性、乘方性质、开方性质,这些性质被称为不等式的常用性质.另外,移项法则、异向可减性、正数异向不等式可除性也出现在了例题中.教参中特别指出这些常用性质也被列入教材第二章的内容提要栏目,可以直接使用,无须另外加以证明.

值得关注的是教材中对开方性质的表述与二期课改教材有较大区别(两者的证法相同,均为反证法).

(1) 二期课改教材:如果 $a>b>0$,那么 $\sqrt[n]{a}>\sqrt[n]{b}$ ($n \in \mathbf{N}^*$,$n>1$).
(2) 新课标新教材:如果 $a^n>b^n>0$,其中 $a>0$,$b>0$,n 是正整数,那么 $a>b>0$.

其原因是在新教材中直到"第3章 幂、指数与对数"才将整数指数幂拓展到有理数指数幂.

教师在教学中以及学生在学习中面临的问题是:这些基本性质与常用性质看起来又多又乱,如何有序掌握它们呢?

事实上,任何一个(类)数学对象的性质都有层次性,这是数学对象的构成元素、相关要素之间关系以及与同类对象之间联系的反映,是数学结构与体系的具体化.定义所给

出的一类数学对象的内涵,是这类对象的基本特性,处于性质的"内核",是研究其他性质的出发点(例如,两个实数大小的基本事实是研究等式、不等式性质的出发点);由定义直接推出的性质,往往称为基本性质;接着是对象的相关要素之间的关系,以及通过建立相关知识之间的联系而得出的性质,这种联系有"远近"之分.所以,数学对象的性质一般是一个有序多级的系统.

我们认为,不等式性质可分为三个层次:

第一层次 自反性与传递性,这是不等式自身的特性,是实数顺序性的规律反映.

等式与不等式的自反性、传递性是代数推理的逻辑基础.但因为它们太过基本,故学生不容易自主发现.教学时可以由教师直接提出来,并结合初中的相关知识让学生体会其必要性,如对乘法公式与公式法分解因式基于互逆观点的统一把握,在使用中对正用、逆用的灵活选择.这种观点将直接影响后面对基本不等式的学习与运用.

第二层次 加法性质与乘法性质称为基本性质.

因为在数的运算中,加法、乘法是最基本的运算,所以在加法、乘法运算中的不变性、规律性是基本性质.当然,这两条可概括为不等式的线性性质(类似于对一次函数单调性的叙述).读者也可与随机变量期望的线性性质及方差的性质做对比.

第三层次 由实数的性质、不等式的基本性质推出的常用性质.

为什么要研究它们并专门命名为"常用性质"呢?我们体会主要有以下三条理由:首先,"常用性质"可以看成基本事实、基本性质的推广、应用,它们丰富了不等式性质的内涵.例如,同向可加性是加法性质的推广,倒数法则是乘法性质的推论或特殊化,正数同向不等式可乘性是乘法性质的推广,乘方性质是正数同向不等式可乘性的特殊化.其次,这些性质由基本事实、基本性质推出,它们离具体问题"更近",所以"更好用".再次,它们更深入地体现了"运算中的不变性、规律性"等等.实际上还可以有一些"常用性质",在教学中可作为用不等式的性质进行证明的例题,也可以作为探究性学习内容,让学生自己进行猜想、证明.如教材中作为例题呈现的移项法则、异向可减性、正数异向不等式可除性正是基于上述考虑.

以"第三层次"承载的任务视角来审视沪教版中为呈现"同向可加性"及"逆向可减性"所设置的例题(分别为例8、例9,如图2.1所示),其证明方法值得优化.

例8 已知 $a>b$, $c>d$. 求证:$a+c>b+d$.

证明 因为 $a>b$, $c>d$,所以 $a-b>0$, $c-d>0$. 于是

$$(a+c)-(b+d)=(a-b)+(c-d)>0,$$

即 $a+c>b+d$.

例8表明,由 $a>b$, $c>d$ 可推出 $a+c>b+d$. 这称为不等式的同向**可加性**.

例9 已知 $a>b$, $c>d$. 求证:$a-d>b-c$.

证明 因为 $a>b$, $c>d$,所以 $a-b>0$, $c-d>0$. 于是

$$a-d-(b-c)=(a-b)+(c-d)>0,$$

即 $a-d>b-c$.

图 2.1

为更清楚地说明问题,我们对比一下人教 A 版中的处理,如图 2.2 所示.显然,人教 A 版

中的叙述"利用这些基本性质,我们还可以推导出其他一些常用的不等式的性质"更清楚地厘清了性质的层次(基本性质的基本性与常用性质的从属性),也给出了证明常用性质的方法(用基本性质).

> 利用这些基本性质,我们还可以推导出其他一些常用的不等式的性质. 例如,利用性质 2,3 可以推出:
> 性质 5　如果 $a>b$, $c>d$, 那么 $a+c>b+d$.
> 事实上,由 $a>b$ 和性质 3,得 $a+c>b+c$;由 $c>d$ 和性质 3,得 $b+c>b+d$. 再根据性质 2,即得 $a+c>b+d$.
> 利用性质 4 和性质 2 可以推出:
> 性质 6　如果 $a>b>0$, $c>d>0$, 那么 $ac>bd$.
> 性质 7　如果 $a>b>0$, 那么 $a^n>b^n$ ($n\in \mathbf{N}$, $n\geqslant 2$).

图 2.2

在沪教版教材所设置的六道介绍"常用性质"的例题中(例 7～例 12),例 8、例 9 是直接用三等价原则(即基本事实)给出的证明,没有体现基本性质的指导性,建议做出调整(像人教 A 版一样).

从前面的讨论可以看到,不等式性质的学习可以使学生的数学抽象、逻辑推理、数学运算等素养得到发展. 从整体上看,本单元内容是按公理化思想编排的(如基本事实就是公理),所以有利于培养学生思维的逻辑严谨性. 正如人教 A 版必修一教材在"第二章 一元二次函数、方程和不等式"单元小结中指出的:以实数大小关系的基本事实为基础,先通过类比、归纳猜想出不等式的性质,再运用逻辑推理证明之,这个过程不仅可以使我们学习发现数学关系、规律的方法,而且可以培养借助直观理解数学内容、通过逻辑推理证明数学结论的思维习惯.

接下来我们看要点 4. 首先根据上述分析,有必要对"要点 4"的内容做调整! 原先的内容为"应用不等式的性质解决问题(如比较大小等)、得到重要的恒不等式",这只是笔者阅读沪教版教材所得到的肤浅认识. 事实上,比较大小、基于比较大小所得到的恒不等式"$a^2+b^2 \geqslant 2ab$"都是基本事实(即三等价原则,可视之为公理)的直接应用,而不是不等式性质(基本性质与常用性质)的应用. 在沪教版教材中将对比较大小问题方法的解读与不等式 $a^2+b^2 \geqslant 2ab$(以定理形式出现)的推证放在了代表常用性质的六道例题之后,容易让人误解,也容易造成逻辑上的混乱,不自然! 作为比较,人教 A 版新教材把"基本事实、比较大小、不等式 $a^2+b^2 \geqslant 2ab$ 的介绍"放在同一小节,且位于对不等式基本性质及常用性质的介绍之前,这种处理的逻辑顺序非常清晰、更加合理,在实际教学时值得借鉴. 基于上述认识,我们将要点 4 调整为"应用不等式的性质解决问题".

在本小节的最后,我们将等式性质与不等式性质知识演变及发展的逻辑路线以图表形式呈现,便于形成更系统的认识,也是为了用于指导下面的课时设计(见图 2.3).

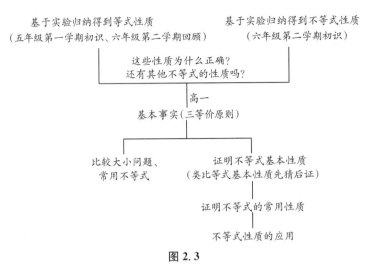

图 2.3

二、课时设计

前两节课我们学习了等式的概念、等式的性质及一元一次、一元二次方程的解法. 与等式相对的就是不等式, 什么叫不等式呢? 请类比等式的概念叙述不等式的概念.

等式用等号"＝"把两个表达式连接起来, 所得的式子称为等式.

不等式用不等号"≠"把两个表达式连接起来, 所得的式子称为不等式.

提问学生不等号的形式及含义. 得到结论: 不等号有四种, 分别是 $>$, $<$, $\geqslant$, $\leqslant$, 依次称为大于号, 小于号, 大于等于号, 小于等于号. 那么对两个实数 a,b 而言, 什么叫 $a>b$? 什么叫 $a<b$? 什么叫 $a\geqslant b$? 什么叫 $a\leqslant b$? 得到结论: 由于数轴上的点与实数一一对应, 因此可以利用数轴上点的位置关系来规定实数的大小关系, 位于左边的点对应的实数小于位于右边的点对应的实数. 但考虑到实际操作的便捷性, 关于实数大小的比较常有赖以下的基本事实: 如果 $a-b$ 是正数, 那么 $a>b$; 如果 $a-b$ 等于 0, 那么 $a=b$; 如果 $a-b$ 是负数, 那么 $a<b$. 反过来也对. 即: $a>b \Leftrightarrow a-b>0; a=b \Leftrightarrow a-b=0; a<b \Leftrightarrow a-b<0$. 即要比较两个实数的大小, 可以转化为比较它们的差与 0 的大小(常被称为作差比较法).

对含有等号的不等号 $a\geqslant b, a\leqslant b$ 的理解是学生学习的一大难点! 在第一章学习集合的包含关系时, 教师应该类比过小于等于与包含于、小于与真包含于的关系, 并通过阐释小于等于与小于之间的联系来帮助学生理解包含于何时能变为真包含于. 如果当时这件事情没有做好, 现在可借此机会再次强化学生对这两个符号的正确认识, 否则在后面学习过平均值不等式后处理"积定和最小, 和定积最大; 要想求最值, 相等不可少"型问题时会屡犯错误, 主要是对其中等号的认识. 如表 2.2 所示.

表 2.2

	$a \geqslant b$		$a \leqslant b$	
含义	$a>b$ 或 $a=b$		$a<b$ 或 $a=b$	
符号所包含的具体情况	$a>b$ 真, 且 $a=b$ 真	不可能	$a<b$ 真, 且 $a=b$ 真	不可能
	$a>b$ 真, 且 $a=b$ 假	例如 $2\geqslant 1$ 为真	$a<b$ 真, 且 $a=b$ 假	例如 $1\leqslant 2$ 为真
	$a>b$ 假, 且 $a=b$ 真	例如 $2\geqslant 2$ 为真	$a<b$ 假, 且 $a=b$ 真	例如 $2\leqslant 2$ 为真
	$a>b$ 假, 且 $a=b$ 假	例如 $1\geqslant 2$ 为假	$a<b$ 假, 且 $a=b$ 假	例如 $2\leqslant 1$ 为假

(续表)

	$a \geqslant b$		$a \leqslant b$
小结	故只有中间两种情况才能用≥号连接.该符号用文字语言描述为"不小于"		故只有中间两种情况才能用≤号连接.该符号用文字语言描述为"不大于"
强化对等号的认识	$2 \geqslant 1$	正确	此处的等号是假的
	$2 \geqslant 2$	正确	此处的等号是真的
	$x^2 \geqslant -1$	正确	此处的等号一定是假的
	$x^2 \geqslant 0$	正确	此处的等号可真可假
	$x^2 \geqslant 1, x^2 \geqslant x$	未必正确	此处的等号均可真可假
	$x^2 \leqslant -1$	错误	此处的等号一定是假的

对四个不等号认识清楚后,教师出示问题:"对于任意给定的两个数或两个式子(意味着可能无法一眼看出大小关系了),如何比较它们的大小呢?"接下来便以一道例题强化对"用基本事实处理比较大小问题"的认识,例题选用沪教版必修一中的例 13 及"定理",但在字母上做出微调.

课本中的例题与定理:

定理 对任意的实数 a 和 b,总有
$$a^2 + b^2 \geqslant 2ab,$$
且等号当且仅当 $a = b$ 时成立.

证明 因为
$$a^2 + b^2 - 2ab = (a-b)^2 \geqslant 0,$$
所以
$$a^2 + b^2 \geqslant 2ab,$$
而且当且仅当 $a - b = 0$ 即 $a = b$ 时,不等式中等号成立.

例 13 设 a 是实数,比较 $(a+1)^2$ 与 $a^2 - a + 1$ 的值的大小.

解 $(a+1)^2 - (a^2 - a + 1) = a^2 + 2a + 1 - a^2 + a - 1 = 3a$.

当 $a > 0$ 时,$(a+1)^2 > a^2 - a + 1$;

当 $a = 0$ 时,$(a+1)^2 = a^2 - a + 1$;

当 $a < 0$ 时,$(a+1)^2 < a^2 - a + 1$.

上课时教师的呈现方式:

例(1)设 x 是实数,比较 $(x+1)^2$ 与 $x^2 - x + 1$ 的值的大小;

(2)设 a,b 是实数,比较 $a^2 + b^2$ 与 $2ab$ 的值的大小.

此处教师留白,请学生展开讨论.可能会有学生使用计算器通过代数字来做判断,但这样做明显有两点不足:其一是可能会遗漏情况,比如只判断出大于等于而漏掉了小于等于;其二是特值法不适宜求解解答题.这就逼着学生回忆前面的"基本事实"而求助于转化之法.解完这两个问题后教师要引领学生做好回顾、比较与反思,发现第(1)小题中两个代数式的大小关系

是不确定的,而第(2)小题中两个代数式的大小关系是确定的,前者永远不会比后者小!由此初步引出"恒不等式"的概念,再来分析其背后的道理是"完全平方式永远是非负的",即 $(a-b)^2=a^2-2ab+b^2\geqslant 0$,为了呼应等式中十分重要的完全平方公式(乘法公式之一,是一种特殊的恒等式),在现今的不等式背景下,我们也应该给予其突出的位置,所以将其以定理的形式凸显,后面还会继续将其纳入常用不等式的大家族(类似于乘法公式的家族中不仅有完全平方公式,还有平方差公式等).

自此,类比前两节课对等式的学习(概念、性质、解方程),我们对不等式的研究行走在一条平行的大道上,目前已完成了对不等式概念的讨论.自然地,接下来便要研究"不等式的性质"!

如何研究呢?(留白,请学生思考片刻,教师提问.)

由于具有研究等式性质的经验与结论,六年级第二学期又有不等式性质的学习与运用经历,学生自然会模仿等式的三条性质说出不等式的"传递性、加法性质与乘法性质".此处,教师出示问题:"为什么这些性质是正确的呢?"通过与学生一起分析欲证结论的本质是"比较两个实数的大小",从而将其归结为与前述"例"相同的转化之法上去,自此,运用"基本事实"证明这三条性质已是水到渠成.

此处,教师还需做的是把学生想不到的"对称性"加入进来.该性质被人教 A 版称为自反性,即 $a>b\Leftrightarrow b<a$. 由于不是严格数学意义上的对称性(只是基于结构的直观叫法),也不是高等数学中所定义的自反性,故不要出现"对称性""自反性"这种词.加入该性质的目的自然是为了与传递性一起来体现不等式自身的性质,同时也是为后面基本不等式的"正用、逆用、变形用"做铺垫,当然,其核心目的一定是训练学生观察数学对象的眼光.

自此,"不等式的性质"这一节的第一课时结束.接下来我们谈谈对第二课时设计的思考.

上一节课我们学习了不等式的基本性质,其中前两条是不等式自身的特性,是实数顺序性的规律反映.后两条刻画了不等式在加法、乘法这两种最基本的运算中的不变性、规律性.运算中的不变性就是性质.这些性质是如何证明的呢?用到了实数大小关系的基本事实(即三等价原则,可视为公理),即:通过作差运算,实现问题的转化——统一地与 0 比较大小.在此基础上,我们总结了一条与初中学过的完全平方公式密切相关的定理,体会了等与不等的和谐共生(人教 A 版同时以赵爽弦图体现),即在完全平方差公式 $(a-b)^2=a^2-2ab+b^2$ 中,既有左右代数式的恒等,亦有 $a^2+b^2\geqslant 2ab$ 的不等,不等中又存在着"有时相等"的刹那.

本节课我们将在已有成果基础上继续我们的探索之旅,能否在这些既有成果基础上发现更多的成果呢?如图 2.4 所示.

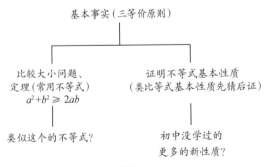

图 2.4

首先小试牛刀,同学们能否从 $a^2+b^2\geqslant 2ab$ 中立刻看出另外的不等式呢?以训练学生对"用字母表示数"及"恒不等式"的理解.比如由 $a^2+b^2=(-a)^2+b^2\geqslant 2(-a)b$ 可以得到 a^2+

$b^2 \geqslant -2ab$(等号当且仅当 $a=-b$ 时成立);由 $a^2+b^2=|a|^2+|b|^2 \geqslant 2|a||b|$ 可以得到 $a^2+b^2 \geqslant 2|ab|$(等号当且仅当 $a=\pm b$ 时成立);$x^2+\dfrac{1}{x^2} \geqslant 2(x \neq 0)$ 等.

接下来尝试由基本性质出发获得更多的新的不等式性质.此时教师面临选择,是直接呈现这些性质然后请学生证明,还是基于基本性质较为自然地"发现"这些新性质呢?笔者推荐后者.具体操作时还是以不等式在加法、乘法运算下的不变性为主,对基本性质条件的结构一般化或特殊化,以获得新的性质.再对不等式在减法、除法运算下的不变性展开探索,以获得类似于加法、乘法情形下的结论,倒数法则(与除法有关)以及学生较为熟悉的等式中的移项法则(与减法有关)在不等式中的应用都会在这种探索中显示.

这里,教师心中的探索目标要明确,探索方向要清晰,即:

先获取第一层次的新性质[基于加法、乘法(乘方),是基本性质中加法性质、乘法性质的推广]:

(同向可加性)如果 $a>b,c>d$,那么 $a+c>b+d$.

(正数同向不等式可乘性)如果 $a>b>0,c>d>0$,那么 $ac>bd$.

(乘方性质)如果 $a>b>0$,那么 $a^n>b^n(n \in \mathbf{N}, n \geqslant 1)$.

再获取第二层次的新性质[基于减法、除法(开方),类比刚刚获得的新性质]:

(不等式中的移项法则)如果 $a+b>c$,那么 $a>c-b$;反之亦然.

(倒数法则)如果 $a>b,ab>0$,那么 $\dfrac{1}{a}<\dfrac{1}{b}$.

(异向可减性)如果 $a>b,c<d$,那么 $a-c>b-d$.

(正数异向不等式可除性)如果 $a>b>0,0<c<d$,那么 $\dfrac{a}{c}>\dfrac{b}{d}$.

(开方性质)如果 $a^n>b^n>0$,其中 $a>0,b>0,n$ 是正整数,那么 $a>b>0$.

在发现新性质(初中没学习过)的过程中,注意体现基本性质的作用.其一,基本性质是新性质的发现之源;其二,新性质的证明用到基本性质(哪怕只用基本事实能证明,也要体现基本性质亦能证明的价值).以下笔者紧扣这两条(即如何发现、如何证明)对新性质的发现、证明等做逐一详述.

对于"加法性质",若不等式 $a>b$ 两边同时加的不是同一个数呢?比如左边加的是 c,右边加的是 d,不等关系能保持吗?要解决这个问题,就自然要对 c 和 d 的大小关系展开讨论.直观来看比较显然,当 $c>d$ 时能保持(建议用文字语言帮助思考与理解:大的加大的当然大于小的加小的.若更加书面些可说成"大数加大数当然大于小数加小数");但当 $c<d$ 时未必(大的加小的未必大于小的加大的).能保持的即为规律!由此获得猜想"如果 $a>b,c>d$,那么 $a+c>b+d$".尽管该猜想使用基本事实可以证明(沪教版教材就是这么证的),但为体现基本性质的奠基性,建议还是不回到基本事实,而是使用已经证明的基本性质为证明依据.将两边加的是不同的数转化到两边加上的是同一个数(注意体会这种转化的妙不可言!言传催顿悟,意会更奇妙).俗话说:"麻雀虽小,五脏俱全."教师宜通过分析帮助学生逐渐树立目标意识(分析法是寻找思路的根本大法).欲证 $a+c>b+d$,运用差异分析法,如何在条件中出现 $a+c$ 呢?有两种途径,一是在不等式 $a>b$ 两边同时加上 c;二是在不等式 $c>d$ 两边同时加上 a.由此自然获得两种不同的证明方法.

证法 1 由 $a>b$ 和加法性质得 $a+c>b+c$.由 $c>d$ 和加法性质得 $b+c>b+d$.再由传递性便得 $a+c>b+d$.

证法 2　由 $c>d$ 和加法性质得 $a+c>a+d$. 由 $a>b$ 和加法性质得 $a+d>b+d$. 再由传递性便得 $a+c>b+d$.

完全类似地,从乘法性质出发便可获得正数同向不等式可乘性,再对其特殊化便得到乘方性质.

自此,第一层次的新性质便发现与证明完毕!

对于第二层次新性质的发现,其起源(发现的由头)可以这样说:"同学们,我们从基本性质出发,发现了不等式的三条新性质,分别体现了不等式在加法、乘法、乘方运算下的不变性.那么,减法、除法、开方运算分别作为加法、乘法、乘方运算的逆运算,肯定也会拥有相类似的新性质,分别是什么呢?让我们先从移项法则与倒数运算开始."教师提出问题,留白请学生思考.

问题 1　不等式中是否也有移项法则呢?

问题 2　非零两数做过倒数运算后所获得的新数之间的大小关系与原数之间的大小关系一致吗?

问题 3　与"同向可加性""正数同向不等式可乘性""乘方性质"相对应的减法、除法、开方的性质如何呢?

接下来师生、生生互动,解决以上三个问题.

针对问题 1 的猜测:如果 $a+b>c$,那么 $a>c-b$;反之亦然.用一次加法性质即可获证.

针对问题 2 的猜测:若两数一正一负,则正数的倒数仍然大于负数的倒数;若两数同号,则倒数的大小关系与原数相反.翻译为符号语言即为"如果 $a>0>b$,那么 $\frac{1}{a}>0>\frac{1}{b}$;如果 $a>b, ab>0$,那么 $\frac{1}{a}<\frac{1}{b}$."后者用一次乘法性质即可获证(两边同乘 $\frac{1}{ab}$).

对于问题 3,为了发现异向可减性,仍从同向可加性出发,可发问:同向不等式若做减法的话,能保持原来的不等号不变吗?此时,文字语言的启发作用至关重要!若能保号,则意味着"大的减大的大于小的减小的",这显然是错误的!由此调整为"大的减小的大于小的减大的",得到"如果 $a>b,c<d$,那么 $a-c>b-d$",即异向可减性.在证明时,只需将其转化为同向不等式(用到了乘法性质)后再用同向可加性即可.

完全类似地,从正数同向不等式可乘性出发便可获得正数异向不等式可除性.最后,对于开方性质,由于指数幂从整数拓展为有理数要到第二章才学习,因此,此处不宜出现 n 次方根.建议从乘方性质的逆命题正确与否出发得到教材中介绍的"开方性质"并启发得到反证法的证明途径.

自此,我们完成了对不等式研究的第二大步"不等式的性质",对比研究等式的路径,接下来研究不等式性质的重要应用——解不等式(与证明不等式),便是顺理成章、自然而然之事了.再然后呢?类似于对三角形、对等式,包括以后对函数、对数列、对随机变量的分布与特征的研究,都是先一般再特殊(或者先特殊,到一般,再到特殊,如沪教版新教材中对函数的研究).因此,研究一般不等式的程序走完之后,对特殊不等式研究的程序便启动了!即解不等式好了后便进入基本不等式单元了,这些基本不等式在不等式应用中扮演着重要的角色.正如等差数列、等比数列对于数列,基本初等函数对于函数,二项分布、超几何分布、正态分布对于随机变量一样.

2.2.2　指数幂的拓展

一、教材分析

正如上海二期课改教材中将三角运算与三角函数区分开来一样,在沪教版新教材中,除了在三角单元继续延续这种做法之外,在必修一教材中,将幂、指数与对数运算也与相应的幂函数、指数函数与对数函数区分开来,各自分别独立成章(运算不再作为函数的依附,而是运算先行,再引入函数),这种处理非常好.

"指数幂的拓展"位于必修一"第3章 幂、指数与对数"第一节"幂与指数"的第一小节,即"§3.1.1 指数幂的拓展",按教参中的划分,本小节共安排2课时,第一课时回忆初中学过的整数指数幂并对其运算性质做证明;然后拓展根式的概念,为第二节课将指数幂拓展为有理数做准备;第二课时将整数指数幂拓展为有理数指数幂,并继续拓展为实数指数幂.

众所周知,正整数指数幂是乘法运算的特殊化与扩展,即同一个实数自乘 n 次,满足如下的运算性质:对任意给定的实数 a,b 及正整数 s,t,有 (1) $a^s a^t = a^{s+t}$;(2) $(a^s)^t = a^{st}$;(3) $(ab)^t = a^t b^t$.

在指数幂还停留在正整数范围内时,笔者就对其运算性质心存困惑:为什么偏偏是三条?这三条中少一条行吗?还有其他的重要性质吗?

让我们回到最自然的思考状态来端详这个问题(正像三线八角中,研究八角两两关系共 $C_8^2 = 28$ 对角,由此出发探究仅研究同位角、内错角、同旁内角的合理性与必要性).既然是运算性质,可从三个层次梳理:单个幂发生的运算;两个幂发生的运算;多个幂发生的运算.此处可类比实数情况,考察实数运算时,首先是单个实数引发的运算,如相反数运算、倒数运算、绝对值运算.当然前者本质上是 0 做被减数的减法运算,后者是 1 做被除数的除法运算,但绝对值运算却无法归入四则运算之一.还有乘方运算和开方运算.其次是两个实数之间发生的运算,如加、减、乘、除运算.再其次便是多个实数之间发生的运算,这就涉及结合律与交换律.

单个幂会发生什么运算呢?最具代表性的当属乘方运算,这便有了 $(a^s)^t = a^{st}$.两个幂会发生什么运算呢?根据这两个幂的底数与指数的异同,便有了以下四种情况,如表2.3所示.

表 2.3

	两个幂:a^s,b^t	形式	运算
情形 1	底同指同	a^s,a^s	$a^s + a^s = 2a^s$,$a^s - a^s = 0$,$a^s a^s = a^{2s}$,$\dfrac{a^s}{a^s} = 1 (a \neq 0)$
情形 2	底同指不同	a^s,a^t	$a^s + a^t = ?$ $a^s - a^t = ?$ $a^s a^t = a^{s+t}$,$\dfrac{a^s}{a^t} = a^{s-t} (a \neq 0)$
情形 3	底不同指同	a^t,b^t	$a^t + b^t = ?$ $a^t - b^t = ?$ $a^t b^t = (ab)^t$,$\dfrac{a^t}{b^t} = \left(\dfrac{a}{b}\right)^t (b \neq 0)$
情形 4	底不同指不同	a^s,b^t	$a^s + b^t = ?$ $a^s - b^t = ?$ $a^s b^t = ?$ $\dfrac{a^s}{b^t} = ? (b \neq 0)$

由上述分析我们看到,比较有价值的运算有:$(a^s)^t = a^{st}$;$a^s a^t = a^{s+t}$,$\dfrac{a^s}{a^t} = a^{s-t} (a \neq 0)$;$a^t b^t = (ab)^t$,$\dfrac{a^t}{b^t} = \left(\dfrac{a}{b}\right)^t (b \neq 0)$;与不等式的性质类似,我们凸显乘法所彰显的运算性质,故将 $(a^s)^t = a^{st}$,$a^s a^t = a^{s+t}$,$a^t b^t = (ab)^t$ 作为正整数指数幂的运算性质.此处需要强调的是,文字语言及运算顺序的互换性对理解公式及记忆的帮助作用.如对性质 $a^s a^t = a^{s+t}$ 的解读为:同

底数的幂相乘,底数不变,指数相加. 对性质 $a^tb^t=(ab)^t$ 的解读为:同指数的幂相乘,指数不变,底数相乘;同指数的幂相乘,可以先做幂运算再做乘积运算,也可以先做乘积运算再做幂运算. 或自右向左看:积的乘方等于把积的每一个因式分别乘方,再把所得的幂相乘. 对性质 $(a^s)^t=a^{st}$ 的解读:自左向右解读为"幂的乘方,底数不变,指数相乘";自右向左解读为"做幂运算时可以依照指数的因数分解依次运算". 上述说法尽管不甚严密,却有助于学生对运算性质的感觉培养与记忆建立. 另外,若对上述三条性质的主次性有所区分,则 $a^s a^t=a^{s+t}$ 这一条最为重要,由它可得另外两条,在实数指数幂的情况下亦是如此.

至于多个幂参与的运算只需用乘法的结合律、交换律将其转化为两个幂的运算即可.

以上仅是笔者自己的一点分析,相信肯定还有更深的原因等待自己去学习、去发现.

谈到代数中的运算性质,我们将向量数乘运算与数量积运算的运算性质(称为运算律)拿过来做些比较,看能否受到更多的启发. 我们认为,这种学习或研究可以看作基于运算性质或运算律的大单元学习.

在教学时,如何探索向量的数乘运算的运算性质呢? 我们模仿上述思考顺序逐级进行.

首先看一个数乘向量引发的运算. 对于 λa,求负向量、求模均已讨论过,比如在定义中已经规定了它的模. 剩余的就是对这个新的向量继续做数乘运算会是什么结果呢? 这便有了 $\mu(\lambda a)=(\mu\lambda)a$.

其次看两个数乘向量引发的运算. 我们可以画出类似于表 2.3 的表格,如表 2.4 所示.

表 2.4

	两个数乘向量:$\lambda a, \mu b$	形式	运算
情形 1	数同向量同	$\lambda a, \lambda a$	$\lambda a + \lambda a = 2\lambda a, \lambda a - \lambda a = \mathbf{0}$; $\lambda a \times \lambda a = ?$
情形 2	数同向量不同	$\lambda a, \lambda b$	$\lambda a + \lambda b = \lambda(a+b)$, $\lambda a - \lambda b = \lambda(a-b)$, $\lambda a \times \lambda b = ?$
情形 3	数不同向量同	$\lambda a, \mu a$	$\lambda a + \mu a = (\lambda+\mu)a$, $\lambda a - \mu a = (\lambda-\mu)a$, $\lambda a \times \mu a = ?$
情形 4	数不同向量不同	$\lambda a, \mu b$	$\lambda a + \mu b = ?\ \lambda a - \mu b = ?$ $\lambda a \times \mu b = ?$

由此,便总结出向量的数乘运算的运算性质,即运算律为:

设 a, b 是向量,$\lambda, \mu \in \mathbf{R}$,有 $\lambda a + \mu a = (\lambda+\mu)a; \lambda(\mu a)=(\lambda\mu)a; \lambda a + \lambda b = \lambda(a+b)$.

沪教版必修二教材中对该运算律的表达稍微有些不同:设 a, b 是向量,$\lambda, \mu \in \mathbf{R}$,有 $(\lambda+\mu)a = \lambda a + \mu a; \lambda(\mu a)=(\lambda\mu)a; \lambda(a+b)=\lambda a + \lambda b$.

尽管等式的对称性保证了上述两种表达的一致性,但总感觉不如第一种表达自然,前者更好地诠释了数乘向量的"运算"性质中的"运算"主题.

最后看多个数乘向量引发的运算. 此时向量加法所满足的交换律与结合律就登场了. 如

$$\lambda a + \mu a + ta = (\lambda a + \mu a) + ta = (\lambda+\mu)a + ta = (\lambda+\mu+t)a;$$

$$\lambda a + \lambda b + \lambda c = (\lambda a + \lambda b) + \lambda c = \lambda(a+b) + \lambda c = \lambda(a+b+c) \text{ 等}.$$

至于向量的数量积运算,对其运算律的研究,则完全模仿实数乘法的运算律,从交换律、结合律、消去律及乘法对加法的分配律等角度展开.

现在,我们回到指数幂的拓展这个主题上来.

如果说正整数指数幂的运算性质可以利用定义直接验证(用到实数运算中的乘法交换律与结合律,也可使用数学归纳法证明),那么在定义过 $a^0=1$, $a^{-n}=\dfrac{1}{a^n}$ ($a\neq 0$, $n\in \mathbf{N}$, $n\geqslant 1$) 而得到整数指数幂后,为什么依然保持了原来正整数指数幂的三条运算性质呢? 这在七年级第一学期的教材"第十章 分式"第2节"分式的运算"的"§10.6 整数指数幂及其运算"中只是以几个简单而具体的例子做了验证,并未给予严格证明. 因此,当高中再次学到整数指数幂时,"给出严格证明"便是自然的教学之举. 即证明命题:

对任意给定的非零实数 a, b 及整数 s, t, 有

(1) $a^s a^t = a^{s+t}$; (2) $(a^s)^t = a^{st}$; (3) $a^t b^t = (ab)^t$ [教材中是 $(ab)^t = a^t b^t$].

对于(1),只需证明以下三个等式成立: ① $a^m a^{-n} = a^{m+(-n)}$; ② $a^{-m} a^n = a^{(-m)+n}$; ③ $a^{-m} a^{-n} = a^{(-m)+(-n)}$, 其中 m, n 是正整数. 分别证明如下:

① 左边 $= a^m \cdot \dfrac{1}{a^n} = \begin{cases} a^{m-n}, & m>n, \\ 1, & m=n, \\ \dfrac{1}{a^{n-m}}, & m<n, \end{cases}$ 右边 $= a^{m-n} = \begin{cases} a^{m-n}, & m>n, \\ 1, & m=n, \\ \dfrac{1}{a^{n-m}}, & m<n, \end{cases}$ 故左边=右边, 等式成立.

②的证明同①.

③ 左边 $= \dfrac{1}{a^m} \cdot \dfrac{1}{a^n} = \dfrac{1}{a^m \cdot a^n} = \dfrac{1}{a^{m+n}} = a^{-(m+n)} = a^{(-m)+(-n)} = $ 右边, 故等式成立.

对于(2),只需证明以下三个等式成立: ① $(a^m)^{-n} = a^{m\times(-n)}$; ② $(a^{-m})^n = a^{(-m)\times n}$; ③ $(a^{-m})^{-n} = a^{(-m)\times(-n)}$, 其中 m, n 是正整数. 分别证明如下:

① 左边 $= \dfrac{1}{(a^m)^n} = \dfrac{1}{a^{mn}} = a^{-mn} = a^{m\times(-n)} = $ 右边, 故等式成立.

② 左边 $= \left(\dfrac{1}{a^m}\right)^n = \dfrac{1^n}{(a^m)^n} = \dfrac{1}{a^{mn}} = a^{-mn} = a^{(-m)\times n} = $ 右边, 故等式成立.

③ 左边 $= \left(\dfrac{1}{a^m}\right)^{-n} = \dfrac{1}{\left(\dfrac{1}{a^m}\right)^n} = \dfrac{1}{\dfrac{1^n}{(a^m)^n}} = \dfrac{1}{\dfrac{1}{a^{mn}}} = a^{mn} = a^{(-m)\times(-n)} = $ 右边, 故等式成立.

对于(3)只需证明下面这个等式成立: $a^{-n} b^{-n} = (ab)^{-n}$ (其中 n 是正整数). 证明如下:

该式左边 $= \dfrac{1}{a^n} \cdot \dfrac{1}{b^n} = \dfrac{1}{a^n \cdot b^n} = \dfrac{1}{(ab)^n} = (ab)^{-n} = $ 右边, 故等式成立.

自此,我们严格证明了正整数指数幂的三条运算性质对于整数指数幂仍然成立,其基本思想是转化,即将整数指数幂的运算转化为正整数指数幂的运算,转化依据是负整数指数幂的定义.

近几年我校每学年都聘请复旦附中资深教师为我校培优班学生上课,执教竞赛培优班的李老师说的一句话深深影响了我,他多次语重心长地对学生说:"别只想,别看着会,要一点一点认认真真地写出来! 写的过程风景无限."笔者甚以为然!

现在,我们面临的任务是将指数幂从整数指数幂拓展到实数指数幂. 应该说这种扩展过程充满着理性精神. 从更一般的角度看,数学概念的延伸与拓展中往往体现出数学思维的严谨

性、数学思想方法的前后一致性和数学知识发生发展过程的逻辑连贯性,可以使学生体会到数学对象的内涵、结构、内容和方法的建构方式,从而使学生体悟到"数学的方式",领会数学地认识问题、解决问题的思想方法,这对学生理解数学概念的发生发展过程,发展"四基""四能"进而提升数学素养都具有非常积极的意义.

具体到本节,我们说指数幂的研究任务有两点:其一是要明确指数幂的意义;其二是要获得其运算性质.对正整数指数幂与整数指数幂而言,这两条任务已经完成.接下来我们进入对有理数指数幂的研究.

如何建立有理数指数幂的意义呢?比较自然的顺序是:

第一大步　定义正底数的有理数指数幂.

第一小步:定义单位正分数指数幂.这是基于小学引进分数的经验.具体定义时是借助已定义过的 n 次根式.

第二小步:定义一般正分数指数幂;

第三小步:定义负分数指数幂;

第二大步　定义 0 底数的有理数指数幂.

第三大步　说明定义负底数有理数指数幂的局限性.

该顺序与沪教版必修一教材中的处理略有不同,教材中把对正分数指数幂与负分数指数幂的意义的规定合在了一起,采用了所谓的两次定义法:

第一次定义　$a^{\frac{1}{n}} = \sqrt[n]{a}\ (a > 0, n \in \mathbf{N}, n \geqslant 1)$;

第二次定义　$a^{\frac{m}{n}} = (a^m)^{\frac{1}{n}} = \sqrt[n]{a^m}\ (a > 0, m \in \mathbf{Z}, n \in \mathbf{N}, n \geqslant 2)$.

教材中的这种处理彰显了新教材比较醒目的学术性,其特点是:避开了对正、负分数指数幂的分别定义,而利用整数指数幂及根式的定义,更能体现指数幂拓展的合理性.但笔者认为,相较前者,这种整合后的定义方式在考虑学生认知水平与接受状态上并不占优.因此,我们下面的讨论基于前者.

首先呈现每一步的成果,然后再说明其背后的合理性.

第一大步　设 $a > 0$.

第一小步:定义 $a^{\frac{1}{n}} = \sqrt[n]{a}\ (a > 0, n \in \mathbf{N}, n \geqslant 2)$;

第二小步:定义 $a^{\frac{m}{n}} = \sqrt[n]{a^m}\ (a > 0, m, n \in \mathbf{N}, n \geqslant 2, m \geqslant 1)$;

第三小步:定义 $a^{-\frac{m}{n}} = \dfrac{1}{a^{\frac{m}{n}}} = \dfrac{1}{\sqrt[n]{a^m}}\ (a > 0, m, n \in \mathbf{N}, n \geqslant 2, m \geqslant 1)$.

第二大步　规定 0 的正分数指数幂等于 0,0 的负分数指数幂没有意义.

第三大步　当 $a < 0$ 且 n 是正奇数时,可定义 $a^{\frac{1}{n}} = \sqrt[n]{a}$(这是满足方程 $x^n = a$ 的那个唯一的实数);当 $a < 0$ 且 n 是正偶数时,不能定义 $a^{\frac{1}{n}} = \sqrt[n]{a}$(因为没有满足方程 $x^n = a$ 的实数).

上述定义如何自然地想到?

高一教材重现了初中阶段把指数范围从正整数推广到全体整数的过程,其路径是根据除法是乘法的逆运算,利用 $a^s a^t = a^{s+t}$,得出 $a^s \div a^t = a^{s-t}\ (s > t)$;再由 $s = t$ 时得出 $a^0 = 1$,进而得出 $a^{-n} = \dfrac{1}{a^n}\ (a \neq 0, n \in \mathbf{N}, n \geqslant 1)$.现在要把指数从整数扩展到分数,从何突破呢?比如当 $a > 0, n \geqslant 2, n \in \mathbf{N}$ 时如何定义 $a^{\frac{1}{n}}$?仍从我们期待满足的运算性质入手寻找灵感,根据幂的乘方性质,需满足$(a^{\frac{1}{n}})^n = a^{\frac{1}{n} \times n}$,即$(a^{\frac{1}{n}})^n = a$,这就意味着这个待定义的新的数是正数$a$的$n$次方根.由此便获得自然的定义方式为:$a^{\frac{1}{n}} = \sqrt[n]{a}$.

一般地,如何定义a的正分数指数幂呢?即当$a>0$,m,$n \in \mathbf{N}$,$n \geqslant 2$,$m \geqslant 1$时,$a^{\frac{m}{n}} = ?$该目标在上面对单位正分数指数幂的定义下容易实现:$a^{\frac{m}{n}} = a^{m \times \frac{1}{n}} = (a^m)^{\frac{1}{n}} = \sqrt[n]{a^m}$.

该定义是合理的,说明如下:若$x = a^{\frac{m}{n}}$,由定义知$x = \sqrt[n]{a^m}$,从而$x^n = a^m$.对其两边同时$k(k \in \mathbf{N}, k \geqslant 1)$次方得$(x^n)^k = (a^m)^k$,即$x^{nk} = a^{mk}$,故$x = \sqrt[nk]{a^{mk}}$,再由定义知$x = a^{\frac{mk}{nk}}$,所以$a^{\frac{mk}{nk}} = a^{\frac{m}{n}}$,这说明上面的定义是合理的.

最后,由于有了从正整数指数幂拓展为整数指数幂过程中对负整数指数的处理经验,对于负有理数指数幂的定义只需继承前期经验即可,这样便有

$$a^{-\frac{m}{n}} = \frac{1}{a^{\frac{m}{n}}} = \frac{1}{\sqrt[n]{a^m}} (a>0, m, n \in \mathbf{N}, n \geqslant 2, m \geqslant 1).$$

对于底数为0的情况,仍然只需继承0的整数指数幂的意义而做出规定:0的正分数指数幂等于0,0的负分数指数幂没有意义.

对于底数为负数的情况,根据负数没有偶次方根也不难讲清其有理数指数幂定义的局限.

接下来需说明上述定义的合理性,其实就是要完成前面所讲的第二项任务,即在这种定义下,有理数指数幂具有怎样的运算性质.在数学中,引进一个新的概念或法则时,总希望它与已有的概念或法则相容.那么,整数指数幂所有的运算性质仍适用有理数指数幂吗?如果仍然适用则说明定义合理,否则就需要调整.即在上述定义下,下述性质都成立吗?

> **性质** 对任意给定的正数a,b及有理数s,t,有
> (1) $a^s a^t = a^{s+t}$,
> (2) $(a^s)^t = a^{st}$,
> (3) $(ab)^t = a^t b^t$.

更进一步,教材中还特别命名了"幂的基本不等式":

> **幂的基本不等式** 当实数$a > 1$,有理数$s > 0$时,不等式$a^s > 1$成立.

沪教版必修一新教材中仅讲了这样一段话:"利用整数指数幂的运算性质(1)至(3),可以证明这三条性质对有理数指数幂仍然成立.我们也可以证明以下的幂的基本不等式:当实数$a > 1$,有理数$s > 0$时,不等式$a^s > 1$成立."

补全这段话中的"可以证明"是教师义不容辞的责任!

【Ⅰ】设s,t均为正有理数

性质(1)是最基本的性质,性质(2)、(3)是特殊的性质,我们先证明性质(3)和性质(2),最后证明性质(1).

先证明第(3)条性质:$(ab)^t = a^t b^t$.

证明:设$t = \frac{m}{n}(m, n \in \mathbf{N}, n \geqslant 2, m \geqslant 1)$,则$(ab)^t = (ab)^{\frac{m}{n}} = \sqrt[n]{(ab)^m} = \sqrt[n]{a^m b^m}$,此处第二个等号的依据是分数指数幂的定义,第三个等号的依据是正整数指数幂的运算性质.设

$a^t = a^{\frac{m}{n}} = \sqrt[n]{a^m} = x$,$b^t = b^{\frac{m}{n}} = \sqrt[n]{b^m} = y$,则 $x^n = a^m$,$y^n = b^m$,从而 $x^n y^n = a^m b^m$,即 $(xy)^n = (ab)^m$,所以 $xy = \sqrt[n]{(ab)^m} = \sqrt[n]{a^m b^m}$,即 $a^t b^t = \sqrt[n]{a^m b^m}$。故 $(ab)^t = a^t b^t$。

再证明第(2)条性质:$(a^s)^t = a^{st}$。

① 若 $s \in \mathbf{N}$,$s \geqslant 1$,$t = \frac{m}{n}$($m, n \in \mathbf{N}$,$n \geqslant 2$,$m \geqslant 1$)。

则 $(a^s)^t = (a^s)^{\frac{m}{n}} = \sqrt[n]{(a^s)^m} = \sqrt[n]{a^{sm}} = a^{\frac{sm}{n}} = a^{s \cdot \frac{m}{n}} = a^{st}$,得证。

② 若 $t \in \mathbf{N}$,$t \geqslant 1$,$s = \frac{m}{n}$($m, n \in \mathbf{N}$,$n \geqslant 2$,$m \geqslant 1$)。

则 $(a^s)^t = (a^{\frac{m}{n}})^t = (\sqrt[n]{a^m})^t$,设 $\sqrt[n]{a^m} = x$,则 $x^n = a^m$。此时左边 $= x^t$,右边 $= a^{st} = a^{\frac{m}{n} \times t} = a^{\frac{mt}{n}} = \sqrt[n]{a^{mt}}$。而因为 $(x^t)^n = x^{t \cdot n} = (x^n)^t = (a^m)^t = a^{mt}$,故 $x^t = \sqrt[n]{a^{mt}}$。从而左边 $=$ 右边,得证。

③ 若 $s = \frac{m_1}{n_1}$,$t = \frac{m_2}{n_2}$($m_i, n_i \in \mathbf{N}$,$n_i \geqslant 2$,$m_i \geqslant 1$,$i = 1, 2$)。

则 $(a^s)^t = (a^{\frac{m_1}{n_1}})^{\frac{m_2}{n_2}} = (\sqrt[n_1]{a^{m_1}})^{\frac{m_2}{n_2}}$。设 $\sqrt[n_1]{a^{m_1}} = y$,则 $y^{n_1} = a^{m_1}$。此时 $(a^s)^t = y^{\frac{m_2}{n_2}} = \sqrt[n_2]{y^{m_2}}$。由于 $(y^{n_1})^{m_2} = (a^{m_1})^{m_2} = a^{m_1 m_2}$,即 $(y^{m_2})^{n_1} = a^{m_1 m_2}$,故 $y^{m_2} = \sqrt[n_1]{a^{m_1 m_2}}$。从而 $(a^s)^t = \sqrt[n_2]{\sqrt[n_1]{a^{m_1 m_2}}} = \sqrt[n_2]{a^{\frac{m_1 m_2}{n_1}}} = a^{\frac{m_1 m_2}{n_1 n_2}} = a^{\frac{m_1}{n_1} \cdot \frac{m_2}{n_2}} = a^{st}$。得证。

再证明第(1)条性质:$a^s a^t = a^{s+t}$。

① 若 $s \in \mathbf{N}$,$s \geqslant 1$,$t = \frac{m}{n}$($m, n \in \mathbf{N}$,$n \geqslant 2$,$m \geqslant 1$)。

则左边 $= a^s a^t = a^s \cdot a^{\frac{m}{n}}$,右边 $= a^{s+t} = a^{s+\frac{m}{n}}$。因为 $\left(a^s \cdot a^{\frac{m}{n}}\right)^n = (a^s)^n \cdot \left(a^{\frac{m}{n}}\right)^n = a^{sn} a^m$〔此处第一个等号的依据是刚刚证过的第(3)条性质,第二个等号的依据是刚刚证过的第(2)条性质〕,又 $\left(a^{s+\frac{m}{n}}\right)^n = a^{sn+m} = a^{sn} a^m$,故 $a^s a^{\frac{m}{n}}$,$a^{s+\frac{m}{n}}$ 均为 $a^{sn} a^m$ 的 n 次方根,而 $a^s a^{\frac{m}{n}}$,$a^{s+\frac{m}{n}}$ 均为正数,故必有 $a^s a^{\frac{m}{n}} = a^{s+\frac{m}{n}}$,即 $a^s a^t = a^{s+t}$。

② 若 $t \in \mathbf{N}$,$t \geqslant 1$,$s = \frac{m}{n}$($m, n \in \mathbf{N}$,$n \geqslant 2$,$m \geqslant 1$)。

与①的情形完全类似,证略。

③ 若 $s = \frac{m_1}{n_1}$,$t = \frac{m_2}{n_2}$($m_i, n_i \in \mathbf{N}$,$n_i \geqslant 2$,$m_i \geqslant 1$,$i = 1, 2$)。

则左边 $= a^s a^t = a^{\frac{m_1}{n_1}} \cdot a^{\frac{m_2}{n_2}}$,右边 $= a^{s+t} = a^{\frac{m_1}{n_1}+\frac{m_2}{n_2}} = a^{\frac{m_1 n_2 + m_2 n_1}{n_1 n_2}}$。因为 $\left(a^{\frac{m_1}{n_1}} \cdot a^{\frac{m_2}{n_2}}\right)^{n_1 n_2} = a^{m_1 n_2} a^{m_2 n_1} = a^{m_1 n_2 + m_2 n_1}$,$\left(a^{\frac{m_1 n_2 + m_2 n_1}{n_1 n_2}}\right)^{n_1 n_2} = a^{m_1 n_2 + m_2 n_1}$,故 $a^{\frac{m_1}{n_1}} \cdot a^{\frac{m_2}{n_2}}$,$a^{\frac{m_1 n_2 + m_2 n_1}{n_1 n_2}}$ 均为 $a^{m_1 n_2 + m_2 n_1}$ 的 $n_1 n_2$ 次方根,且均为正数,因此两者必相等,即 $a^{\frac{m_1}{n_1}} \cdot a^{\frac{m_2}{n_2}} = a^{\frac{m_1 n_2 + m_2 n_1}{n_1 n_2}}$,即 $a^{\frac{m_1}{n_1}} \cdot a^{\frac{m_2}{n_2}} = a^{\frac{m_1}{n_1}+\frac{m_2}{n_2}}$,亦即 $a^s a^t = a^{s+t}$,得证。

【Ⅱ】设 s,t 不全为正有理数

该种情况下的证明与对负整数指数幂的运算性质的证明相仿,此处不再详细展开,仅举一

种情形以作示范.

若 $s=-m$, $t=-n$(m, n 均为正有理数),则

$$a^s a^t = a^{-m}a^{-n} = \frac{1}{a^m}\cdot\frac{1}{a^n} = \frac{1}{a^m a^n} = \frac{1}{a^{m+n}} = a^{-(m+n)} = a^{(-m)+(-n)} = a^{s+t}.$$

自此,我们完成了有理数指数幂的三条运算性质的证明. 指数的取值范围扩大到有理数后,方根就可以表示为幂的形式,开方运算就可以转化为乘方形式的运算. 且由于负指数幂有了意义,类似 $a^s \div a^t = a^{s-t}$,$\left(\dfrac{a}{b}\right)^t = \dfrac{a^t}{b^t}$($a$, $b>0$, s, $t\in\mathbf{Q}$) 的运算性质就无须单独呈现,因为已经被 $a^s a^t = a^{s+t}$,$(ab)^t = a^t b^t$ 所包含.

让我们再回头多看几眼上述证明. 可以看到性质的证明过程与定义的发现过程一脉相承,而由正到负、分类突破、引参搭桥则是蕴含其中的思维对策. 此处的引参搭桥是指设 $\sqrt[n]{a^m} = x$,$\sqrt[n_1]{a^{m_1}} = y$ 等操作,在对数运算法则的证明、处理反函数等问题时也使用了这种计策.

无论是指数幂的拓展还是上述证明中先正后负的有序推进,都给人以美的享受. 曾读过华罗庚先生在小册子《数学归纳法》中对 n 个非负数的平均值不等式的一段证明. 要证明的问题是:

求证:n 个非负数的几何平均数不大于它们的算术平均数,即

$$(a_1 a_2 \cdots a_n)^{\frac{1}{n}} \leqslant \frac{a_1+a_2+\cdots+a_n}{n} \quad (*).$$

华先生先证 $n=2$ 时 $(*)$ 式成立,再证 $n=2^p$($p\in\mathbf{N}$) 时 $(*)$ 式成立(用数学归纳法),最后再推到一般的 n(用反向归纳法,先假设 $n=k$ 时成立,再证 $n=k-1$ 时也成立). 这种证明思路着实让人久久回味.

接下来我们考察有理数指数幂下的幂的基本不等式如何证明,请读者朋友注意,上述由特殊推向一般的数学思维仍在发挥作用.

欲证命题为:当实数 $a>1$,有理数 $s>0$ 时,不等式 $a^s>1$ 成立.

证明:当 s 为正整数时,因为 $a = a^1 = a^{\frac{1}{s}\times s} = \left(a^{\frac{1}{s}}\right)^s$,$1 = 1^s$,故 $a>1$ 可变为 $\left(a^{\frac{1}{s}}\right)^s > 1^s$,由不等式常用性质中的第五条(类似于开方性质的那条性质)立得 $a^{\frac{1}{s}} > 1$.

当 s 为正有理数时,可设 $s = \dfrac{m}{n}$(n, $m\in\mathbf{N}$, n, $m\geqslant 1$),从而 $a^s = a^{\frac{m}{n}} = \left(a^{\frac{1}{n}}\right)^m$. 由上一段所证可知 $a^{\frac{1}{n}} > 1$,故由不等式的乘方性质立得 $\left(a^{\frac{1}{n}}\right)^m > 1^m = 1$,即 $a^s > 1$,得证.

需要指出的是,在有理数指数幂的定义方式下,下述等式成立:

$$a^{\frac{m}{n}} = (a^m)^{\frac{1}{n}} = \sqrt[n]{a^m}$$
$$= \left(a^{\frac{1}{n}}\right)^m = \left(\sqrt[n]{a}\right)^m \ (a>0, m\in\mathbf{Z}, n\in\mathbf{N}, n\geqslant 2).$$

沪教版必修一教材中也给出了 $a^{\frac{m}{n}}$($a>0$, $m\in\mathbf{Z}$, $n\in\mathbf{N}$, $n\geqslant 2$) 的两种等价的定义方式.

下面我们来分析有理数指数幂向实数指数幂的拓展历程. 需要解决的问题仍然是:当 s 是无理数时,a^s 的意义是什么?它是否为一个确定的数?如果是,它有什么运算性质?

沪教版必修一教材中对此有一段很简略的阐述:

下面我们考虑正数的无理数指数幂,在上述对正数的有理数指数幂定义的基础上,可以证明:对任意一个正数 a 与任意一个无理数 s,可确定一个唯一的实数,记作 a^s,使得上述有理数指数幂的三条运算性质与幂的基本不等式对所有的实数 a^s 都成立.我们把这个实数 a^s 定义为 a 的 s 次幂.

(边款:这个证明要用到无理数由有理数逼近的性质,相当繁复,此处略去不讲.)

这样,当指数幂从正整数拓展到实数时,我们要求底 a 是一个正数(笔者注:注意底数的变化,底数从正整数指数幂下的一切实数,到整数指数幂下的非零实数,再到有理数与实数指数幂下的正实数.随着指数范围的不断扩大,底数范围逐渐缩小.类似于二项式定理展开式中两字母指数"此消彼长"的变化规律,也与"等腰三角形底边上的中线将该等腰三角形分为两个直角三角形,而直角三角形斜边上的中线将该直角三角形分为两个等腰三角形"等数学现象一样和谐.在比较中思考,在思考中品味,在品味中发现世界的美丽、和谐与奇妙!).此时指数幂满足以下的运算性质与幂的基本不等式.

> **性质** 对任意给定的正数 a,b 及实数 s,t,有
> (1) $a^s a^t = a^{s+t}$;
> (2) $(a^s)^t = a^{st}$;
> (3) $(ab)^t = a^t b^t$.

> **定理** 当 $a>1$,$s>0$ 时,$a^s>1$.

课本边款中对该定理有一条说明:此定理常称为幂的基本不等式,在后面学习中还会用到.教参中对幂的基本不等式也有一段话:"与'二期课改'教材不同的是,本教材增加了幂的基本不等式,为下一章证明幂函数、指数函数、对数函数是严格单调函数作准备,其证明过程也用到了极限思想."接下来给出了幂的基本不等式的证明思路.

上述沪教版教材中对实数指数幂的定义过程,在相应的教参中也有一段说明,对教学有明确的指导作用:需要指出的是,定义正数的无理数指数幂时,要用到无理数由有理数逼近的性质,且利用了实数的完备性,不仅相当烦琐,而且在中学阶段实际上是难以讲清楚的,教学中不宜展开,只要知道有关的结论就可以了.下面是如何定义 $2^{\sqrt{2}}$ 的思路,供参考(略).

若与人教 A 版必修一教材中的相应内容做比较,一个细节耐人寻味.在人教 A 版教材中,用来表示指数的字母是 x,即 a^x.这显然与教材的编写风格紧密相连.

课程标准在必修课程"主题二 函数"单元的"教学提示"中指出:"指数函数的教学,应关注指数函数的运算法则和变化规律,引导学生经历从整数指数幂到有理数指数幂、再到实数指数幂的拓展过程,掌握指数函数的运算法则和变化规律."人教 A 版主编章建跃博士曾强调:"通常,我们习惯于把指数幂的推广看成代数中数及其运算的问题,而这个'提示'实际上是把指数幂的拓展过程作为指数函数研究的一部分,把指数幂的运算法则看成指数函数的性质,这是需要关注的."

人教 A 版对符号的选择是其在教材中将指数幂的拓展纳入"第四章 指数函数与对数函数"中"§4.1 指数"这一节的必然结果.而指数幂每一步的拓展过程中符号 a^x 值的唯一性也处处闪耀着函数的光辉.

在本小节的最后,我们想为补上上述沪教版教材中的"可以证明"做些努力,作为教师,这也是应该需要掌握的.但由于篇幅所限,仅以给出主要的参考文献与一些重要结论为主.

相关参考文献(文献1与文献2中对无理数指数幂的定义方式不同,可做对照)包括:

(1) 高等学校试用教材《数学分析(上册)》(华东师范大学数学系,高等教育出版社,1990年)"第四章 函数的连续性"中"§3 初等函数的连续性",P101-106.

(2) 面向21世纪课程教材《数学分析(上册)(第三版)》(华东师范大学数学系,高等教育出版社,2008年),可参见P14与P82-84.

(3)《高中数学教学"三思"》(师前,上海交通大学出版社,2018年),可参见P3-4与P163-164.

(4)《指数幂与指数函数》(王尚志,张饴慈,胡凤娟. 数学通报,2010年第49卷第2期,P6-9与P14).

在《指数幂与指数函数》这篇论文中,作者详细说明了指数幂定义的合理性,完成了指数幂的运算性质、指数函数连续性和单调性的严格证明. 这个过程所用到的知识,不是高中一年级的学生具有的,当然也没有必要要求每个学生都掌握这个过程,严格是相对的,不能对每一个学生都要求具有像数学家那样的严格性. 但作为教师,了解本文中阐述的定义过程和证明过程还是很有意义的. 作者最后建议,教师在教学过程中,一定要弄清楚哪些内容是需要定义的,哪些内容是需要证明的. 要重视定义的重要性,适当淡化证明的严格性以适应学生的认知水平.

如上所述,实数指数幂的定义及合理性、实数指数幂运算性质的证明已经解决. 最后我们对实数指数幂的基本不等式的证明做些简述. 关于该话题的参考文献包括:

(1) 高等学校试用教材《数学分析(上册)》(华东师范大学数学系,高等教育出版社,1990年)"第四章 函数的连续性"中"§3 初等函数的连续性",P101-106.

(2)《普通高中数学教学参考资料(必修第一册)》(上海教育出版社,2020年),参见P62.

其中,教参中提供的证明大意如下:

当 s 为正实数时,由无理数可以由有理数逼近的性质,存在两个正整数 m,n,使得 $\frac{m}{n} < s < \frac{m+1}{n}$. 由于有理数指数幂的基本不等式已经成立,故有 $a^{\frac{m}{n}} > 1$,$a^{\frac{m+1}{n}} > 1$,因 a^s 介于这二者之间,从而 $a^s > 1$.

而上述文献1中的证明则更为简洁,感兴趣的读者可以择机学习.

二、课时设计

沪教版必修一教材配套教参中对"§3.1 幂与指数"的"教学建议"如下:

初中已经学过正整数指数幂和整数指数幂,在教学中要避免简单回顾,一定要注重分析,让学生体会拓展的必要性与合理性.

教学中可创设适当的情境,让学生感受指数幂拓展的必要性.

在掌握了整数指数幂的定义后,引导学生自主尝试定义有理数指数幂.

在引入无理数指数幂的定义时,学有余力的学生可借助计算器体验运算中的逼近思想.

对于该"教学建议",笔者还是有一些疑问的. 首先,学生不仅在七年级第一学期"第九章 整式""第3节 整式的乘法"的"9.7 同底数幂的乘法""9.8 幂的乘方""9.9 积的乘方"中学过正整数指数幂及运算性质,在七年级第一学期"第十章 分式""第2节 分式的运算"的"10.6 整数指数幂及其运算"中学过整数指数幂及运算性质,还在七年级第二学期"第十二章 实数""第4节 分数指数幂"的"12.7 分数指数幂"中学过有理数指数幂及运算性质. 为什么教参不提初中学过的有理数指数幂,而是建议"引导学生自主尝试定义有理数指数幂"? 况且,在初中教学这三种指数幂时,教师应该已创设过说明其必要性的相应情境.当然,到了高中,教师对其必要性与合理性再做渗透和说明倒也无可厚非.作为教参,期待其在初高衔接与确保清晰地引导高中教师教学方面能做得更好.因为,绝大多数高中数学教师没有从教初中数学的经历,课外也鲜有时间研究初中数学教材(当然,这需要高中教师自身努力,也是专业发展的一个重要着力点),因此,教参的引导价值就尤为珍贵.

作为更多的思考或交流,在本小节,笔者想先讨论五个问题:

问题1 教学中如何创设情境,让学生感受指数幂拓展的必要性?

问题2 在初中已经学习过正整数指数幂、整数指数幂、有理数指数幂的事实下,高中"指数幂的拓展"的教学重点是什么?

问题3 在开展实数指数幂教学时,要不要引导学生借助计算工具感受无理数指数幂的确定性,以弥补严格证明缺席的不足?

问题4 在沪教版教材将运算从函数中剥离出来的编写状态下,如何落实课标中强调的"把指数幂的拓展过程作为指数函数研究的一部分"?

问题5 沪教版教材对有理数指数幂的拓展方式不同于初中教材,高中教学时如何选择?

【问题1】教学中如何创设情境,让学生感受指数幂拓展的必要性?

在指数幂的拓展中,除了正整数指数幂外,其他类型的指数幂的意义并不直观.考虑到从正整数指数幂到有理数指数幂是学生在初中已经学过的内容,因此高中相应内容教学的重点应放在下面三点:一是不同指数幂的意义(回忆每一步是如何拓展的);二是不同指数幂的运算性质是什么;三是体会拓展的必要性与合理性.必要性重在回味、总结、体会而不是引入,即不要像新授课一样,将体现必要性的情境创设放在上课伊始.例如,教师可举例(或请学生举例)并引导学生体会:有了负整数指数幂,科学记数法不仅可以表示绝对值较大的数,也可以表示绝对值较小的数.指数的取值范围扩大到有理数后,方根就可以表示为幂的形式,开方运算就可以转化为乘方形式的运算[但要注意,不是所有的根式形式都能改写成正分数指数幂的形式,例如,尽管有 $\sqrt[3]{-27}=-3$,但不可以写成 $(-27)^{\frac{1}{3}}=-3$ 的形式].而对合理性的体会则聚焦在能提炼出数学推广过程的一般特点:在原来范围内成立的规律在这个更大的范围内仍然成立.可类比数系的扩充."表示度量结果"(如数系从自然数扩张到有理数后,方程 $2+x=1$,$2x=1$ 有解了)和"数学理论的内在发展"这两方面的需要促使数的概念从自然数扩张到有理数.扩张的基本指导思想是:所定义的运算应当使自然数范围内的运算律在有理数范围内继续成立.

既然教参建议在教学中创设适当的情境,让学生感受指数幂拓展的必要性,那么,积累"适当的情境"就是教师教学基本功的体现,如:

从正整数指数幂到整数指数幂——在我们的生活中,不仅有很多绝对值较大的数,还有很多绝对值较小的数,如:①细胞的直径是1微米,即 0.000 001 米;②新冠病毒"COVID-19"的平均半径约为 50 纳米,即 0.000 000 05 米.这些数是否也能用科学记数法简捷表示呢?

从整数指数幂到有理数指数幂——薇甘菊的侵害面积 S(单位:hm^2)与年数 t 满足关系式 $S=S_0 \cdot 1.057^t$,其中 S_0 为侵害面积的初始值.根据这个关系式,我们可以计算出经过10年后,薇甘菊的侵害面积是 $S=S_0 \cdot 1.057^{10}$,其中 1.057^{10} 是我们学过的整数指数幂的形式,那么经过 15.5 年,薇甘菊的侵害面积是多少呢?我们怎样表示?这个生活情境重在引导学生从实际背景中体会分数指数幂产生的必要性.由刚才的 $S=S_0 \cdot 1.057^{15.5}$,我们发现指数不是整数而是小数,即也可以把指数看作分数,那么我们是如何定义分数指数幂的呢?

如果说从正整数指数幂到整数指数幂再到有理数指数幂既是基于原有的运算性质做出理性思维的结果(从数学内部),也是基于表示现实现象的需要(从数学外部),那么从有理数指数幂到实数指数幂,理性思维的力量则成了决定性的推动因素.如人教A版新教材在必修一"第四章 指数函数与对数函数"中"§4.1.2 无理数指数幂及其运算性质"的起始两段是:

上面我们将 $a^x(a>0)$ 中指数 x 的取值范围从整数拓展到了有理数.那么,当指数 x 是无理数时, a^x 的意义是什么? 它是一个确定的数吗? 如果是,那么它有什么运算性质?

在初中的学习中,我们通过有理数认识了一些无理数.类似地,也可以通过有理数指数幂来认识无理数指数幂.

【问题2】在初中已经学习过正整数指数幂、整数指数幂、有理数指数幂的事实下,高中"指数幂的拓展"的教学重点是什么?

尽管由整数指数幂拓展到有理数指数幂的过程有趣、深刻,充满理性思维,是培育核心素养的好载体,但我们不能回避学生在初中已经学习过其定义与运算性质的事实,在高中再换一种定义方式,即教参中所总结的两次定义法,并称其优点是"避开了对正、负分数指数幂的分别定义,而利用整数指数幂及根式进行定义,更能体现指数幂拓展的合理性",其奥妙教师确能体会,但学生似乎并不买账,他们认为这种做法是不必要的舍简就繁,还不如初中学过的简单、自然、明了.另外,教材中的多处"可以证明"(共4处)给学生的感觉就是"你高中与我初中也没什么区别,也是列几个式子让我背而已".

基于上述分析,笔者认为高中对指数幂拓展教学的重点之一似应向"对运算性质的证明"倾斜,哪怕是部分证明做个示范,其他做"同理"处理或留给学生证明.只有证过或部分证过,学生才会更共情地接受"指数幂的拓展是建立在保证幂的三条运算性质仍然成立的基础上"的拓新原则.另外一处重点便是学生在初中没有学过的有理数指数幂向实数指数幂的拓展,应引领学生经历此环拓展的详细过程,而淡化最后对实数指数幂运算性质及幂的基本不等式的证明.这样教材中的4处"可以证明"便只剩下实数指数幂背景下的一处,留给学生步入大学后再做研究.上述教学安排呈现了初中、高中、大学课程的有序、递进衔接,是比较自然的处理方式.

考虑到学生在初中有过多次体会"逐步逼近""无限逼近"的思想方法的经历,如六年级第一学期曾经通过不断割补、拼图,运用无限逼近思想导出圆的面积,七年级第二学期有过运用有理数无限逼近无理数 $\sqrt{2}$ 的计算体验,现在在由有理数指数幂向实数指数幂拓展的过程中,可以借鉴初中阶段学习中用有理数逼近无理数的经验,通过有理数指数幂认识无理数指数幂.但因为中学阶段无法彻底解决这个问题,比较自然的做法是直观举例,引导学生利用计算工具计算 $2^{\sqrt{3}}$, $10^{\sqrt{2}}$ 等实数指数幂的不足近似值和过剩近似值,感受无理数指数幂是一个确定的数,并指出有理数指数幂的运算性质也适用于实数指数幂.

例如,先基于理性自然(前面已进行过两次拓展,现在由有理数到实数实乃自然思维)提出问题:指数幂的范围还可以继续拓展到无理数指数幂吗?

分析与解: 下面以 $10^{\sqrt{2}}$ 为例来认识无理数指数幂.

因为无理数 $\sqrt{2}=1.414\,213\cdots$,所以

$1.4<1.41<1.414<1.414\,2<1.414\,21<\cdots<\sqrt{2}<\cdots<1.414\,22<1.414\,3<1.415<1.42<1.5.$

上述不等式中，$\sqrt{2}$左边的数称为$\sqrt{2}$的不足近似值，$\sqrt{2}$右边的数称为$\sqrt{2}$的过剩近似值，把以 10 为底、$\sqrt{2}$的不足近似值为指数的各个幂，由小到大排成一列数：

$$10^{1.4},\ 10^{1.41},\ 10^{1.414},\ 10^{1.4142},\ 10^{1.41421},\ \cdots.$$

同样，把以 10 为底、$\sqrt{2}$的过剩近似值为指数的各个幂，由大到小排成一列数：

$$10^{1.5},\ 10^{1.42},\ 10^{1.415},\ 10^{1.4143},\ 10^{1.41422},\ \cdots.$$

借助计算器，可得表 2.5.

表 2.5

$\sqrt{2}$的不足近似值		$\sqrt{2}$的过剩近似值	
α	10^{α}	10^{α}	α
1.4	25.118 864 31…	31.622 776 60…	1.5
1.41	25.703 957 82…	26.302 679 91…	1.42
1.414	25.941 793 62…	26.001 595 63…	1.415
1.414 2	25.953 743 00…	25.959 719 76…	1.414 3
1.414 21	25.954 340 62…	25.954 938 25…	1.414 22
…	…	…	…

从表中可以看出，$\sqrt{2}$的不足近似值和过剩近似值相同的位数越多，即$\sqrt{2}$的近似值精确度越高，以其不足近似值和过剩近似值α为指数的幂10^{α}会越来越趋近于同一个数，我们把这个数记为$10^{\sqrt{2}}$，即$10^{\sqrt{2}}=25.954\cdots$.

一般地，给定正数 a，对于任意的正无理数 α，可以用类似的方法定义一个实数 a^{α}. 自然地，规定 $a^{-\alpha}=\dfrac{1}{a^{\alpha}}$. 例如 $1^{-\sqrt{2}}=1$，$10^{-\sqrt{2}}=\dfrac{1}{10^{\sqrt{2}}}$. 这样，指数幂中指数的范围就拓展到了全体实数.

【问题 3】在开展实数指数幂教学时，要不要引导学生借助计算工具感受无理数指数幂的确定性，以弥补严格证明缺席的不足？

事实上，该问题我们已在上述对【问题 2】的阐述中做了解答. 笔者的看法是"要". 因为这种逼近对学生来说既认识又陌生（此处只能说"认识"，但绝说不上熟悉），而且在不久之后的"二分法"中、选择性必修二的导数学习中还会再次相逢（高校学习极限的严格定义等高等数学知识时会再次反复遇到）. 另外，哪怕对教师而言，这种不断逼近的场景都是颇具诱惑与吸引力的，更不用说对于学生了. 在此处驻足停留、置身其中，创造并欣赏风景，是学生乐意参与的，要比在他们早就学过的那些幂的拓展内容上再颠来倒去地折腾有兴趣得多.

【问题 4】在沪教版教材将运算从函数中剥离出来的编写状态下，如何落实课标中强调的"把指数幂的拓展过程作为指数函数研究的一部分"？

前面我们曾提到，课标在针对必修课程"幂函数、指数函数、对数函数"单元的教学提示中强调"指数函数的教学，应关注指数函数的运算法则和变化规律，引导学生经历从整数指数幂到有理数指数幂、再到实数指数幂的拓展过程，掌握指数函数的运算法则和变化规律". 我们也强调了，这个"提示"实际上是把指数幂的拓展过程作为指数函数研究的一部分，把指数幂的运算法则看成指数函数的性质.

沪教版教材尽管将运算与函数分离,各自独立成章,但也注重了彼此之间的联系.如在进行每一步拓展时都强调了当底数给定后,幂值随着指数的确定而随之唯一确定.比如,对于任意一个 $x\in\mathbf{R}$, $a^x(a>0)$ 的值是唯一确定的.在整数指数幂拓展到有理数指数幂后便给出幂的基本不等式,待拓展到实数指数幂后又将幂的基本不等式中指数的范围由正有理数扩展到正实数.待第四章学习幂函数时运用幂的基本不等式证明了幂函数 $y=x^a(a>0)$ 在 $(0,+\infty)$ 上是严格增函数.在学习指数函数时利用由指数幂的运算性质所得到的关系 $a^{x_0}=(a^{-1})^{-x_0}$ 证明了指数函数 $y=a^x$ 及 $y=(a^{-1})^x$ 的图像必关于 y 轴对称.又利用幂的基本不等式证明了指数函数 $y=a^x(a>1)$ 在 $\mathbf{R}$ 上是严格增函数, $y=a^x(0<a<1)$ 在 $\mathbf{R}$ 上是严格减函数,从而总结出指数函数的单调性规律.

为了使指数幂的拓展与指数函数的性质有更为密切的联系,建议由幂的基本不等式出发继续推得如下刻画指数函数性质的结论:当 $a>1$, $r<0$ 时, $0<a^r<1$;当 $0<a<1$, $r>0$ 时, $0<a^r<1$;当 $0<a<1$, $r<0$ 时, $a^r>1$.还可总结出幂的基本不等式与上述三个结论共同满足的规律"同大异小"——底数和幂值与 1 比,指数与 0 比,则当底数与指数大小关系相同时(即底数大于 1 且指数大于 0,或底数小于 1 且指数小于 0)幂值大于 1,当底数与指数相异时(即底数大于 1 且指数小于 0,或底数小于 1 且指数大于 0)幂值小于 1 大于 0.

【问题 5】沪教版教材对有理数指数幂的拓展方式不同于初中教材,高中教学时如何选择?

这是一个较难抉择的问题.新教材中的拓展方式比较抽象,尽管与初中采用的方式或其他版本新教材使用的方式相比富有新意,但似乎这种敢于改变、勇于求新的做法在教师、学生这儿都不怎么受待见.绝大部分高一数学教师在该部分的教学现实是"基本都选择直接跳过",笔者私下里与这些教师交流,都说"懒得看,看不懂;学生更不懂,也懒得懂".显然,这种消极处理的态度必须批判.但笔者也听过一位特级教师"指数幂的拓展"的示范课,尽管教师讲得起劲,对拓展思想与标准都总结、提炼、强调有加,但全班学生应者寥寥,课堂十分沉闷,下课了还没拓展完,教师就直接告诉学生实数指数幂的运算性质,说这样就可以做题了.

我们的建议是,在教学时要多请学生讲,毕竟从整数指数幂到有理数指数幂学生也早已学过,请他们讲"究竟是如何拓展的",讲自己对"相应的运算性质仍然成立"的理解或心中可能存在的困惑.如果有学生提到类似于课本中的"二次定义法",便请他(或她)举例向全班同学做更直观的阐述,再逐渐过渡到对一般拓展方法与程序的演示与表达.

上述对五个问题的回答乃一家之言,希望开展头脑风暴活动,以促进百家争鸣、百花齐放.

下面我们简要地给出本节课题的课时教学设计,仅供读者朋友参考(不求过程整齐规范,但求阐述清楚设计大意:尊重学生初中所学,从具体例子入手活跃气氛,调动学生开展对话教学,注重数学表达;梳理指数幂拓展过程,总结规律拾级而上,逐步到达实数指数幂).

(一)回忆初中所学

师:同学们,本节课的课题是"幂与指数",请结合初中所学谈谈你对这两个词的理解或认识.

生: a 的 n 次乘方的结果叫作 a 的 n 次幂,记作 a^n.

师:能举几个具体的例子吗?

生: 2^3, $\left(-\dfrac{1}{3}\right)^2$, $\left(\dfrac{2}{3}\right)^{-4}$, $(-\sqrt{2})^{-6}$.

生：$3^{\frac{1}{2}}$，$\left(\frac{3}{4}\right)^{-\frac{1}{5}}$.

师：请解释上面这6个幂的含义.

生：2^3表示三个2相乘，结果为8；$\left(-\frac{1}{3}\right)^2$表示两个$-\frac{1}{3}$相乘，结果为$\frac{1}{9}$；$\left(\frac{2}{3}\right)^{-4}$表示三分之二的四次方的倒数，结果为$\frac{81}{16}$；$(-\sqrt{2})^{-6}$表示$-\sqrt{2}$的六次方的倒数，结果为$\frac{1}{8}$.

师：很好，最后两个呢？

生：$3^{\frac{1}{2}}$表示3的正的平方根，即$3^{\frac{1}{2}}=\sqrt{3}$；$\left(\frac{3}{4}\right)^{-\frac{1}{5}}$表示四分之三的五分之一次方的倒数，即$\left(\frac{3}{4}\right)^{-\frac{1}{5}}=\dfrac{1}{\left(\frac{3}{4}\right)^{\frac{1}{5}}}=\dfrac{1}{\sqrt[5]{\frac{3}{4}}}$.

师：$\sqrt[5]{\frac{3}{4}}$的含义是什么？

生：表示四分之三的五次方根，即五次方等于四分之三的那个数.

师：这个数是唯一的吗？

生：是唯一的.也可以理解为方程$x^5=\frac{3}{4}$的那个解.

师：很好，大家初中学得不错.我也举两个例子请大家做评价：$(-4)^{\frac{1}{2}}$，$0^{-\frac{1}{5}}$.

生：这两个幂都是没有意义的！因为$(-4)^{\frac{1}{2}}$表示-4的那个正的平方根，但-4是没有平方根的，因为没有任何一个实数的平方等于-4！$0^{-\frac{1}{5}}$表示0的五分之一次幂的倒数，即0的倒数，不存在！

师：很好！我们来小结一下，在幂的定义式a^n中有两个字母a和n，分别叫作底数和指数.刚才我们发现，并不是随便两个数都能作成一个幂，可能会出现没有意义的情形！这就涉及底数和指数的取值范围问题.请回忆初中所学，以指数的取值范围为分类依据来谈谈相应的底数取值会怎样.

生：若指数为正整数，则底数可以取一切实数.

生：若指数为负整数，则底数只能取一切非零实数.

生：若指数为正分数，则分数的分母为奇数时底数可以取一切实数，分数的分母为偶数时底数只能取一切正实数.若指数为负分数，则先转化为相应正分数的倒数再做判断.

师：很好！刚才是单个的幂，若有多个幂在一起会发生什么故事？

生：可以运算.

师：请举例说明.

生：$2^2 \cdot 2^3 = 2^5$，$2^{-3} \cdot 5^{-3} = 10^{-3}$，$(3^2)^6 = 3^{12}$，$a^3 \cdot a^{-\frac{3}{4}} = a^{3+(-\frac{3}{4})} = a^{\frac{9}{4}}$.

师：请概括运算所遵循的法则.

生：同底数幂相乘，底数不变，指数相加.

生：对幂作乘方，底数不变，指数相乘.

生：积的乘方等于把积的每一个因式分别乘方，再把所得的幂相乘.

师:请把刚才几位同学所讲的运算法则翻译为符号语言.

生:$a^m \cdot a^n = a^{m+n}$, $(a^m)^n = a^{mn}$, $(ab)^n = a^n b^n$.

师:这些法则的适用范围是什么?换句话讲,这三个等式中的四个字母a,b,m,n的取值范围是什么?

生:其实前面刚刚讨论过这个问题.若m,n是正整数,则a,b可取一切实数;若m,n可取一切负整数,则a,b可取一切非零实数;若m,n可取一切有理数,则a,b取一切正实数.

师:很好!以上我们讨论的即为大家初中所学(七年级上和下).现在请一位同学梳理一下幂指数是如何从正整数指数幂逐步拓展到有理数指数幂的,在每一步的拓展过程中不变的是什么?这种不变说明了什么?

生:通过定义$a^0 = 1$, $a^{-n} = \dfrac{1}{a^n}$ ($a \neq 0$)将正整数指数幂拓展到整数指数幂;通过定义$a^{\frac{m}{n}} = \sqrt[n]{a^m}$ ($a \geq 0$, $m, n \in \mathbf{N}$, $n \geq 2$, $m \geq 1$)及$a^{-\frac{m}{n}} = \dfrac{1}{\sqrt[n]{a^m}}$ ($a > 0$, $m, n \in \mathbf{N}$, $n \geq 2$, $m \geq 1$)将整数指数幂拓展为有理数指数幂.

师:好的,那么在每一步的拓展过程中不变的是什么?

生:不变的应该是运算法则吧?

师:是的,或者叫作运算性质.事实上,实现每一步拓展的具体手段都是引入了一些新的定义,而这些新定义的获得均是基于"仍满足原来的运算性质"而发现的.那么,这种不变说明了什么?换句话讲,这种不变体现了实施拓展过程所应遵循的什么原则?

生:原来的运算性质在拓展后更大的范围内仍然成立!

师:很好!或者说,数学中,引进一个新的概念或法则时,总希望它与已有的概念或法则相容.

师:有一个细节不知大家注意到没有:拓展后运算性质为什么没变?在初中只是以实例做了检验,并没有证明.此处我们略证一二,希望以一斑而窥全豹,以释大家心中疑惑.

(1) 求证:$a^{-n} b^{-n} = (ab)^{-n}$(其中$n$是正整数).

证明:左边 $= \dfrac{1}{a^n} \cdot \dfrac{1}{b^n} = \dfrac{1}{a^n \cdot b^n} = \dfrac{1}{(ab)^n} = (ab)^{-n} =$ 右边,故等式成立.

(2) 求证:$(ab)^t = a^t b^t$, $t \in \mathbf{Q}$, $t > 0$.

证明:设$t = \dfrac{m}{n}$ ($m, n \in \mathbf{N}$, $n \geq 2$, $m \geq 1$),则$(ab)^t = (ab)^{\frac{m}{n}} = \sqrt[n]{(ab)^m} = \sqrt[n]{a^m b^m}$,此处第二个等号的依据是分数指数幂的定义,第三个等号的依据是正整数指数幂的运算性质.设$a^t = a^{\frac{m}{n}} = \sqrt[n]{a^m} = x$, $b^t = b^{\frac{m}{n}} = \sqrt[n]{b^m} = y$,则$x^n = a^m$, $y^n = b^m$,从而$x^n y^n = a^m b^m$,即$(xy)^n = (ab)^m$,所以$xy = \sqrt[n]{(ab)^m} = \sqrt[n]{a^m b^m}$,即$a^t b^t = \sqrt[n]{a^m b^m}$.故$(ab)^t = a^t b^t$.

师:上述证明均体现了鲜明的转化思想.(2)中通过主动"设元"(无中生有),自然沟通了分数指数幂与方根之间的因果联系,再以所设"元"为桥梁,便顺利实现证明.相同的做法还会在"§3.2 对数"对数运算法则的证明中以及今后的学习中多次遇到,请大家用心体会.

师:在初中,对幂指数的拓展从正整数到负整数再到有理数,大家觉得还可以做什么事情?

生:幂指数可以为实数吗?

师:仍请大家按照你的设想先写几个例子看看.

生:比如 $2^{\sqrt{2}}$,$3^{-\sqrt{7}}$,$\left(\dfrac{1}{2}\right)^{\frac{\sqrt{2}}{3}}$.

师:好的,接下来我们以 $10^{\sqrt{2}}$ 为例来认识无理数指数幂.

(二)探究无理数指数幂

本小节呈现上述对【问题2】的回答中对 $10^{\sqrt{2}}$ 的探究过程(此处过程略),以此为例依次定义正数的正无理数指数幂以及正数的负无理数指数幂(注意强调唯一性),从而将指数幂中指数的范围拓展到全体实数.

(三)实数指数幂的运算性质

呈现教材中的三条运算性质及定理(幂的基本不等式).

(四)实数指数幂运算性质的应用

例(略).

2.2.3 向量的投影

一、教材分析

在沪教版高中数学新教材中,本节内容位于高一下必修二"第8章 平面向量"中"§8.2 向量的数量积"的第1节,紧随其后的便是"§8.2.2 向量的数量积的定义与运算律". 相对于二期课改教材,本小节(即"§8.2.1 向量的投影")是新增内容,出现了崭新的"投影向量"(简称投影)的概念,由此派生出的概念"数量投影"是原来二期课改教材中的"投影".

沪教版与人教A版新教材在平面向量这一章,各小节内容的对比如表2.6所示.

表 2.6

沪教版必修二"第8章 平面向量"	人教A版必修二"第六章 平面向量及其应用"
8.1 向量的概念和线性运算	6.1 平面向量的概念
8.2 向量的数量积	6.2 平面向量的运算
8.3 向量的坐标表示	6.3 平面向量基本定理及坐标表示
8.4 向量的应用	6.4 平面向量的应用

显然,两者最突出的区别在于对向量运算的处理. 沪教版将向量的运算分为线性运算和数量积运算,各自独立成节,而人教A版将概念和运算分开,将各种运算放在单独的一节. 对此,人教A版在该章章首语中有明确的说明:"本章我们将通过实际背景引入向量的概念,类比数的运算学习向量的运算及其性质,建立向量的运算体系. 在此基础上,用向量的语言、方法表述和解决现实生活、数学和物理中的一些问题."

沪教版教材为什么将线性运算和数量积运算分开呢? 笔者在章首语和相应教参中并未找到说明,我们试着自己做些分析.

向量的加法、减法以及实数与向量的乘法,统称为向量的线性运算. 仔细分析沪教版教材"§8.4 向量的应用"这一节,我们发现它以精心挑选的七道例题详细介绍了平面向量在中学阶段的一些最基本的应用,若以所属知识领域划分,则有平面几何(例1至例4)、日常生活(例5)、三角(例6)、物理(例7);若以涉及的向量运算为标准划分,则有线性运算(例1至例3、例7)、数量积运算(例4至例6). 事实上,向量的线性运算所涉及的向量性质基本上都是与平行、比例、共线、共面有关的,这些性质通常被称为仿射性质;而涉及向量的长度和向量间的夹角的性质常被称为度量性质.

一般地,图形的几何性质可以分为两个层次,有一部分性质涉及点与点之间的距离以及线与线之间的角度,我们称之为度量性质.例如三角形的全等、两条直线垂直等都属于这个范围.而另一部分性质只涉及共线与共面,例如三角形三条中线交于一点,只需要运用向量的线性运算就能证明的,则被称为仿射性质.更严格一点说,在正交变换下保持不变的性质称为度量性质,而在仿射变换下保持不变的性质称为仿射性质.仿射性质一定是度量性质,反之则不对.按照我们目前掌握的知识,可以把仿射性质理解为只用向量的线性运算就能被导出的性质.仿射性质中不包括向量的长度和夹角,我们无法比较两个不同方向的向量的长短,也无法谈论两个向量的垂直.这就需要引入向量的数量积运算.

仅以上述分析作为我们对沪教版教材将线性运算与数量积运算分隔在两节的一点认识.

人教 A 版教材将向量的运算独立成节,目的有二.其一是方便教师类比数的运算一气呵成地开展向量的运算的教学.以前学生学习过的建立在用符号表示数基础上的符号运算和函数运算本质上也都是数的运算,向量系统是学生见到的第一个有别于数的系统的有运算的数学结构,它的运算都要进行严格的定义,运算所具有的性质都要严格论证.尽管如此,两者在运算这条线的延展上仍具有较强的可类比性,教师循此推进向量运算的教学乃自然之举.其二是使学生对向量的运算形成较为系统而整体的认识.

接下来结合自己研读课标、教材及实际教学的经历,谈谈教材在介绍数量积运算时的一些编写特点.

课标对平面向量的投影与投影向量给予了充分的阐述.首先在必修课程"主题三 几何与代数"的"平面向量及其应用"部分对"向量运算"提了六点要求,其中第 5 点是:通过几何直观,了解平面向量投影的概念以及投影向量的意义(参见案例 9).其次是在选择性必修课程"主题二 几何与代数"的"空间向量与立体几何"部分对"向量基本定理及坐标表示"提了四点要求,其中第 4 点是:了解空间向量投影的概念以及投影向量的意义(参见案例 9).在"附录 2 教学与评价案例"中又呈现了名为"向量投影"的案例 9.该案例分【目的】、【情境】、【分析】三部分展开.其中【目的】是:理解投影的作用,体会投影是构建高维空间与低维空间之间联系的桥梁,形成直观想象;了解投影与数量积运算规则的关系,体会"特殊情况"与"一般情况"的相互作用,提升逻辑推理素养.在【分析】中又对【目的】中的前半句话做了解读:向量的投影是高维空间到低维空间的一种线性变换,得到的是低维空间向量,这里是指正交投影.从此我们可以领会到向量投影的意义和作用,在沪教版教材配套教参中对此也有所解读:为什么教材以及国家课程标准改用投影向量来阐述相关内容?最重要的理由是,数量投影只是在特定语境中定义的一个特殊的概念,无法在数学更大的范围内进行合适的推广,而向量意义下的投影是几何学中一般的投影概念在向量理论中的反映.一般地说,几何学中的投影是一个几何变换,它把高维空间的一个几何对象变换到它的一个较低维数的子空间中的一个几何对象(而不是数).例如,三维空间中的物体的三视图就是这个物体在三个互相正交的二维子空间(平面)上的投影.几何学上的投影一方面起着把高维空间中对象的研究化为较低维数空间中的投影对象的研究(维数的降低可能使研究得以简化);反过来,通过在不同较低维数子空间上的投影对象的研究,又能"拼凑"出有关高维空间原对象的某些认知.三视图的例子就是这样.

如何理解【目的】中所讲的后半句话呢?

我们知道,两个非零向量 a,b 的数量积为 $a \cdot b = |a||b|\cos\langle a, b\rangle$,$a$ 在 b 方向上的投影为 $\dfrac{|a|\cos\langle a, b\rangle}{|b|}b$,$a$ 在 b 方向上的数量投影为 $|a|\cos\langle a, b\rangle$. 因此,数量投影是一种特殊的数量积:$a$ 在 b 方向上的数量投影是 a 与 b 的单位向量的数量积,这是因为

$$a \cdot \left(\dfrac{1}{|b|}b\right) = |a| \cdot 1 \cdot \cos\left\langle a, \dfrac{1}{|b|}b\right\rangle = |a|\cos\langle a, b\rangle.$$

另外,a,b 的数量积也是 a 在 b 方向上的投影(即投影向量)与 b 的数量积,这是因为

$$\left(\dfrac{|a|\cos\langle a, b\rangle}{|b|}b\right) \cdot b = (mb) \cdot b = |mb||b|\cos\langle mb, b\rangle = \begin{cases} m|b||b|\cos 0, & m \geqslant 0, \\ -m|b||b|\cos \pi, & m < 0. \end{cases}$$

$$\text{上式} = m|b|^2 = |a||b|\cos\langle a, b\rangle = a \cdot b\left(\text{其中}\dfrac{|a|\cos\langle a, b\rangle}{|b|} = m\right).$$

所以,向量的投影、数量投影与数量积都有着密切的关系.

基于上述分析,沪教版新教材在介绍数量积定义之前先单设一节介绍"向量的投影",是完全贯彻课标精神与要求的表现. 从衔接角度来看,本小节上承初中学过的直角三角形中的射影定理,下接必修三立体几何中的斜线在平面上的投影(也称射影)、选择性必修一中点到直线距离公式的向量法证明以及空间向量中点到平面距离公式的推导. 在高等数学中,投影的概念继续在各种场合出现,比如"高等代数"中向量到子空间的距离;"解析几何"中向量的射影;"高等几何"中的仿射变换、射影平面、射影变换、透射变换等;"画法几何"中的点、直线和平面的投影,立体的投影,轴测投影,标高投影等.

从历史上来看,内积概念及其运算法则的发明,正是由于德国数学家格拉斯曼的妙手偶得之. 我们简单地描述一下这段历史.

作为一个类似于数系的代数系统,自建立向量加减法运算(源于人们利用代数对几何问题的解析研究)、数乘运算(基于如何用简洁的形式表示同向向量之间的关系)、分解运算(平面向量分解定理,将向量之间的运算转化为数组的运算)后,人们试图寻找向量更多的代数结构以便描述更多的数学与实际问题. 向量的数量积与向量积是向量运算结构的重大创造.

历史上很多数学家都定义过等价于现代向量系统的数量积和向量积结构,并根据这种关系的特性给出不同的名称. 例如,哈密顿和泰特给出数量部分为 0 的四元数 $\alpha = xi + yj + zk$ 与 $\alpha' = x'i + y'j + z'k$ 的乘积,所得结果的向量部分相当于现代向量的向量积,数量部分 $\alpha\alpha' = -(xx' + yy' + zz')$ 等价于数量积的负值,并称 $i \cdot i = -1$ 为点积. 默比乌斯根据投影而定义的算术投影积也等价于现代意义下的数量积,但是所定义的几何积只是一个平面图形,而不是一个向量.

格拉斯曼所定义的内积和外积与现代向量乘积相同,所以有人认为现代数学意义上的向量概念始于格拉斯曼系统. 格拉斯曼构造向量乘积的出发点仍然是利用向量将代数概念移植到几何中. 通过考察一般的几何对象的乘积,他发现,如果考虑线段的方向性,不仅矩形的面积,而且平行四边形的面积也可以表示为邻边的乘积. 如果将其和前面所建立的向量的加法进行结合,这个新型号的乘积符合普通的乘法规则,但是当交换两个乘积因式时需要变"+"为"−". 在研究这个乘积不满足交换律的同时,他发现了另外一种符合交换律的积. 即将一个向量垂直投影到另外一个向量,然后将投影向量的长度和被投影向量的长度相乘. 因为乘积因式

可交换,并且两个互相垂直向量的积为 0,只有在两向量的方向形成一个小于 90°的角,即一个向量在另外一个向量方向上的投影长度不为零时,投影乘积才为非零值,格拉斯曼称其为内积,并将前面不满足交换律的乘积称为外积.

向量的乘积揭示了代数运算存在着多样形式,它描述了几何方向、度量以及三角之间的关系,这使得向量描述几何空间的性质有了更广阔的舞台,为数学不同分支内在的联系提供了一座桥梁.

现在回到对沪教版教材"向量的投影"这一节编写特点的分析.

在本小节,先基于物理中功的情境介绍投影概念及其附加概念,即数量投影,然后通过例题及练习题给出投影的线性性质,为后面证明向量数量积对加法的分配律做好铺垫. 具体而言,笔者体会,其编写有以下一些特点.

1. 类比物理,自然抽象,发展数学抽象素养

首先明确功并不是把力的大小和位移向量的大小直接相乘而得到,而是把作用力在位移方向上的分力大小乘物体位移量."在位移方向上的分力"是作用力 f 在位移向量 s 方向上的投影 f_1. 由此引出向量在一条直线或另一个向量方向上的投影的概念. 舍弃具体的物理背景,抽象出数学概念及概念之间的关系,便是数学抽象素养的体现.

2. 由点到线,逐级推进,引领有效理解数学的思维方法

很多种情况下,学生对较复杂数学现象、对象或关系的理解存在困难,此时,有效的对策是回到简单情形. 简单情形因其直观、情况单一而容易切入,但简单情形中往往隐藏着处理一般情形的思路或方向. 很多教师或学生在求解多问型解答题时都知道一个窍门:没有无缘无故的前两小问. 多问型解答题(尤其是新定义问题)的前两小问往往聚焦于具体的、特殊的数字或背景,变量很少,容易处理,而第(3)小问却上升到要处理抽象的一般情形."回顾前两小问"经常会成为破解第(3)小问的突破口(获得灵感或启发、利用已推出的有用的结论等). 多年前笔者就学习过华东师大一附中特级教师吴传发老师的一节课,课题是"由小到大的思考方法",可参见《数学素质教育教案精编》(张奠宙,中国青年出版社,2000 年). 这是一节面向初二学生的"游戏—探究—交流"的数学活动课,目的是使学生获得由小到大的思考方法的直接经验. 张奠宙先生在案例末给出了精到的点评:"这是一堂别出心裁的好课. 吴老师设计的棋子游戏蕴涵了深刻的数学道理,通常,我们从游戏中得到启发,可以解出一道数学题,增加兴趣. 这是问题解决式的教学活动模式. 本教案不同,将同色棋子嵌入黑子和'负负得正'作联想,已属于数学概念数学法则等整体数学范畴的游戏,确实别开生面. 它的教育价值,某种意义上会比问题解决式的活动更有教育意义. 这样的活动课,一学期做一两次,所用时间不多,对学生的思维培养大有益处. 即使对那些'全面追求升学率'者,学生的数学思维一旦被激活,考试的成功不也在期待之中吗?"

教材先介绍点在直线上的投影(指正交投影,下同),再介绍向量(向量由表示它的有向线段的起点与终点所确定)在直线上的投影,最后过渡到向量在另一个非零向量上的投影(因为非零向量对应着其所在的直线). 并说明在相等意义下,任一向量在另一非零向量方向上的投影是唯一确定的,依此便论证了定义的合理性. 上述介绍过程从简单入手,缓缓道来,亲切自然,可读性很强,学生理解起来毫无困难.

3. 分析要素,降维转化;穷举讨论,道术结合破解难点

接下来便是讨论投影向量(简称投影)与原来两个向量的关系,包括位置关系与数量关系. 以 b 在 $a(a\neq 0)$ 上的投影为例,教材分 $b\neq 0$ 与 $b=0$ 两种情形展开,阐述得都很清楚、很有条

理. 但无论哪种情形,教师的课堂教学均不宜像教材那样展开,而应从目标开始寻找思路与原料,同时再现与分力类比的情境. 此时的关键环节是意识到投影向量与 a 是共线向量(降维转化),从而由前面刚刚学过的一维向量基本定理可知,投影向量是 a 的非零常数倍! 现在要解决的核心问题是确定该常数 λ. 易知:

$$|\lambda a| = ||b|\cos\langle a, b\rangle| = |b||\cos\langle a, b\rangle| = \begin{cases} |b|\cos\langle a, b\rangle, & \langle a, b\rangle \in \left[0, \dfrac{\pi}{2}\right), \\ 0, & \langle a, b\rangle = \dfrac{\pi}{2}, \\ -|b|\cos\langle a, b\rangle, & \langle a, b\rangle \in \left(\dfrac{\pi}{2}, \pi\right]. \end{cases}$$

由于当 $\langle a, b\rangle \in \left[0, \dfrac{\pi}{2}\right)$ 时,投影与 a 同向,此时 $\lambda > 0$;当 $\langle a, b\rangle = \dfrac{\pi}{2}$ 时,投影为零向量,此时 $\lambda = 0$;当 $\langle a, b\rangle \in \left(\dfrac{\pi}{2}, \pi\right]$ 时,投影与 a 反向,此时 $\lambda < 0$,故总有 $\lambda|a| = |b|\cos\langle a, b\rangle$. 因 $|a| \neq 0$,故 $\lambda = \dfrac{|b|\cos\langle a, b\rangle}{|a|}$. 因此投影向量为 $\lambda a = \dfrac{|b|\cos\langle a, b\rangle}{|a|}a$,这与观察所得的结果 $|b|\cos\langle a, b\rangle a_0$ 是相符的,都可以作为投影向量的代数表达.

上述推理看似复杂,实则自然! 只不过是用上节刚学过的共线向量定理(一维向量基本定理)解决了一个具体问题而已. 其中为了去掉绝对值找到 λ 的值,引入两个向量的夹角以及后续对其展开的小小讨论也是自然而然. 另外,将蕴含大小与方向双重信息的实数 $|b|\cos\langle a, b\rangle$ 独立出来并为其命名(b 在 a 方向上的数量投影)也只是为主角"投影向量"服务罢了(为观众更好地记住主角、理解主角).

该环节的最后一个补充是当 $b = 0$ 时,即零向量在任意非零向量上的投影与数量投影,这根据投影的定义及亲密关系"数量投影的绝对值是投影向量的模"不难获得相应结论.

4. 渗透一般研究套路,孕伏后续所需工具,发展单元学习观念

从小学到初中,再到高中,乃至到大学,我们会面临很多数学概念. 作为教师,掌握数学概念的研究套路十分重要,只有这样才能宏观着眼、微观入手,合理设计好学习或教学的每一个环节. 通常来讲,对数学对象的研究线索是"背景—定义—表示—分类—(代数)运算—(几何)性质—联系". 比如对复数问题(在必修二平面向量的下一章,即第 9 章)研究的基本框架为:①复数的背景——为了使负数能开方,从而使任意多项式方程都能解;②复数的定义——引入一个新符号 i(虚数单位),其意义是 $i^2 = -1$;③复数的表示——代数表示、几何表示;④复数的有关概念——实部、虚部、模、相等、共轭复数等;⑤复数的分类——实数作为复数的一部分;⑥复数的运算——加、减、乘、除、乘方、开方及其几何意义;⑦复数的联系——与向量、三角函数等的联系("复数就是向量",复数的三角表示,向量的旋转、伸缩与复数乘法等);⑧某些特殊问题的研究,如虚数单位 i 的性质、复数的"三角形不等式"、棣莫弗公式、单位根 ω 的性质等. 上述过程体现了数学发生发展的一个基本套路,具有普遍意义.

按照上述观点审视对"向量的投影"的研究,背景—定义—表示—分类这四项基本都已涉及,接下来便是代数运算或几何性质以及相关联系. 向量作为代数与几何的双栖物,代数运算与几何性质紧密相连,教材以例题与练习的方式给出了"投影的线性性质"——向量和

的投影等于它们投影的和;数乘向量的投影是投影的等数数乘向量,该性质是基于单元视角的孕伏之笔,为下一节向量数量积对加法的分配律的证明做好了铺垫.至于"相关联系",便是下一节"§8.2.2 向量的数量积的定义与运算律"与"§8.4 向量的应用"所介绍的内容了.

以上我们阐述了本小节教材编写的一些亮点,但也有一些不足,分析这些不足可以更好地指导教学设计.比如,为什么想到要研究向量的数量积运算?为什么类比"功"而不类比其他物理量?两个向量之间的乘法运算只有数量积吗?是否要做些"点到为止"的简单说明?比如乘法运算不只数量积,还可以有与物理中某些物理量类似的乘法运算,但在中学阶段不做介绍,而是留到大学再做研究.

事实上,物理中与数量积类似的运算除了"功",还有功率、磁通量等的计算.功率是标量,刻画的是做功的大小.对于瞬时功率的计算,比如说做曲线运动的物体其受力和速度不在一直线上时,某个时刻该力的瞬时功率是这个力乘以力方向的瞬时速度,得到的就是瞬时功率这个标量($P=Fv\cos\theta$).再如匀速圆周运动的向心力始终与速度方向垂直,向心力始终不做功,向心力的功率始终为零.对于磁通量,其表示通过某一面积磁感线的多少,在匀强磁场中等于磁感应强度乘以有效投影面积($\Phi=BS\cos\theta$),做题时可以分解磁场方向,也可以把面积做投影.

而物理中向量积的模型有:①力矩,用于确定旋进的方向;②安培力,用于确定载流导线受到的磁场力;③洛伦兹力,用于确定带电粒子受到的磁场力;④电磁波的传播方向,通过电场的方向叉乘磁场的方向而确定电磁波传播方向;⑤科里奥利力,用于确定大气环流、海洋环流;等等.

最后谈谈如何上好"向量的投影"这节课.

首先是引入环节的处理.

人民教育出版社章建跃博士曾语重心长地告诫中学数学教师:"如果数学教学中真正体现了数学的逻辑连贯性和思想方法的前后一致性,那么数学将是最好学的课程.遗憾的是,当前教学中,由于缺乏对数学整体性的应有关注,教学内容被人为割裂,局限于一招一式的'解题术',导致教学过程不自然、学习过程不连续,数学也便成了大量学生费时费力最多却收效甚微的拦路虎.数学教师对此应有高度警觉!"

对比沪教版与人教A版对向量的数量积运算的编写,笔者更欣赏人教A版的引入方式,我觉得它体现了"数学的逻辑连贯性和思想方法的前后一致性"与笔者一贯的教学主张——前后内容要尽量做到丝滑相连、无缝衔接、自然推进、螺旋上升.

人教A版高中数学必修第二册"第六章 平面向量及其应用"之"§6.2.4 向量的数量积"的前两个自然段如下:

前面我们学习了向量的加、减运算.类比数的运算,出现了一个自然的问题:向量能否相乘?如果能,那么向量的乘法该怎样定义?

在物理课中我们学过功的概念:如果一个物体在力$\boldsymbol{F}$的作用下产生位移$\boldsymbol{s}$,那么力$\boldsymbol{F}$所做的功$W=|\boldsymbol{F}||\boldsymbol{s}|\cos\theta$,其中$\theta$是$\boldsymbol{F}$与$\boldsymbol{s}$的夹角.

上述第一自然段紧密衔接学生前面所学,类比数的运算自然引入.但第二自然段直接跳到物理中的功比较突兀.而且众所周知,两个向量的乘法运算不只数量积一种,还可以由两个向量定义它们的向量积.建议此处发挥学生的才智与物理经验,引导其说出物理中有没有由两个向量做类似乘法的运算的情境,进而引出两个向量做"乘法"运算有时得到的是标量,有时得到

的是矢量.并说明若抽象到数学中,这两种运算也都是有的,但在高中阶段,我们只研究类似于功的情形.

尽管沪教版教材将线性运算与数量积运算安排在不同的小节,但在数量积教学的引入环节仍然可以借鉴人教A版的做法.

当然,在真实的教学情境中,教师还应该通过问题设计,在聚焦本节课研究问题前先引领学生回顾前面研究向量的线性运算的基本路径,以便为接下来的研究之路导航.

在将问题聚焦到先研究类似于分力后便开始了投影概念的发生、发展之路.此时,按教材中所阐述的流程推进即可,即先建立投影的概念,继而探索其代数表达,顺便定义出数量投影的概念并从投影的代数表达中剥离出数量投影的代数表达.

第三个环节便是新知应用,在给定的向量条件下逐渐熟悉投影与数量投影的获得过程及最终表达出来的"代数模样".建议在解完沪教版中提供的例1后再作出其对应的图形,以进一步感知、加深对投影、数量投影的认识.然后自然过渡到例2中对三个向量中某两个向量的和向量在第三个向量方向上的投影的探究(待学生课后做过练习后,下一节课再总结出投影的线性性质).

二、课时设计

由于我们在前面已详述过上课思路,因此这里主要给出本节课引入环节的设计想法.

师:我们已经学习了向量的线性运算,你能总结一下向量线性运算的研究路径吗?

先由学生独立思考,总结出研究线性运算的整体架构,再进行全班交流.类比数的运算研究向量的线性运算,其研究路径是"物理背景—定义—性质—运算律—应用".

师:类比数的运算,你认为向量还可以进行怎样的运算?

请学生思考并回答,比如:向量与向量相乘、相除等.教师指出:类比数的运算,应该先研究向量的乘法.向量是否可以做除法,是不是一个值得研究的课题,有没有实际意义,这些问题有待同学们发挥自己的创造性进行思考,不过,在目前的数学知识中,没有向量的除法.

师:如果向量能够做乘法运算,那么你认为应该按怎样的路径研究这种运算?

先由学生独立思考、回答,得出研究路径应该是:物理背景—定义—性质—运算律—应用.

上述过程的设计意图是:引导学生归纳研究向量运算的"基本路径",包括内容、路径、方法等,得出"背景—定义—性质—应用",使其成为研究"向量乘法运算"的先行组织者,同时培养学生的一种思维习惯:在面对一个研究对象或数学问题时,先从整体上规划研究思路,找准需要研究的问题,然后再展开具体研究,从而发展学生的理性思维.

师:向量及其线性运算有明确的物理背景,在你学过的物理知识中,你认为哪一个概念可以作为"向量乘法"的物理背景?

如果学生感觉困难,教师可做适当提示,重点聚焦到功和力矩这两个物理概念,并分析出前者是由两个矢量得到一个标量,而后者是由两个矢量得到第三个矢量.它们都可以作为向量乘法的物理背景,但在高中阶段我们只研究前者.

师:我们知道,功并不是把力的大小和位移向量的大小直接相乘而得到,而是把作用力在位移方向上的分力大小乘物理位移量.因此,分析清楚"在位移方向上的分力"就显得特别关键!这个分力是作用力 f 在位移向量 s 方向上的投影(教师以图示意,见沪教版课本中的图8-2-2).这启发我们抽象出一个向量在另一个向量方向上的投影的数学概念!

接下去按上述"如何上好'向量的投影'这节课"中的分析推进即可,此处不再赘述.

2.2.4 三角形式下复数的乘方与开方

一、教材分析

（一）整体分析

复数的三角表示是复数的一种重要表示形式，它沟通了复数与平面向量、三角函数等之间的联系，可以帮助我们进一步认识复数，也为解决平面向量、三角函数和平面几何问题提供了一种重要途径，同时还为今后在大学期间进一步学习复数的指数形式、复变函数论、解析数论等高等数学知识奠定基础.

本节内容在沪教版新教材中是必修二"第9章 复数"第4节"*9.4 复数的三角形式"的第3小节. 在教参中，将"§9.4.1 复数的三角形式"作为一课时，而将"§9.4.2 三角形式下复数的乘除运算"与本节"§9.4.3 三角形式下复数的乘方与开方"合并为一课时. §9.4虽为选学，但笔者认为学的必要性和价值很大. 为什么呢？有以下几条理由.

1. 补全了乘、除法的几何意义

认识任何一个数学对象的方式最基本的考量是数与形. 横看成岭侧成峰、远近高低各不同，从不同角度入手，可以获得对该对象不同的感受，进而对它的把握与应用就更清晰、牢固和精当. 无论是数学概念，还是数学公式、原理（或定理），莫不如此. 在平面向量中，无论是向量的加法、减法，还是数乘运算、数量积运算，均无一例外地给出了各自的几何意义. 在三角中更是如此，如：和差角公式反映了圆的旋转对称性，是圆的旋转对称性的解析表达. 诱导公式回答了单位圆上的点的坐标旋转 $90°$ 及其整数倍时，点的坐标之间的关系. 而加法定理（即和差角公式）解决了单位圆上的点旋转任意角后，点的坐标之间的关系. 由加法定理推导出来的积化和差公式其实是圆的反射对称性的解析表达.

在本章前几节中出现的复数的代数形式、共轭复数、模、加法、减法等概念或运算都给出了相应的几何意义. 如在复平面上，复数与点一一对应（从而复数有了坐标表示），复数与向量一一对应（从而复数有了向量表示），互为共轭的两个复数对应的点关于实轴对称，"模"就是距离，复数加法的平行四边形法则、减法的三角形法则等. 更进一步地还有复数背景下的三角不等式等. 在复数的四则运算中，乘法与除法早在第1节"复数的引入与复数的四则运算"中就已呈现，但一直避而不谈它们的几何意义. 这是因为代数形式下复数的乘除法的几何意义很不直观，但在三角形式下却简单而清晰. 因此，复数的三角形式的介绍，不仅帮助学生达成对复数更全面的认识，而且随着四则运算几何意义的悉数登场，更坚定了心中"数形不分，形数结合"的数学学习、学好数学的信念.

2. 复数的三角形式是"复数与点对应"及"点的多元表达"相结合的自然产物

若复数 $z=x+yi(x, y \in \mathbf{R})$，则在复平面内，$z$ 与点 $Z(x, y)$ 一一对应. 对直角坐标系中的点，学生在学习过任意角的正弦、余弦、正切、余切后已拥有了这样的经验：点有万能坐标 $(r\cos\theta, r\sin\theta)$，其中 r 表示该点到原点的距离，θ 表示以原点为顶点、以 x 轴正半轴为始边、以原点与该点连线（射线）为终边所对应的角（象限角或轴线角）. 故 $x=r\cos\theta$，$y=r\sin\theta$. 由此复数 z 的代数形式就变为 $z=r\cos\theta+(r\sin\theta)i=r(\cos\theta+i\sin\theta)$，由于三角的介入，该形式便被称为复数的三角形式. 历史的发展，应该是先偶得了上述结果，然后再引入辐角和辐角主值的概念.

3. 进一步丰富了用代数手段解决几何问题的实践体验

对复数代数形式和三角形式相关知识的介绍，构成了相对完整的复数系的基础知识，展示了复数这一代数概念与几何的内在联系,知道了描述平面几何中点的平移、对称、旋转的代数工具(如用向量刻画点的平移,用三角公式刻画圆的旋转对称性与反射对称性,用复数的三角形式刻画旋转变换等.到了大学,刻画对称性的强有力的工具是"群"的概念),强化了用代数手段解决几何问题的实践体验.

4. 提供了"培养联系观,以联系观考察事物或现象"的机会

相对代数形式下复数的乘法与除法公式,三角形式下复数的乘法、除法公式给人以美的享受,而且让人浮想联翩,很多相似、相仿的知识点被瞬间激活.由于两角和差正、余弦公式的介入,使得复数乘、除时二项式的乘除运算转化为辐角的和、差运算.这与把积的对数转化为对数的和,把商的对数转化为对数的差十分相似.也与基本不等式大家庭中的平均值不等式中展现的和积互化、三角中的积化和差公式都有异曲同工之妙.

不仅如此,当我们用文字语言表达三角形式下的复数乘、除法公式时,又会有很多"美好的过往"袭来.如:两个复数相乘,其积的模等于模的积,积的辐角等于辐角的和;两个复数相除(除数不为零),其商的模等于模的商,商的辐角等于辐角的差.此时的我们是不是回忆起:和的投影等于投影的和;和的导数等于导数的和;积的模等于模的积,商的模等于模的商(除数不为零时);和差积商的共轭是共轭的和差积商;和数列的极限等于极限的和,积数列的极限等于极限的积(在都有极限的前提下);和事件的概率等于概率的和(当两事件互斥时);积事件的概率等于概率的积(当两事件独立时);随机变量和的期望等于期望的和,倍数的期望等于期望的倍数;随机变量和的方差等于方差的和(当两随机变量独立时),倍数的方差等于方差的倍数平方……

当然,如果教师钟情于复数三角形式之美而愿意再多花些课时与学生一起分享时,就可以引领学生领略到复数更为强大的"联系力".如像"向量的应用"一样,开设1~2节"复数的三角形式的应用"拓展课,就可领略到其对于三角、向量、几何(平面几何、解析几何、立体几何)等知识领域的优美的工具作用.

5. 示范了"当遇到自然发展中的不自然时如何寻求突破"

该主题我们在上述第一条中已有所提及.由于其对学科发展的指引性及做研究或学问时如何寻求(或调整)方向的导引性,有必要再次强化.

既然复数有基于几何意义下的向量表示,那么复数加法、减法的几何意义归靠或延续了向量加减法的几何意义也在情理之中.但为什么在向量的数量积(是向量的一种乘法)也有几何意义的情况下,复数的乘法的几何意义却在代数形式下的乘法法则下只字未提?这是不自然的!正是这种不自然,才导致人们从复数本身的几何意义(点、向量)出发,立足(源于三角比的)点在直角坐标系中的万能坐标表示,发现了复数的代数形式的另一种表达,即复数的三角形式,从而发现了乘除法在三角形式下鲜明的几何意义.

(二) 小节分析

在教参的课时建议中,将三角形式下复数的乘除法、乘方与开方并为一课时,本小节重点是讨论其中的乘方与开方部分.

由于乘方源自乘法,因此不是难点,只是转化为模的连乘与辐角的连加.但开方的难度却陡然上升.沪教版教材在给出开方公式前的那段文字描述让人摸不着头脑,需要教师在教学中选择其他直观易懂,更具可操作性、规律性和可迁移性的方式,方能突破这个难点.

教材中的这段文字描述如下:

作为乘方的逆运算,自然会想到,一个复数开 n 次方,方根的模是被开方数模的 n 次方

根,而方根的辐角是被开方数辐角的 n 分之一. 这个规则原则上没错,但要注意的是:由于被开方数不同辐角的 n 分之一所得出的辐角可能有不同的主值,在这个过程中被开方数的辐角不能只取主值. 事实上,如果 α 是被开方数的辐角之一,以下 n 个值都可以作为被开方数 n 次方根的辐角:

$$\frac{\alpha}{n},\frac{\alpha+2\pi}{n},\frac{\alpha+4\pi}{n},\cdots,\frac{\alpha+2(n-1)\pi}{n}.$$

这 n 个值之间的差都不是 2π 的整数倍,它们都给出了不同的 n 次方根;而其余可能的辐角 $\frac{\alpha+2k\pi}{n}(k\in\mathbf{Z})$ 都与上述辐角之一相差 2π 的整数倍,它们不会再给出更多不同的 n 次方根了.

学生会问,"由于被开方数不同辐角的 n 分之一所得出的辐角可能有不同的主值,在这个过程中被开方数的辐角不能只取主值"到底在说什么? 教师面对学生的发问该如何解释? 有没有那种"一语点醒梦中人"似的直接拨开迷雾的直观解读?

大概编写教参的教材专家也意识到学生(其实教师也是)会遭遇上述困惑,所以在教参中给出了下面的说明:

本节的另一个难点是开方时要考虑被开方数的不同辐角(不仅仅是辐角的主值). 这个难点要分散处理,先在定义复数的三角形式时强调一个复数的辐角可以取相差 2π 倍数的不同值,而不限于取主值;然后在讲开方公式时启发学生注意到 2π 的倍数除以一个大于 1 的整数后不一定是 2π 的倍数了,所以不同的辐角可能给出不同的方根. 还可让学生比较为什么乘、除、乘方公式中不用考虑这个问题.

此处,"2π 的倍数除以一个大于 1 的整数后不一定是 2π 的倍数了,所以不同的辐角可能给出不同的方根"这句话较之学生问的教材中的那段话也简明不了多少. 都不是可以给予学生的令人满意的答复(顶多是教师能意会,但学生仍不会). 当然学生手头是没有教参的,也看不到教参中的上述良苦提醒.

那么,教师该如何做呢?

方法1 抽象问题具体化——举具体例子说理

由表 2.7 可将教材和教参中的描述具体化(对号入座即可).

表 2.7

被开方数 z	n	$\alpha = \text{Arg } z$	$\frac{\arg z}{n}$	$\frac{\alpha}{n}$
1	2	$0, 2\pi, 4\pi, 6\pi, 8\pi, \cdots$	0	$0, \pi, 2\pi, 3\pi, 4\pi, \cdots$
	3	$0, 2\pi, 4\pi, 6\pi, 8\pi, \cdots$	0	$0, \frac{2\pi}{3}, \frac{4\pi}{3}, 2\pi, \frac{8\pi}{3}, \cdots$
	4	$0, 2\pi, 4\pi, 6\pi, 8\pi, \cdots$	0	$0, \frac{\pi}{2}, \pi, \frac{3\pi}{2}, 2\pi, \cdots$
i	2	$\frac{\pi}{2}, \frac{5\pi}{2}, \frac{9\pi}{2}, \frac{13\pi}{2}, \frac{17\pi}{2}, \cdots$	$\frac{\pi}{4}$	$\frac{\pi}{4}, \frac{5\pi}{4}, \frac{9\pi}{4}, \frac{13\pi}{4}, \frac{17\pi}{4}, \cdots$
	3	$\frac{\pi}{2}, \frac{5\pi}{2}, \frac{9\pi}{2}, \frac{13\pi}{2}, \frac{17\pi}{2}, \cdots$	$\frac{\pi}{6}$	$\frac{\pi}{6}, \frac{5\pi}{6}, \frac{3\pi}{2}, \frac{13\pi}{6}, \frac{17\pi}{6}, \cdots$
	4	$\frac{\pi}{2}, \frac{5\pi}{2}, \frac{9\pi}{2}, \frac{13\pi}{2}, \frac{17\pi}{2}, \cdots$	$\frac{\pi}{8}$	$\frac{\pi}{8}, \frac{5\pi}{8}, \frac{9\pi}{8}, \frac{13\pi}{8}, \frac{17\pi}{8}, \cdots$

(续表)

被开方数 z	n	$\alpha = \text{Arg } z$	$\dfrac{\arg z}{n}$	n 次方根	对应的代数形式
1	2	见上表	见上表	$\sqrt{1} \cdot (\cos 0 + i\sin 0)$, $\sqrt{1} \cdot (\cos \pi + i\sin \pi)$, $\sqrt{1} \cdot (\cos 2\pi + i\sin 2\pi)$(开始循环) ……	1, -1
1	3	见上表	见上表	$\sqrt[3]{1} \cdot (\cos 0 + i\sin 0)$, $\sqrt[3]{1} \cdot \left(\cos \dfrac{2\pi}{3} + i\sin \dfrac{2\pi}{3}\right)$, $\sqrt[3]{1} \cdot \left(\cos \dfrac{4\pi}{3} + i\sin \dfrac{4\pi}{3}\right)$, $\sqrt[3]{1} \cdot (\cos 2\pi + i\sin 2\pi)$(开始循环) ……	1, $-\dfrac{1}{2} + \dfrac{\sqrt{3}}{2}i$, $-\dfrac{1}{2} - \dfrac{\sqrt{3}}{2}i$
1	4	见上表	见上表	$\sqrt[4]{1} \cdot (\cos 0 + i\sin 0)$, $\sqrt[4]{1} \cdot \left(\cos \dfrac{\pi}{2} + i\sin \dfrac{\pi}{2}\right)$, $\sqrt[4]{1} \cdot (\cos \pi + i\sin \pi)$, $\sqrt[4]{1} \cdot \left(\cos \dfrac{3\pi}{2} + i\sin \dfrac{3\pi}{2}\right)$, $\sqrt[4]{1} \cdot (\cos 2\pi + i\sin 2\pi)$(开始循环) ……	1, i, -1, $-i$
i	2	见上表	见上表	$\sqrt{1} \cdot \left(\cos \dfrac{\pi}{4} + i\sin \dfrac{\pi}{4}\right)$, $\sqrt{1} \cdot \left(\cos \dfrac{5\pi}{4} + i\sin \dfrac{5\pi}{4}\right)$, $\sqrt{1} \cdot \left(\cos \dfrac{9\pi}{4} + i\sin \dfrac{9\pi}{4}\right)$(开始循环) ……	$\dfrac{\sqrt{2}}{2} + \dfrac{\sqrt{2}}{2}i$, $-\dfrac{\sqrt{2}}{2} - \dfrac{\sqrt{2}}{2}i$
i	3	见上表	见上表	$\sqrt[3]{1} \cdot \left(\cos \dfrac{\pi}{6} + i\sin \dfrac{\pi}{6}\right)$, $\sqrt[3]{1} \cdot \left(\cos \dfrac{5\pi}{6} + i\sin \dfrac{5\pi}{6}\right)$, $\sqrt[3]{1} \cdot \left(\cos \dfrac{3\pi}{2} + i\sin \dfrac{3\pi}{2}\right)$, $\sqrt[3]{1} \cdot \left(\cos \dfrac{13\pi}{6} + i\sin \dfrac{13\pi}{6}\right)$(开始循环) ……	$\dfrac{\sqrt{3}}{2} + \dfrac{1}{2}i$, $-\dfrac{\sqrt{3}}{2} + \dfrac{1}{2}i$, $-i$
i	4	见上表	见上表	$\sqrt[4]{1} \cdot \left(\cos \dfrac{\pi}{8} + i\sin \dfrac{\pi}{8}\right)$, $\sqrt[4]{1} \cdot \left(\cos \dfrac{5\pi}{8} + i\sin \dfrac{5\pi}{8}\right)$, $\sqrt[4]{1} \cdot \left(\cos \dfrac{9\pi}{8} + i\sin \dfrac{9\pi}{8}\right)$, $\sqrt[4]{1} \cdot \left(\cos \dfrac{13\pi}{8} + i\sin \dfrac{13\pi}{8}\right)$, $\sqrt[4]{1} \cdot \left(\cos \dfrac{17\pi}{8} + i\sin \dfrac{17\pi}{8}\right)$ (开始循环) ……	$\dfrac{\sqrt{2+\sqrt{2}}}{2} + \dfrac{\sqrt{2-\sqrt{2}}}{2}i$, $-\dfrac{\sqrt{2-\sqrt{2}}}{2} + \dfrac{\sqrt{2+\sqrt{2}}}{2}i$, $-\dfrac{\sqrt{2+\sqrt{2}}}{2} - \dfrac{\sqrt{2-\sqrt{2}}}{2}i$, $\dfrac{\sqrt{2-\sqrt{2}}}{2} - \dfrac{\sqrt{2+\sqrt{2}}}{2}i$

现在我们依照表 2.7 通过举例将"由于被开方数不同辐角的 n 分之一所得出的辐角可能有不同的主值,在这个过程中被开方数的辐角不能只取主值"这句话具体化为:

如被开方数 1 的辐角 0 的二分之一为 0,对应的辐角主值为 0;1 的另一个辐角 2π 的二分之一为 π,对应的辐角主值为 π(不等于 0).而 0 和 π 对应着 1 的不同的二次方根!因此,被开方数 1 的辐角不能只取主值 0(否则得不到 1 的全部的二次方根).

再如被开方数 i 的辐角 $\frac{\pi}{2}$ 的三分之一为 $\frac{\pi}{6}$,对应的辐角主值为 $\frac{\pi}{6}$;i 的另一个辐角 $\frac{5\pi}{2}$ 的三分之一为 $\frac{5\pi}{6}$,对应的辐角主值为 $\frac{5\pi}{6}$;i 的再一个辐角 $\frac{9\pi}{2}$ 的三分之一为 $\frac{3\pi}{2}$,对应的辐角主值为 $\frac{3\pi}{2}$(与前两个主值 $\frac{\pi}{6}$ 和 $\frac{5\pi}{6}$ 均不相同).但 $\frac{\pi}{6}$,$\frac{5\pi}{6}$,$\frac{3\pi}{2}$ 对应着 i 的三个不同的三次方根!因此,被开方数 i 的辐角不能只取主值 $\frac{\pi}{2}$(否则得不到 i 的全部的三次方根).

再看教参上的那句话:"2π 的倍数除以一个大于 1 的整数后不一定是 2π 的倍数了,所以不同的辐角可能给出不同的方根."我们也依照表 2.7 中的计算结果通过举例对这句话解读如下.

如仍以对被开方数 i 开三次方根为例.其辐角 $\frac{\pi}{2}$ 的三分之一为 $\frac{\pi}{6}$;另一个辐角 $\frac{5\pi}{2}=2\pi+\frac{\pi}{2}$ 的三分之一为 $\frac{2\pi}{3}+\frac{\pi}{6}$,由于 2π 的三分之一不再是 2π 的倍数,因此 $\frac{2\pi}{3}+\frac{\pi}{6}$ 与 $\frac{\pi}{6}$ 的终边不同,这就给出了不同的三次方根(因为三次方根的模已确定为 $\sqrt[3]{|i|}=1$,故三次方根就只受辐角影响).再如辐角 $\frac{9\pi}{2}=4\pi+\frac{\pi}{2}$ 的三分之一为 $\frac{4\pi}{3}+\frac{\pi}{6}$,由于 4π 的三分之一不再是 2π 的倍数,因此 $\frac{4\pi}{3}+\frac{\pi}{6}$ 与 $\frac{\pi}{6}$ 的终边也不同(当然与 $\frac{2\pi}{3}+\frac{\pi}{6}$ 的也不同),故给出了第三个不同的三次方根.

上述澄清学生认识困惑的方法适用于很多场合.类似于欲否定一个全称命题,最有效的方法是举出一个反例——一票否决.同样,欲理解一个数学现象,有时只是从理论上讲道理太过苍白,而举例则有往往有立竿见影之效.俗话说,无例则无理,无例则无力,悟理靠好例,然也.

记得不久前班级一位数学优生很激动地拿着一张纸片冲到我中午答疑的教室,说:"老师,我发现了一个很奇怪的现象,这可能会推翻韦达定理."接着,我看到了他纸上所写:

由 $\begin{cases} y^2=2px, \\ \dfrac{x^2}{a^2}+\dfrac{y^2}{b^2}=1, \end{cases}$ $p>0, a, b>0$ 得 $\dfrac{x^2}{a^2}+\dfrac{2px}{b^2}=1$,故 $b^2x^2+2pa^2x-a^2b^2=0$,当 $\Delta\geqslant 0$ 时有 $x_1+x_2=-\dfrac{2pa^2}{b^2}<0$,但由图可知,这显然错误的!

我愣了片刻,感觉没有很好的方法讲清楚,就说:"我们举个具体的例子来看吧?"但该生说:"老师,我不听例子,你就告诉我错在哪儿?"

我一时语塞,只能说:"韦达定理不适用于曲线与曲线情形."但仍建议他回去算一个具体的例子看,相信定会悟到其中的玄机,比如 $\begin{cases} y^2=4x, \\ \dfrac{x^2}{3}+\dfrac{y^2}{2}=1. \end{cases}$

值得庆幸的是,待到我课间去班级再次找到他时,他说:"老师,我知道了,有一个根要舍去."但仍然对为什么会出现另外一个负根不解,并询问我这个负根有什么具体的几何含义吗?这个话题当时也吸引了其他几位同学.当然讲清这一点很困难(需要添加一个 z 轴,以便刻画虚部),但同学们的问题意识与钻研精神着实可嘉.由抽象回到具体,再由具体走向一般,对数学本质探索兴趣的培养正是教师义不容辞的职责.但如何一点点地引导、激发起学生的兴趣并保持下去确实也需要策略与技巧.

方法 2　文字语言符号化——根据开方的含义列式计算

若学生对开方公式的探索不畅,一个原因可能是在前面对三角形式下复数的除法公式缺乏"其为什么是这样"的理性认识,再向前追溯,也就是没有经历除法公式真实的探索过程.课本中对三角形式下复数除法公式的介绍是直接给出公式,而紧接着提供的所谓的证明不过是转成乘法后的简单验证.虽说也体现了乘除法运算的互逆性,但这种"傻傻的算"对优化学生思维品质的贡献微乎其微.

教师在教学这段时宜重新设计,比如按以下流程.

1. 提出问题

设 $z_1 = r_1(\cos\theta_1 + i\sin\theta_1)$,$z_2 = r_2(\cos\theta_2 + i\sin\theta_2)$,$r_2 \neq 0$,求 $\dfrac{z_1}{z_2}$.

2. 尝试求解

法 1:用代数形式下的除法法则演算.

解:$\dfrac{z_1}{z_2} = \dfrac{r_1(\cos\theta_1 + i\sin\theta_1)}{r_2(\cos\theta_2 + i\sin\theta_2)} = \dfrac{r_1(\cos\theta_1 + i\sin\theta_1)(\cos\theta_2 - i\sin\theta_2)}{r_2(\cos\theta_2 + i\sin\theta_2)(\cos\theta_2 - i\sin\theta_2)}$

$= \dfrac{r_1(\cos\theta_1 + i\sin\theta_1)(\cos\theta_2 - i\sin\theta_2)}{r_2} = \dfrac{r_1(\cos\theta_1 + i\sin\theta_1)[\cos(-\theta_2) + i\sin(-\theta_2)]}{r_2}$

$= \dfrac{r_1}{r_2}[\cos(\theta_1 - \theta_2) + i\sin(\theta_1 - \theta_2)]$.(最后一个等号的得出是对前式直接用了三角形式下乘法的运算法则)

法 2:用待定系数法.

解:设 $\dfrac{z_1}{z_2} = r(\cos\alpha + i\sin\alpha)$,则

$$z_1 = r(\cos\alpha + i\sin\alpha)z_2 = r(\cos\alpha + i\sin\alpha) \cdot r_2(\cos\theta_2 + i\sin\theta_2).$$

使用乘法法则有 $z_1 = rr_2[\cos(\alpha + \theta_2) + i\sin(\alpha + \theta_2)]$.既然左右两个复数相等,那么它们的模相等,而辐角相差 2π 的整数倍,即必有 $\begin{cases} r_1 = rr_2, \\ \theta_1 = \alpha + \theta_2 + 2k\pi (k \in \mathbf{Z}), \end{cases}$ 从而 $\begin{cases} r = \dfrac{r_1}{r_2}, \\ \alpha = \theta_1 - \theta_2 - 2k\pi (k \in \mathbf{Z}), \end{cases}$ 故 $\dfrac{z_1}{z_2} = \dfrac{r_1}{r_2}[\cos(\theta_1 - \theta_2) + i\sin(\theta_1 - \theta_2)]$.

此处需要说明的是,若有同学运用代数形式下复数相等的充要条件,则有 $\begin{cases} r_1\cos\theta_1 = rr_2\cos(\alpha + \theta_2), \\ r_1\sin\theta_1 = rr_2\sin(\alpha + \theta_2), \end{cases}$ (∗)那接下去如何处理呢?学生往往容易被多字母所困而束手无策.其实,学生应该有过多次类似的体验,即当条件以方程组形式呈现时,常常需要两式联合

做一些动作,比如"两式相加、相减、平方相加、平方相减(甚至相除、相乘)、一式代入另一式",等等. 依此经验,我们将方程组(*)中的两式平方相加则有 $r_1^2 = (rr_2)^2$,故 $r_1 = rr_2$,$r = \dfrac{r_1}{r_2}$,在此基础上同样可得结论.

3. 总结法则(略)

上述方法 2 可迁移至对复数三角形式下开方公式的探求,如下所述.

问题:求复数 $z = r(\cos\theta + i\sin\theta)$ 的 $n(n \in \mathbf{N}, n \geqslant 2)$ 次方根.

分析与解:设 z 的 n 次方根为 $s(\cos\varphi + i\sin\varphi)$,则由

$$[s(\cos\varphi + i\sin\varphi)]^n = r(\cos\theta + i\sin\theta)$$

及乘方公式得 $s^n(\cos n\varphi + i\sin n\varphi) = r(\cos\theta + i\sin\theta)$,从而有 $\begin{cases} s^n = r, \\ n\varphi = \theta + 2k\pi(k \in \mathbf{Z}), \end{cases}$ 即 $\begin{cases} s = \sqrt[n]{r}, \\ \varphi = \dfrac{\theta + 2k\pi}{n}. \end{cases}$ 故 z 的 n 次方根为 $\sqrt[n]{r}\left(\cos\dfrac{\theta + 2k\pi}{n} + i\sin\dfrac{\theta + 2k\pi}{n}\right)(k \in \mathbf{Z})$. 由于 $\cos\dfrac{\theta + 2k\pi}{n}$ 与 $\sin\dfrac{\theta + 2k\pi}{n}$ 的周期均为 $\dfrac{2\pi}{\frac{2\pi}{n}} = n$,故互不相同的 n 次方根共有 n 个,为

$\sqrt[n]{r}\left(\cos\dfrac{\theta + 2k\pi}{n} + i\sin\dfrac{\theta + 2k\pi}{n}\right)(k = 0, 1, 2, \cdots, n-1)$,此即复数三角形式下的开方公式.

可以看到,相对于课本上让人深感模糊的定性说理,上述定量计算逻辑严密、清楚直观,十分容易为学生所接受,其所使用的方法与代数形式下求二次方根、三次方根的方法以及探求三角形式下复数除法法则的方法一脉相承,是学生熟悉的路子,亲切自然,可放手请学生独立完成.

方法 3 回到代数形式,用代数形式下求平方根、立方根的"设根转代法"先算出方根,再体会方根与被开方数在三角形式下两个要素(模与辐角)之间的关系.

该法看起来有些绕,有些故意讨繁之嫌,但也能训练学生临场调整的应变能力. 为了求得复数 $z = r(\cos\theta + i\sin\theta)$ 的 $n(n \in \mathbf{N}, n \geqslant 2)$ 次方根,我们设其方根为 $a + bi(a, b \in \mathbf{R})$,则有 $(a + bi)^n = r(\cos\theta + i\sin\theta)$,目标是如何用 r, θ, n 表出实数 a, b. 此处容易陷入困境而被迫返回前面走过的老路. 有老师可能想到对左边进行二项式展开(高一的学生肯定不会),但展开后随即又陷入思维凝滞. 其实,完全仍可以从两边求模获得突破. 对等式 $(a + bi)^n = r(\cos\theta + i\sin\theta)$ 两边求模可得 $|(a + bi)^n| = r$,即 $|a + bi|^n = r$,$(\sqrt{a^2 + b^2})^n = r$,或者写作 $\sqrt{a^2 + b^2} = \sqrt[n]{r}$,$a^2 + b^2 = (\sqrt[n]{r})^2$. 该结构不由得让人想起前两章刚学过的三角恒等式,故可令 $\begin{cases} a = \sqrt[n]{r}\cos\varphi, \\ b = \sqrt[n]{r}\sin\varphi. \end{cases}$ 所以

$$(\sqrt[n]{r}\cos\varphi + i\sqrt[n]{r}\sin\varphi)^n = r(\cos\theta + i\sin\theta).$$

利用复数三角形式下的乘方公式得 $r(\cos n\varphi + i\sin n\varphi) = r(\cos\theta + i\sin\theta)$,故必有 $n\varphi = \theta + 2k\pi(k \in \mathbf{Z})$,下同方法 2 中介绍的"待定系数法".

以上我们从三个角度对如何优化教材中对开方公式的介绍做了详述. 其中,在某些环节,

做绝对值运算(即两边求模)显示了它简洁明快、各个击破(先分析模,再分析辐角)的实用价值.

最后对本小节教材中的例题做些评价.

教材中配备了两道例题,笔者认为都无法体现此处复数三角形式下乘方公式、开方公式的优越性或学习它们的必要性.

这两道例题分别是(编号同教材):

例 5 计算$(1-i)^{20}$.

例 6 求 1 的三次方根.

无论是例 5 还是例 6,在代数形式下都很容易求解,而且都比运用三角形式求解显得简洁. 难道只是为了用一下刚学过的乘方公式和开方公式吗？还不如前面的方法快,干吗要用新学的呢？干吗要学这些新的法则呢？学生会感觉莫名其妙.

教参中一边说着"复数的三角形式特别使得原来复杂得几乎无从着手的连续乘除和高次的乘方与开方运算变成轻而易举的事情"(P103),一边又说着"例 5 和例 6 分别是复数三角形式下的乘法和开方运算法则在标准情形下的运用,由此展示这是复数乘方和开方运算的首选工具"(P104),让人摸不着头脑,体会不到"把原来复杂得几乎无从着手的乘方与开方变成轻而易举的事情"这句话的真实性. 这都是教师在教学时需要考量并调整的地方.

作为例题,可补充类似下面的问题.

例 5 (1) 计算$(1-i)^{20}$;(2) 计算$\left(\dfrac{\sqrt{6}}{2}+\dfrac{\sqrt{2}}{2}i\right)^7$.

例 6 (1) 求 1 的三次方根;(2) 求$-i$的所有六次方根.

简解如下:

例 5 的(2) 解:原式$=\left(\dfrac{\sqrt{6}}{2}+\dfrac{\sqrt{2}}{2}i\right)^7=\left[\sqrt{2}\left(\dfrac{\sqrt{3}}{2}+\dfrac{1}{2}i\right)\right]^7=\left[\sqrt{2}\left(\cos\dfrac{\pi}{6}+i\sin\dfrac{\pi}{6}\right)\right]^7$

$=(\sqrt{2})^7\left(\cos\dfrac{7\pi}{6}+i\sin\dfrac{7\pi}{6}\right)=8\sqrt{2}\left(-\dfrac{\sqrt{3}}{2}-\dfrac{1}{2}i\right)=-4\sqrt{6}-4\sqrt{2}i.$

例 6 的(2) 解:因为$-i=1\cdot\left(\cos\dfrac{3\pi}{2}+i\sin\dfrac{3\pi}{2}\right)$,故其所有的六次方根为

$\sqrt[6]{1}\cdot\left(\cos\dfrac{\dfrac{3\pi}{2}+2k\pi}{6}+i\sin\dfrac{\dfrac{3\pi}{2}+2k\pi}{6}\right)$, $k=0,1,2,\cdots,5$,即

$\sqrt[6]{1}\cdot\left(\cos\dfrac{\pi}{4}+i\sin\dfrac{\pi}{4}\right)=\dfrac{\sqrt{2}}{2}+\dfrac{\sqrt{2}}{2}i;$

$\sqrt[6]{1}\cdot\left(\cos\dfrac{7\pi}{12}+i\sin\dfrac{7\pi}{12}\right)=\dfrac{\sqrt{2}-\sqrt{6}}{4}+\dfrac{\sqrt{2}+\sqrt{6}}{4}i;$

$\sqrt[6]{1}\cdot\left(\cos\dfrac{11\pi}{12}+i\sin\dfrac{11\pi}{12}\right)=\dfrac{-\sqrt{2}-\sqrt{6}}{4}+\dfrac{-\sqrt{2}+\sqrt{6}}{4}i;$

$\sqrt[6]{1}\cdot\left(\cos\dfrac{5\pi}{4}+i\sin\dfrac{5\pi}{4}\right)=-\dfrac{\sqrt{2}}{2}-\dfrac{\sqrt{2}}{2}i;$

$\sqrt[6]{1} \cdot \left(\cos\dfrac{19\pi}{12} + i\sin\dfrac{19\pi}{12}\right) = \dfrac{-\sqrt{2}+\sqrt{6}}{4} - \dfrac{\sqrt{2}+\sqrt{6}}{4}i;$

$\sqrt[6]{1} \cdot \left(\cos\dfrac{23\pi}{12} + i\sin\dfrac{23\pi}{12}\right) = \dfrac{\sqrt{2}+\sqrt{6}}{4} + \dfrac{\sqrt{2}-\sqrt{6}}{4}i.$

可以看到,三角形式下复数的乘方公式与开方公式做到了结果的"所见即所得",避开了代数形式下很多弯弯绕绕的计算过程,举重若轻,很多以前的烦琐"灰飞烟灭". 建议上述计算可在信息技术帮助下完成.

二、课时分析

本节仅介绍三角形式下复数乘方与开方及其几何意义的教学.

前面我们刚学过三角形式下复数的乘、除法法则及各自相应的几何意义. 今天继续研究三角形式下复数的乘方、开方法则及各自相应的几何意义.

师:若复数 $z = r(\cos\alpha + i\sin\alpha)$,$n \in \mathbf{N}$,$n \geqslant 1$,则 $z^n = ?$

生:乘方就是将同一个复数累乘,由复数的乘法法则立知 $z^n = r^n(\cos n\alpha + i\sin n\alpha)$. 即一个复数的 n 次幂的模是底数模的 n 次幂,而其辐角是底数辐角的 n 倍. 由三角形式下复数乘法的几何意义可知乘方的几何意义是:一般地,对复数 $z = r(\cos\alpha + i\sin\alpha)$ 作 n 次方,在几何上就是对向量 $\overrightarrow{OZ}$ 作两个变换的合成——先伸缩(模 r 变为 r^n),再旋转[$\overrightarrow{OZ}$ 绕着点 O 逆时针旋转$(n-1)\alpha$]. 或者先旋转[$\overrightarrow{OZ}$ 绕着点 O 逆时针旋转$(n-1)\alpha$],再伸缩(模 r 变为 r^n).

例5 (1) 计算 $(1-i)^{20}$;(2) 计算 $\left(\dfrac{\sqrt{6}}{2} + \dfrac{\sqrt{2}}{2}i\right)^7$.

解略. 第(1)小题是以前做过的问题,现在再用三角形式重新求解,主要是为了体会乘方法则的操作流程,而第(2)小题主要是为了让学生体会三角形式下的乘方法则对于复数高次方问题求解的便捷性.

师:下面我们来探究三角形式下复数的开方法则. 大家有什么想法吗?

生:可以模仿代数形式下求二次方根、三次方根的方法. 若复数 z 的三角形式为 $z = r(\cos\alpha + i\sin\alpha)$,欲求 z 的 n 次方根,可设其 n 次方根为 $s(\cos\theta + i\sin\theta)$,则有 $[s(\cos\theta + i\sin\theta)]^n = r(\cos\alpha + i\sin\alpha)$. 对左边运用三角形式下复数的乘法法,则有 $s^n(\cos n\theta + i\sin n\theta) = r(\cos\alpha + i\sin\alpha)$,然后再运用三角形式下复数相等的充要条件,就有 $\begin{cases} s^n = r, \\ n\theta = \alpha + 2k\pi(k \in \mathbf{Z}), \end{cases}$ 即 $\begin{cases} s = \sqrt[n]{r}, \\ \theta = \dfrac{\alpha + 2k\pi}{n}. \end{cases}$ 故 z 的 n 次方根为 $\sqrt[n]{r}\left(\cos\dfrac{\alpha + 2k\pi}{n} + i\sin\dfrac{\alpha + 2k\pi}{n}\right)$ $(k \in \mathbf{Z})$. 由于 $\cos\dfrac{\alpha + 2k\pi}{n}$ 与 $\sin\dfrac{\alpha + 2k\pi}{n}$ 的周期均为 $\dfrac{2\pi}{\frac{2\pi}{n}} = n$,故互不相同的 n 次方根共有 n 个,为

$$\sqrt[n]{r}\left(\cos\dfrac{\alpha + 2k\pi}{n} + i\sin\dfrac{\alpha + 2k\pi}{n}\right) (k = 0, 1, 2, \cdots, n-1),$$

此即复数三角形式下的开方公式.

例6 (1) 求 1 的三次方根;(2) 求 $-i$ 的所有六次方根.

解略. 第(1)小题是以前做过的问题,现在再用三角形式重新求解,主要是为了体会开方法则的运用流程,而第(2)小题主要是为了使学生体会三角形式下的开方法则对于复数开高次方

问题求解的便捷性.

本题解完后,教师与学生一起将所得的方根在复平面内的图形作出来,如图 2.5(a)和(b)所示,从而总结出三角形式下复数开方的几何意义——复数 $z=r(\cos\alpha+\mathrm{i}\sin\alpha)$ 的 n 次方根所对应的点均匀地分布在圆 $x^2+y^2=(\sqrt[n]{r})^2$ 上,相邻向量之间的间隔(夹角)为 $\dfrac{2\pi}{n}$.

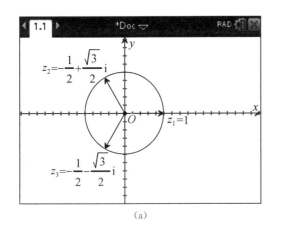
(a)

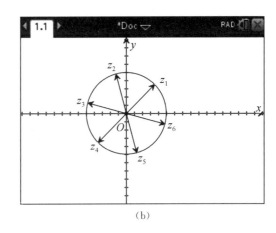
(b)

图 2.5

2.2.5 两条直线的相交、平行与重合

一、教材分析

在沪教版新教材中,本节课是选择性必修第一册"第 1 章 平面直角坐标系中的直线"中"§1.3 两条直线的位置关系"的第 1 课时. 本小节的后两课时内容分别为"两条直线垂直的判定"与"两条直线夹角的求法".

事实上,两条直线的位置关系(相交、平行与重合)的判定、两条直线的夹角这些内容在《普通高中数学课程标准(2017 年版 2020 年修订)》中并未作要求. 关于两条直线的位置关系这个主题只要求(课标 P43.第⑤条)"能用解方程组的方法求两条直线的交点坐标". 为此,人教 A 版新教材在选择性必修第一册"第二章 直线和圆的方程"中专门有一小节是"§2.3 直线的交点坐标与距离公式",下设四小节——§2.3.1 两条直线的交点坐标,§2.3.2 两点间的距离公式,§2.3.3 点到直线的距离公式,§2.3.4 两条平行直线间的距离,以呼应课标中的相应要求——上述第⑤条与第⑥条"探索并掌握平面上两点间的距离公式、点到直线的距离公式,会求两条平行直线间的距离".

对于为什么在教材中仍然介绍"两条直线的夹角",沪教版新教材配套教参中给出了如下的说明.

数学课程标准在解析几何中对两条直线的夹角已不作要求. 本教材之所以保留这一内容,其原因主要有:一是保持知识的相对完整性,与平面几何相呼应;二是凸显引入点法式方程的优势;三是延续"二期课改"教材的内容要求. 但只限于概念及公式的简单运用,不宜作更多的拓展.

但教参中对于为什么仍然介绍两条直线的位置关系(相交、平行与重合)的一般判定方法并未做说明. 人教 A 版新教材中对于这三种位置关系的呈现(聚焦点仍在相交情形)以一道例题简单地一带而过,没有给出一般的判定方法,只是在例题的"分析"部分给出了解题思路的点拨：解直线 l_1，l_2 的方程组成的方程组，若方程组有唯一解，则 l_1 与 l_2 相交，此解就是交点的坐标；若方程组无解，则 $l_1 /\!/ l_2$；若方程组中的两个方程可化成同一个方程，则 l_1 与 l_2 重合.

对于沪教版新教材不惜花费较大篇幅介绍判定两条直线位置关系的充要条件（还不止一条），笔者揣摩大概有以下几点理由.

1. 衔接平面几何

初中定性地研究了"相交线与平行线"，建立直线方程后，我们就可以用代数方法对直线的有关问题进行定量研究. 也就是说，利用直线的方程，我们不仅能判断两条直线是否相交，而且在相交时能求出交点的具体位置（这种思想方法在函数内容的学习中，学生已经非常熟悉. 两个函数图像的交点坐标，就是由这两个函数解析式组成的方程组的解），在平行时能求出两条平行线间的距离. 同样，在平面直角坐标系中，我们可以得到两点间的距离公式、点到直线的距离公式、两条平行线间的距离公式等. 通过平面直角坐标系，我们对平面内点、直线之间相互关系的认识深化了.

2. 衔接本章前面所学

事实上，导出直线的一般方程以后，用代数方法研究直线的基本工具便臻于完备，于是就可以利用这一工具来研究有关直线的其他基本内容. 这些基本内容主要分两部分：一部分是直线与二次曲线等的关系，这部分内容显然要留待学习二次曲线的过程中解决；另一部分内容更基本一些，那就是直线的位置关系，它包括点与直线的关系以及直线与直线的关系.

直线的确定和直线的方程这两部分内容是研究直线位置关系的基础，而后者又是前者的应用. 对直线的位置关系所进行过的基本研究，又为进一步研究直线方程（如某些拓展课程中对于直线的法线式的研究）提供了方便.

关于直线和点的位置关系，要研究如何判定点在直线上或者在直线外. 这个问题自然归结为判定点的坐标是否满足相应的方程，这应当认为是在代数中就解决了的. 因此，剩下的就是解决直线外一点与直线间的距离问题.

这个问题的解决并不难，在思考方法上它典型地利用解析几何的一系列转化思想. 把点到直线的距离归结为两点间的距离：点到过该点向已知直线所引垂线的垂足之间的距离. 又把垂足的确定归结为求已知直线方程与相应的垂线方程的公共解的问题，即归结为解方程组；再利用两直线垂直的条件导出所求垂线的方程. 由此可见，这个问题的解决要涉及直线交点的确定以及直线垂直的判定条件，所以教材先研究两直线的位置关系，再研究点到直线的距离，这是完全必要而又合理的.

另一方面，在同一平面上的两条直线之间，有平行、相交、重合三种位置关系，"这三种位置关系在直线方程上是怎样体现的？"确实也是在我们研究过直线方程的几种形式后所关心的话题.

3. 衔接"二期课改"教材

"二期课改"教材运用行列式工具对两条直线的位置关系进行了细致的讨论，在相交状态下同时给出了交点坐标公式的行列式表达，并指出根据两条直线的方程组的系数构成的行列式就可以讨论两条直线是否相交、平行或重合，这与前面在行列式一章中的分析是一致的. 在教参中的例题剖析环节又具体给出了"含有字母系数的两直线位置关系的判定"的操作流程：一般来说，先讨论直线的方向向量或法向量，如果方向向量或法向量不平行，那么它们相交（可求它们的交点）；如果方向向量或法向量平行，那么讨论直线是平行还是重合.

新教材延续了"二期课改"教材中对两直线位置关系耐心细致展开讨论的风格，但所采用的方法却是全新的,这也为教师的课堂教学提供了很好的启发,后面我们会再做详细分析.

4. 为研究三条及以上直线之间的一些特殊关系做准备

在研究两直线位置关系的基础上,还可以涉及三条以上直线之间的一些特殊关系.如"具有同一截距的直线"、"彼此平行的直线"(通常称为平行直线系)、"通过同一点的直线"或"通过两已知直线交点的直线"(通常称为中心直线系)等.在练习过程中对这些内容有所涉及,既有利于灵活运用直线的各种形式的方程,也有利于以后学好直线和二次曲线之间的位置关系等内容.

现行教材中是如何介绍两条直线的位置关系的呢?

第一步 运用"点在直线上的充要条件是点的坐标满足该直线的方程"将判断两条直线位置关系的问题转化为讨论由这两条直线方程组成的方程组的解的问题.

第二步 不急着直接解方程组,而是从两个方程的系数分析,得出无数组解(两直线重合)和无解(两直线平行)的两个极端情况,再对 $a_1 b_2 \neq a_2 b_1$ 的情况,求解方程组得出直线交点的坐标.

经过第二步,获得判断两条直线位置关系的充要条件如下:

总结一下:给定两条直线
$l_1: a_1 x + b_1 y + c_1 = 0$ (a_1, b_1 不同时为零),
$l_2: a_2 x + b_2 y + c_2 = 0$ (a_2, b_2 不同时为零),
那么,

> l_1 与 l_2 重合 $\Leftrightarrow$ 存在 $\lambda \in \mathbf{R}$, 使得 $a_1 = \lambda a_2$, $b_1 = \lambda b_2$, 且 $c_1 = \lambda c_2$;
> $l_1 \parallel l_2 \Leftrightarrow$ 存在 $\lambda \in \mathbf{R}$, 使得 $a_1 = \lambda a_2$, $b_1 = \lambda b_2$, 但 $c_1 \neq \lambda c_2$;
> l_1 与 l_2 相交 $\Leftrightarrow a_1 b_2 \neq a_2 b_1$.

第三步 当某些系数满足非零条件时,给出与上述充要条件等价的但更加易于记忆的充要条件(即对应项系数是否成比例),如下:

如果 l_2 的方程中的三个系数 a_2, b_2 与 c_2 均不为零,那么上述的充要条件可以写成更易于记忆的形式:

> l_1 与 l_2 重合 $\Leftrightarrow \dfrac{a_1}{a_2} = \dfrac{b_1}{b_2} = \dfrac{c_1}{c_2}$;
> $l_1 \parallel l_2 \Leftrightarrow \dfrac{a_1}{a_2} = \dfrac{b_1}{b_2} \neq \dfrac{c_1}{c_2}$;
> l_1 与 l_2 相交 $\Leftrightarrow \dfrac{a_1}{a_2} \neq \dfrac{b_1}{b_2}$.

第四步 给出用法向量和斜率刻画两条直线位置关系的充要条件.

(1) 结论1:两条直线相交的充要条件是它们的法向量不平行;两条直线平行或重合的充要条件是它们的法向量平行.

(2) 结论2:两条有斜率的直线相交的充要条件是它们的斜率不相等;两条有斜率的直线平行或重合的充要条件是它们的斜率相等.

第三步中的充要条件与第四步中的两个结论都可以看作第二步中的充要条件的推论,当然第四步中的两个结论的推理也可以不依赖于第二步中的充要条件.而且第四步中的两个结论更侧重抓直线的几何要素,在数形结合上体现得更直观,更生动活泼.

第五步 给出两道例题,示范如何应用前述充要条件判断两条直线的位置关系,即巩固"如何根据直线方程判定两条直线位置关系"这个方法.

例1的作用是让学生体会根据所给方程的不同形式,选择合适方法判定两条直线的位置关系,同时巩固如何求两条相交直线的交点坐标.例2给出的两条直线是含参数 m 的一般式方程,研究两条直线的位置关系如何随着参数 m 的变化而变化.其解题的突破口是利用两条直线相交的充要条件,先求出当参数 m 满足什么条件时两条直线相交,再区分平行与重合的情况,这种做法与"二期课改"教材如出一辙,体现了鲜明的传承性!

需要注意的是,有的教师在上述第三步中所给充要条件的基础上教给学生如下没有非零限制的充要条件,并强调其适用于一切情况,即具有"普适性".

> 给定两条直线 $l_1: a_1 x + b_1 y + c_1 = 0 (a_1^2 + b_1^2 \neq 0)$,
> $l_2: a_2 x + b_2 y + c_2 = 0 (a_2^2 + b_2^2 \neq 0)$,
> 那么,l_1 与 l_2 相交 $\Leftrightarrow a_1 b_2 \neq a_2 b_1$;
> l_1 与 l_2 平行 $\Leftrightarrow a_1 b_2 = a_2 b_1$ 且 $b_1 c_2 \neq b_2 c_1$;
> l_1 与 l_2 重合 $\Leftrightarrow a_1 b_2 = a_2 b_1$ 且 $b_1 c_2 = b_2 c_1$.

教师同时面授机宜,介绍了该充要条件具体的记忆、操作方法:先按"对应系数成比例"背诵,再"比着葫芦画瓢"将其改写为整式形式,即可适用于任意两条直线位置关系的判定.

这种"分式化整式"的改写,看起来已将分母为零的情况包括进去,好像真的就适合于一切情形了,但事实真的如此吗?

答案是:并非如此!

我们从两个角度给出解释.

角度一 举反例

如直线 $l_1: x+1=0$ 与 $l_2: 2x+1=0$ 满足 $a_1 b_2 = 1 \times 0 = 2 \times 0 = a_2 b_1$ 且 $b_1 c_2 = 0 \times 1 = 0 \times 1 = b_2 c_1$,但 l_1 与 l_2 并不重合,而是平行关系.

事实上,由于 $a_1 b_2 = a_2 b_1$ 且 $a_1 c_2 = 1 \times 1 \neq 2 \times 1 = a_2 c_1$,故结论应该是 $l_1 \parallel l_2$.

角度二 严格论证

我们将上述号称"普适"的判断条件翻译为行列式语言,再与"二期课改"教材中介绍的判断条件做一对比便知分晓.

给定两条直线 $l_1: a_1 x + b_1 y + c_1 = 0 (a_1^2 + b_1^2 \neq 0)$,
$l_2: a_2 x + b_2 y + c_2 = 0 (a_2^2 + b_2^2 \neq 0)$,
那么,l_1 与 l_2 相交 $\Leftrightarrow D = \begin{vmatrix} a_1 & b_1 \\ a_2 & b_2 \end{vmatrix} \neq 0$;

l_1 与 l_2 平行 $\Leftrightarrow D = \begin{vmatrix} a_1 & b_1 \\ a_2 & b_2 \end{vmatrix} = 0$ 且 $D_x = \begin{vmatrix} -c_1 & b_1 \\ -c_2 & b_2 \end{vmatrix} \neq 0$;

l_1 与 l_2 重合 $\Leftrightarrow D = \begin{vmatrix} a_1 & b_1 \\ a_2 & b_2 \end{vmatrix} = 0$ 且 $D_x = \begin{vmatrix} -c_1 & b_1 \\ -c_2 & b_2 \end{vmatrix} = 0$.

显然,在平行与重合的判定条件中都遗漏了对 D_y 的讨论.

基于上述分析,可将上述"普适的判断法则"更正如下:

> 给定两条直线 $l_1:a_1x+b_1y+c_1=0(a_1^2+b_1^2\neq 0)$,
> $\qquad\qquad l_2:a_2x+b_2y+c_2=0(a_2^2+b_2^2\neq 0)$,
>
> 那么,l_1 与 l_2 相交 $\Leftrightarrow a_1b_2\neq a_2b_1$;
>
> $\qquad l_1$ 与 l_2 平行 $\Leftrightarrow a_1b_2=a_2b_1$,且 $b_1c_2\neq b_2c_1$ 或 $a_1c_2\neq a_2c_1$;
>
> $\qquad l_1$ 与 l_2 重合 $\Leftrightarrow a_1b_2=a_2b_1$,且 $b_1c_2=b_2c_1$,$a_1c_2=a_2c_1$.

教师在实际教学时如何更好地"用教材教"?

我们在前面梳理了沪教版新教材中对两条直线位置关系介绍的五个步骤,笔者认为其第二步中的介绍有不自然之处.

通过第一步的讨论,将对两直线位置关系的判定这样一个几何问题转化为下述方程组①的解的情况的判定.

$$\begin{cases} a_1x+b_1y+c_1=0, \\ a_2x+b_2y+c_2=0. \end{cases} \qquad ①$$

接下来,教材的讨论如下:

> 方程组①的解可分三种情况讨论:
>
> (1) 若存在 $\lambda\in\mathbf{R}$,使得 $a_1=\lambda a_2$,$b_1=\lambda b_2$ 且 $c_1=\lambda c_2$,则方程组①的两个方程表示的是同一条直线,也就是说,直线 l_1 与 l_2 重合(此时方程组①有无数组解);
>
> (2) 若存在 $\lambda\in\mathbf{R}$,使得 $a_1=\lambda a_2$,$b_1=\lambda b_2$ 但 $c_1\neq\lambda c_2$,把第二个方程两边同乘 λ 后减去第一个方程,得到 $\lambda c_2-c_1=0$,这个等式不可能成立,则方程组①无解,即直线 l_1 与 l_2 无公共点,从而 $l_1\parallel l_2$;
>
> (3) 若不存在 $\lambda\in\mathbf{R}$,使得 $a_1=\lambda a_2$,$b_1=\lambda b_2$,这个条件等价于 $a_1b_2\neq a_2b_1$,此时可以求得方程组①的唯一解
>
> $$\begin{cases} x=\dfrac{c_2b_1-c_1b_2}{a_1b_2-a_2b_1}, \\ y=\dfrac{c_1a_2-c_2a_1}{a_1b_2-a_2b_1}, \end{cases}$$
>
> 说明直线 l_1 与 l_2 有唯一的公共点,即 l_1 与 l_2 相交.

很显然,上述讨论的切入点并非直接正面解方程组①,而是从两个直线方程的系数满足的某些特殊关系入手(有寻找充分条件的味道),希望借此打开一条缺口,其思路可梳理如下(注意下文中的"成比例"只是笼统的不严密的说法,其精确含义见破折号后面的解释):

(1) 最特殊情况.

三组对应系数"成比例"——存在 $\lambda\in\mathbf{R}$,使得 $a_1=\lambda a_2$,$b_1=\lambda b_2$ 且 $c_1=\lambda c_2$.

(2) 次特殊情况.

前两组对应系数"成比例",但与第三组对应系数"不成比例"——存在 $\lambda \in \mathbf{R}$,使得 $a_1 = \lambda a_2$, $b_1 = \lambda b_2$ 但 $c_1 \neq \lambda c_2$.

(3) 非特殊情况.

前两组对应系数"不成比例"——不存在 $\lambda \in \mathbf{R}$,使得 $a_1 = \lambda a_2$, $b_1 = \lambda b_2$.

这里有三点不自然之处:

其一是既然已转化为解方程组,为什么又不解了呢?

其二是怎么想到对三组系数是否"成比例"展开讨论呢?确定或寻找分类讨论的标准的启发源在哪儿?

其三是对三组系数是否"成比例"分上述三种情况讨论有"先知道了结论再按结论装模作样写过程"的作假嫌疑.须知按三组系数中有几组"成比例"来分类并非只有三种情况.事实上,若设 $a_1 = \lambda a_2$, $b_1 = \mu b_2$, $c_1 = \nu c_2$,则有以下五种情况: $\lambda = \mu = \nu$; $\lambda = \mu \neq \nu$; $\lambda = \nu \neq \mu$; $\mu = \nu \neq \lambda$; $\lambda \neq \mu$ 且 $\mu \neq \nu$ 且 $\lambda \neq \nu$. 但需要指出的是上述假设将我们置身冒险的境地!

需知,"$\lambda = \mu = \nu$"与"存在 $\lambda \in \mathbf{R}$,使得 $a_1 = \lambda a_2$, $b_1 = \lambda b_2$ 且 $c_1 = \lambda c_2$"并不等价!例如, $l_1: 2x + 2y = 0$; $l_2: x + y = 0$ 中 $a_1 = 2a_2$, $b_1 = 2b_2$, $c_1 = 3c_2$, 故不满足 $\lambda = \mu = \nu$, 但满足"存在 $\lambda = 2 \in \mathbf{R}$,使得 $a_1 = 2a_2$, $b_1 = 2b_2$ 且 $c_1 = 2c_2$"!

类似地,"$\lambda = \mu \neq \nu$"与"存在 $\lambda \in \mathbf{R}$,使得 $a_1 = \lambda a_2$, $b_1 = \lambda b_2$ 但 $c_1 \neq \lambda c_2$"并不等价!例如,$l_1: 2x + 2y = 0$; $l_2: x + y = 0$ 中 $a_1 = 2a_2$, $b_1 = 2b_2$, $c_1 = 3c_2$, 故满足 $\lambda = \mu \neq \nu$, 但不满足"存在 $\lambda \in \mathbf{R}$,使得 $a_1 = \lambda a_2$, $b_1 = \lambda b_2$ 但 $c_1 \neq \lambda c_2$"!

正是基于上述考虑,我们需将上述五种情况调整叙述为以下七种情况:

情况 1:存在 $\lambda \in \mathbf{R}$,使得 $a_1 = \lambda a_2$, $b_1 = \lambda b_2$ 且 $c_1 = \lambda c_2$;

情况 2:存在 $\lambda \in \mathbf{R}$,使得 $a_1 = \lambda a_2$, $b_1 = \lambda b_2$ 但 $c_1 \neq \lambda c_2$;

情况 3:存在 $\lambda \in \mathbf{R}$,使得 $a_1 = \lambda a_2$, $c_1 = \lambda c_2$ 但 $b_1 \neq \lambda b_2$;

情况 4:存在 $\lambda \in \mathbf{R}$,使得 $b_1 = \lambda b_2$, $c_1 = \lambda c_2$ 但 $a_1 \neq \lambda a_2$;

情况 5:不存在 $\lambda \in \mathbf{R}$,使得 $a_1 = \lambda a_2$, $b_1 = \lambda b_2$;

情况 6:不存在 $\lambda \in \mathbf{R}$,使得 $a_1 = \lambda a_2$, $c_1 = \lambda c_2$;

情况 7:不存在 $\lambda \in \mathbf{R}$,使得 $b_1 = \lambda b_2$, $c_1 = \lambda c_2$.

也许是意识到了上述第一点"不自然",配套教参在"§1.3 两条直线的位置关系"的"教学建议"部分给出了建议:教师也可以先不做系数分析,直接让学生着手解方程组①.分别把方程组①中的第一个方程×b_2−第二个方程×b_1 和第二个方程×a_1−第一个方程×a_2,方程组变形为

$$\begin{cases}(a_1 b_2 - a_2 b_1)x + (c_1 b_2 - c_2 b_1) = 0, \\ (a_1 b_2 - a_2 b_1)y + (c_2 a_1 - c_1 a_2) = 0.\end{cases}$$

在此基础上再分三种情况讨论,就可得出等价条件(即判断位置关系的充要条件).

对于第二点不自然,笔者认为在未进行第一步(阐述一般性的转化方法,即将位置关系的判定转化为方程组的解)前(本节课开场白后)就可放手让学生自己举例子,并就它们的位置关系发表各自的看法.

比如,本节课的开场白可以是:在同一平面上的两条直线之间,有平行、相交、重合三种位置关系,这三种位置关系在直线方程上是怎样体现的呢?接下来就让学生举例并发表看法.

根据两条直线是否与坐标轴平行,可分四大种情况,如表 2.8 所示(其中 λ, μ, ν 满足 $a_1 = \lambda a_2, b_1 = \mu b_2, c_1 = \nu c_2$).

表 2.8

	l_1	l_2	位置关系	系数关系
都与 x 轴平行	$y - 1 = 0$	$y - 2 = 0$	平行	$\lambda \in \mathbf{R}, \mu = 1, \nu = \frac{1}{2}$
	$y - 1 = 0$	$-y + 1 = 0$	重合	$\lambda \in \mathbf{R}, \mu = -1, \nu = -1$
都与 y 轴平行	$x - 1 = 0$	$x - 2 = 0$	平行	$\lambda = 1, \mu \in \mathbf{R}, \nu = \frac{1}{2}$
	$x - 1 = 0$	$2x - 2 = 0$	重合	$\lambda = \frac{1}{2}, \mu \in \mathbf{R}, \nu = \frac{1}{2}$
仅一条与坐标轴平行	$y - 1 = 0$	$x + y + 1 = 0$	相交	$\lambda = 0, \mu = 1, \nu = -1$
	$x - 1 = 0$	$x + y + 1 = 0$	相交	$\lambda = 1, \mu = 0, \nu = -1$
都与坐标轴不平行	$-x - y - 1 = 0$	$x + y + 1 = 0$	重合	$\lambda = -1, \mu = -1, \nu = -1$
	$x + y + 2 = 0$	$x + y + 1 = 0$	平行	$\lambda = 1, \mu = 1, \nu = 2$
	$x + 2y + 1 = 0$	$x + y + 1 = 0$	相交	$\lambda = 1, \mu = 2, \nu = 1$
	$2x + y + 1 = 0$	$x + y + 1 = 0$	相交	$\lambda = 2, \mu = 1, \nu = 1$

学生通过试举例子,最容易感悟到的道理是:都有斜率的两条直线相交的充要条件是斜率不相等,平行或重合的充要条件是斜率相等. 此时,教师需引导学生来寻找直线方程以一般式表达的背景下系数之间的关系,很容易发现的是重合的充要条件是"存在 $\lambda \in \mathbf{R}$,使得 $a_1 = \lambda a_2, b_1 = \lambda b_2$ 且 $c_1 = \lambda c_2$",但对于平行与相交的充要条件的归纳有些困难. 此时若结合刚才"有斜率情形"的判定,则规律的归纳会变得相对容易:存在 $\lambda \in \mathbf{R}$,使得 $a_1 = \lambda a_2, b_1 = \lambda b_2$ 但 $c_1 \neq \lambda c_2$ 时平行;不存在 $\lambda \in \mathbf{R}$,使得 $a_1 = \lambda a_2, b_1 = \lambda b_2$ 时相交.

现在聊聊第三点不自然之处. 最自然的做法当然是对七种情况穷举讨论,详述如下.

情况 1 存在 $\lambda \in \mathbf{R}$,使得 $a_1 = \lambda a_2, b_1 = \lambda b_2$ 且 $c_1 = \lambda c_2$.

此时方程组①变为 $\begin{cases} \lambda a_2 x + \lambda b_2 y + \lambda c_2 = 0, \\ a_2 x + b_2 y + c_2 = 0, \end{cases}$ 由于 $\lambda \neq 0$(否则 $a_1 = b_1 = 0$,与 $a_1^2 + b_1^2 \neq 0$ 矛盾),故继续变为 $\begin{cases} a_2 x + b_2 y + c_2 = 0, \\ a_2 x + b_2 y + c_2 = 0, \end{cases}$ 即 $a_2 x + b_2 y + c_2 = 0$,方程组①有无穷多组解,此时 l_1 与 l_2 重合.

情况 2 存在 $\lambda \in \mathbf{R}$,使得 $a_1 = \lambda a_2, b_1 = \lambda b_2$ 但 $c_1 \neq \lambda c_2$.

此时方程组①变为 $\begin{cases} \lambda a_2 x + \lambda b_2 y + c_1 = 0, \\ a_2 x + b_2 y + c_2 = 0, \end{cases}$ 由于 $\lambda \neq 0$,故可继续将其变形为 $\begin{cases} a_2 x + b_2 y + \frac{c_1}{\lambda} = 0, \\ a_2 x + b_2 y + c_2 = 0, \end{cases}$ 两式相减得 $\frac{c_1}{\lambda} - c_2 = 0$,即 $c_1 - \lambda c_2 = 0$,该等式不成立,故方程组①无

解,此时 $l_1 // l_2$.

情况 3 存在 $\lambda \in \mathbf{R}$,使得 $a_1 = \lambda a_2, c_1 = \lambda c_2$ 但 $b_1 \neq \lambda b_2$.

此时方程组 ① 变为 $\begin{cases} \lambda a_2 x + b_1 y + \lambda c_2 = 0, \\ a_2 x + b_2 y + c_2 = 0. \end{cases}$

若 $\lambda = 0$,则 $a_1 = c_1 = 0$ 但 $b_1 \neq 0$,方程组变为 $\begin{cases} y = 0, \\ a_2 x + b_2 y + c_2 = 0, \end{cases}$ 故有 $a_2 x + c_2 = 0$,$a_2 x = -c_2$. (i) 若 $a_2 \neq 0$,则 $x = -\dfrac{c_2}{a_2}$,此时两条直线相交,如 $l_1 : y = 0$; $l_2 : x + 3y + 1 = 0$. (ii) 若 $a_2 = 0, c_2 = 0$,则 x 有无穷多解,此时两条直线重合,如 $l_1 : y = 0$; $l_2 : 3y = 0$. (iii) 若 $a_2 = 0, c_2 \neq 0$,则 x 无解,此时两条直线平行,如 $l_1 : y = 0$; $l_2 : 3y + 1 = 0$.

若 $\lambda \neq 0$,可继续将其变形为 $\begin{cases} a_2 x + \dfrac{b_1}{\lambda} y + c_2 = 0, \\ a_2 x + b_2 y + c_2 = 0, \end{cases}$ 两式相减得 $\left(\dfrac{b_1}{\lambda} - b_2\right) y = 0$,即 $(b_1 - \lambda b_2) y = 0$. 因为 $b_1 \neq \lambda b_2$,故 $y = 0$. 我们发现同刚才 $\lambda = 0$ 的情形相似,原方程组亦变为 $\begin{cases} y = 0, \\ a_2 x + b_2 y + c_2 = 0. \end{cases}$ 以下分析类似 $\lambda = 0$ 的情形(详细过程略),三种位置关系皆有可能. 如当 $l_1 : 2x + y + 2 = 0$, $l_2 : x + 3y + 1 = 0$ 时是相交,此时的 $\lambda = 2$;当 $l_1 : y = 0, l_2 : 3y = 0$ 时是重合的,此时 $\lambda = 2$;当 $l_1 : y + 2 = 0, l_2 : 3y + 1 = 0$ 时是平行的,此时 $\lambda = 2$.

情况 4 存在 $\lambda \in \mathbf{R}$,使得 $b_1 = \lambda b_2, c_1 = \lambda c_2$ 但 $a_1 \neq \lambda a_2$.

该情况与情况 3 较为相似,详述如下.

此时方程组①变为 $\begin{cases} a_1 x + \lambda b_2 y + \lambda c_2 = 0, \\ a_2 x + b_2 y + c_2 = 0. \end{cases}$

若 $\lambda = 0$,则 $b_1 = c_1 = 0$ 但 $a_1 \neq 0$,方程组变为 $\begin{cases} x = 0, \\ a_2 x + b_2 y + c_2 = 0, \end{cases}$ 故有 $b_2 y + c_2 = 0$,$b_2 y = -c_2$. (i) 若 $b_2 \neq 0$,则 $y = -\dfrac{c_2}{b_2}$,此时两条直线相交,如 $l_1 : x = 0$; $l_2 : x + 3y + 1 = 0$. (ii) 若 $b_2 = 0, c_2 = 0$,则 y 有无穷多解,此时两条直线重合,如 $l_1 : x = 0$; $l_2 : 3x = 0$. (iii) 若 $b_2 = 0, c_2 \neq 0$,则 y 无解,此时两条直线平行,如 $l_1 : x = 0$; $l_2 : 3x + 1 = 0$.

若 $\lambda \neq 0$,可继续将其变形为 $\begin{cases} \dfrac{a_1}{\lambda} x + b_2 y + c_2 = 0, \\ a_2 x + b_2 y + c_2 = 0, \end{cases}$ 两式相减得 $\left(\dfrac{a_1}{\lambda} - a_2\right) x = 0$,即 $(a_1 - \lambda a_2) x = 0$. 因为 $a_1 \neq \lambda a_2$,故 $x = 0$. 我们发现同刚才 $\lambda = 0$ 的情形相似,原方程组亦变为 $\begin{cases} x = 0, \\ a_2 x + b_2 y + c_2 = 0. \end{cases}$ 以下分析类似 $\lambda = 0$ 的情形(详细过程略),三种位置关系皆有可能. 如当 $l_1 : x + 2y + 2 = 0$, $l_2 : 3x + y + 1 = 0$ 时是相交的,此时 $\lambda = 2$;当 $l_1 : x = 0, l_2 : 3x = 0$ 时是重合的,此时 $\lambda = 2$;当 $l_1 : x + 2 = 0, l_2 : 3x + 1 = 0$ 时是平行的,此时 $\lambda = 2$.

情况 5 不存在 $\lambda \in \mathbf{R}$,使得 $a_1 = \lambda a_2, b_1 = \lambda b_2$.

由于 a_1, b_1 及 a_2, b_2 都不能同时为零,故这个条件等价于向量 (a_1, b_1) 与向量 $(a_2,$

b_2) 不平行,亦等价于 $a_1b_2 \neq a_2b_1$,此时可以求得方程组①有唯一解 $\begin{cases} x = \dfrac{c_2b_1 - c_1b_2}{a_1b_2 - a_2b_1}, \\ y = \dfrac{c_1a_2 - c_2a_1}{a_1b_2 - a_2b_1}. \end{cases}$ 说明直线 l_1 与 l_2 有唯一的公共点,即 l_1 与 l_2 相交.

情况 6 不存在 $\lambda \in \mathbf{R}$,使得 $a_1 = \lambda a_2, c_1 = \lambda c_2$.

若满足该条件,则 a_1, c_1 不能同时为零,否则存在 $\lambda = 0$,使得 $a_1 = 0a_2 = 0, c_1 = 0c_2 = 0$,与要求矛盾. 此时,两条直线可能相交,如 $l_1: x+y+1=0, l_2: y=0$;亦可能平行,如 $l_1: x+y+1=0, l_2: 2x+2y+1=0$;但不可能重合.

情况 7 不存在 $\lambda \in \mathbf{R}$,使得 $b_1 = \lambda b_2, c_1 = \lambda c_2$.

若满足该条件,则 b_1, c_1 不能同时为零,否则存在 $\lambda = 0$,使得 $b_1 = 0b_2 = 0, c_1 = 0c_2 = 0$,与要求矛盾. 此时,两条直线可能相交,如 $l_1: x+y+1=0, l_2: x=0$;亦可能平行,如 $l_1: x+y+1=0, l_2: 2x+2y+1=0$;但不可能重合.

自此,我们讨论完了所有七种情况,发现只有第一种、第二种、第五种所对应的位置关系是确定的. 由此,也就可以理解为什么教材中单单只讨论了三种情况.

二、课时设计

在本章前两节,我们研究了平面直角坐标系中的直线,学习了五种形式的直线方程(点斜式、斜截式、两点式、一般式、点法式). 平面直角坐标系中的几何对象有点和线,直线研究好之后,一个自然的问题就是研究各几何对象之间的关系(位置关系、数量关系),如点与直线、直线与直线的关系(由研究一条直线过渡到研究两条直线,再到多条直线)等.

对于点与直线的位置关系,首先要研究如何判定点在直线上或者点在直线外,这个问题自然归结为判定点的坐标是否满足相应的方程,这在代数中已经解决. 因此,剩下的就是解决直线外一点与直线间的距离问题. 显然,这个问题的解决要涉及直线交点的确定以及直线垂直的判定条件. 所以,有必要先研究两条直线的位置关系.

在平面几何中,可依据公共点的个数判定两条直线的三种位置关系:如果两条直线无公共点,那么这两条直线平行;如果两条直线有且只有一个公共点,那么这两条直线相交;如果两条直线至少有两个不同的公共点,那么这两条直线重合为一条直线,即有无穷多个公共点. 但用平面几何方法来判断两条直线是否有公共点、有多少个公共点,有时候并不是一件容易的事.

既然我们前面学习了直线的方程,那么一个自然的想法就是:能否从直线方程上看出或算出对应直线之间具有什么样的位置关系呢?

教师请学生畅所欲言.

学生最容易想到的是当两条直线都以斜截式给出方程时,相交的充要条件是斜率不相等;平行的充要条件是斜率相等且纵截距不相等;重合的充要条件是斜率相等且纵截距也相等. 而斜率不存在的两条直线要么平行要么重合. 若两条直线中一条斜率存在另一条斜率不存在则相交. 该环节教师勿忘请学生举例说明.

此时教师提示研究以一般式给出方程的两条直线才是最具普遍性的.

由于在前一节研究直线的一般式方程时,教师强调过一般式方程除了可以表示直角坐标系中的所有直线外,其最突出的、最大的、最亮眼的特点是自带法向量! 所以估计学生会从法向量角度寻找判定位置关系的方法,从而获得如下的认识(结合画图感知):两直线相交的充要条件是它们的法向量不平行;平行或重合的充要条件是法向量平行. 在该环节通过请学生举例说理(多举例子并观察、比较、概括),师生一起归纳出下面几条规律——①当两直线法向量平行时总可以通过调整系数将它们的方程整理为 $l_1:ax+by+c_1=0$, $l_2:ax+by+c_2=0$ 的样子,此时若 $c_1=c_2$,则 l_1, l_2 重合;若 $c_1\neq c_2$,则 $l_1 \parallel l_2$;②得到一般结论:若存在 $\lambda \in \mathbf{R}$,使得 $a_1=\lambda a_2$, $b_1=\lambda b_2$ 且 $c_1=\lambda c_2$,则 l_1, l_2 重合;若存在 $\lambda \in \mathbf{R}$,使得 $a_1=\lambda a_2$, $b_1=\lambda b_2$ 但 $c_1\neq \lambda c_2$,则 $l_1 \parallel l_2$. 在得到这两种特殊位置关系判定条件的基础上,最后将法向量不平行翻译为"不存在 $\lambda \in \mathbf{R}$,使得 $a_1=\lambda a_2$, $b_1=\lambda b_2$",进而获得相交的判定条件.

接下来师生共同总结所得到的针对直线一般式方程的判定位置关系的充要条件. 再顺手牵羊概括出 a_2, b_2, c_2 均非零时的便于记忆的"成比例"型判别法.

最后环节便是对上述判定方法的例题应用.

上述设计与教材中所介绍的顺序基本上完全相反,却更加自然!也很好地诠释了何谓"用教材教".

2.2.6 导函数与原函数的性质之间的关系

一、课题分析

这是为学完导数后的学生开设的一个拓展课题,在教材中并没有专门的介绍. 但开设该课题是自然的教学行为,为什么这样说呢?

首先,导函数作为函数大家族的一员,对其把握的重要途径是考察性质,如单调性、奇偶性、最值等. 而导函数的源头在原函数,因此其性质势必会受原函数性质的影响,研究两者性质之间的关系实乃自然之举.

其次,这是学生学习导函数的难点. 学生常常会遇到下面这些问题.

问题 1 判断对错并说明理由:
(1)可导奇函数的导函数是偶函数;(2)可导偶函数的导函数为奇函数.

问题 2 判断对错并说明理由:
(1)若 $f'(x)$ 为奇函数,则 $f(x)$ 是偶函数;(2)若 $f'(x)$ 为偶函数,则 $f(x)$ 是奇函数.

问题 3 (1)如果可导函数 $f(x)$ 的图像关于点 $P(a,b)$ 中心对称,试分析导函数 $f'(x)$ 的图像的对称性,反之呢?(2)如果可导函数 $f(x)$ 的图像关于直线 $x=a$ 对称,试分析导函数 $f'(x)$ 的图像的对称性,反之呢?

问题 4 判断对错并说明理由:
(1)可导的周期函数的导函数仍是周期函数,且周期相同;(2)若 $f'(x)$ 为周期函数,则 $f(x)$ 也是周期函数且周期相同.

还会遇到下面这些试题.

试题 1(2024 年上海春考第 16 题)

若函数 $y=f(x)[x\in(n,n+1),n\in\mathbf{N}]$ 满足 $f(x+1)=f'(x)$,则称函数 $y=f(x)$ 为延展函数. 已知延展函数 $y=g(x)$ 和函数 $y=h(x)$,满足当 $x\in(0,1)$ 时,$g(x)=e^x$,$h(x)=x^{10}$. 给定以下两个命题:

① 存在函数 $y=kx+b(k,b\in\mathbf{R},k\neq 0)$ 与 $y=g(x)$ 有无穷多个交点;

② 存在函数 $y=kx+b(k,b\in\mathbf{R},k\neq 0)$ 与 $y=h(x)$ 有无穷多个交点.

则正确的选项是( ).

A. ①是真命题,②是真命题   B. ①是真命题,②是假命题

C. ①是假命题,②是真命题   D. ①是假命题,②是假命题

试题 2(徐汇区 2024 届高三一模第 21 题)

若函数 $y=f(x)$，$x\in\mathbf{R}$ 的导函数 $y=f'(x)$，$x\in\mathbf{R}$ 是以 $T(T\neq 0)$ 为周期的函数，则称函数 $y=f(x)$，$x\in\mathbf{R}$ 具有"T 性质".

(1) 试判断函数 $y=x^2$ 和 $y=\sin x$ 是否具有"2π 性质"，并说明理由；

(2) 已知函数 $y=h(x)$，其中 $h(x)=ax^2+bx+2\sin bx(0<b<3)$ 具有"π 性质"，求函数 $y=h(x)$ 在 $[0,\pi]$ 上的极小值点；

(3) 若函数 $y=f(x)$，$x\in\mathbf{R}$ 具有"T 性质"，且存在实数 $M>0$ 使得对任意 $x\in\mathbf{R}$ 都有 $|f(x)|<M$ 成立，求证：$y=f(x)$，$x\in\mathbf{R}$ 为周期函数.

[可用结论：若函数 $y=f(x)$，$x\in\mathbf{R}$ 的导函数满足 $f'(x)=0$，$x\in\mathbf{R}$，则 $f(x)=C$(常数).]

上述这些问题或试题要么涉及对概念的深刻考查，要么要求对导函数与原函数的关系有比较清楚的洞察，因此均是学生学习的难点，教师有必要开辟专题帮助学生集中攻克，以便掌握思路的着眼点与突破口，同时对易错点做到心中有数，最终在实战时有效规避、精准跨越.

另外，本课题也是教师教研的一个着力点，是高中与大学数学的一个重要衔接点. 中学和大学的教学内容，由于种种原因，存在着脱节，存在着一些两不管的内容. 中学教师兢兢业业备战高考，做了很多难题(但这些难题在进一步学习时未必需要)，而有些内容，其实中学里没有教，大学老师以为在中学里已经学过，于是一带而过. 这样就把本来就难的高等数学，弄得更为困难. 特别是，近年来，教材做了不少改动，有些削弱了，有些放在选修里，而选修的内容又不考，于是，你不考我不教，最后甚至选修的教材也卖不出去，后来干脆就不印了. 如果中学数学教师能结合当前所学，从数学本身，给准大一学生补缺补差，铺路架桥，给出一点帮助，也是功德无量、利在千秋之事. 若教师能以此为契机，钻研深耕，自身的专业素养日新月异定是自然之结果.

作为拓展(下文某些环节也会用到)，我们将高等数学中的微积分基本定理列在下面.

先介绍一个定理：

如果函数 $f(x)$ 在区间 $[a,b]$ 上连续，那么函数 $\phi(x)=\int_a^x f(t)\mathrm{d}t$ 就是 $f(x)$ 在区间 $[a,b]$ 上的一个原函数.

通过上述定理，我们可以证明微积分基本定理：

如果函数 $F(x)$ 是连续函数 $f(x)$ 在区间 $[a,b]$ 上的一个原函数，那么

$$\int_a^b f(x)\mathrm{d}x=F(b)-F(a).$$

证明：已知函数 $F(x)$ 是连续函数 $f(x)$ 的一个原函数，根据上述定理，积分上限函数 $\phi(x)=\int_a^x f(t)\mathrm{d}t$ 也是 $f(x)$ 的一个原函数，则这两个函数之差 $F(x)-\phi(x)$ 在 $[a,b]$ 上必定是某一个常数 C，即 $F(x)-\phi(x)=C(a\leqslant x\leqslant b)$. 在上式中令 $x=a$，则 $F(a)-\phi(a)=C$. 由于 $\phi(a)=0$，因此 $C=F(a)$，代入上式可得 $\int_a^x f(t)\mathrm{d}t=F(x)-F(a)$，再在该式中令 $x=b$，即可得 $\int_a^b f(x)\mathrm{d}x=F(b)-F(a)$，这个公式就是牛顿-莱布尼茨公式.

该公式表明，一个连续函数在区间 $[a,b]$ 上的定积分就是它的任意一个原函数在区间 $[a,$

b]上的增量.

二、对上述问题与试题的研究

问题 1 判断对错并说明理由：

(1)可导奇函数的导函数是偶函数；(2)可导偶函数的导函数为奇函数.

分析与解 (1)的结论正确，证明如下：

法 1(定义法) 由题意 $f(-x)=-f(x)$. 因为 $f'(x)=\lim\limits_{\Delta x\to 0}\dfrac{f(x+\Delta x)-f(x)}{\Delta x}$, 所以

$$f'(-x)=\lim_{\Delta x\to 0}\frac{f(-x+\Delta x)-f(-x)}{\Delta x}=\lim_{\Delta x\to 0}\frac{-f(x-\Delta x)+f(x)}{\Delta x}$$
$$=\lim_{\Delta x\to 0}\frac{f(x-\Delta x)-f(x)}{-\Delta x}=f'(x),$$

故 $f'(x)$ 是偶函数.

法 2(复合函数求导法) 由 $f(-x)=-f(x)$ 得 $[f(-x)]'=[-f(x)]'$, 即 $-f'(-x)=-f'(x)$, 从而 $f'(-x)=f'(x)$, 故 $f'(x)$ 是偶函数.

(2)的结论正确，证明如下：

法 1(定义法) 由题意 $f(-x)=f(x)$. 因为 $f'(x)=\lim\limits_{\Delta x\to 0}\dfrac{f(x+\Delta x)-f(x)}{\Delta x}$, 所以

$$f'(-x)=\lim_{\Delta x\to 0}\frac{f(-x+\Delta x)-f(-x)}{\Delta x}=\lim_{\Delta x\to 0}\frac{f(x-\Delta x)-f(x)}{\Delta x}$$
$$=-\lim_{\Delta x\to 0}\frac{f(x-\Delta x)-f(x)}{-\Delta x}=-f'(x),$$

故 $f'(x)$ 是奇函数.

法 2(复合函数求导法)

由 $f(-x)=f(x)$ 得 $[f(-x)]'=[f(x)]'$, 即 $-f'(-x)=f'(x)$, 从而 $f'(-x)=-f'(x)$, 故 $f'(x)$ 是奇函数.

问题 2 判断对错并说明理由：

(1)若 $f'(x)$ 为奇函数，则 $f(x)$ 是偶函数；(2)若 $f'(x)$ 为偶函数，则 $f(x)$ 是奇函数.

分析与解 (1)的结论正确，证明如下：

由题意 $f'(-x)=-f'(x)$. 设 $f(x)=\int f'(x)\mathrm{d}x$, 则

$$f(-x)=\int f'(-x)\mathrm{d}(-x)=\int[-f'(x)](-\mathrm{d}x)=\int f'(x)\mathrm{d}x=f(x),$$

故 $f(x)$ 是偶函数.

(2)的结论错误，理由如下：

法 1(正面严格证明) 因为 $f'(x)$ 是偶函数，故 $f'(-x)=f'(x)$, 对其两边同时积分得 $\int f'(-x)\mathrm{d}x=\int f'(x)\mathrm{d}x$. 从而 $-\int f'(-x)\mathrm{d}(-x)=\int f'(x)\mathrm{d}x$, $-f(-x)+C_1=f(x)+C_2$, 当且仅当 $C_1=C_2$ 时才有 $f(-x)=-f(x)$, 即当且仅当 $C_1=C_2$ 时 $f(x)$ 是奇函数.

注意：在高中，只要记住当且仅当 $f(0)=0$ 的时候(2)的结论才成立.

法 2（举反例） 如 $f'(x)=x^2$ 是偶函数，其原函数是 $f(x)=\dfrac{x^3}{3}+C$（C 为常数），取 $C\neq 0$ 即为反例．再如 $f'(x)=\cos x+2$ 为偶函数，但 $f(x)=\sin x+2x+1$ 不是奇函数．

问题 1 与问题 2 阐述了原函数与导函数奇偶性之间的关系．关于这个主题，我们再做一下梳理，主要是再呈现两个结论．

假设 $f(x)$ 在 $[-a,a]$ 上为可积函数或连续函数，则：

结论 1 当 $f(x)$ 为偶函数时，$\int_0^x f(t)\mathrm{d}t$ 在 $[-a,a]$ 上是奇函数；

当 $f(x)$ 为奇函数时，$\int_0^x f(t)\mathrm{d}t$ 在 $[-a,a]$ 上是偶函数．

结论 2 当 $f(x)$ 为奇函数时，$f(x)$ 在 $[-a,a]$ 的全体原函数均为偶函数；

当 $f(x)$ 为偶函数时，$f(x)$ 在 $[-a,a]$ 只有唯一的原函数为奇函数，即 $\int_0^x f(t)\mathrm{d}t$．

结论 1 的证明：

设 $f(x)$ 在 $[-a,a]$ 为偶函数，记 $F(x)=\int_0^x f(t)\mathrm{d}t$，要证 $F(x)$ 为奇函数，即证 $F(x)+F(-x)=0$．由 $F(-x)=\int_0^{-x} f(t)\mathrm{d}t = -\int_0^x f(-s)\mathrm{d}s = -\int_0^x f(s)\mathrm{d}s = -F(x)$，所以 $F(x)=\int_0^x f(t)\mathrm{d}t$ 为奇函数．

或者：因为 $[F(x)+F(-x)]'=f(x)-f(-x)=0$，所以 $F(x)+F(-x)$ 在 $[-a,a]$ 上为常数，又 $[F(x)+F(-x)]_{x=0}=0$，则 $F(x)+F(-x)=0$，即 $F(x)$ 在 $[-a,a]$ 上为奇函数．

结论 1 中的另一结论类似可证，不再赘述．

结论 2 的证明：

首先，$\int f(x)\mathrm{d}x=\int_0^x f(t)\mathrm{d}t+C$．

当 $f(x)$ 为奇函数时，$\int_0^x f(t)\mathrm{d}t$ 在 $[-a,a]$ 上为偶函数，$\forall C$ 也是偶函数，故 $f(x)$ 的全体原函数 $\int_0^x f(t)\mathrm{d}t+C$ 为偶函数．

当 $f(x)$ 为偶函数时，$\int_0^x f(t)\mathrm{d}t$ 在 $[-a,a]$ 上为奇函数，$\forall C\neq 0$ 是偶函数（非奇函数），故 $\int_0^x f(t)\mathrm{d}t+C$ 为非奇非偶函数，$f(x)$ 只有唯一的原函数即 $\int_0^x f(t)\mathrm{d}t$ 为奇函数．

问题 3 （1）如果可导函数 $f(x)$ 的图像关于点 $P(a,b)$ 中心对称，试分析导函数 $f'(x)$ 的图像的对称性，反之呢？（2）如果可导函数 $f(x)$ 的图像关于直线 $x=a$ 对称，试分析导函数 $f'(x)$ 的图像的对称性，反之呢？

分析与解 对于（1），若可导函数 $f(x)$ 的图像关于点 $P(a,b)$ 中心对称，则有 $f(x)+f(2a-x)=2b$，两边求导得 $f'(x)-f'(2a-x)=0$，即 $f'(x)=f'(2a-x)$，从而 $f'(x)$ 的图像关于直线 $x=a$ 对称．

注意：当 $a=b=0$ 时就是问题 1(1)中的结论．

由对前述问题 2(2)的分析可知，反过来，当 $f'(x)$ 为偶函数[即 $f'(x)$ 的图像关于直线

$x=0$ 对称]时,原函数 $f(x)$ 未必是奇函数!那若导函数 $f'(x)$ 的图像关于直线 $x=a$ 对称时,原函数 $f(x)$ 的图像具有什么样的特征呢?我们来探索一下.

因为 $f'(x)$ 的图像关于直线 $x=a$ 对称,故有恒等式 $f'(x)=f'(2a-x)$. 对其两边同时取不定积分得 $\int f'(x)\mathrm{d}x = \int f'(2a-x)\mathrm{d}x = -\int f'(2a-x)\mathrm{d}(2a-x)$,从而 $f(x)+C_1 = -f(2a-x)+C_2$, $f(x)+f(2a-x)=C_2-C_1$. 取 $x=x_0$ [x_0 为 $f(x)$ 定义域内任意一个值],则 $C_2-C_1=f(x_0)+f(2a-x_0)$. 所以我们得到 $f(x)$ 的图像关于点 $\left(a, \dfrac{f(x_0)+f(2a-x_0)}{2}\right)$ 中心对称.

注意:

① 当 $f(x)$ 在 $x=a$ 处有意义时,可以将上式中的 x_0 用 a 来替代,则有 $f(x)$ 的图像关于 $(a, f(a))$ 中心对称.

② 与问题 2 中的(2)做对照. 当 $x=a=0$,即 $f'(x)$ 为偶函数时,套用上述结论可得 $f(x)$ 的图像关于点 $\left(0, \dfrac{f(x_0)+f(-x_0)}{2}\right)$ 中心对称.特别地,当 $f(x)$ 在 $x=0$ 处有意义时,$f(x)$ 的图像关于点 $(0, f(0))$ 中心对称.如当 $f'(x)=x^2$ 时,其原函数 $f(x)=\dfrac{x^3}{3}+C$(C 为常数)的图像就关于点 $(0, C)$ 中心对称(这当然是正确的结论).

接下来我们研究问题 3 的(2).

若可导函数 $f(x)$ 的图像关于直线 $x=a$ 对称,则有 $f(x)=f(2a-x)$,两边求导得 $f'(x)=-f'(2a-x)$,即 $f'(x)+f'(2a-x)=0$,可知 $f'(x)$ 的图像关于点 $(a, 0)$ 中心对称.

注意:当 $a=0$ 时就是问题 1(2)中的结论.

由对前述问题 2(1)的分析可知,反过来,当 $f'(x)$ 为奇函数[即 $f'(x)$ 的图像关于点 $(0, 0)$ 中心对称]时,原函数 $f(x)$ 必是偶函数!那若导函数 $f'(x)$ 的图像关于点 $(a, 0)$ 中心对称时,原函数 $f(x)$ 的图像具有什么样的特征呢?我们来探索一下.

因为 $f'(x)$ 的图像关于点 $(a, 0)$ 中心对称,故有恒等式 $f'(x)+f'(2a-x)=0$,即 $f'(x)=-f'(2a-x)$. 对其两边同时取不定积分得

$$\int f'(x)\mathrm{d}x = -\int f'(2a-x)\mathrm{d}x = \int f'(2a-x)\mathrm{d}(2a-x),$$

从而 $f(x)+C_1=f(2a-x)+C_2$,$f(x)-f(2a-x)=C_2-C_1$. 取 $x=x_0$[x_0 为 $f(x)$ 定义域内任意一个值],则 $C_2-C_1=f(x_0)-f(2a-x_0)$. 若在 $f(x)$ 定义域内存在满足 $f(x_0)=f(2a-x_0)$ 的实数 x_0,则 $C_2-C_1=0$. 此时我们得到 $f(x)=f(2a-x)$,从而 $f(x)$ 的图像关于直线 $x=a$ 对称.

注意:

与问题 2 中的(1)做对照. 当 $a=0$,即 $f'(x)$ 为奇函数时,在对问题 2(1)的分析中已证 $f(x)$ 必为偶函数. 若套用上述刚刚推得的结论呢?首先由上述推导中的过程可得 $f(x)-f(-x)=C_2-C_1$,又在 $f(x)$ 定义域内存在实数 x_0 满足 $f(x_0)=f(-x_0)$(比如取 $x_0=0$),故得 $f(x)$ 的图像关于直线 $x=0$ 对称,即 $f(x)$ 为偶函数.

经过前面的讨论,我们将问题 3 中所得到的结论整理如下.

问题3的(1):

如果可导函数 $f(x)$ 的图像关于点 $P(a,b)$ 中心对称,那么导函数 $f'(x)$ 的图像关于直线 $x=a$ 对称;反之,若可导函数 $f(x)$ 的导函数 $f'(x)$ 的图像关于直线 $x=a$ 对称,那么原函数 $f(x)$ 的图像关于点 $\left(a, \dfrac{f(x_0)+f(2a-x_0)}{2}\right)$ 中心对称,其中 x_0 为 $f(x)$ 定义域内的任意值.

问题3的(2):

如果可导函数 $f(x)$ 的图像关于直线 $x=a$ 对称,那么导函数 $f'(x)$ 的图像关于点 $(a,0)$ 中心对称;反之,若可导函数 $f(x)$ 的导函数 $f'(x)$ 的图像关于点 $(a,0)$ 中心对称,且在 $f(x)$ 定义域内存在一点 x_0 使得 $f(x_0)=f(2a-x_0)$,那么原函数 $f(x)$ 的图像关于直线 $x=a$ 对称.

问题4 判断对错并说明理由:

(1) 可导的周期函数的导函数仍是周期函数,且周期相同;

(2) 若 $f'(x)$ 为周期函数,则 $f(x)$ 也是周期函数且周期相同.

分析与解 我们假设 $f(x)$ 与 $f'(x)$ 都是连续函数,则(1)的结论成立,(2)的结论不成立,证明如下.

对于问题4的(1). 设 $f(x+T)=f(x)(T\neq 0)$,两边求导得 $f'(x+T)=f'(x)$,故导函数也为周期函数,且周期相同.

对于问题4的(2). 设 $f'(x+T)=f'(x)(T\neq 0)$,两边求不定积分得 $\int f'(x+T)\mathrm{d}x = \int f'(x)\mathrm{d}x$,即 $\int f'(x+T)\mathrm{d}(x+T) = \int f'(x)\mathrm{d}x$,从而

$$f(x+T)+C_1=f(x)+C_2,$$

从而原函数未必是周期函数. 例如设 $f'(x)=1-\cos x$,其周期为 $T=2\pi$. 但其原函数(其中的一个)$f(x)=x-\sin x$ 却不是周期函数.

注意:

① 原函数的对称性和周期性都能转移到导函数,但反之未必;

② 若 $f(x)$ 是周期为 T 的连续函数,$f(x)$ 的全体原函数以 T 为周期的充要条件是 $\int_0^T f(t)\mathrm{d}t = 0$.

证明:由于 $\int_a^{a+T} f(x)\mathrm{d}x = \int_a^0 f(x)\mathrm{d}x + \int_0^T f(x)\mathrm{d}x + \int_T^{a+T} f(x)\mathrm{d}x$. 对于 $\int_T^{a+T} f(x)\mathrm{d}x$ 而言,令 $x=T+t$,则 $\int_T^{a+T} f(x)\mathrm{d}x = \int_0^a f(T+t)\mathrm{d}t = \int_0^a f(t)\mathrm{d}t = -\int_a^0 f(t)\mathrm{d}t$. 所以 $\int_T^{a+T} f(x)\mathrm{d}x = \int_0^T f(x)\mathrm{d}x$. $\int_0^{x+T} f(t)\mathrm{d}t = \int_0^x f(t)\mathrm{d}t + \int_x^{x+T} f(t)\mathrm{d}t = \int_0^x f(t)\mathrm{d}t + \int_0^T f(t)\mathrm{d}t$,即 $\int_0^T f(t)\mathrm{d}t = 0$.

③ 如果 $f(x)$ 或 $f'(x)$ 不连续,则相关结论不一定成立.

接下来我们转向对前述试题1与试题2(实战试题)的研究.

首先看试题1.

试题1(2024年上海春考第16题)

若函数 $y=f(x)[x\in(n, n+1), n\in\mathbf{N}]$ 满足 $f(x+1)=f'(x)$,则称函数 $y=f(x)$ 为

延展函数. 已知延展函数 $y=g(x)$ 和函数 $y=h(x)$, 满足当 $x\in(0,1)$ 时, $g(x)=e^x$, $h(x)=x^{10}$. 给定以下两个命题:

① 存在函数 $y=kx+b(k,b\in\mathbf{R},k\neq 0)$ 与 $y=g(x)$ 有无穷多个交点;

② 存在函数 $y=kx+b(k,b\in\mathbf{R},k\neq 0)$ 与 $y=h(x)$ 有无穷多个交点.

则正确的选项是( ).

A. ①是真命题,②是真命题 B. ①是真命题,②是假命题
C. ①是假命题,②是真命题 D. ①是假命题,②是假命题

分析与解 作为选择题,本题延续了近几年流行的一种命题形式:新定义+两个命题+天然的四个选项(真真,真假,假真,假假). 在该题所给的新定义中,借助导函数构造递推,定义了一个非连续函数,考查了必修一教材中所定义的函数的"分段表示法",与"分段表示法"后所配的例题(函数值取有限个自然数,可用高斯函数符号给出非分段的解析式)相呼应. 可以说,该考题的命制源于教材又高于教材. 将分段表示、数列递推、导函数、函数图像、存在与任意、指数函数、幂函数、一次函数等全部融入其中,但难度为中等.

学生面对以抽象符号给出的函数定义往往无从下手,此时思维策略的作用就十分巨大,即要学会如何思考问题,特别是会不会思考陌生背景下的陌生问题.

本题的思维策略是"具体化+口译+图形化". 所谓具体化,比如我们可以通过对 n 取值来感受函数 $f(x)$ 的定义域为 $(0,1)\cup(1,2)\cup(2,3)\cup\cdots$,然后通过寻求 $x\in(1,2)$ 时的函数解析式来感受递推定义式 $f(x+1)=f'(x)$ "由前向后、由小到大"的递推作用. 比如对函数 $y=g(x)$,$(1,2)$ 上的解析式如何求呢? 当 $x\in(1,2)$ 时 $x-1\in(0,1)$,故有 $g(x)=g'(x-1)$,先求 $y=g(x)$ 在 $(0,1)$ 上的导函数为 $g'(x)=e^x$,$x\in(0,1)$. 所以当 $x\in(1,2)$ 时 $g(x)=g'(x-1)=e^{x-1}$. 俗话说"求是为了不求,算是为了不算,列是为了不列",通过刚才的试求,我们可将上述符号递推式"口译"为文字递推法则:后一区间上的解析式是将前一区间上的导函数中的自变量 x 换成 $x-1$ 之后的结果. 接下来,在这种比较亲切的"递推法则"的指引下便可顺利求出题目所给两个函数的多段解析式,进而将其"图形化",借助图像便可顺利选对答案. 值得强调的是,在对 $h(x)$ 不断求导的过程中,一个醒目的现象触及心灵——幂指数越来越小! 笔者在领着学生复习导数时曾一度想找几道类似这样幂指数不断降低的试题,以让学生强烈地感受求导对多项式函数的影响,但竟因各种事情蹉跎错过了,然后就到了春考的真题现场. 这让人不由得想起当年上海语文高考中的"微光"现象,让人好不伤感而心升无限感慨.

根据上述分析我们容易得到:

$$y=g(x)=\begin{cases}e^x, & x\in(0,1),\\ e^{x-1}, & x\in(1,2),\\ e^{x-2}, & x\in(2,3),\\ e^{x-3}, & x\in(3,4),\\ \cdots\cdots\end{cases} \quad y=h(x)=\begin{cases}x^{10}, & x\in(0,1),\\ 10(x-1)^9, & x\in(1,2),\\ 10\cdot 9\cdot(x-2)^8, & x\in(2,3),\\ 10\cdot 9\cdot 8\cdot(x-3)^7, & x\in(3,4),\\ \cdots\cdots\\ 10\cdot 9\cdot 8\cdot\cdots\cdot 2\cdot(x-9), & x\in(9,10),\\ \cdots\cdots\end{cases}$$

其图像分别如图 2.6(a) 和 (b) 所示.

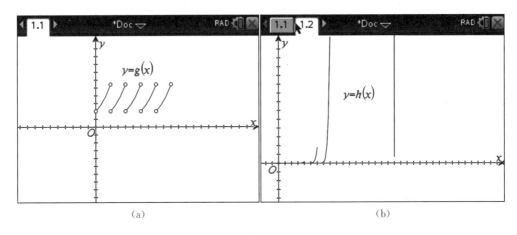

图 2.6

易知该题的正确选项为 C.

再看试题 2.

试题 2(徐汇区 2024 届高三一模第 21 题)

若函数 $y=f(x)$,$x\in\mathbf{R}$ 的导函数 $y=f'(x)$,$x\in\mathbf{R}$ 是以 $T(T\neq 0)$ 为周期的函数,则称函数 $y=f(x)$,$x\in\mathbf{R}$ 具有"T 性质".

(1) 试判断函数 $y=x^2$ 和 $y=\sin x$ 是否具有"2π 性质",并说明理由;

(2) 已知函数 $y=h(x)$,其中 $h(x)=ax^2+bx+2\sin bx(0<b<3)$ 具有"π 性质",求函数 $y=h(x)$ 在 $[0,\pi]$ 上的极小值点;

(3) 若函数 $y=f(x)$,$x\in\mathbf{R}$ 具有"T 性质",且存在实数 $M>0$ 使得对任意 $x\in\mathbf{R}$ 都有 $|f(x)|<M$ 成立,求证:$y=f(x)$,$x\in\mathbf{R}$ 为周期函数.

[可用结论:若函数 $y=f(x)$,$x\in\mathbf{R}$ 的导函数满足 $f'(x)=0$,$x\in\mathbf{R}$,则 $f(x)=C$(常数).]

分析与解 理解题意的第一要义仍然是"用自己的话把数学符号表达的意思翻译出来". 所谓函数 $f(x)$ 具有"T 性质",是指原函数与导函数定义域均为 $\mathbf{R}$,且导函数是周期为 T 的周期函数. 事实证明,用这种话将新定义表达出来会大大有利于问题的思考. 易知第(1)小问中函数 $y=x^2$ 不具有"2π 性质",而函数 $y=\sin x$ 具有"2π 性质".

第(2)小问属于典型的含参(双参,a,b 均为参数)等式恒成立问题. 其基本处理对策是赋值法(对变量 a,b 赋值)与比较系数法(特别是多项式情形),这些方法学生在平时是有所接触的. 其实在新教材必修一课本中,"第 2 章 等式与不等式""§2.1.2 一元二次方程的解集及根与系数的关系"中的例 5 就是具有鲜明指导意义的一道例题,如下.

例 5 证明:$a_1=a_2$,$b_1=b_2$,$c_1=c_2$ 是等式 $a_1x^2+b_1x+c_1=a_2x^2+b_2x+c_2$ 恒成立的充要条件.

2024 届春考命题"扣课本特色"也体现得十分突出,如前面我们刚刚分析过的试题 1(春考第 16 题). 再如第 19 题,即由局部方差求整体方差那道应用题,也是标签特别明显的一道试题.

对于此处的第(2)小问,由题意知 $h'(x+\pi)=h'(x)$ 对于一切实数 x 恒成立. 经过计算、化简可得 $b\cos(bx)-b\cos(bx+b\pi)-a\pi=0$,即 $\cos(bx+b\pi)-\cos(bx)+\dfrac{a\pi}{b}=0$.

法①（赋值法） 分别取 $x=0$，$x=\dfrac{\pi}{b}$ 代入上式可得 $\begin{cases}1-\cos b\pi=\dfrac{a\pi}{b},\\-1+\cos b\pi=\dfrac{a\pi}{b},\end{cases}$ 解得 $\begin{cases}a=0,\\b=2k,\end{cases}$ 由于 $k\in\mathbf{Z}$，$0<b<3$，故 $b=2$.

法②（集中变量法） 对等式 $\cos(bx+b\pi)-\cos(bx)+\dfrac{a\pi}{b}=0$ 左边余弦之差应用和差化积公式可得 $-2\sin\left(bx+\dfrac{b\pi}{2}\right)\sin\dfrac{b\pi}{2}+\dfrac{a\pi}{b}=0$，故必须满足 $\begin{cases}\sin\dfrac{b\pi}{2}=0,\\ \dfrac{a\pi}{b}=0,\end{cases}$ 解得 $\begin{cases}a=0,\\b=2.\end{cases}$

由此，$h(x)=2x+2\sin 2x$. 从这儿我们获得一个认识（前面也已讨论过）：导函数是周期函数推不出原函数也是周期函数.

第(2)小问接下来的任务变得很纯粹，即求无参函数的极值问题，容易获得 $h(x)$ 在 $[0,\pi]$ 上的极小值点为 $\dfrac{2\pi}{3}$，过程从略.

下面我们讨论第(3)小问. 在具体求解之前，先概括一下它解决了什么问题往往是有益的. 其实，第(3)小问的待证结论完善了我们刚刚获得的认识. 它给出了"导函数是周期函数则原函数也是周期函数"的一个充分条件：若导函数是周期函数且原函数是有界函数，则原函数也是周期函数.

考察刚才作为反例的函数 $h(x)=2x+2\sin 2x$，该函数为无界函数，由此我们可以初步意会上述充分条件的合理性.

那么，加入了"原函数有界"这个条件，为什么就保证了具有"T 性质"的函数自身也一定是周期函数呢？

由于 $f(x)$，$x\in\mathbf{R}$ 具有"T 性质"，故 $f'(x+T)=f'(x)$，即 $f'(x+T)-f'(x)=0$，亦即 $[f(x+T)-f(x)]'=0$，因此函数 $f(x+T)-f(x)$ 为常值函数. 设

$$f(x+T)-f(x)=c\text{（其中 }c\text{ 为实常数）}.$$

① 若 $c=0$，则 $f(x)$ 是以 T 为周期的周期函数；

② 若 $c>0$，由 $f(x+T)=f(x)+c$ 经反复递推可得 $f(nT)=f(0)+nc$（$n\in\mathbf{N}$，$n\geqslant 1$）. 故当 $n\geqslant\dfrac{M-f(0)}{c}$ 时，$f(nT)=f(0)+nc\geqslant f(0)+M-f(0)=M$，这与 $|f(x)|<M$ 矛盾，舍去.

③ 若 $c<0$，仍有 $f(nT)=f(0)+nc$（$n\in\mathbf{N}$，$n\geqslant 1$）. 故当 $n\geqslant\dfrac{-M-f(0)}{c}$ 时，$f(nT)=f(0)+nc\leqslant f(0)-M-f(0)=-M$，这与 $|f(x)|<M$ 矛盾，舍去.

综上，必有 $c=0$，$f(x+T)-f(x)=0$，所以 $f(x)$ 是周期函数.

应该说，徐汇区的这道解答压轴题的命制者是很用心的，起点低至源于教材，但将新定义、周期性、含参等式恒成立问题、极值问题、原命题与逆命题、原函数与导函数、有界性、构造函数、构造数值等完全融入，有效地考查了学生的综合能力与思维品质. 教师在教学时要学会积累这种优秀试题，并将之转化为富有创意的教学片断，领着学生逐渐步入以微积分工具深入研究函数的广阔天地.

三、课时设计

为激发学生兴趣与探究、讨论的冲动,这种拓展课宜以问题或试题为载体,在对话中将研究引向深入. 我们前面详细讨论过的问题1~3,试题1~2都是很好的教学资源.

通过师生讨论,总结出以下这些基本认识:

第一,如何根据原函数性质推测导函数性质.

设$f(x)$的导函数是$f'(x)$:

(1) 若$f(x)$是奇(偶)函数,则$f'(x)$是偶(奇)函数;

(2) 若$f(x)$是周期函数且周期为T,则$f'(x)$也是周期函数且周期为T;

(3) 若直线$x=a$是$f(x)$的对称轴,则点$(a,0)$是$f'(x)$的对称中心;

(4) 若点$(a,0)$是$f(x)$的对称中心,则直线$x=a$是$f'(x)$的对称轴.

第二,如何根据导函数性质推测原函数性质.

设$f(x)$的导函数是$f'(x)$,且$f(x)$与$f'(x)$均连续:

(1) 若$f'(x)$是奇函数,则$f(x)$是偶函数;若$f'(x)$是偶函数,则$f(x)$的对称中心是$(0,c)$;

(2) 若$f'(x)$是周期函数且周期为T,则当$f(x)$有界时,$f(x)$也是周期函数且周期为T;

(3) 若直线$x=a$是$f'(x)$的对称轴,则点(a,c)是$f(x)$的对称中心;

(4) 若点$(a,0)$是$f'(x)$的对称中心,且在$f(x)$的定义域内存在一点x_0使得$f(x_0)=f(2a-x_0)$,那么$f(x)$的图像关于直线$x=a$对称.

第三,根据正余弦函数,类比"三性"综合性质.

关于周期、对称轴、对称中心的问题,可以类比正(余)弦函数:

(1) 相邻对称轴之间的距离等于半个周期;

(2) 对称中心到相邻对称轴的距离是四分之一个周期;

(3) 相邻对称中心之间的距离是半个周期;

再通过类似以下这些试题加以强化.

试题3 已知函数$f(x)$及其导数$f'(x)$的定义域均为$\mathbf{R}$,记$g(x)=f(1+x)-x$,若$f'(x)$为奇函数,$g(x)$为偶函数,则$f'(2023)=(\quad)$.

A. 2021　　B. 2022　　C. 2023　　D. 2024

试题4 (多选)函数$f(x)$及其导数$f'(x)$的定义域均为$\mathbf{R}$,记$g(x)=f'(x)$,若$f(x+2)$为偶函数,$g(x)$为奇函数,则(　　).

A. $f(x)=f(4-x)$　　B. $g(x)=-g(4-x)$

C. $f(x)=-f(x+4)$　　D. $g(x)=g(x+4)$

试题5 (多选)函数$f(x)$及其导数$f'(x)$的定义域均为$\mathbf{R}$,记$g(x)=f'(x)$,若$f\left(\dfrac{3}{2}-2x\right)$,$g(2+x)$均为偶函数,则(　　).

A. $f(0)=0$　　B. $g\left(-\dfrac{1}{2}\right)=0$　　C. $f(-1)=f(4)$　　D. $g(-1)=g(2)$

下附试题3~试题5的分析与解.

试题3的分析与解:因为$g(-x)=g(x)$,所以$f(1-x)+x=f(1+x)-x$. 两边求导得$-f'(1-x)+1=f'(1+x)-1$……(*)因为$f'(x)$为奇函数,所以$f'(x-1)+1=f'(1+$

$x)-1$,故 $f'(x)=f'(x-2)+2$. 因此
$$f'(2\,023)=f'(2\,021)+2=f'(2\,019)+4=\cdots=f'(1)+2\,022.$$
在 $(*)$ 中令 $x=0$ 得 $f'(1)=1$,故 $f'(2\,023)=2\,023$,本题选 C.

试题 4 的分析与解:因为 $f(x+2)$ 为偶函数,所以 $f(x+2)=f(-x+2)$,所以 $x=2$ 是函数 $f(x)$ 图像的对称轴,所以 A 对;由前述结论知 $(2,0)$ 是 $g(x)=f'(x)$ 的对称中心,所以 B 对;$g(x)$ 为奇函数,所以 $(0,0)$ 也是对称中心,故 $g(x)$ 中 $T=4$,所以 D 对;从而 $g(x)=f'(x)$ 也是周期函数,但 $f(x)$ 未必是周期函数,所以 C 错.本题选 ABD.

试题 5 的分析与解:由于 $f\left(\dfrac{3}{2}-2x\right)$ 为偶函数,故 $f\left(\dfrac{3}{2}-2x\right)=f\left(\dfrac{3}{2}+2x\right)$,故 $x=\dfrac{3}{2}$ 是 $f(x)$ 的对称轴,所以 $\left(\dfrac{3}{2},0\right)$ 是 $g(x)$ 的对称中心.因为 $g(2+x)$ 为偶函数,所以 $g(2+x)=g(2-x)$,故 $x=2$ 是 $g(x)$ 的对称轴,所以 $g(x)$ 的周期 $T=4\left(2-\dfrac{3}{2}\right)=2$. 因为 $x=2$ 是 $g(x)$ 的对称轴,所以 $x=0$ 也是 $g(x)$ 的对称轴,所以 $(0,c)$ 是 $f(x)$ 对称中心,即 $f(0)=c$,所以 A 错.

而 $\left(\dfrac{3}{2},0\right)$ 是 $g(x)$ 的对称中心,所以 $\left(-\dfrac{1}{2},0\right)$ 也是 $g(x)$ 的对称中心,故 B 正确.

在 $f\left(\dfrac{3}{2}-2x\right)=f\left(\dfrac{3}{2}+2x\right)$ 中令 $x=\dfrac{5}{4}$ 得 $f(-1)=f(4)$,所以 C 对.

因为 $\left(\dfrac{3}{2},0\right)$ 是 $g(x)$ 的对称中心,所以 $g(x)+g(3-x)=0$,从而 $g(2)=-g(1)=-g(1-2)=-g(-1)$,所以 D 错.

综上,本题选 BC.

需要说明的是,上述试题 3~试题 5 对抽象推理能力、原函数和导函数性质之间关系的理解要求较高,在某些班级可能不宜面向全体学生,可考虑作为培优素材灵活选用.

第三章　学会自然突破的数学解题

本章我们将研究视角聚焦在解题,这是所有学生与教师都特别感兴趣、特别关注的话题.

第一节　自然解题的基本原则

如何理解我们通常说的"某人很自然地就把这道题做出来了"? 判断题目解得自然不自然的基本原则有哪些? 笔者认为这并无统一标准,以下所述只是自己的一点体会,也期待看到相关专家权威的解读.

(1) 逻辑连贯原则. 自然的数学解题过程,从题目条件出发,稳扎稳打,有序推进;环环相扣,螺旋上升. 能给阅读者带来爽心悦目之感. 犹如爬山人拾级登高,虽有时气喘吁吁,但一鼓作气,一步一个深深的脚印,胜利的到来自然是水到渠成.

(2) 转换自如原则. 俗话说:"数学无处不转化!"数学解题的成功与否,其实拼的就是转化,解题活动的每一步变形都是在做同一件事——转化. 实现自然解题的当事者,一定是拥有独到的观察眼光和很多大小不一、功能多样的转化手段的人. 当我们阅读一个自然的解题过程时,常能被其时而心平气和、时而婉转曲折、时而纵横捭阖的转换行为所感染.

(3) 因题施法原则. 完成自然的数学解题过程的人往往能根据所面对的具体问题灵活选择恰当的方法. 当然最终方法的确定可能要经历并不容易的比较、试解、再选择、再比较直到确定的漫长的选择过程,然而正是长期的这种过程的积累才能锤炼出优秀的、思维日益"被自然化"的解题者.

第二节　自然突破的解题教学的基本特征

解题教学的关键是教会学生如何解题,如何基于学生自己的已有认知经过自然的思考(只有自然的才是属于自己的,强加的想法稍纵即逝),最终达到解题成功. 这种教学除了具备我们在本书第二章第一节中所阐述的"自然生长的课堂教学的基本特征"外,还应具有以下体现鲜明"解题烙印"的基本特征.

(1) 善互译. 相对于初中数学,高中数学更加抽象,符号繁多,新定义频繁出现. 因此,解题时数学语言之间的互译十分重要. 教师在进行解题教学时,对题目中出现的抽象表达,要有意识地领着学生从不同角度来理解它们. 具体来讲,就是要不断地在四种数学语言之间切换,除常说的文字语言、符号语言、图形语言外,还要有仅属于自己的"土语言""跨学科类比的语言""与生活现象类比的语言""如果不这样将会怎样的思维语言""换位思考的角色语言(如果我是老师,通常会怎么想?)"等等. 事实上,不仅在讲题时,教师要在语言转换上给予现场示范与指导,而且要使其形成每一次上课所用的家常语言. 严复先生曾首次提出翻译(外译汉)的三原则:信、达、雅. "信"就是要忠实原文的核心意思,不能偏离原文的本义. "达"就是译文在中文里要通顺,讲得通. 不要太生硬、词法不通. "雅"就是高雅、文雅,最好是中文里面原本就有的一个用法、讲法,甚至语出有典(如晚清最杰出的数学家李善兰翻译的"微分""积分"就是受《九章算术》中相关词汇的启发. 事实上,牟合方盖和祖暅原理是微积分的中国之源). 如果说对学生"数学语言互译"的要求是"信"的话,对教师的要求就是"信、达、雅"了. 此处的"达、雅"其评判标准是"要容易被学生所理解". 如对以符号语言所给出的等式 $f(x+1)=-f(x-2)$ 的翻译,文字语言"自变量相差 3 时函数值互为相反数"就很好.

(2)善顺应. 顺应学生的思路开展解题教学是解题教学"自然性"的重要表现. 在课堂上经常会发生这样的现象:教师讲完了一道题目后让学生梳理一下刚刚求解的过程,结果该生很茫然,仔细询问后,该生说"我刚才在检查自己的过程,没听到老师讲的". 此时,教师若把问题完全归结到学生不好的听课习惯上是不公平的,一个重要原因往往是"教师不知学生想听的是什么,讲的仅是自己的(或标答的)方法". 为此,教师在讲题前务必通过批改、梳理、归类将班级学生对该题的思路、解法、错情、错因了然于胸,并思考采用怎样的讲解方式才能吸引全体(或几乎全体)学生. "善顺应"的另一个表现是教师在讲题过程中如何对待"课堂生成". 这种生成常常发生在脑子灵活、不惧表达的同学这里. 他们对老师讲的方法"听不进去",总在想"老师为什么没想到我的方法呢?用我这个方法讲多好啊?"于是就禁不住举手或起立发问. 此时教师要不要"顺"? 考虑到该同学的方法往往极具个性化,并不属于其他同学,更不能归入"通法"之列,可能还暗含错误(教师往往来不及甄别,除非在课前仔细审视了他的过程). 教师最好的做法是"指出他的解法与教师正在讲的方法之间的联系",比如有可能只是形式上的不同等等. 为更好地处理这种生成,教师在课前要花时间了解到班级每一位同学对该题的解法,尤其是对那些"比较独特"的解法更要认真阅读并探知其思路的本质. 若教师在课堂上被该同学带着走下去,会产生什么副作用呢?举一个例子. 我班有一位王同学,数学基础薄弱,每次我提醒他要常来问问题时,总是说"我有问题会问张同学的",这样几次下来,我隐约有一种不详的预感:这位王同学的成绩可能会"不进反退". 为什么这么说呢?因为他嘴里的"张同学"数学成绩不错,但思考问题的方式比较独特,往往不走"通法"之路,他的讲解并不适合王同学. 后来的事实果如我所预料.

(3)善比对. 这是联系观在解题教学中的体现. 在进行解题教学时,教师首先要领着学生仔细比较试题的条件与结论,启发学生从哪些角度展开比较,并讲清楚做这些比较的用意. 例如在比较条件与结论之间的差异的基础上寻找缩小这些差异的工具或途径,从而在条件与结论之间架起一座桥梁,借助这种桥梁洞悉条件与结论之间的联系(正如毛主席所言:一桥飞架南北,天堑变通途). 初中平面几何的辅助线,高中的辅助函数、三角公式、各种转化手段都是这种桥梁. "善比对"的第二层含义是对不同方法的比较. 自然突破的数学解题往往并非"自古华山一条路",而是呈现多角度、全方位. 因此,领着学生比较解决同一问题的不同方法是培养自然解题灵感的重要途径. 比如,对于含参不等式恒成立问题,试题的结构与方法的选择有何关系?是参变分离、参变半分离、还是参变不分离?还是走整形后构造函数的同构之路?教师最好能用一道题目诠释出多种方法,然后在"殊途同归"中通过比较,领悟方法奏效的本质所在.

但事物都有两面性,有时方法多了、思路多了、工具多了未必能多多益善、功德圆满,因为方法、工具的选择也往往是学生无法回避的解题难点,而多数情况下并非所有的方法都适合面前的题目.因此,在方法的比对中体会解题成功或失败的自然性(我们希望听到学生发出类似"这种结构的题选择这种方法自然是行不通的"这样的感慨),也是实现解题自然突破的有效策略. "善比对"的第三层含义是"在新旧联系中实现学习的由厚到薄".这是对波利亚"怎样解题表"中"回顾"环节的补充,引领学生在解题后经常这样问自己:"近期做过类似的题目吗?这些试题的求解方法有何共性?这两道题条件相同但所求不同,还可以求什么吗?"经常进行这样的发问与思考可实现孙维刚老师所讲的"多解归一",并最终实现华罗庚教授所讲的"由厚到薄".

(4) 善寻根.变式训练是中国数学教育的特色.发现变化中的不变并牢牢抓住不变寻找解题的突破口是让解题功力日益精进的有效途径.在开始讲解一道题目前或讲完一道题目后,教师都要有意识地把学生的思维引向题外,从编题人的视角思考如下问题:浸润该题的知识点是什么?即该题是从哪一片知识领域中生长出来的?是如何生长出来的?哪些条件是可以随便改变的?哪些是不变的核心考点?比如沪上常考的一题三问式解答题,特别是最后一道所谓的压轴题(2024年初,九省联考与江苏四校联考的压轴题也有向上海学习的意味).拿最近较火的新定义问题来说,第(1)小问的特点是"具体+简洁"(具体的函数或数值、计算简单等),其目的是让学生初步感受新定义的内容;第(2)小问的特点是"复杂+范围"(函数变得复杂,数值改为范围);第(3)小问的特点是"开放+说理"(常常涉及参数、证明等).在明白了众多试题的结构之后,学生在读题、析题时就会更加"有序",善于抓好重点,知道在哪儿会遭遇难点,在心理上就不会过分慌张.心态好了,就自然会收获更多的分数成果.

第三节 例析如何实现自然的数学解题

本节所述的十一个解题案例是作者数学人生的真实记录,尽管只是近期的一部分,但仍期待它们能承载对"如何实现自然的数学解题"的好的回答.

3.3.1 思维真实生长的样子——从一道一模考题说起

暑假在家较闲,生活的主要项目是休息,为开学后两个班的高三教学积蓄力量.某天收到学生问的一道题目:

在直角坐标平面 xOy 中,已知两定点 $F_1(-2,0)$ 与 $F_2(2,0)$,F_1,F_2 到直线 l 的距离之差的绝对值等于 $2\sqrt{2}$,则平面上不在任何一条直线 l 上的点组成的图形面积是( ).

A. 4π B. 8 C. 2π D. $4+\pi$

于是,久未运行的思维齿轮开始启动.

一、自己的思考

最自然的思路是先寻找平面上哪些直线符合题目要求,不外乎几何作图法与代数推证法,但考虑到几何法可能会有遗漏,故首选代数法.

设直线 l 的方程为 $ax+by+c=0(a^2+b^2\neq 0)$,由题意有 $\left|\dfrac{|-2a+c|}{\sqrt{a^2+b^2}}-\dfrac{|2a+c|}{\sqrt{a^2+b^2}}\right|=2\sqrt{2}$,故 $||2a-c|-|2a+c||=\pm 2\sqrt{2}\sqrt{a^2+b^2}$,两边平方得 $(2a-c)^2+(2a+c)^2-$

$2|4a^2-c^2|=8(a^2+b^2)$,化简得 $c^2-4b^2=|4a^2-c^2|$.

(1) 若 $4a^2-c^2 \leqslant 0$,则上式变为 $a^2=b^2$,此时直线 l 的方程形如 $ax \pm ay+c=0(a \neq 0, c^2 \geqslant 4a^2)$. 设 $\dfrac{c}{a}=m$,则该方程亦可写为 $x \pm y+m=0(m \geqslant 2$ 或 $m \leqslant -2)$. 易知此时直线 l "覆盖"的区域为平行直线 $x+y \pm 2=0$ "外面"的部分及平行直线 $x-y \pm 2=0$ "外面"的部分,如图 3.1(a) 阴影部分所示.

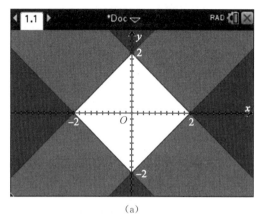
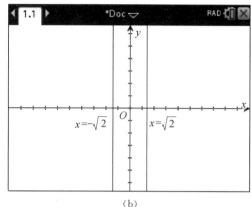

图 3.1

(2) 若 $4a^2-c^2 > 0$,则上式变为 $c^2=2a^2+2b^2$,此时直线 l 的方程形如 $ax+by+c=0(a^2+b^2 \neq 0, c=\pm\sqrt{2a^2+2b^2}, c^2 < 4a^2)$.

① 若 $b=0$,则该方程变为 $ax \pm \sqrt{2}a=0(a \neq 0)$,即 $x=\pm\sqrt{2}$,如图 3.1(b) 所示.

② 若 $b \neq 0$,则上述方程亦可写为 $\dfrac{a}{b}x+y \pm \sqrt{\dfrac{2a^2}{b^2}+2}=0(2a^2+2b^2 < 4a^2)$,即 $\dfrac{a}{b}x+y \pm \sqrt{\dfrac{2a^2}{b^2}+2}=0\left(\dfrac{a^2}{b^2}>1\right)$. 设 $-\dfrac{a}{b}=k$,则可继续将该方程变为 $kx-y \pm \sqrt{2k^2+2}=0(k>1$ 或 $k<-1)$.

做到此处,笔者的思维便进入凝滞状态. 与以前经常遇到的两类"含参"直线方程,即中心直线系和平行直线系(如前述 $x \pm y+m=0$ 便是平行直线系)不同,此处的"含参"直线方程"$kx-y \pm \sqrt{2k^2+2}=0$"的几何意义显得十分隐晦. 而为了求解原题,其几何意义,即其所"覆盖"的区域又必须探知,无法绕过.

面对这种境况,"特值探路"是可以尝试的对策. 但考虑到"手工"的低效(取得特值较少、获得结果较慢),笔者想到了借助技术. 如图 3.2 所示,是 GeoGebra 动态教学软件给出的结果. 为清楚起见,我们用多幅图呈现. 其中图 3.2(a)(b)(c)(d) 分别呈现了直线 $kx-y+\sqrt{2k^2+2}=0(k<-1)$,$kx-y+\sqrt{2k^2+2}=0(k>1)$,$kx-y-\sqrt{2k^2+2}=0(k<-1)$,$kx-y-\sqrt{2k^2+2}=0(k>1)$ 覆盖的区域;图 3.2(e) 和 (f) 分别呈现了直线 $kx-y+\sqrt{2k^2+2}=0(k>1$ 或 $k<-1)$,$kx-y-\sqrt{2k^2+2}=0(k>1$ 或 $k<-1)$ 覆盖的区域;图 3.2(g) 呈现了直线 $kx-y \pm \sqrt{2k^2+2}=0(k>1$ 或 $k<-1)$ 覆盖的区域.

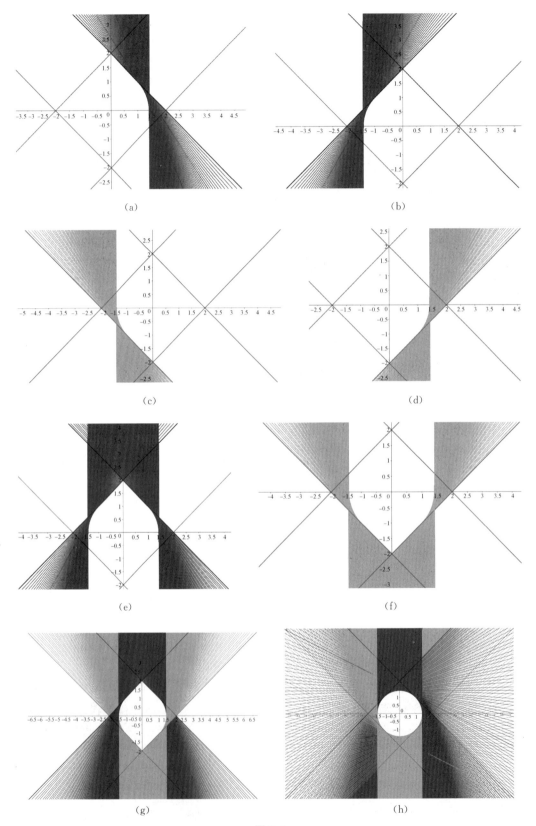

图 3.2

如(1)中所述,由于两对平行线 $x+y\pm 2=0$, $x-y\pm 2=0$ 之外(含边界)的区域已被符合题意的直线覆盖,故只需考察(2)/②中的直线覆盖了正方形 $ABCD$ 内部的哪些区域(其中 $A(2,0)$, $B(0,2)$, $C(-2,0)$, $D(0,-2)$. 为整齐起见,此处用了字母 $ABCD$,其中 A, C 分别与原题中的点 F_2, F_1 重合). 事实上,我们在图 3.2(g)中已清楚地看到了这些区域,但剩余的区域[即图 3.2(g)正方形中的白色区域]的形状却让人有些迷惑. 看起来上下应该是两个等腰直角三角形,中间是一个曲边矩形,其中左右两条相对的边由弧充当,这两条弧分别与(2)/①中的直线 $x=\pm\sqrt{2}$ 相切. 求两个等腰直角三角形的面积并不困难,但"曲边矩形"的面积如何求?

久思无果下,不由得怀疑刚才的作图是否有误? 于是又回到 GeoGebra 中,此时一次漫不经心的误操作让我先是欣喜、然后沮丧,再然后竟然顿悟了.

为了作出直线 $kx-y\pm\sqrt{2k^2+2}=0(k>1$ 或 $k<-1)$ 覆盖的区域,在 GeoGebra 中对参数 k 设置滑动条时,我先令 k 从 -1000 到 -1,生成动画;再令 k 从 1 到 1000,再次生成动画,就画出了图 3.2(g). 但在接下来为检查而重复的某次随手输入中,误输成了从 -1 到 1000,动画后瞬时出现了图 3.2(h).

此时的心理状态是:"原来如此,看来刚才画错了! 未被覆盖的区域就是一个规则的圆! 是正方形的内切圆." 但再瞥眼仔细一看,原来是把 1 输成了 -1,这样前后两次输入下来,画出来的图中 k 的取值范围就是一切实数了,此时的心理状态是"很沮丧——本以为找到了谜底,却是操作致误." 但静下心来,对比一下图 3.2(g)和(h),笔者心中又升腾起些许喜悦. 图 3.2(h)告诉我们,若加入 $-1\leqslant k\leqslant 1$,则正方形内部又有两部分被覆盖(正方形中上下那两个"曲斜边"等腰直角三角形). 依此视角来看图 3.2(g),图 3.2(g)中正方形内部的白色区域马上就变得规则起来! 如图 3.3 所示,容易求得符合原题意的区域面积为 $S=2(\sqrt{2})^2+\dfrac{\pi(\sqrt{2})^2}{2}=4+\pi$.

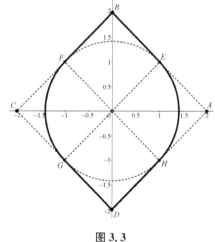

图 3.3

虽然答案已求出,却不可忘了当初"求救于技术"的初心:方程 $kx-y\pm\sqrt{2k^2+2}=0(k>1$ 或 $k<-1)$"覆盖"的是什么区域? 再次比较图 3.2(g)和(h),我们会自然有一个猜测:直线 $kx-y\pm\sqrt{2k^2+2}=0(k>1$ 或 $k<-1)$ 均为圆 $x^2+y^2=2$ 的切线! 这正是我们苦苦寻觅的几何意义(对比早已熟悉的中心直线系、平行直线系等几何意义),也是求解得以继续的突破口. 接下来要做的事就是简单地验证一下.

由 $\dfrac{|k\cdot 0-0\pm\sqrt{2k^2+2}|}{\sqrt{k^2+1}}=\sqrt{2}$ 可知,直线 $kx-y\pm\sqrt{2k^2+2}=0$ 均为圆 $x^2+y^2=2$ 的切线. 反之,设圆 $x^2+y^2=2$ 斜率为 k 的切线方程为 $y=kx+t$,由 $\dfrac{|k\cdot 0-0+t|}{\sqrt{k^2+1}}=\sqrt{2}$,解得 $t=\pm\sqrt{2k^2+2}$. 故直线 $kx-y\pm\sqrt{2k^2+2}=0$ 囊括了圆 $x^2+y^2=2$ 的所有切线. 接下来我们要做的就是找到 $x^2+y^2=2$ 的斜率绝对值大于 1 的所有切线. 易知切线的临界位置即为

前面反复出现过的四条直线 $x+y\pm2=0$，$x-y\pm2=0$，这四条切线将圆 $x^2+y^2=2$ 分割为四段相等的圆弧，可知，左右两段圆弧的切线的斜率均符合要求，如图 3.4 所示，呈现了左边这段圆弧 MN 上点的切线覆盖的区域.

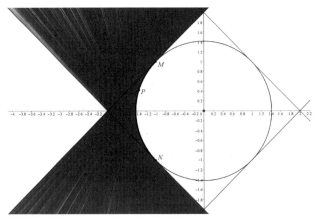

图 3.4

二、对其他思路的学习及反思

笔者面对陌生问题的思考流程通常是：(1) 自己独立思考，不择繁简、不顾严密与否尽量做出结果（如特值估猜、技术探路等）；(2) 学习其他做法，并与自己的做法比较，获得新的反思.

事实上，上述探索过后，心中仍是疑问重重：

疑问 1：此题从哪儿来？

疑问 2：自己做出的答案 $4+\pi$ 是否正确？

疑问 3：自己的上述思路能否简化？在没有技术的帮助下如何获得好的"念头"？

疑问 4：有没有比较形象的几何做法？

疑问 5：最适合学生的解法是什么？如何发挥该题较大的教学功能？

疑问 6：在我们追求自然的数学思考时，如何不断地将学生认为"不自然"的思路变得"听老师讲过后感觉很自然"，进而学生自己做时也能自然地想到？

疑问 7：于漪老师的"三次备课法"对解题的学、研、教有何启发？

疑问 8：教过数年高三的自己怎么走出"逢压轴题必受阻"的尴尬境地？如何打破"与学生在压轴题面前处处平等"的被动局面？

疑问 9：若将我面前的题目分为"①一看就会；②思考后仍不会，一看答案就会，也能独立写出；③思考后仍不会，能看懂答案，但离了答案写不出；④思考后仍不会，也看不懂答案"，那么，如何规划我的解题能力进阶之路？

接下来，对上述九个疑问逐一给出自己的探索与思考.

（一）疑问 1

通过询问学生，我得知该题是上海市青浦区 2023 届高三数学一模第 16 题，是一道 5 分的选择压轴题.

（二）疑问 2

命题者提供的答案也是 $4+\pi$.

(三) 疑问 3

在笔者自己的解法中,首先遭遇到的是对含有三个绝对值的代数等式的处理,与推导双曲线的标准方程时的情形颇为类似. 此处对绝对值的处理采用了两种方法:一是利用绝对值的意义(前后用了两次,第二次中用到分类讨论的数学思想),二是两边平方,这是第一个难点. 接下来是对直线方程中三个字母的减元处理,其中涉及同除与换元,这是第二个难点. 最后对含参直线方程 $kx-y\pm\sqrt{2k^2+2}=0$ 的处理是第三个难点,也是该解法中最大的难点,难在这种方程在以往的解题经验中从没出现过,属于全新的认知盲点. 最后在技术的启发下生出一个救命的念头——这些直线无一例外都是圆 $x^2+y^2=2$ 的切线,这种几何意义的发现打开了解题成功的最后缺口.

如何自然地看出直线 $kx-y\pm\sqrt{2k^2+2}=0$ 均为圆 $x^2+y^2=2$ 的切线(反之亦真)呢? 再讲得准确一点,到底是什么信息让我们想到来考虑这个圆呢? 这完全是一个无中生有的念头! 脱离了技术的帮助,一点也不自然.

在对疑问 3 中提的两个问题久思无果的情况下,比较明智的做法是"去学习他人的思想". 借助网络,我找到了该题的两种做法,呈现如下.

某公众号甲中的解法:

解:设直线 l 的方程为 $ax+by+c=0$,由题意得 $\left|\dfrac{|-2a+c|}{\sqrt{a^2+b^2}}-\dfrac{|2a+c|}{\sqrt{a^2+b^2}}\right|=2\sqrt{2}$,所以 $||-2a+c|-|2a+c||=2\sqrt{2}\sqrt{a^2+b^2}$.

(1) 当 $(-2a+c)(2a+c)\geqslant 0$,即 $c^2\geqslant 4a^2$ 时,有 $|4a|=2\sqrt{2}\sqrt{a^2+b^2}$,平方整理得 $a^2=b^2$,所以 $\left|\dfrac{c}{2}\right|\geqslant|a|=|b|$,如图 3.5 所示,此时正方形 F_1AF_2B 上及外部的点均在直线 l 上(注意:此处正方形四个顶点的字母未与前面笔者的解答保持一致,请注意区分).

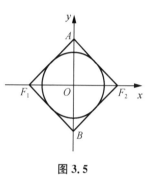

图 3.5

(2) 当 $(-2a+c)(2a+c)<0$,即 $c^2<4a^2$ 时,有 $|2c|=2\sqrt{2}\sqrt{a^2+b^2}$,平方整理得 $c^2=2a^2+2b^2$.

记 (x_0,y_0) 为直线 $ax+by+c=0$ 上一点,所以 $ax_0+by_0+c=0$,则因为

$$(a^2+b^2)(x_0^2+y_0^2)\geqslant(ax_0+by_0)^2=c^2,$$

故 $x_0^2+y_0^2\geqslant 2$,则在圆 $x^2+y^2=2$ 的外部的点亦在直线 l 上.

综上,平面上不在任何一条直线 l 上的点组成的图形为圆 $x^2+y^2=2$ 内部的所有点,故面积为 $\pi r^2=2\pi$.

该解答的方法总体上仍属于代数法. 其亮点有二,其一是在处理含有三个绝对值的代数式时基于"形似"想到了"三角不等式",于是分两类同时去掉两个绝对值;其二是基于"a^2+b^2"的结构,在思维中"拉来"代数式 $x_0^2+y_0^2$ 后利用柯西不等式,进而发现第二种情形下直线所"覆盖"的区域与圆 $x^2+y^2=2$ 有关. 这为疑问 3 中第二个问题的解答提供了一点启示. 但该解答的不足也是显然的. 比如,由 $x_0^2+y_0^2\geqslant 2$ 就断言"在圆 $x^2+y^2=2$ 的外部的点亦在直线 l 上",此话讲反了! 应该说"直线 l 上的点在圆 $x^2+y^2=2$ 上或其外部",但得不到"圆 $x^2+y^2=2$ 的外部的点在直线 l 上". 再如,第(2)类中的 $c^2<4a^2$ 直到解题结束也没有用到. 如果说第一个不足影响了

解题的严密性,那么第二个不足则直接导致了解题错误. 以下给出第(2)类过程的修正.

(2) 当 $(-2a+c)(2a+c)<0$, 即 $c^2<4a^2$ 时, 有 $|2c|=2\sqrt{2}\sqrt{a^2+b^2}$, 平方整理得 $c^2=2a^2+2b^2$. 此时由 $c^2<4a^2$ 得 $2a^2+2b^2<4a^2$, 即 $b^2<a^2$.

记 (x_0, y_0) 为直线 $ax+by+c=0$ 上一点, 所以 $ax_0+by_0+c=0$, 则因为
$$(a^2+b^2)(x_0^2+y_0^2) \geqslant (ax_0+by_0)^2=c^2,$$
故 $x_0^2+y_0^2 \geqslant 2$, 这说明直线 l 上的点都在圆 $x^2+y^2=2$ 上或其外部.

更进一步, 由 $\dfrac{|a\cdot 0+b\cdot 0+c|}{\sqrt{a^2+b^2}}=\dfrac{|c|}{\sqrt{a^2+b^2}}=\dfrac{\sqrt{2a^2+2b^2}}{\sqrt{a^2+b^2}}=\sqrt{2}$ 可知, 直线 l 都是圆 $x^2+y^2=2$ 的切线. 当 $b=0$ 时, l 是两条竖直切线; 当 $b\neq 0$ 时, 由 $b^2<a^2$ 知, l 是斜率的绝对值比 1 大的那些切线. 反之, 若设圆 $x^2+y^2=2$ 的切线方程为 $ax+by+c=0$, 则由 $\dfrac{|a\cdot 0+b\cdot 0+c|}{\sqrt{a^2+b^2}}=\sqrt{2}$ 得 $c^2=2a^2+2b^2$. 故直线 $ax+by+c=0(b^2<a^2, c^2=2a^2+2b^2)$ 恰是圆 $x^2+y^2=2$ 所有斜率绝对值比 1 大的那些切线.

综上, 平面上不在任何一条直线 l 上的点组成的图形如图 3.3 所示, 所求面积为
$$S=2(\sqrt{2})^2+\frac{\pi(\sqrt{2})^2}{2}=4+\pi.$$

某公众号乙中的解法:

(1) 若 F_1, F_2 位于直线 l 的同侧, 如图 3.6(a) 所示, $F_1F_2=4$, 正方形 AF_1BF_2 边长为 $2\sqrt{2}$, 直线 l 是与正方形 AF_1BF_2 的边平行的直线, F_1, F_2 到直线 l 的距离之差 $F_2H-F_1G=F_2A=2\sqrt{2}$, 即正方形 AF_1BF_2 外与正方形各边平行的直线均符合题意.

(2) 若 F_1, F_2 位于直线 l 的异侧, 如图 3.6(b) 所示, $\overset{\frown}{CD}$ 和 $\overset{\frown}{EF}$ 是半径为 $\sqrt{2}$ 的圆 O 上的两段弧, 其中 $C(-1,-1), D(-1,1), E(1,1), F(1,-1)$, 直线 l 是 $\overset{\frown}{CD}$ 或 $\overset{\frown}{EF}$ 的切线, F_1, F_2 到直线 l 的距离之差 $F_2M-F_1N=F_2M-F_1P=MP=2\sqrt{2}$, 即 $\overset{\frown}{CD}$ 与 $\overset{\frown}{EF}$ 的切线均符合题意. 所以, 不在任何一条直线 l 上的点组成的图形如图 3.3 所示, 其面积为
$$S=2(\sqrt{2})^2+\frac{\pi(\sqrt{2})^2}{2}=4+\pi.$$

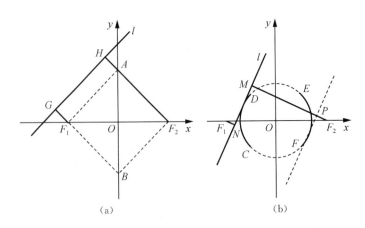

图 3.6

应该说,公众号乙的这种做法回答了上述疑问 4,属于几何做法. 该解法从几何角度展开分类的思路让人耳目一新!

让我们再多做些停留,体会一下这种思路是如何由题目的条件自然地被激发出来的. 题目显然是一道几何问题,条件中的几何对象有三个:两个点 F_1, F_2 和动直线 l. 现在要做的事情是"大海找针",即在平面直角坐标系这片广阔的海面上找到符合条件中那个位置关系(距离相差 $2\sqrt{2}$)的直线.

面对不止一个几何对象,我们关心什么呢? 当然首先是它们之间的位置关系,其次是数量关系,这是在几何学习中积累的研究经验. 在平时的学习中,我们讲到"点与直线的位置关系"往往局限于一个点与一条直线之间,教师在教学时也鲜有恰时恰点的拓展(如本题中面临的两个点与一条直线),这就导致我们的学生在面对这种问题时缺乏相应的联想与意识,从而无法获得"自然"的解题突破口. 看来,在教学中仅靠大声疾呼"同学们要数形结合"等口号是远远不够的,教师自己在教学中要善于临场发挥,引领学生在基于类比的拓展中实现思维的日益发散.

两个点与一条直线之间有哪些位置关系呢? 由于一个点与一条直线有两种位置关系,故从大的方面来看,两个点与一条直线有 3 种位置关系(都在直线上,有且只有一个在直线上,都不在直线上),对"都不在直线上"的情况,又可根据同侧与异侧再分为两种情况. 具体而言,F_1, F_2 与 l 的位置关系有五小种,如表 3.1 所示.

表 3.1

类别	位置关系
①	$F_1 \in l$ 且 $F_2 \in l$
②	$F_1 \in l$ 且 $F_2 \notin l$
③	$F_1 \notin l$ 且 $F_2 \in l$
④	$F_1 \notin l$ 且 $F_2 \notin l$ 且 F_1, F_2 在 l 同侧
⑤	$F_1 \notin l$ 且 $F_2 \notin l$ 且 F_1, F_2 在 l 异侧

这种有序分类为我们指引了明确的思路.

明显可排除类别①. 类别②给出了两条直线,即直线 $x-y+2=0$, $x+y+2=0$,如图 3.7(a)所示. 类别③给出了两条直线,即直线 $x-y-2=0$, $x+y-2=0$,如图 3.7(b)所示. 对于类别④,由于 F_1, F_2 到 l 的距离相差 $2\sqrt{2}$,故 l 必与 x 轴相交. 又因为 F_1, F_2 在 l 同侧,故 l 与 x 轴的交点必在 F_1 或 F_2 的外侧. 以交点在 F_1 外侧为例,如图 3.8(a)所示,将该交点记为 P,先研究 l 穿过第一、二、三象限的情况. 分别过 F_1, F_2 作 $F_1G \perp l$, $F_2H \perp l$,垂足为 G, H. 再过 F_1 作 $F_1A' \perp F_2H$,垂足为 A'. 则由题意可知 $F_2A'=2\sqrt{2}$. 在 $Rt\triangle F_1F_2A'$ 中,易知 $F_1A'=\sqrt{4^2-(2\sqrt{2})^2}=2\sqrt{2}$,故 $\triangle F_1F_2A'$ 为等腰直角三角形. 由此我们得到点 A' 与点 A(0,2)重合,从而直线 F_2H 与直线 F_2A 重合. 由 $F_2H \perp l$, $F_2A \perp F_1A$,故 $l // F_1A$,即直线 l 必与正方形的边 F_1A(或 BF_2)平行. 同理可知,若直线 l 穿过第二、三、四象限与 x 轴交于点

P,则必与正方形的边 F_1B(或 F_2A)平行. 类似地,若 l 与 x 轴的交点在 F_2 外侧,则 l 也必与正方形的边平行.

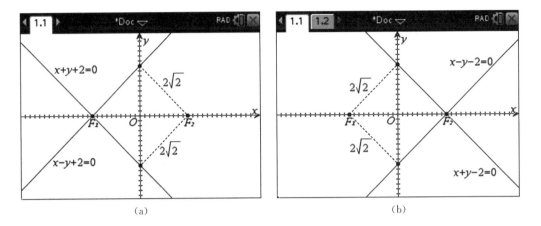

图 3.7

综合上述四类,我们得到了公众号乙所提供解法中的第(1)类相类似的结论:与正方形 AF_1BF_2 各边平行或重合的直线均符合题意.

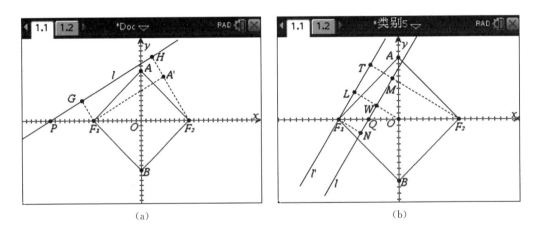

图 3.8

最后看类别⑤. 在这种情形下,"圆弧究竟是如何发现的?"是笔者在阅读公众号乙解答中的第(2)类时最为困惑的. 让我们静下心来仔细分析. 显然,此时直线 l 不可能经过原点(否则距离相差为 0),先考虑 l 与 x 轴的交点 Q 落在线段 F_1O 内部时. 如图 3.8(b)所示,分别过 F_1,F_2 作 $F_1N\perp l$,$F_2M\perp l$,垂足为 N,M. 回忆平时的解题经验,想到可把直线 l 平移至经过点 F_1,记作 l'. 延长 F_2M 交 l' 于点 T,则 $F_2T=F_2M+MT=F_2M+F_1N$. 仔细观察该图形的结构,联想椭圆或双曲线背景下原点是自带的中点(线段 F_1F_2 的中点),过 O 作 $OW\perp l$ 于点 W,并延长 OW 交 l' 于点 L. 于是我们有如下简单的比较对称的数量关系:

$$\begin{cases} F_2M-F_1N=2\sqrt{2}, \\ F_2M+F_1N=F_2T, \end{cases}$$

而 $F_2M+F_1N=F_2T=2OL=2(OW+F_1N)$，从而 $F_2M-F_1N=2OW$，故 $OW=\sqrt{2}$. 这说明无论直线 l 怎么变化，原点到它的距离始终是 $\sqrt{2}$！至此，我们发现了圆 $x^2+y^2=2$，而 l 是它的切线. 注意到当 Q 在线段 F_1O 内部时，该切线的临界位置恰为正方形的边 F_1A，F_1B 所在直线(也是圆 $x^2+y^2=2$ 的切线)，故此时满足要求的直线 l 恰为圆弧 $\overset{\frown}{DC}$ 上的点处的切线[如图 3.9(a)所示]，而其"覆盖"的正方形内的区域即为边 F_1A，F_1B 与弧 $\overset{\frown}{DC}$ 所围的"曲边"直角三角形区域，如图 3.9(b)所示. 同理可知，当 l 与 x 轴的交点 Q 落在线段 OF_2 内部时，满足要求的直线 l 恰为圆弧 $\overset{\frown}{EF}$ 上的点处的切线，而其"覆盖"的正方形内的区域即为边 F_2A，F_2B 与弧 $\overset{\frown}{EF}$ 所围成的"曲边"直角三角形区域.

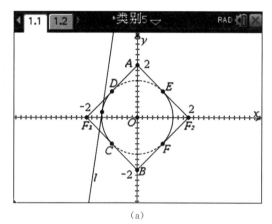
(a)

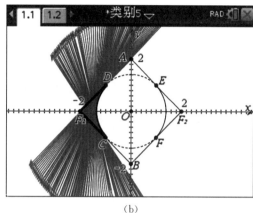
(b)

图 3.9

（四）疑问 4

该疑问已在对"疑问 3"的阐述中解决.

（五）疑问 5

作为选择题的压轴，对题意的理解是学生面对的第一道关，事实上，很多同学读过多遍题目后仍不知所云. 此时，在平面直角坐标系内随手画条直线后逐字逐句理解题意可能是最快的入手方法(此即几何法的前奏). 经过几次尝试，发现两对平行直线"$x+y\pm 2=0$""$x-y\pm 2=0$"及其"外面"的所有点均在直线 l 上应该不是难事. 这样，基本上可以排除 4π 和 8 这两个选项，剩余的两个选项是 2π 和 $4+\pi$. 看到 2π，联想到刚刚排除的 4π 和 8，一幅图可能会在脑海中快速浮现(见图 3.10)，该图呈现了前三个选项的几何意义，分别表示大圆、正方形和小圆的面积. 如果选 2π 的话，则意味着小圆外面的所有点都在直线 l 上. 但通过作图发现，过小圆外且位于 y 轴上的点任意作直线都不符合题意. 由此排除 2π，锁定 $4+\pi$ 为正确选项. 上述结合题型及图形的方法可能是最适合学生的解法. 但在考场外时间允许的情况下掌握其丝丝入扣的严密做法应成为数学优生的追求，也应成为教师课外辅导的一个着力点. 另外，针对该题构造相应的变式或留一些相似题供学生演练是发挥该题较大教学功能的一种对策. 例如，同是青浦区的 2022 届高三数学一模第 16 题便是这种相仿题，如下.

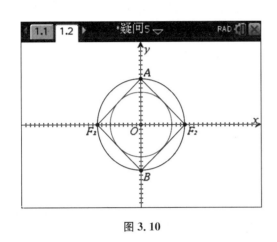

图 3.10

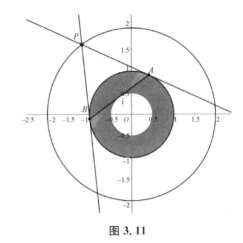

图 3.11

从圆 $C_1: x^2+y^2=4$ 上的一点向圆 $C_2: x^2+y^2=1$ 引两条切线,连接两切点间的线段称为切点弦,则圆 C_2 内不与任何切点弦相交的区域面积为( ).

A. $\dfrac{\pi}{6}$ B. $\dfrac{\pi}{4}$ C. $\dfrac{\pi}{3}$ D. $\dfrac{\pi}{2}$

本题相对来讲较为简单,从图形上看颇为直观,如图 3.11 所示,切点弦在圆 C_2 内覆盖的区域是一个圆环,不与任何切点弦相交的区域是一个圆面. 具体计算如下:

设圆 $C_1: x^2+y^2=4$ 上任一点为 $P(x_0, y_0)$,则 $x_0^2+y_0^2=4$ 且切点弦 AB 所在直线方程为 $x_0 x+y_0 y=1$,故有 $\dfrac{|x_0 \cdot 0+y_0 \cdot 0-1|}{\sqrt{x_0^2+y_0^2}}=\dfrac{1}{2}$. 这说明原点到所有切点弦的距离均为 $\dfrac{1}{2}$,从而切点弦均为圆 $x^2+y^2=\dfrac{1}{4}$ 的切线,因此所求区域面积为 $\pi \cdot \left(\dfrac{1}{2}\right)^2=\dfrac{\pi}{4}$.

当然,类似这种较难理解的"区域面积"问题还有不少,只要教师在平时的教学中善于积累、时时记录、常常总结,便总能弹奏出"举一反三、多题归一"的师生成长之弦乐.

（六）疑问 6

在华东师范大学数学系读研究生时,导师常说的一句话是"这很自然啊"（尽管这个知识点或这种解法于我而言根本不理解）,当时内心特别羡慕、无限膜拜,也成为自己今后学习努力追求的方向. 可见,对一个数学现象、事实或方法的认识与理解,"自然或不自然"是因人而异的. 笔者认为,教师学习的一个重要方向就是把很多以前看起来不自然的变得自然,教师教学的一个重要目标就是让学生把很多以前看起来不自然的变得自然. 为做到前者就需要教师拥有"善独思、多深问"的心与习惯;为做到后者就需要教师在教学时能循知识的逻辑发展之序和学生的认知发展之序来教,教解题时要重在讲清为什么,且要讲一带三、上挂下联,而不可仅仅满足于讲清是什么,这样学生才能逐渐做到融会贯通、举一反三,将很多以前看起来"玄之又玄"的思想、方法或技巧自然而然地理解,并在陌生的题境中自然而然地想到.

（七）疑问 7

笔者认为,于漪老师"一篇课文、三次备课"的原型经验也适用于解题.

顾泠沅教授于 20 世纪 80 年代采访于漪老师时做了下面的笔记：

"一篇课文,三次备课"的原型经验

第一次备课——摆进自我,不看任何参考书与文献,全按个人见解准备教案.

第二次备课——广泛涉猎,仔细对照."看哪些东西我想到了,人家也想到了.哪些东西我没有想到,但人家想到了,学习理解后补进自己的教案.哪些东西我想到了,但人家没想到,我要到课堂上去用一用,看是否我想的真有道理,这些可能会成为我以后的特色."

第三次备课——边教边改,在设想与上课的不同细节中,区别顺利与困难之处,课后再次"备课",修改教案.

三次备课,三个关注重点(自我经验、文献资料、课堂现实)和两次反思(经验与理念、设计与现实).这一做法,坚持了三年,于老师很快成为上海市著名的语文教师.

在现实中有很多教师,"网上下载教案后直接用,遇到难题直接搜答案"已成为习惯,这与上述原型经验相距甚远.正如我们前面所讲,遇到学生问的、自己也感到困难的问题,笔者建议也按上述原型经验推进,详述如下:

"一道难题,三次解题"的经验借鉴

第一次解题——摆进自我,不看任何参考书与文献,全按个人思路求解该题.

第二次解题——广泛涉猎,仔细对照."看哪些方法我想到了,人家也想到了.哪些方法我没有想到,但人家想到了,学习理解后补进自己的解案.哪些方法我想到了,但人家没想到,我要及时地记录、总结下来,这些可能会成为我以后的解题特色."

第三次解题——换位思考,寻找最适合学生的解法与针对该题最恰当的教学方法,在设想、解题与教解题的不同细节中,区别顺利与困难之处、烦琐与简洁之处、偏离与合适之处,修改并完善解案.

三次解题,三个关注重点(自我经验、文献资料、学生现实)和两次反思(经验与理念、设计与现实).这一做法,只要坚持多年,任何一位老师都能成为解题与教解题高手.

(八)疑问 8

笔者常有这样的体会,教过数年高三的自己仍然"逢压轴题必受阻""学生不会的压轴题我也不会",心酸但无奈.不由得感叹"智商就是硬伤"(其实是自我宽慰与知难逃避).如何打破"与学生在压轴题面前处处平等"的被动局面呢?我想,对"疑问 7"解答中所总结的"一道难题,三次解题"的经验借鉴也许是一条可行之道.

(九)疑问 9

在疑问 9 所总结的四类题目中,解题能力的提升需重点依靠类型③与④.在坚持做到(七)中所述经验的前提下,永不言弃、持续思考、不断学习的毅力等等这些非智力因素可能是羽化成蝶、实现突破的关键.

3.3.2 都是负数——一道独特的不等式恒成立问题

三角函数因为其自带的周期性为很多三角问题平添了不少难度.下面这道题是班级里数学最好的一位同学问的,为方便行文起见,将其记为例 3.1.

例 3.1 若数列:$\cos\alpha$,$\cos 2\alpha$,$\cos 4\alpha$,$\cdots$,$\cos 2^n\alpha$,$\cdots$ 中的每一项都为负数,则实数 α 的所有取值组成的集合为_____.

听该同学讲这是青浦区 2022 届高三数学一模第 12 题,是填空题的压轴题.

一、自己的探索与思考

显然,该题本质上是一道含参不等式恒成立问题,其中变量是自然数 n,参数是实数 α.可将其改写为：

> 若不等式 $\cos 2^n\alpha < 0$ 对一切 $n \in \mathbf{N}$ 恒成立，求实数 α 的取值范围.

尽管有了归属，即为其找到了"含参不等式恒成立问题"这个大家庭，然而其与平常做的这类问题又有明显的区别。由于三角函数的周期性，问题等价于：对于任意的 $n \in \mathbf{N}$，均存在相应的 $k_n \in \mathbf{Z}$，使得 $2k_n\pi + \dfrac{\pi}{2} < 2^n\alpha < 2k_n\pi + \dfrac{3\pi}{2}$。接下来若实施同学们耳熟能详的"参变分离"技术，则有 $\dfrac{1}{2^n}\left(2k_n\pi + \dfrac{\pi}{2}\right) < \alpha < \dfrac{1}{2^n}\left(2k_n\pi + \dfrac{3\pi}{2}\right)$。可以看到此处既有"任意"，也有"存在"，而且是双边不等式。题目所求 α 的取值范围其实是满足下列各式的 α 的取值范围的交集：

$$\begin{cases} \dfrac{1}{2^0}\left(2k_0\pi + \dfrac{\pi}{2}\right) < \alpha < \dfrac{1}{2^0}\left(2k_0\pi + \dfrac{3\pi}{2}\right), \\ \dfrac{1}{2^1}\left(2k_1\pi + \dfrac{\pi}{2}\right) < \alpha < \dfrac{1}{2^1}\left(2k_1\pi + \dfrac{3\pi}{2}\right), \\ \dfrac{1}{2^2}\left(2k_2\pi + \dfrac{\pi}{2}\right) < \alpha < \dfrac{1}{2^2}\left(2k_2\pi + \dfrac{3\pi}{2}\right), \\ \cdots\cdots \end{cases} k_i \in \mathbf{Z}, i = 0, 1, 2, \cdots.$$

由于不知道 k_n 到底是怎样的整数（与 n 之间有何关系？有相应的数量关系吗？），故在"参变分离"后转化为求"双边不等式"左边的最大值与右边的最小值时遭遇困难，解题受阻！

既然此路不通，一个自然的转向是利用 $\cos 2^n\alpha$ 前后项之间由二倍角公式保证的天然联系。如由 $\cos 2\alpha = 2\cos^2\alpha - 1 < 0$ 得 $\cos^2\alpha < \dfrac{1}{2}$，$-\dfrac{\sqrt{2}}{2} < \cos\alpha < \dfrac{\sqrt{2}}{2}$，但注意到 $\cos\alpha < 0$，故有 $-\dfrac{\sqrt{2}}{2} < \cos\alpha < 0$。一般地，当 $n \in \mathbf{N}$，$n \geqslant 1$ 时，由 $\cos 2^n\alpha = 2\cos^2 2^{n-1}\alpha - 1 < 0$，再结合 $\cos 2^{n-1}\alpha < 0$，可以得到 $-\dfrac{\sqrt{2}}{2} < \cos 2^{n-1}\alpha < 0$，即由后一项是负数，总能推得其前一项介于 $-\dfrac{\sqrt{2}}{2}$ 与 0 之间，从而推得每一个 $\cos 2^n\alpha$ 都必须介于 $-\dfrac{\sqrt{2}}{2}$ 与 0 之间。看来，我们还可以把这个范围继续缩小。如由 $\begin{cases}\cos 2\alpha < 0, \\ \cos 4\alpha = 2\cos^2 2\alpha - 1 < 0\end{cases}$ 推出 $-\dfrac{\sqrt{2}}{2} < \cos 2\alpha < 0$ 之后，再次利用 $\cos 2\alpha = 2\cos^2\alpha - 1$ 就有 $-\dfrac{\sqrt{2}}{2} < 2\cos^2\alpha - 1 < 0$，从而 $\dfrac{2-\sqrt{2}}{4} < \cos^2\alpha < \dfrac{1}{2}$，解得 $-\dfrac{\sqrt{2}}{2} < \cos\alpha < -\dfrac{\sqrt{2-\sqrt{2}}}{2}$，继而推得每一个 $\cos 2^n\alpha$ 都必须介于 $-\dfrac{\sqrt{2}}{2}$ 与 $-\dfrac{\sqrt{2-\sqrt{2}}}{2}$ 之间。再由 $-\dfrac{\sqrt{2}}{2} < \cos 2\alpha = 2\cos^2\alpha - 1 < -\dfrac{\sqrt{2-\sqrt{2}}}{2}$ 解得（已经很吃力了！）：$-\dfrac{\sqrt{2-\sqrt{2-\sqrt{2}}}}{2} < \cos\alpha <$

$-\dfrac{\sqrt{2-\sqrt{2}}}{2}$. 但再往下做就感觉"计算太艰、前途渺茫、信念渐无"了. 再次受阻!

回顾刚才过程,尽管收获甚微,但由 $\left(-\dfrac{\sqrt{2}}{2}, 0\right) \approx (-0.707, 0)$,$\left(-\dfrac{\sqrt{2}}{2}, -\dfrac{\sqrt{2-\sqrt{2}}}{2}\right) \approx$ $(-0.707, -0.383)$,$\left(-\dfrac{\sqrt{2-\sqrt{2-\sqrt{2}}}}{2}, -\dfrac{\sqrt{2-\sqrt{2}}}{2}\right) \approx (-0.556, -0.383)$,$\cdots$,我们发现 $\cos \alpha$(事实上是每一个 $\cos 2^n \alpha$,$n \in \mathbf{N}$)的取值范围确实在不断地缩小:

$$[-1, 0) \supset (-0.707, 0) \supset (-0.707, -0.383) \supset (-0.556, -0.383) \supset \cdots,$$

这不由得让人联想到大学"数学分析"中学过的"区间套"与高一数学函数单元学过的二分法.

通俗地来讲,区间套就是一列闭区间,一个套着一个:

$$[a_1, b_1] \supseteq [a_2, b_2] \supseteq \cdots \supseteq [a_n, b_n] \supseteq [a_{n+1}, b_{n+1}] \supseteq \cdots,$$

或可写为:$a_1 \leqslant a_2 \leqslant \cdots \leqslant a_n \leqslant \cdots \leqslant b_n \leqslant \cdots \leqslant b_2 \leqslant b_1$. 其中区间的长度,随着 n 的增大而趋于 0.

关于区间套,有著名的区间套定理,反映了实数系有别于有理数系的一种特性. 区间套定理是说:

设 $\{[a_n, b_n]\}$ 是一个区间套,则存在唯一的点 ξ,使得 $\xi \in [a_n, b_n]$,$n = 1, 2, 3, \cdots$.

换一种表达,也可这样叙述区间套定理:

若 $a_1 \leqslant a_2 \leqslant \cdots \leqslant a_n \leqslant \cdots \leqslant b_n \leqslant \cdots \leqslant b_2 \leqslant b_1$,且 $b_n - a_n \to 0(n \to +\infty)$,则存在唯一的实数 ξ,使得 $a_n \leqslant \xi \leqslant b_n$,$n = 1, 2, 3, \cdots$.

而对于二分法,常用于求函数零点的近似值时,随着将初始区间不断地二分,零点所属区间不断缩小,最终就可以根据问题需要写出那个(常常是唯一的)零点的近似值.

虽然我们现在面对的问题与区间套与二分法有所区别,但控制不了我们进行这样的猜测:"若仅局限在第二象限,符合例 3.1 要求的 α 可能是唯一的,即只能是某一个具体的角."然后再根据余弦函数的奇偶性与周期性写出其余的角.

接下来的任务是:想一种办法刻画上述的"不断缩小"现象,进而"夹逼"出这个唯一的角. 但说实话,如果平时没做过类似的问题,这个任务让人找不到方向.

茫然无措时,笔者心想:既然是一道填空题,何不让我们的猜测走得再远一些? 能否在计算器的辅助下再多算几个区间,最终猜出这个唯一的角呢?

为书写及计算简洁起见,我们先由 $a < \cos 2\alpha = 2\cos^2 \alpha - 1 < b$(其中 $a < b < 0$) 解得 $-\sqrt{\dfrac{1+b}{2}} < \cos \alpha < -\sqrt{\dfrac{1+a}{2}}$($*$). 现在取 $a = -\dfrac{\sqrt{2-\sqrt{2-\sqrt{2}}}}{2}$,$b = -\dfrac{\sqrt{2-\sqrt{2}}}{2}$,计算得 $\cos \alpha \in (-0.55557, -0.471397)$;再取 $a = -0.55557$,$b = -0.471397$,代入($*$)计算得 $\cos \alpha \in (-0.514103, -0.471397)$;再取 $a = -0.514103$,$b = -0.471397$,代入($*$)计算得 $\cos \alpha \in (-0.514103, -0.492898)$;再取 $a = -0.514103$,$b = -0.492898$,代入($*$)计算得 $\cos \alpha \in (-0.503538, -0.492898)$;$\cdots\cdots$

这样,我们的"区间套"变为:

$$[-1, 0) \supset (-0.707, 0) \supset (-0.707, -0.383) \supset (-0.556, -0.383) \supset (-0.556, -0.471) \supset (-0.514, -0.471) \supset (-0.514, -0.493) \supset (-0.504, -0.493) \supset \cdots.$$

由此，我们有理由猜测 $\cos\alpha = -0.5$，可得第二象限的 $\alpha = \dfrac{2}{3}\pi + 2k\pi(k \in \mathbf{Z})$，例 1 的答案为 $\left\{\alpha \mid \alpha = \pm\dfrac{2}{3}\pi + 2k\pi, k \in \mathbf{Z}\right\}$.

当然，在考场外，可通过编制简单的程序实现上述每一步计算过程，如图 3.12(a)(b) 所示.

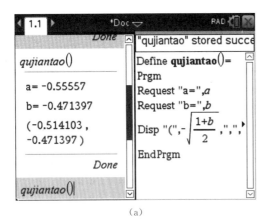

(a)

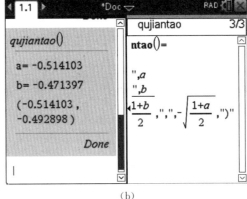

(b)

图 3.12

上述通过自己的思考，算是勉强猜出了"答案"，接下来至少需做两件事. 其一是检验 $\alpha = \pm\dfrac{2}{3}\pi + 2k\pi(k \in \mathbf{Z})$ 是否真的满足例 3.1 的要求；其二是判断 α 还有其他符合要求的取值吗？第一件事相对来讲较为容易. 当 $\alpha = \pm\dfrac{2}{3}\pi + 2k\pi(k \in \mathbf{Z})$ 时，$\cos\alpha = -\dfrac{1}{2}$，继而 $\cos 2\alpha = 2\cos^2\alpha - 1 = 2\left(-\dfrac{1}{2}\right)^2 - 1 = -\dfrac{1}{2}$，$\cos 4\alpha = 2\cos^2 2\alpha - 1 = 2\left(-\dfrac{1}{2}\right)^2 - 1 = -\dfrac{1}{2}$，…. 一般地，当 $\cos 2^{n-1}\alpha = -\dfrac{1}{2}$ 时，总有 $\cos 2^n\alpha = 2\cos^2 2^{n-1}\alpha - 1 = 2\left(-\dfrac{1}{2}\right)^2 - 1 = -\dfrac{1}{2}$. 这就验证了当 $\alpha = \pm\dfrac{2}{3}\pi + 2k\pi(k \in \mathbf{Z})$ 时，恒有 $\cos 2^n\alpha < 0 (n \in \mathbf{N})$.

第二件事比较棘手！正序完成推理非常困难. 我们从结论入手看能不能找到一点突破口. 假设前述猜测及验证均正确，那么每一个符合题意的 $\cos 2^n\alpha (n \in \mathbf{N})$，不仅是负数，而且彼此相等，都等于 $-\dfrac{1}{2}$. 换一种表达，就是恒有 $\cos 2^n\alpha + \dfrac{1}{2} = 0$. 联想到数列中常常会用到这样的对策：通项难求，先寻递推. 我们看能不能先找到 $\cos 2^{n+1}\alpha + \dfrac{1}{2}$ 与 $\cos 2^n\alpha + \dfrac{1}{2}$ 之间的递推关系（可以是等号连接，也可以是不等号连接）. 不妨从 $n = 0$ 时这种特殊情况探起. $\cos 2\alpha + \dfrac{1}{2} = 2\cos^2\alpha - 1 + \dfrac{1}{2} = 2\cos^2\alpha - \dfrac{1}{2} = 2\left(\cos^2\alpha - \dfrac{1}{4}\right) = 2\left(\cos\alpha + \dfrac{1}{2}\right)\left(\cos\alpha - \dfrac{1}{2}\right)$，在该式中同时出现了 $\cos 2\alpha + \dfrac{1}{2}$ 与 $\cos\alpha + \dfrac{1}{2}$，但多出了 $\cos\alpha - \dfrac{1}{2}$ 这一项. 按照经验，应该找出这一项的范围

后实施放缩. 考虑到相关代数式的范围中可能有正有负, 我们取绝对值来看: $\left|\cos 2\alpha + \dfrac{1}{2}\right| = 2\left|\cos\alpha + \dfrac{1}{2}\right|\left|\cos\alpha - \dfrac{1}{2}\right|$. 对于 $\cos\alpha - \dfrac{1}{2}$ 的范围的界定我们有多种选择, 比如前述区间套中的前几个区间是比较容易计算得到的, 如 $[-1, 0)$, $(-0.707, 0)$, 乃至 $(-0.707, -0.383)$ 等. 但俗话说 "多多益乱", 我们来试一下, 看用哪个能做到应景合意. 如表 3.2 所示.

表3.2

$\cos\alpha$	$\cos\alpha - \dfrac{1}{2}$	递推关系
$[-1, 0)$	$[-1.5, -0.5)$	$\left\|\cos 2\alpha + \dfrac{1}{2}\right\| = 2\left\|\cos\alpha + \dfrac{1}{2}\right\|\left\|\cos\alpha - \dfrac{1}{2}\right\| > \left\|\cos\alpha + \dfrac{1}{2}\right\|$
$(-0.707, 0)$	$(-1.207, -0.5)$	$\left\|\cos 2\alpha + \dfrac{1}{2}\right\| = 2\left\|\cos\alpha + \dfrac{1}{2}\right\|\left\|\cos\alpha - \dfrac{1}{2}\right\| > \left\|\cos\alpha + \dfrac{1}{2}\right\|$
$(-0.707, -0.383)$	$(-1.207, -0.883)$	$\left\|\cos 2\alpha + \dfrac{1}{2}\right\| = 2\left\|\cos\alpha + \dfrac{1}{2}\right\|\left\|\cos\alpha - \dfrac{1}{2}\right\| > \dfrac{8}{5}\left\|\cos\alpha + \dfrac{1}{2}\right\|$

直觉告诉我们, 应该选择第 3 个. 在 $\left|\cos 2\alpha + \dfrac{1}{2}\right| = 2\left|\cos\alpha + \dfrac{1}{2}\right|\left|\cos\alpha - \dfrac{1}{2}\right| > \dfrac{8}{5}\left|\cos\alpha + \dfrac{1}{2}\right|$ 的基础上我们有 $\left|\cos\alpha + \dfrac{1}{2}\right| < \dfrac{5}{8}\left|\cos 2\alpha + \dfrac{1}{2}\right|$, 一般地就有 $\left|\cos 2^{n-1}\alpha + \dfrac{1}{2}\right| < \dfrac{5}{8}\left|\cos 2^n\alpha + \dfrac{1}{2}\right|$, 反复利用该式可以得到:

$$\left|\cos\alpha + \dfrac{1}{2}\right| < \dfrac{5}{8}\left|\cos 2\alpha + \dfrac{1}{2}\right| < \left(\dfrac{5}{8}\right)^2\left|\cos 2^2\alpha + \dfrac{1}{2}\right| < \cdots < \left(\dfrac{5}{8}\right)^n\left|\cos 2^n\alpha + \dfrac{1}{2}\right|.$$

而 $\left|\cos 2^n\alpha + \dfrac{1}{2}\right| < 1$, 故恒有 $\left|\cos\alpha + \dfrac{1}{2}\right| < \left(\dfrac{5}{8}\right)^n (n \in \mathbf{N})$. 由于 $\left(\dfrac{5}{8}\right)^n \to 0$, 故必有 $\left|\cos\alpha + \dfrac{1}{2}\right| = 0$ $\left[\text{否则, 若} \left|\cos\alpha + \dfrac{1}{2}\right| = m > 0, \text{则当} n \geqslant \log_{\frac{5}{8}} m \text{时就有} m \geqslant \left(\dfrac{5}{8}\right)^n, \text{矛盾}\right]$, 从而必有 $\cos\alpha = -\dfrac{1}{2}$.

综合以上分析, 我们给出例 3.1 严密的求解过程如下.

解: 由 $\cos 2\alpha = 2\cos^2\alpha - 1 < 0$ 得 $\cos^2\alpha < \dfrac{1}{2}$, 因为 $\cos\alpha < 0$, 故 $-\dfrac{\sqrt{2}}{2} < \cos\alpha < 0$. 一般地, 由数列 $\{\cos 2^n\alpha\}$ 的后一项小于 0, 总能推出前一项位于区间 $\left(-\dfrac{\sqrt{2}}{2}, 0\right)$ 内, 即恒有 $\cos 2^n\alpha \in \left(-\dfrac{\sqrt{2}}{2}, 0\right)$. 再由 $\cos 2^n\alpha = 2\cos^2 2^{n-1}\alpha - 1 \in \left(-\dfrac{\sqrt{2}}{2}, 0\right)$, 并结合 $\cos 2^{n-1}\alpha \in \left(-\dfrac{\sqrt{2}}{2}, 0\right)$, 解得 $\cos 2^{n-1}\alpha \in \left(-\dfrac{\sqrt{2}}{2}, -\dfrac{\sqrt{2-\sqrt{2}}}{2}\right) \approx (-0.707, -0.383)$.

由

$$\left|\cos 2^n\alpha+\frac{1}{2}\right|=\left|2\cos^2 2^{n-1}\alpha-1+\frac{1}{2}\right|=\left|2\cos^2 2^{n-1}\alpha-\frac{1}{2}\right|=2\left|\cos 2^{n-1}\alpha+\frac{1}{2}\right|\left|\cos 2^{n-1}\alpha-\frac{1}{2}\right|$$

$$>2\left|\cos 2^{n-1}\alpha+\frac{1}{2}\right|\cdot 0.8=\frac{8}{5}\left|\cos 2^{n-1}\alpha+\frac{1}{2}\right|,$$

得 $\left|\cos 2^{n-1}\alpha+\dfrac{1}{2}\right|<\dfrac{5}{8}\left|\cos 2^n\alpha+\dfrac{1}{2}\right|.$

从而就有

$$\left|\cos\alpha+\frac{1}{2}\right|<\frac{5}{8}\left|\cos 2\alpha+\frac{1}{2}\right|<\left(\frac{5}{8}\right)^2\left|\cos 2^2\alpha+\frac{1}{2}\right|<\cdots<\left(\frac{5}{8}\right)^n\left|\cos 2^n\alpha+\frac{1}{2}\right|<\left(\frac{5}{8}\right)^n.$$

由于 $\left(\dfrac{5}{8}\right)^n\to 0$，故必有 $\left|\cos\alpha+\dfrac{1}{2}\right|=0$，继而 $\cos\alpha=-\dfrac{1}{2}$，$\alpha=\pm\dfrac{2}{3}\pi+2k\pi(k\in\mathbf{Z})$，即为所求。

二、学习别人的思想，收获自己的体会

由于个人水平所限，上述对例 3.1 的探索较为艰辛而漫长，所获得的方法肯定不完美。此时，向别人学习就成为自己能力赖以增长的支点。借助网络，笔者获得了以下两种做法，接下来与大家分享自己的学习过程与点滴体会。

公众号甲中的解法（原样复制）：

【解析】 $\left\{\alpha\mid\alpha=2k\pi\pm\dfrac{2\pi}{3},k\in\mathbf{Z}\right\}$，以下解析来源于 2017 年宝山一模 20(3) 标答。

若 $-\dfrac{1}{4}<\cos\alpha<0$，则 $\cos 2\alpha=2\cos^2\alpha-1<2\left(-\dfrac{1}{4}\right)^2-1=-\dfrac{7}{8}$，即 $\cos 2\alpha<-\dfrac{7}{8}$。于是 $\cos 4\alpha=2\cos^2 2\alpha-1>2\left(-\dfrac{7}{8}\right)^2-1=\dfrac{49}{32}-1=\dfrac{17}{32}>0$，即 $\cos 4\alpha>0$，矛盾。由上可知：对任意 $n\in\mathbf{N}$，均有 $\cos 2^n\alpha\leqslant-\dfrac{1}{4}$，得 $\left|\cos 2^n\alpha-\dfrac{1}{2}\right|\geqslant\dfrac{3}{4}$。又

$$\left|\cos 2\alpha+\frac{1}{2}\right|=2\left|\cos\alpha+\frac{1}{2}\right|\cdot\left|\cos\alpha-\frac{1}{2}\right|\geqslant 2\left|\cos\alpha+\frac{1}{2}\right|\cdot\frac{3}{4}=\frac{3}{2}\left|\cos\alpha+\frac{1}{2}\right|,$$

故 $\left|\cos\alpha+\dfrac{1}{2}\right|\leqslant\dfrac{2}{3}\left|\cos 2\alpha+\dfrac{1}{2}\right|$，反复利用此式可得：

$$\left|\cos\alpha+\frac{1}{2}\right|\leqslant\frac{2}{3}\left|\cos 2\alpha+\frac{1}{2}\right|\leqslant\left(\frac{2}{3}\right)^2\left|\cos 4\alpha+\frac{1}{2}\right|\leqslant\left(\frac{2}{3}\right)^3\left|\cos 8\alpha+\frac{1}{2}\right|\leqslant\cdots\leqslant$$

$$\left(\frac{2}{3}\right)^n\left|\cos 2^n\alpha+\frac{1}{2}\right|\leqslant\left(\frac{2}{3}\right)^n\cdot 1=\left(\frac{2}{3}\right)^n，即\left|\cos\alpha+\frac{1}{2}\right|<\left(\frac{2}{3}\right)^n.$$

由于 n 为任意自然数，故 $\cos\alpha+\dfrac{1}{2}=0$，有 $\alpha=2k\pi\pm\dfrac{2\pi}{3}(k\in\mathbf{Z})$。 （……14 分）

另一方面，当 $\alpha=2k\pi\pm\dfrac{2\pi}{3}(k\in\mathbf{Z})$ 时，对任意的 $n\in\mathbf{N}$，有 $\cos 2^n\alpha=-\dfrac{1}{2}$。

事实上，对任意的 $n\in\mathbf{N}$，有 $\cos 2^n\alpha=\cos\dfrac{2^{n+1}\pi}{3}$，显然 $\cos\dfrac{2\pi}{3}=-\dfrac{1}{2}$。

假设 $\cos\dfrac{2^{k+1}\pi}{3}=-\dfrac{1}{2}(k\in\mathbf{N})$，则 $\cos\dfrac{2^{k+2}\pi}{3}=2\cos^2\dfrac{2^{k+1}\pi}{3}-1=2\left(-\dfrac{1}{2}\right)^2-1=-\dfrac{1}{2}.$

由数学归纳法得到：$\cos\dfrac{2^{n+1}\pi}{3}=-\dfrac{1}{2}(n\in\mathbf{N})$，即当 $\alpha=2k\pi\pm\dfrac{2\pi}{3}(k\in\mathbf{Z})$ 时，$\cos 2^n\alpha=-\dfrac{1}{2}<0(n\in\mathbf{N})$. 综上所述，实数 α 的取值集合为 $\left\{\alpha\mid\alpha=2k\pi\pm\dfrac{2\pi}{3},k\in\mathbf{Z}\right\}.$

该解答与笔者对例 3.1 的解答思路基本一致，只不过有两处不自然之处. 其一是获得 $\left|\cos 2^n\alpha-\dfrac{1}{2}\right|\geqslant\dfrac{3}{4}$ 的过程有些突兀. 为什么对 $\cos\alpha$ 所属的范围 $[-1,0)$ 从 $-\dfrac{1}{4}$ 处分开呢？! 得到 $\left|\cos 2^n\alpha-\dfrac{1}{2}\right|\geqslant\dfrac{3}{4}$ 是必须的吗？由我们在第一部分中的阐述可知，此处的 $\dfrac{3}{4}$ 并非必须. 其二是为什么研究 $\left|\cos\alpha+\dfrac{1}{2}\right|$？当然，作为解答上述"不自然"都无可厚非，很多来龙去脉的分析过程都藏在解题者的心里. 这也就是为什么很多同学自学解答收获不大的主要原因，也从侧面说明了教师"会教解题"的重要性.

阅读该解答的另一收获是知道了命题者如何想到命制该题的一点影踪. 公众号主人告诉我们例 3.1 与 2017 年宝山区一模的 20(3) 有缘，该题如下.

20. 设函数 $f(x)=\lg(x+m)(m\in\mathbf{R}).$

(1) 当 $m=2$ 时，解不等式 $f\left(\dfrac{1}{x}\right)>1$；

(2) 若 $f(0)=1$，且 $f(x)=\left(\dfrac{1}{\sqrt{2}}\right)^x+\lambda$ 在闭区间 $[2,3]$ 上有实数解，求实数 λ 的取值范围；

(3) 如果函数 $f(x)$ 的图像过点 $(98,2)$，且不等式 $f[\cos(2^n x)]<\lg 2$ 对任意 $n\in\mathbf{N}$ 均成立，求实数 x 的取值集合.

解：(1) $0<x<\dfrac{1}{8}$，过程略；(2) $\lambda\in\left[\lg 12-\dfrac{1}{2},\lg 13-\dfrac{\sqrt{2}}{4}\right]$，过程略；(3) 易知，$m=2$，$f[\cos(2^n x)]<\lg 2\Leftrightarrow\cos 2^n x<0(n\in\mathbf{N})$. 接下来完全同例 1 的解法.

看来 2022 年青浦区一模的这道填空压轴题确实源于 2017 年宝山区一模的 20(3)！这是否也可以作为试题命制的一种途径呢？

公众号乙中提供的解法（原样复制）如图 3.13 所示.

首先纠正该解答中的一处变形错误，在对 $g(x)=f[f(x)]-x=(x-1)(8x^3+8x^2-1)$ 继续施以"因式分解"变形时遗漏了系数，应为

$$g(x)=4(x-1)(2x+1)\left(x-\dfrac{-1-\sqrt{5}}{4}\right)\left(x-\dfrac{-1+\sqrt{5}}{4}\right).$$

另外还有两处需要完善. 其一是在推出 $a_1\in\left(-\dfrac{\sqrt{2}}{2},-\dfrac{\sqrt{2-\sqrt{2}}}{2}\right)$ 后还应接着证明对一切 $n\in\mathbf{N}^*$ 均有 $a_n\in\left(-\dfrac{\sqrt{2}}{2},-\dfrac{\sqrt{2-\sqrt{2}}}{2}\right)$，这样后面的三类讨论才有依据；其二是在后面的第一类讨

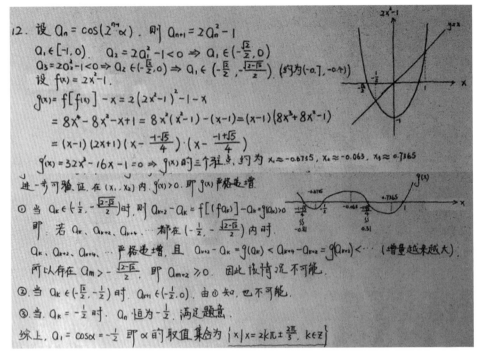

图 3.13

论中,分类的前提"当 $a_k \in \left(-\dfrac{1}{2}, -\dfrac{\sqrt{2-\sqrt{2}}}{2}\right)$ 时"就不妥,由每一项的范围 $a_n \in \left(-\dfrac{\sqrt{2}}{2}, -\dfrac{\sqrt{2-\sqrt{2}}}{2}\right)$ 推不出 $a_k \in \left(-\dfrac{1}{2}, -\dfrac{\sqrt{2-\sqrt{2}}}{2}\right)$! 其次后面又直接说"若 a_k, a_{k+2}, a_{k+4}, $\cdots$ 都在 $\left(-\dfrac{1}{2}, -\dfrac{\sqrt{2-\sqrt{2}}}{2}\right)$ 内时",理由何在?是"一定都在"?还是"未必都在"?万一"不都在"怎么处理?事实上,由于 a_k, a_{k+1} 之间有明确的等量递推关系,一旦 a_k 的范围给定后,后面各项的范围也随之被确定,如:

$$a_k \in \left(-\dfrac{1}{2}, -\dfrac{\sqrt{2-\sqrt{2}}}{2}\right) \Rightarrow a_{k+1} \in \left(-\dfrac{\sqrt{2}}{2}, -\dfrac{1}{2}\right) \Rightarrow a_{k+2} \in \left(-\dfrac{1}{2}, 0\right)$$
$$\Rightarrow a_{k+3} \in \left(-1, -\dfrac{1}{2}\right) \Rightarrow a_{k+4} \in \left(-\dfrac{1}{2}, 1\right).$$

然而,尽管有一些瑕疵,但"通过构造函数,借助导数工具研究离散的数列问题"这种思路很值得借鉴!

在本文的最后需要指出的是,由例 3.1 最终的结果可获得一个认识:取值范围既可以是一系列连续的数,比如区间等(这是我们最常遇到的情形),也可以是一个孤立的数,即所谓的"点范围",还可以是一系列离散的数. 在平时的教学中应该引导学生打破"要求取值范围,求出的就是一个区间"这种狭隘的认识. 还应在计算器的帮助下通过培养近似思维、估算能力来提升定性分析、整体把握的解题直觉与题感深度.

以下两题可供处于高三复习阶段的学生加深对上述认识的印象.

练习1 若对任意 $x \in (0, 2)$，$\dfrac{1}{(x-2)^2} \geqslant a\ln x + 1$ 恒成立，则实数 a 的取值范围为_____．

练习2 已知正整数数列 $\{a_n\}$ 满足：$a_1 = a$，$a_2 = b$，$a_{n+2} = \dfrac{a_n + 2\,018}{a_{n+1} + 1}(n \geqslant 1)$．

(1) 已知 $a_5 = 2$，$a_6 = 1\,009$，求 a, b 的值；

(2) 若 $a = 1$，求证：$|a_{n+2} - a_n| \leqslant \dfrac{2\,017}{2^n}$；

(3) 求 $a + b$ 的取值范围．

思路分析或答案呈现：

练习1 ⟨2⟩，过程略，详细解析请参见《走在理解数学的路上》（师前，复旦大学出版社，2024 年）第四章例 4.24 及例 4.32；

练习2 (1) 由后向前递推（知二求一），反复利用 $a_n = a_{n+2}(a_{n+1} + 1) - 2\,018$ 计算可得 $a_4 = 1\,009, a_3 = 2, a_2 = 1\,009, a_1 = 2$，即 $a = 2, b = 1\,009$．

(2) 我们知道，数学学习与解题时刻面临着直观与抽象的互补、选择及博弈，数列也不例外．特别地，由于数列的离散性，在寻找数列问题解题思路的过程中，可能会更多地由直观走向抽象、由具体走向一般．直观因其具体，故其优势在于容易理解，而抽象的优势在于对一般情况的概括．对于本小问，最自然的思路是先直观而具体地算几项看[其实也是心中一种期盼的趋使：第(2)小问是否也像第(1)小问一样是周期数列？]．由 $a_1 = 1, a_2 = b$ 得 $a_3 = \dfrac{a_1 + 2\,018}{a_2 + 1} = \dfrac{1 + 2\,018}{b + 1} = \dfrac{2\,019}{b + 1}$，$a_4 = \dfrac{a_2 + 2\,018}{a_3 + 1} = \dfrac{b + 2\,018}{\dfrac{2\,019}{b+1} + 1} = \dfrac{(b+1)(b+2\,018)}{b + 2\,020}$，$a_5 = \dfrac{a_3 + 2\,018}{a_4 + 1} = \dfrac{\dfrac{2\,019}{b+1} + 2\,018}{\dfrac{(b+1)(b+2\,018)}{b+2\,020} + 1} = \cdots$，太烦琐！而且由于字母 b 的未知也无法判断周期性．此时，平时经验告诉我们，是否可以从题设条件中的"正整数"实施突破，先确定 b 的取值．由 $a_2 = b \in \mathbf{N}^*$，$a_3 = \dfrac{2\,019}{b+1} \in \mathbf{N}^*$，$2\,019 = 3 \times 673$ 及 673 是素数，故只有以下几种情况，如表 3.3 所示．

表 3.3

$b+1$	$b(=a_2)$	a_3	a_4
1	0(舍)		
3	2	673	$\dfrac{1\,010}{337}$(舍)
673	672	3	$\dfrac{1\,345}{2}$(舍)
2\,019	2\,018	1	2\,018

故数列 $\{a_n\}$ 为 $1, 2\,018, 1, 2\,018, 1, 2\,018, \cdots$，因此 $|a_{n+2} - a_n| = |\,0\,| = 0 \leqslant \dfrac{2\,017}{2^n}$，

得证.

受本文例1前述解法及刚刚获得的 $|a_{n+2}-a_n|=0$ 的启发,我们是否也可以先寻找数列 $\{a_{n+2}-a_n\}$ 相邻两项之间的递推关系?要达此目的,通常使用的技术是"升标(或降标)构造对偶式后作差".

由 $a_{n+2}=\dfrac{a_n+2018}{a_{n+1}+1}$ 得 $a_{n+2}a_{n+1}+a_{n+2}=a_n+2018$,继而由

$$\begin{cases} a_{n+2}a_{n+1}+a_{n+2}=a_n+2018,\\ a_{n+3}a_{n+2}+a_{n+3}=a_{n+1}+2018 \end{cases}$$

得 $a_{n+2}(a_{n+3}-a_{n+1})+a_{n+3}-a_{n+2}=a_{n+1}-a_n$. 整理得 $(a_{n+3}-a_{n+1})(a_{n+2}+1)=a_{n+2}-a_n$,从而 $a_{n+3}-a_{n+1}=\dfrac{1}{a_{n+2}+1}(a_{n+2}-a_n)$,由于 $a_{n+2}+1\geqslant 2$,故 $|a_{n+3}-a_{n+1}|=\left|\dfrac{1}{a_{n+2}+1}\right||a_{n+2}-a_n|\leqslant \dfrac{1}{2}|a_{n+2}-a_n|$,即我们找到的递推(不等量)关系为 $|a_{n+3}-a_{n+1}|\leqslant \dfrac{1}{2}|a_{n+2}-a_n|$. 在此基础上我们有:

$$|a_{n+2}-a_n|\leqslant \dfrac{1}{2}|a_{n+1}-a_{n-1}|\leqslant \left(\dfrac{1}{2}\right)^2|a_n-a_{n-2}|\leqslant \cdots \leqslant \left(\dfrac{1}{2}\right)^{n-1}|a_3-a_1|=\left(\dfrac{1}{2}\right)^{n-1}\left|\dfrac{2019}{b+1}-1\right|=\left(\dfrac{1}{2}\right)^{n-1}\left|\dfrac{2018-b}{b+1}\right|.$$

因此欲证 $|a_{n+2}-a_n|\leqslant \dfrac{2017}{2^n}$,只需证 $\left(\dfrac{1}{2}\right)^{n-1}\left|\dfrac{2018-b}{b+1}\right|\leqslant \dfrac{2017}{2^n}$,即证 $\left|\dfrac{2018-b}{b+1}\right|\leqslant \dfrac{2017}{2}$,亦即证 $-\dfrac{2017}{2}\leqslant \dfrac{2018-b}{b+1}\leqslant \dfrac{2017}{2}$,即证 $b\geqslant -\dfrac{6053}{2015}$ 且 $b\geqslant 1$,这是满足的,故 $|a_{n+2}-a_n|\leqslant \dfrac{2017}{2^n}$ 得证.

(3) 若走(2)中的直观具体之路,即据首项是正整数而对 $a=1,2,3,4,\cdots$ 展开讨论. 比如由(2)知 $a=1$ 时 b 只能是 2018,从而 $a+b=2019$. 类似地可以证明 $a=2$ 时 b 只能是 1009,从而 $a+b=1011$;$a=3$ 时 b 不存在. 很显然,这种做法无法走向一般,这也正是本小问的困难之处.

能否借用(2)中的递推关系呢?由(2)知一般地有

$$|a_{n+2}-a_n|\leqslant \left(\dfrac{1}{2}\right)^{n-1}|a_3-a_1|=\left(\dfrac{1}{2}\right)^{n-1}\left|\dfrac{a+2018}{b+1}-a\right|$$
$$=\left(\dfrac{1}{2}\right)^{n-1}\left|\dfrac{2018-ab}{b+1}\right|\leqslant \left(\dfrac{1}{2}\right)^n|2018-ab|.$$

Ⅰ. 若 $ab=2018$,则必有 $a_{n+2}-a_n=0$,即 $a_{n+2}=a_n$ 恒成立. 比如,(1)(2)两小问均是这种情况的缩影.

Ⅱ. 若 $ab\neq 2018$ 呢?由 $|a_{n+2}-a_n|\leqslant \left(\dfrac{1}{2}\right)^n|2018-ab|$ 能获得什么呢?通过对 $a=1,2,3,4,\cdots$ 这些特殊情况的探索,我们发现由于该数列的每一项均要求是正整数,实际上题中这种以两阶递推形式给出的数列的前两项并不是可以随意指定的!事实上,只要给定

a_1，这个数列也就定了. 现在回到这一类. 注意到虽然 $|2018-ab|\neq 0$，但 $\left(\dfrac{1}{2}\right)^n\to 0$，是否仍有 $a_{n+2}-a_n=0$ 呢？ 基于这种猜测，当年班级就有几位优生接下来这样处理：

若 $a_{n+2}-a_n\neq 0$，则 $|a_{n+2}-a_n|>0$，即 $0<|a_{n+2}-a_n|\leqslant\dfrac{1}{2^n}|2018-ab|$. 令 $\dfrac{1}{2^n}|2018-ab|<1$，则 $n>\log_2|2018-ab|$，此时有 $0<|a_{n+2}-a_n|<1$，这与 a_n，$a_{n+2}\in\mathbf{N}^*$ 矛盾！ 所以必有 $a_{n+2}-a_n=0$.

这一段推理看起来比较流畅，其实却是错误的！$a_{n+2}-a_n=0$ 作为恒等式，其反面并非 $a_{n+2}-a_n\neq 0$（注意这是一个恒不等式），而应该是存在 $n_0\in\mathbf{N}^*$，使得 $a_{n_0+2}-a_{n_0}\neq 0$. 因此，上述推理应该做出修正：

若存在 $n_0\in\mathbf{N}^*$，使得 $a_{n_0+2}-a_{n_0}\neq 0$，则 $|a_{n_0+2}-a_{n_0}|>0$，即有 $0<|a_{n_0+2}-a_{n_0}|\leqslant\dfrac{1}{2^{n_0}}|2018-ab|$. 但到了这一步，接下去如何操作？ 若还是令 $\dfrac{1}{2^{n_0}}|2018-ab|<1$，则显然没有道理，因为 n_0 是一个确定的数. 受阻！

通过以上分析，对于第(3)小问虽然毫无实质性的进展，但通过不懈的尝试、否定、再尝试，还是隐隐约约发现了一点端倪，意识到其中两个量之间的关系是比较关键的，这两个量是 "$a_{n+2}-a_n$" 与 "$ab-2018$（即 a_1a_2-2018，一般地是 $a_na_{n+1}-2018$）".

回忆一下我们在(2)小问中的探索之旅（千金难买回头看！）：

由递推关系 $a_{n+2}=\dfrac{a_n+2018}{a_{n+1}+1}$ 通过构造对偶式推得 $a_{n+3}-a_{n+1}=\dfrac{1}{a_{n+2}+1}(a_{n+2}-a_n)$（这是在寻找 $a_{n+2}-a_n$ 的递推），在此基础上继续推得 $|a_{n+2}-a_n|\leqslant\left(\dfrac{1}{2}\right)^{n-1}|a_3-a_1|$（这里体现化归，把任意的 $a_{n+2}-a_n$ 化归到初始项 a_3-a_1），在此基础上继续推得 $|a_{n+2}-a_n|\leqslant\left(\dfrac{1}{2}\right)^n|2018-a_1a_2|$（这是在 $a_{n+2}-a_n$ 与 a_1a_2-2018 之间建立了联系）.

我们说，关于前述聚焦的两个量 "$a_{n+2}-a_n$" 与 "$a_na_{n+1}-2018$" 有三类关系：各自的递推关系与两者之间的数量关系，我们用表格做下梳理，如表 3.4(a)所示.

"未知 i" 即通项公式，较难求得，与问题解决的关系也较小. 我们来看 "未知 ii".

由 $a_{n+1}a_{n+2}-2018=a_{n+1}\cdot\dfrac{a_n+2018}{a_{n+1}+1}-2018=\dfrac{1}{a_{n+1}+1}(a_na_{n+1}-2018)$.

再看 "未知 iii". 由 $a_{n+1}a_{n+2}-2018=\dfrac{1}{a_{n+1}+1}(a_na_{n+1}-2018)$ 得

$$a_na_{n+1}-2018=\dfrac{1}{a_n+1}(a_{n-1}a_n-2018)=\dfrac{1}{(a_n+1)(a_{n-1}+1)}(a_{n-2}a_{n-1}-2018)=$$
$$\cdots=\dfrac{1}{(a_n+1)(a_{n-1}+1)\cdots(a_2+1)}(a_1a_2-2018).$$

再看 "未知 iv". 由 $a_{n+2}=\dfrac{a_n+2018}{a_{n+1}+1}$ 得 $a_{n+2}-a_n=\dfrac{a_n+2018}{a_{n+1}+1}-a_n=\dfrac{2018-a_na_{n+1}}{a_{n+1}+1}$.

综合上述结果，表 3.4 得以完善，参见表 3.4(b).

表 3.4

(a)

初始项	一般项	递推式	相关关系
a_1, a_2	a_n 未知（记为 i）	$a_{n+2}=\dfrac{a_n+2018}{a_{n+1}+1}$	
a_3-a_1	$a_{n+2}-a_n$	$a_{n+3}-a_{n+1}=\dfrac{1}{a_{n+2}+1}(a_{n+2}-a_n)$	一般项与初始项的关系：$\|a_{n+2}-a_n\|\leqslant\left(\dfrac{1}{2}\right)^{n-1}\|a_3-a_1\|$
a_1a_2-2018	$a_na_{n+1}-2018$	未知（记为 ii）	一般项与初始项的关系未知（记为 iii）
备注		$a_{n+2}-a_n$ 与 $a_na_{n+1}-2018$ 之间的关系未知（记为 iv）	

(b)

初始项	一般项	递推式	相关关系
a_1, a_2	a_n 未知（记为 i）	$a_{n+2}=\dfrac{a_n+2018}{a_{n+1}+1}$ ①	
a_3-a_1	$a_{n+2}-a_n$	$a_{n+3}-a_{n+1}=\dfrac{1}{a_{n+2}+1}(a_{n+2}-a_n)$ ②	一般项与初始项的关系：$\|a_{n+2}-a_n\|\leqslant\left(\dfrac{1}{2}\right)^{n-1}\|a_3-a_1\|$
a_1a_2-2018	$a_na_{n+1}-2018$	$a_{n+1}a_{n+2}-2018=\dfrac{1}{a_{n+1}+1}(a_na_{n+1}-2018)$ ③	一般项与初始项的关系：$a_na_{n+1}-2018=\dfrac{1}{(a_n+1)(a_{n-1}+1)\cdots(a_2+1)}(a_1a_2-2018)$ ④
备注		$a_{n+2}-a_n$ 与 $a_na_{n+1}-2018$ 之间的关系：$a_{n+2}-a_n=\dfrac{2018-a_na_{n+1}}{a_{n+1}+1}$ ⑤	

在此基础上，我们回头再看前面的两类讨论.

Ⅰ. 若 $ab=2018$, 即 $a_1a_2=2018$, 由⑤可知 $a_3-a_1=0$. 故 $a_2a_3=a_2a_1=2018$, 再由⑤可得 $a_4-a_2=0$. 故 $a_3a_4=a_1a_2=2018$, 再由⑤可得 $a_5-a_3=0$. 依此不断推理下去就会得到 $a_{n+2}=a_n$ 恒成立. 用数学归纳法证明如下：假设当 $n\leqslant k(k\in\mathbf{N}^*)$ 时 $a_{n+2}=a_n$ 成立，即 $a_{k+2}=a_k, a_{k+1}=a_{k-1}, \cdots$，且由⑤可得 $a_ka_{k+1}=a_{k-1}a_k=\cdots=2018$，则当 $n=k+1$ 时，因为 $a_{k+1}a_{k+2}=a_{k-1}a_k=2018$, 故由⑤得 $a_{k+3}=a_{k+1}$, 即当 $n=k+1$ 时 $a_{n+2}=a_n$ 也成立.

Ⅱ. 若 $ab\neq 2018$, 即 $a_1a_2\neq 2018$. 大事化小，再细分为 $a_1a_2>2018$, $a_1a_2<2018$ 两种情况，接下来，花开两朵，各表一支，对两小类详细阐述.

(1) 若 $a_1a_2>2018$, 由⑤知 $a_3<a_1$, 由③知 $a_2a_3>2018$, 再由⑤知 $a_4<a_2$. 由 $a_2a_3>2018$ 及③知 $a_3a_4>2018$, 再由⑤知 $a_5<a_3$. 由 $a_3a_4>2018$ 及③知 $a_4a_5>2018$, 再由⑤知 $a_6<a_4$. 依此不断推理下去就有 $a_1>a_3>a_5>\cdots$ 及 $a_2>a_4>a_6>\cdots$, 这与无穷数列 $\{a_n\}$ 每一项都是正整数矛盾.

(2) 若 $a_1a_2<2018$, 由⑤知 $a_3>a_1$, 由③知 $a_2a_3<2018$, 再由⑤知 $a_4>a_2$. 由 $a_2a_3<2018$ 及③知 $a_3a_4<2018$, 再由⑤知 $a_5>a_3$. 由 $a_3a_4<2018$ 及③知 $a_4a_5<2018$, 再由⑤知 $a_6>a_4$. 依此不断推理下去就有 $a_1<a_3<a_5<\cdots$ 及 $a_2<a_4<a_6<\cdots$, 这与无穷数列 $\{a_n\}$ 每一

项都是正整数且 $a_n a_{n+1} < 2018$ 恒成立矛盾.

综上,只有 $ab=2018$,由于 $a,b \in \mathbf{N}^*$ 且 $2018=1 \times 2018=2 \times 1009$.故 a,b 的取值只有以下四种情况 $\begin{cases} a=1, \\ b=2018, \end{cases} \begin{cases} a=2, \\ b=1009, \end{cases} \begin{cases} a=1009, \\ b=2, \end{cases} \begin{cases} a=2018, \\ b=1. \end{cases}$ 故 $a+b$ 的取值范围是 $\{1011, 2019\}$.

从对本题前前后后的分析可以看出,哪怕是看起来莫名其妙、像空穴来风的变形(如③与⑤的获得)也都是可以自然而然地被挖掘出来.教师或学生面对参考答案中暂时超出自己认知范围的方法、技巧时,只要静下心来认真分析,总能触摸到其出现在思维念头中的脉动源头,最终将以往认知结构中的"不自然"转化为"自然"——自然而然地理解,自然而然地想到,自然而然地通过丝丝入扣的庖丁解牛的细致操作走向解题成功.

3.3.3 朝题夕拾——盘点那些"高龄"的三角"周期性难题"

在我的教师生活中经常会遇到这样的事:一些自己不会做并且看答案也看不懂(或者找不到答案)的题目在束之高阁一段时间后又会重复出现,我把这些题目称为"周期性难题".如果把一个周期称为"一岁",那么在我抽屉里或电脑里就会积压一些高龄的周期性难题.当然,此处的"难"仅限于对我而言.本文记述了 2023 年暑假期间自己再战几道高龄的三角周期性难题的些许思考,既有虽过经年心仍惑的不甘、挣扎性再思考的痛苦折磨,也有从容面对平凡的淡定收获.具体来讲,本文主要讨论以下 4 个问题.

问题 1 函数 $f(x)=2\sin\left(\omega x+\dfrac{\pi}{4}\right)$, $\omega>0$ 在 $[-1,1]$ 上的值域为 $[m,n]$, $n-m=3$,则 $\omega=$ _____.

问题 2 若存在 $\varphi \in \mathbf{R}$,使得函数 $f(x)=\cos(\omega x+\varphi)-\dfrac{1}{2}$, $\omega>0$ 在 $x \in [\pi, 3\pi]$ 上有且仅有 2 个零点,则 ω 的取值范围是 _____.

问题 3 (2021 年上海春考数学第 12 题)已知 $\theta>0$,若存在实数 φ,对任意 $n \in \mathbf{N}^*$,总有 $\cos(n\theta+\varphi)<\dfrac{\sqrt{3}}{2}$,则 θ 的最小值是 _____.

问题 4 (2015 年上海秋考数学第 23 题)对于定义域为 $\mathbf{R}$ 的函数 $g(x)$,若存在正常数 T,使得 $\cos g(x)$ 是以 T 为周期的函数,则称 $g(x)$ 为余弦周期函数,且称 T 为其余弦周期.已知 $f(x)$ 是以 T 为余弦周期的余弦周期函数,其值域为 $\mathbf{R}$.设 $f(x)$ 单调递增,$f(0)=0$,$f(T)=4\pi$.

(1) 验证 $h(x)=x+\sin\dfrac{x}{3}$ 是以 6π 为余弦周期的余弦周期函数;

(2) 设 $a<b$.证明对任意 $c \in [f(a), f(b)]$,存在 $x_0 \in [a,b]$,使得 $f(x_0)=c$;

(3) 证明:"u_0 为方程 $\cos f(x)=1$ 在 $[0,T]$ 上的解"的充要条件是"u_0+T 为方程 $\cos f(x)=1$ 在 $[T, 2T]$ 上的解",并证明对任意 $x \in [0,T]$ 都有 $f(x+T)=f(x)+f(T)$.

对于上述四个问题,往年我解答的情况是:问题 1 能写出严密的烦琐的过程并得到正确答案;问题 2 能写出不严密的烦琐的过程并得到正确答案;问题 3 与问题 4 第(3)小问的后半段证明均毫无思路,连能找到的答案也看不懂.因此,希望这个暑假能对问题 1 在复习以往解法的基础上找到较为简洁的解法;对问题 2 能找到更为严密的解题过程;对问题 3、问题 4 能看懂已有的解答(网络上一些高人给出的)并能有一点自己的反思乃至顿悟.

对于问题1、问题2与问题3中复合型三角函数结构,笔者的习惯做法是对相位换元后转化为基本三角函数问题.

一、对问题1的分析与解

(一) 自己往年记录的思路及做法

设 $\omega x+\dfrac{\pi}{4}=t$,则因为 $x\in[-1,1]$,所以 $t\in\left[\dfrac{\pi}{4}-\omega,\dfrac{\pi}{4}+\omega\right]$,问题转化为"函数 $y=2\sin t$, $t\in\left[\dfrac{\pi}{4}-\omega,\dfrac{\pi}{4}+\omega\right]$ 的值域为 $[m,n]$,$n-m=3$,求 ω 的值."

换过元后的函数 $y=2\sin t$, $t\in\mathbf{R}$ 的图像是简单的,但现在需要的是该函数在区间 $\left[\dfrac{\pi}{4}-\omega,\dfrac{\pi}{4}+\omega\right]$ 上的图像(画图像时宜"先虚后实,精准定位").若记 $t_1=\dfrac{\pi}{4}-\omega$,$t_2=\dfrac{\pi}{4}+\omega$,则 t_1,t_2 的范围就成为绕不过去的坎! 由题意 $\omega>0$,故 $t_1\in\left(-\infty,\dfrac{\pi}{4}\right)$,$t_2\in\left(\dfrac{\pi}{4},+\infty\right)$,但当我们提笔真的去 x 轴上标这两个数 t_1,t_2 的时候,会发现它们各自的活动空间并非随意,比如区间 $[t_1,t_2]$ 内不能有一个完整的周期,否则值域区间的长度就是4而非3. 故对 ω 的要求应先满足一个必要条件"$t_2-t_1<2\pi$",即 $2\omega<2\pi$,$0<\omega<\pi$. 做到这儿,心中升出一些感想. 上述思考是否可概括为"欲……先……"模式(或"以退为进"模式),比如欲求值先考虑求范围(欲精确先近似;欲定点先定域;逐渐缩小包围圈;先估值或估计);再如,欲求通项公式先寻递推公式;做不出题目可先写个思路、方法或打算等等. 俗话说"退一步海阔天空",后退一步可能看问题更全面、更清楚. 另外,后退一步,缓冲一下,是为了积蓄力量、看清方向、想好对策,更好地向前进.

一旦将 ω 的范围由 $(0,+\infty)$ 大幅度缩小为 $0<\omega<\pi$,区间 $[t_1,t_2]$ 在 x 轴上的活动范围也变得容易操控了. 由 $0<\omega<\pi$ 得 $t_1=\dfrac{\pi}{4}-\omega\in\left(-\dfrac{3}{4}\pi,\dfrac{\pi}{4}\right)$,$t_2=\dfrac{\pi}{4}+\omega\in\left(\dfrac{\pi}{4},\dfrac{5}{4}\pi\right)$. 注意到函数 $y=2\sin t$ 在区间 $\left(-\dfrac{3}{4}\pi,\dfrac{5}{4}\pi\right)$ 内有两个极值点 $-\dfrac{\pi}{2}$ 与 $\dfrac{\pi}{2}$,其中 $-\dfrac{\pi}{2}\in\left(-\dfrac{3}{4}\pi,\dfrac{\pi}{4}\right)$,$\dfrac{\pi}{2}\in\left(\dfrac{\pi}{4},\dfrac{5}{4}\pi\right)$,故可根据 t_1,t_2 在各自的活动区域内相对于极值点的位置分4类讨论.

(1) 当 $t_1\in\left(-\dfrac{3}{4}\pi,-\dfrac{\pi}{2}\right]$,$t_2\in\left(\dfrac{\pi}{4},\dfrac{\pi}{2}\right]$时. 如图 3.14(a)所示,由题意应有 $2\sin t_2-(-2)=3$. 解 $\begin{cases}-\dfrac{3}{4}\pi<\dfrac{\pi}{4}-\omega\leqslant-\dfrac{\pi}{2},\\ \dfrac{\pi}{4}<\dfrac{\pi}{4}+\omega\leqslant\dfrac{\pi}{2},\\ 2\sin\left(\dfrac{\pi}{4}+\omega\right)-(-2)=3,\end{cases}$ 得 $\omega\in\varnothing$.

(2) 当 $t_1\in\left(-\dfrac{3}{4}\pi,-\dfrac{\pi}{2}\right]$,$t_2\in\left(\dfrac{\pi}{2},\dfrac{5\pi}{4}\right)$时. 如图 3.14(b)所示,由题意应有 $2-(-2)=3$,舍去.

(3) 当 $t_1\in\left(-\dfrac{\pi}{2},\dfrac{\pi}{4}\right)$,$t_2\in\left(\dfrac{\pi}{4},\dfrac{\pi}{2}\right]$时. 如图 3.14(c)所示,由题意应有 $2\sin t_2-$

$2\sin t_1 = 3$. 解 $\begin{cases} -\dfrac{\pi}{2} < \dfrac{\pi}{4} - \omega < \dfrac{\pi}{4}, \\ \dfrac{\pi}{4} < \dfrac{\pi}{4} + \omega \leqslant \dfrac{\pi}{2}, \\ 2\sin\left(\dfrac{\pi}{4} + \omega\right) - 2\sin\left(\dfrac{\pi}{4} - \omega\right) = 3, \end{cases}$ 得 $\omega \in \varnothing$. (事实上,该小类由 $2\sin t_2 -$

$2\sin t_1 = 3$ 得 $\sin\omega = \dfrac{3}{2\sqrt{2}} > 1$,便知无解.)

(4) 当 $t_1 \in \left(-\dfrac{\pi}{2}, \dfrac{\pi}{4}\right)$,$t_2 \in \left(\dfrac{\pi}{2}, \dfrac{5\pi}{4}\right)$ 时. 如图 3.14(d)所示,由题意应有 $2 - 2\sin t_1 = 3$(当 $2\sin t_1 \leqslant 2\sin t_2$ 时)或 $2 - 2\sin t_2 = 3$(当 $2\sin t_1 > 2\sin t_2$ 时). 解

$\begin{cases} -\dfrac{\pi}{2} < \dfrac{\pi}{4} - \omega < \dfrac{\pi}{4}, \\ \dfrac{\pi}{2} < \dfrac{\pi}{4} + \omega < \dfrac{5\pi}{4}, \\ 2\sin\left(\dfrac{\pi}{4} - \omega\right) \leqslant 2\sin\left(\dfrac{\pi}{4} + \omega\right), \\ 2 - 2\sin\left(\dfrac{\pi}{4} - \omega\right) = 3 \end{cases}$ 或 $\begin{cases} -\dfrac{\pi}{2} < \dfrac{\pi}{4} - \omega < \dfrac{\pi}{4}, \\ \dfrac{\pi}{2} < \dfrac{\pi}{4} + \omega < \dfrac{5\pi}{4}, \\ 2\sin\left(\dfrac{\pi}{4} - \omega\right) > 2\sin\left(\dfrac{\pi}{4} + \omega\right), \\ 2 - 2\sin\left(\dfrac{\pi}{4} + \omega\right) = 3, \end{cases}$

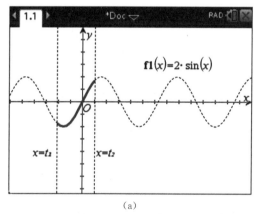
(a)

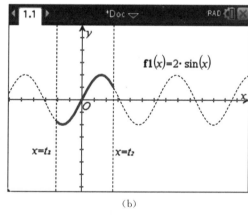
(b)

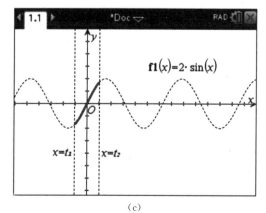
(c)

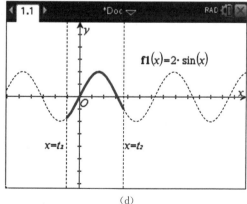
(d)

图 3.14

得 $\omega = \dfrac{5\pi}{12}\left(\dfrac{5\pi}{12}\text{是上述第一个混合组的解},\text{第二个混合组无解}\right)$.

综上, $\omega = \dfrac{5\pi}{12}$ 即为所求.

可以看到, ω 的范围先由 $(0,+\infty)$ 到 $(0,\pi)$ 再到最终锁定为 $\dfrac{5\pi}{12}$, 是一个逐渐满足题设所有条件、慢慢缩小包围圈、不断递进精确的过程.

上述分类讨论中的四大类(共五小类)有条不紊、清清楚楚、不重不漏,但注意到真正能解出 $\dfrac{5\pi}{12}$ 的只有第四类的第一种情况,因此,一个自然的想法是:能否通过预判把包围圈缩得再小一些从而简化解题过程呢?

(二) 进一步的思考

在上述(一)中解答的初始,为了简化函数的形式,我们对相位实施了换元,从而将原问题转化为对一个熟悉的函数的研究,而这个函数在 **R** 上的图像是极易作出的,基于该点我们认为"换元转化"是求简之举. 但正如现实中的诸多事情往往有两面性,我们也要思考一下"换元"是否真得非常重要(万一绕圈子了呢?),有没有不换元而直接分析原来函数的"一步到位"的方法呢?

首先定性的分析还是必要的,即区间 $[-1,1]$ 容不下 $f(x)$ 的一个完整的周期,否则与 $n-m=3$ 不符. 故要求 $T=\dfrac{2\pi}{\omega}>1-(-1)$, 解得 $0<\omega<\pi$. 注意到 $f(x)$ 的图像是由函数 $y=2\sin\omega x$ 向左平移而得$\left(\text{左移}\dfrac{\pi}{4\omega}\text{个单位}\right)$, 且 $\dfrac{1}{4}<\dfrac{\pi}{4\omega}=\dfrac{1}{8}\cdot\dfrac{2\pi}{\omega}=\dfrac{1}{8}T$, 即图像肯定是向左平移的, 而且平移的量恰是周期的 $\dfrac{1}{8}$. 所以函数 $y=2\sin\omega x$ 右边的第一个最高点平移后不会"跑到" y 轴的右侧. 与(一)中分析类似, 根据 -1 与 $f(x)=2\sin\left(\omega x+\dfrac{\pi}{4}\right)$ 左边第一个极小值点 $x_1=\dfrac{\pi}{-2\omega}-\dfrac{\pi}{4\omega}=-\dfrac{3\pi}{4\omega}$ 的大小关系及 1 与 $f(x)=2\sin\left(\omega x+\dfrac{\pi}{4}\right)$ 右边第一个极大值点 $x_2=\dfrac{\pi}{2\omega}-\dfrac{\pi}{4\omega}=\dfrac{\pi}{4\omega}$ 的大小关系可分为四类, 又显然 "-1 在 x_1 左侧" 与 "1 在 x_2 右侧" 不可能同时成立 (否则 $n-m=4\neq 3$). 故只需分三种情况讨论, 如下.

$$\begin{cases}-1\leqslant x_1,\\ 1\leqslant x_2,\\ f(1)-(-2)=3\end{cases} \quad \text{或} \begin{cases}-1>x_1,\\ 1\leqslant x_2,\\ f(1)-f(-1)=3\end{cases} \quad \text{或} \begin{cases}-1>x_1,\\ 1>x_2,\\ 2-f(-1)=3.\end{cases}$$

注意在考虑第三种情况时, 由 $1-x_2-(x_2+1)=-2x_2<0$ 知 1 距离极大值点较近, 故最小值在 -1 处取到. 相比而言, (一)中解法中的第四类中的两小类无法预先排除其中某一类.

分别解上述三个混合组并取并集可得 $\omega\in\varnothing\cup\varnothing\cup\left\{\dfrac{5\pi}{12}\right\}=\left\{\dfrac{5\pi}{12}\right\}$.

看来, 往年的做法尽管层次清晰、条理分明, 但其实是打着换元简化的名号走了弯路.

二、对问题 2 的分析与解

问题 2 若存在 $\varphi \in \mathbf{R}$，使得函数 $f(x) = \cos(\omega x + \varphi) - \dfrac{1}{2}$，$\omega > 0$ 在 $x \in [\pi, 3\pi]$ 上有且仅有 2 个零点，则 ω 的取值范围是_____.

(一) 自己往年记录的思路及做法

令 $t = \omega x + \varphi$，则因为 $\omega > 0$，$x \in [\pi, 3\pi]$，故 $t \in [\omega\pi + \varphi, 3\omega\pi + \varphi]$，因此问题 2 等价于"若存在 $\varphi \in \mathbf{R}$，使得方程 $\cos t = \dfrac{1}{2}$ 在 $t \in [\omega\pi + \varphi, 3\omega\pi + \varphi]$ 上有且仅有 2 个解，则 ω 的取值范围是_____."

与问题 1 类似，换元转化的好处是函数 $y = \cos t$ 的图像极易作出，接下来要直面的仍然是如何在 x 轴上找到区间 $I = [\omega\pi + \varphi, 3\omega\pi + \varphi]$. 经验与直觉告诉我们，$I$ 的左右端点并非固定，为了满足题设要求，会有各自相应的活动范围. 回忆一下，如何研究"多动"问题(此处是两个端点都在动)？ 常用的对策是"控制变量法"，先固定某些变量去研究其他变量变化的时候的数学对象的性质. 比如，为了研究函数 $y = A\sin(\omega x + \varphi)(\omega \neq 0)$ 的图像与性质，通常按以下顺序依次研究：① $A = 2$，$\omega = 1$，$\varphi = 0 (\omega, \varphi$ 不变，A 变化$)$；② $A = 1$，$\omega = 2$，$\varphi = 0 (A, \varphi$ 不变，ω 变化$)$；③ $A = 1$，$\omega = 1$，$\varphi = \dfrac{\pi}{2}(A, \omega$ 不变，φ 变化$)$；④ $A = 3$，$\omega = 2$，$\varphi = \dfrac{\pi}{4}$(一般情况).

参考上述经验，考虑到函数 $y = \cos t$ 的周期性，我们根据区间 I 左端点与方程 $\cos t = \dfrac{1}{2}(t \in \mathbf{R})$ 的解在 x 轴上的相对位置将问题分为三类，如下$(\exists k \in \mathbf{Z})$.

(1) 当 $2k\pi \leqslant \omega\pi + \varphi \leqslant 2k\pi + \dfrac{\pi}{3}$ 时，如图 3.15(a) 所示. 欲满足题设要求，必须要求右端点 $2k\pi + \dfrac{5\pi}{3} \leqslant 3\omega\pi + \varphi < 2k\pi + \dfrac{7\pi}{3}$，即 $-2k\pi - \dfrac{7\pi}{3} < -3\omega\pi - \varphi \leqslant -2k\pi - \dfrac{5\pi}{3}$，将其与 $2k\pi \leqslant \omega\pi + \varphi \leqslant 2k\pi + \dfrac{\pi}{3}$ 相加可得 $-\dfrac{7\pi}{3} < -2\omega\pi \leqslant -\dfrac{4\pi}{3}$，解得 $\dfrac{2}{3} \leqslant \omega < \dfrac{7}{6}$.

(2) 当 $2k\pi + \dfrac{\pi}{3} < \omega\pi + \varphi \leqslant 2k\pi + \dfrac{5\pi}{3}$ 时，如图 3.15(b) 所示. 欲满足题设要求，必须要求右端点 $2k\pi + \dfrac{7\pi}{3} \leqslant 3\omega\pi + \varphi < 2k\pi + \dfrac{11\pi}{3}$，即 $-2k\pi - \dfrac{11\pi}{3} < -3\omega\pi - \varphi \leqslant -2k\pi - \dfrac{7\pi}{3}$，将其与 $2k\pi + \dfrac{\pi}{3} < \omega\pi + \varphi \leqslant 2k\pi + \dfrac{5\pi}{3}$ 相加可得 $-\dfrac{10\pi}{3} < -2\omega\pi \leqslant -\dfrac{2\pi}{3}$，解得 $\dfrac{1}{3} \leqslant \omega < \dfrac{5}{3}$.

(3) 当 $2k\pi + \dfrac{5\pi}{3} < \omega\pi + \varphi < 2k\pi + 2\pi$ 时，如图 3.15(c) 所示. 欲满足题设要求，必须要求右端点 $2k\pi + \dfrac{11\pi}{3} \leqslant 3\omega\pi + \varphi < 2k\pi + \dfrac{13\pi}{3}$，即 $-2k\pi - \dfrac{13\pi}{3} < -3\omega\pi - \varphi \leqslant -2k\pi - \dfrac{11\pi}{3}$，将其与 $2k\pi + \dfrac{5\pi}{3} < \omega\pi + \varphi < 2k\pi + 2\pi$ 相加可得 $-\dfrac{8\pi}{3} < -2\omega\pi < -\dfrac{5\pi}{3}$，解得 $\dfrac{5}{6} < \omega < \dfrac{4}{3}$.

综上，ω 的范围为三类所求范围的并集，即 $\dfrac{1}{3} \leqslant \omega < \dfrac{5}{3}$.

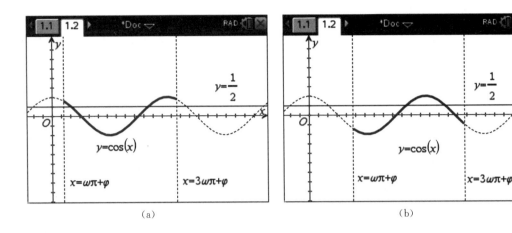

(a)　　　　　　　　　　　　　　　(b)

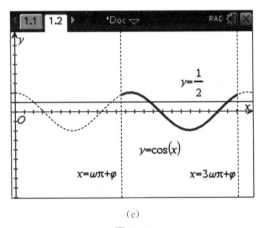

(c)

图 3.15

(二) 进一步的思考

上述解法有两处增加了工作量与烦琐程度，其一仍是对相位所实施的换元；其二是三类讨论的缘起与开展均依赖于图像，虽说图像十分熟悉，但不可否认的是，作图的过程花费了时间．能不能省去这两个动作呢？

这不由得让人联想到 2013 年上海市秋考试卷（文科与理科）中的那道三角函数解答题，即第 21 题．

（文）已知函数 $f(x)=2\sin(\omega x)$，其中常数 $\omega>0$．

(1) 令 $\omega=1$，判断函数 $F(x)=f(x)+f\left(x+\dfrac{\pi}{2}\right)$ 的奇偶性，并说明理由；

(2) 令 $\omega=2$，将函数 $y=f(x)$ 的图像向左平移 $\dfrac{\pi}{6}$ 个单位，再向上平移 1 个单位，得到函数 $y=g(x)$ 的图像．对任意 $a\in\mathbf{R}$，求 $y=g(x)$ 在区间 $[a, a+10\pi]$ 上零点个数的所有可能值．

（理）已知函数 $f(x)=2\sin(\omega x)$，其中常数 $\omega>0$．

(1) 若 $y=f(x)$ 在 $\left[-\dfrac{\pi}{4}, \dfrac{2\pi}{3}\right]$ 上单调递增，求 ω 的取值范围；

(2) 令 $\omega=2$，将函数 $y=f(x)$ 的图像向左平移 $\dfrac{\pi}{6}$ 个单位，再向上平移 1 个单位，得到函数

$y=g(x)$的图像.区间$[a,b]$ $(a,b\in \mathbf{R}$,且$a<b)$满足:$y=g(x)$在$[a,b]$上至少含有30个零点.在所有满足上述条件的$[a,b]$中,求$b-a$的最小值.

我们只分析这两道题的第(2)小问.

易知$g(x)=2\sin\left(2x+\dfrac{\pi}{3}\right)+1$.记得当时并非换元后画图来做,而是直接代数法先解出零点.由$2\sin\left(2x+\dfrac{\pi}{3}\right)+1=0$解得$x=k\pi+\dfrac{5\pi}{12}$或$x=k\pi+\dfrac{3\pi}{4}(k\in \mathbf{Z})$.接下来的关键是搞清这些零点的分布规律.将它们标在数轴上,如图3.16所示.同一个k对应两个零点且相距为$\dfrac{\pi}{3}$,若将同一个k对应的两个零点称为"一对",则由相邻的两个k算出的两对零点相距为$\dfrac{2\pi}{3}$.

相邻两个零点的间距	$\dfrac{\pi}{3}$	$\dfrac{2\pi}{3}$	$\dfrac{\pi}{3}$	$\dfrac{2\pi}{3}$	$\dfrac{\pi}{3}$	……	$\dfrac{\pi}{3}$	$\dfrac{2\pi}{3}$	$\dfrac{\pi}{3}$	$\dfrac{2\pi}{3}$	$\dfrac{\pi}{3}$
零点	$\dfrac{5\pi}{12}$ $\dfrac{3\pi}{4}$		$\pi+\dfrac{5\pi}{12}$ $\pi+\dfrac{3\pi}{4}$		$2\pi+\dfrac{5\pi}{12}$ $2\pi+\dfrac{3\pi}{4}$	……	$14\pi+\dfrac{5\pi}{12}$ $14\pi+\dfrac{3\pi}{4}$		$15\pi+\dfrac{5\pi}{12}$ $15\pi+\dfrac{3\pi}{4}$		$16\pi+\dfrac{5\pi}{12}$ $16\pi+\dfrac{3\pi}{4}$
k的取值	$k=0$		$k=1$		$k=2$	……	$k=14$		$k=15$		$k=16$

图3.16

理科第(2)小问与文科第(2)小问最突出的一个区别是理科中的区间$[a,b]$两个端点都不定,而文科中的区间$[a,a+10\pi]$中仅含一个变量,但两者的思考方法其实是相似的.

首先在数轴上对$[a,a+10\pi]$(或$[a,b]$)的左端点a定位.由于每一对零点的地位都是平等的,抓住某一对零点看即可.以$\left\{\dfrac{5\pi}{12},\dfrac{3\pi}{4}\right\}$这对零点为例,可分为四类,如下$(k\in \mathbf{Z})$.

第一类:$a=\dfrac{5\pi}{12}$ $\left(\text{代表了}\ a=k\pi+\dfrac{5\pi}{12}\text{这一类}\right)$.

第二类:$\dfrac{5\pi}{12}<a<\dfrac{3\pi}{4}$ $\left(\text{代表了}\ k\pi+\dfrac{5\pi}{12}<a<k\pi+\dfrac{3\pi}{4}\text{这一类}\right)$.

第三类:$a=\dfrac{3\pi}{4}$ $\left(\text{代表了}\ a=k\pi+\dfrac{3\pi}{4}\text{这一类}\right)$.

第四类:$\dfrac{3\pi}{4}<a<\pi+\dfrac{5\pi}{12}$ $\left(\text{代表了}\ k\pi+\dfrac{3\pi}{4}<a<(k+1)\pi+\dfrac{5\pi}{12}\text{这一类}\right)$.

由此,文理科第(2)小问解答如表3.5所示.

表3.5

类别	文科21(2)	理科21(2)
第一类	21个	$14\pi+\dfrac{3\pi}{4}\leqslant b<15\pi+\dfrac{5\pi}{12}$,此时 $(b-a)_{\min}=14\pi+\dfrac{3\pi}{4}-\dfrac{5\pi}{12}=\dfrac{43\pi}{3}$
第二类	20个	$15\pi+\dfrac{5\pi}{12}\leqslant b<15\pi+\dfrac{3\pi}{4}$,此时 $\dfrac{44\pi}{3}<b-a<\dfrac{46\pi}{3}$

(续表)

类别	文科 21(2)	理科 21(2)
第三类	21 个	$15\pi + \dfrac{5\pi}{12} \leqslant b < 15\pi + \dfrac{3\pi}{4}$,此时 $(b-a)_{\min} = 15\pi + \dfrac{5\pi}{12} - \dfrac{3\pi}{4} = \dfrac{44\pi}{3}$
第四类	20 个	$15\pi + \dfrac{3\pi}{4} \leqslant b < 16\pi + \dfrac{5\pi}{12}$,此时 $\dfrac{43\pi}{3} < b - a < \dfrac{47\pi}{3}$
综上	20 个或 21 个	$(b-a)_{\min} = \dfrac{43\pi}{3}$

现在,让我们回到问题 2.

令 $f(x) = \cos(\omega x + \varphi) - \dfrac{1}{2} = 0$,得 $\omega x + \varphi = 2k\pi \pm \dfrac{\pi}{3}(k \in \mathbf{Z})$,$x = \dfrac{2k\pi \pm \dfrac{\pi}{3} - \varphi}{\omega}$,将这些 x 标在数轴上,如图 3.17 所示.

相邻两个零点的间距		$\dfrac{2\pi}{3\omega}$		$\dfrac{4\pi}{3\omega}$		$\dfrac{2\pi}{3\omega}$		$\dfrac{4\pi}{3\omega}$		$\dfrac{2\pi}{3\omega}$	
	A_0		B_0		A_1		B_1		A_2		B_2 ……
零点	$\dfrac{-\dfrac{\pi}{3}-\varphi}{\omega}$		$\dfrac{\dfrac{\pi}{3}-\varphi}{\omega}$		$\dfrac{2\pi}{\omega}+\dfrac{-\dfrac{\pi}{3}-\varphi}{\omega}$		$\dfrac{2\pi}{\omega}+\dfrac{\dfrac{\pi}{3}-\varphi}{\omega}$		$\dfrac{4\pi}{\omega}+\dfrac{-\dfrac{\pi}{3}-\varphi}{\omega}$		$\dfrac{4\pi}{\omega}+\dfrac{\dfrac{\pi}{3}-\varphi}{\omega}$ ……
k 的取值		$k=0$				$k=1$				$k=2$	

图 3.17

欲使 $f(x)$ 在 $[\pi, 3\pi]$ 上有且仅有 2 个零点,有两种情况,其一是这两个零点的间距为 $\dfrac{2\pi}{3\omega}$,所满足的不等式为 $(k \in \mathbf{Z})$

$$\dfrac{2k\pi + \dfrac{\pi}{3} - \varphi}{\omega} - \dfrac{2\pi}{\omega} < \pi \leqslant \dfrac{2k\pi - \dfrac{\pi}{3} - \varphi}{\omega} < \dfrac{2k\pi + \dfrac{\pi}{3} - \varphi}{\omega} \leqslant 3\pi < \dfrac{2k\pi - \dfrac{\pi}{3} - \varphi}{\omega} + \dfrac{2\pi}{\omega}. \quad (\mathrm{I})$$

其二是这两个零点的间距为 $\dfrac{4\pi}{3\omega}$,所满足的不等式为 $(k \in \mathbf{Z})$

$$\dfrac{2k\pi - \dfrac{\pi}{3} - \varphi}{\omega} < \pi \leqslant \dfrac{2k\pi + \dfrac{\pi}{3} - \varphi}{\omega} < \dfrac{2k\pi - \dfrac{\pi}{3} - \varphi}{\omega} + \dfrac{2\pi}{\omega} \leqslant 3\pi < \dfrac{2k\pi + \dfrac{\pi}{3} - \varphi}{\omega} + \dfrac{2\pi}{\omega}. \quad (\mathrm{II})$$

由(Ⅰ)得

$$\begin{cases} 2k\pi - \dfrac{5\pi}{3} < \omega\pi + \varphi \leqslant 2k\pi - \dfrac{\pi}{3}, & \text{①} \\ 2k\pi + \dfrac{\pi}{3} \leqslant 3\omega\pi + \varphi < 2k\pi + \dfrac{5\pi}{3}, & \text{②} \end{cases}$$ ①+②×(−1) 得 $\dfrac{1}{3} \leqslant \omega < \dfrac{5}{3}$;

由(Ⅱ)得

$$\begin{cases} 2k\pi - \dfrac{\pi}{3} < \omega\pi + \varphi \leqslant 2k\pi + \dfrac{\pi}{3}, & ③ \\ 2k\pi + \dfrac{5\pi}{3} \leqslant 3\omega\pi + \varphi < 2k\pi + \dfrac{7\pi}{3}, & ④ \end{cases}$$ ③+④×(-1) 得 $\dfrac{2}{3} \leqslant \omega < \dfrac{4}{3}$.

故 ω 的取值范围是 $\left[\dfrac{1}{3}, \dfrac{5}{3}\right) \cup \left[\dfrac{2}{3}, \dfrac{4}{3}\right) = \left[\dfrac{1}{3}, \dfrac{5}{3}\right)$.

从最后列出的不等式的形式可以看到,这种不借助图像而是直接代数解根的方法与前述换元后借助图像的方法本质是相同的.但隐隐约约总感觉上述(Ⅰ)(Ⅱ)这两个不等式应该还可以再简化.

(三) 学习别人的思想

苦思无果下,查找某猿搜题,发现了下面的解法.

首先仍是代数法解出函数 $f(x) = \cos(\omega x + \varphi) - \dfrac{1}{2}$ 所有的零点: $x = \dfrac{2k\pi \pm \dfrac{\pi}{3} - \varphi}{\omega}(k \in \mathbf{Z})$.

接下来说:"又因为存在实数 φ,使函数 $f(x)$ 在 $x \in [\pi, 3\pi]$ 上有且仅有 2 个零点,所以

$$\dfrac{2k\pi + \dfrac{7\pi}{3} - \varphi}{\omega} - \dfrac{2k\pi + \dfrac{5\pi}{3} - \varphi}{\omega} \leqslant 2\pi \text{ 且 } \dfrac{2k\pi + \dfrac{11\pi}{3} - \varphi}{\omega} - \dfrac{2k\pi + \dfrac{\pi}{3} - \varphi}{\omega} > 2\pi,$$

即 $\dfrac{\dfrac{2\pi}{3}}{\omega} \leqslant 2\pi$ 且 $\dfrac{\dfrac{10\pi}{3}}{\omega} > 2\pi$,解得 $\dfrac{1}{3} \leqslant \omega < \dfrac{5}{3}$."

笔者用心揣摩了此处列出的两个不等式,可借助图 3.17 理解其意思.其实就是要求图 3.17 中的那个较小的间距 $A_0B_0 = \dfrac{2\pi}{3\omega} \leqslant 2\pi$ 且 $B_0A_2 = \dfrac{4\pi}{3\omega} + \dfrac{2\pi}{3\omega} + \dfrac{4\pi}{3\omega} > 2\pi$,这两个不等式右边的 2π 应该是指区间 $[\pi, 3\pi]$ 的长度.这是为什么呢?

首先,若 $A_0B_0 > 2\pi$,则由图 3.17 可知在 $x \in [\pi, 3\pi]$ 上的零点个数是 0 个或 1 个.但笔者对于 $B_0A_2 > 2\pi$ 这个要求有些费解.粗粗品味下来,是不是可以用生活化的语言这样描述: $A_0B_0 \leqslant 2\pi$ 是要求零点不能太分散,否则在长度为 2π 的区间内零点的个数达不到 2 个;而 $B_0A_2 > 2\pi$ 是要求零点不能太密集,否则在长度为 2π 的区间内零点的个数始终多于 2 个.

为了更好地理解"存在 $\varphi \in \mathbf{R}$"中的"存在"二字,我们把工作做得再细致一些.记 $d = \dfrac{2\pi}{3\omega}$,将图 3.17 简化为图 3.18.然后根据区间 $[\pi, 3\pi]$ 的长度 2π 与 d 之间的大小关系,并结合图 3.18(让区间 $[\pi, 3\pi]$ 的左端点从点 A_0 处依次向右滑动,到 A_1 处即完成各种情况),讨论如表 3.6 所示.

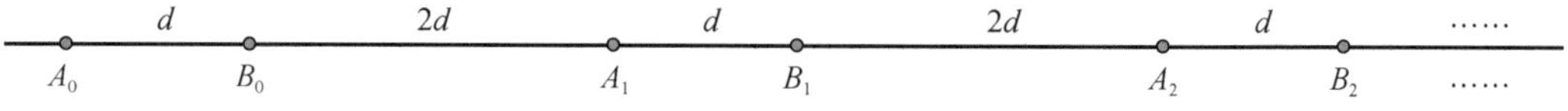

图 3.18

表 3.6

类别	区间 $[\pi, 3\pi]$ 上可能有的零点个数	是否符合题意
$0<2\pi<d$	0 个或 1 个	不符合
$2\pi=d$	0 个或 1 个或 2 个	符合
$d<2\pi<2d$	0 个或 1 个或 2 个	符合
$2\pi=2d$	1 个或 2 个	符合
$2d<2\pi<3d$	1 个或 2 个	符合
$2\pi=3d$	2 个或 3 个	符合
$3d<2\pi<4d$	2 个或 3 个	符合
$2\pi=4d$	2 个或 3 个或 4 个	符合
$4d<2\pi<5d$	2 个或 3 个或 4 个	符合
$2\pi=5d$	3 个或 4 个	不符合
$5d<2\pi<6d$	3 个或 4 个	不符合
$2\pi=6d$	4 个或 5 个	不符合
$6d<2\pi<7d$	4 个或 5 个	不符合
$2\pi=7d$	4 个或 5 个或 6 个	不符合
$7d<2\pi<8d$	4 个或 5 个或 6 个	不符合
……	……	……

可以看到,只要在区间 $[\pi,3\pi]$ 上可能有 2 个零点的情况都符合题意,这也就是"存在 φ"的含义. 据表 3.6 可列出需满足的不等式为 $d\leqslant 2\pi<5d$,即 $\dfrac{2\pi}{3\omega}\leqslant 2\pi<5\cdot\dfrac{2\pi}{3\omega}$(亦即区间的长度不能小于 1 个 d,同时必须小于 5 个 d),解得 $\dfrac{1}{3}\leqslant\omega<\dfrac{5}{3}$,即为所求. 值得说明的是,所列的不等式" $\dfrac{2\pi}{3\omega}\leqslant 2\pi<5\cdot\dfrac{2\pi}{3\omega}$ "看起来与 φ 无关,但从表 3.6 中符合题意的 8 种情况里可以看到 φ 背地里所起的作用,比如正是 φ 的变化才导致有"0 个或 1 个或 2 个"等等情况的发生,而只要有"2 个"这种情况发生就符合题目要求.

上述探索对我们的启发是,当我们穷尽自己智慧对某个问题百思不得解时要善于借助外力,向他人学习,学习他们的思想与做法. 但由于这些思想或做法是以静态的文字或符号呈现的,此时要善于从具体、直观的角度入手,借助特值、图形或正反角度分析答案等来理解、参悟它们. 比如本题,可在答案 $\dfrac{1}{3}\leqslant\omega<\dfrac{5}{3}$ 中取两个正例 $\left(\text{比如取}\ \omega=\dfrac{1}{3},1\ \text{等}\right)$ 三个反例 $\left(\text{比如取}\ \omega=\dfrac{1}{4},\dfrac{5}{3},2\ \text{等}\right)$ 来感受为什么正例可以而反例不可以,这种做法对于理解为什么列出的是那些不等式是非常有帮助的.

(四)想到的另两道题目

俗话说:"没有比较就没有理解""比较出真知、比较分优劣、比较见真伪". 在对问题 2 的思考过程中,笔者想到另外两道题目,让我们试着比较一下它们的异同(实践告诉我,有时由此题想到的彼题两者之间可能没什么联系,这种现象颇为奇怪).更进一步,如果能碰巧把刚刚学来的方法用上去,则实乃幸福之事.

问题 2 的联想 1 已知函数 $f(x)=2\sin\left(\omega x+\dfrac{\pi}{4}\right)(\omega>0)$ 在区间 $[-1,1]$ 上恰有三个零点,则 ω 的取值范围为_____.

分析与解 本题与问题 2 的明显区别是:问题 2 要求只要存在 φ 就行,而本题中的 φ 是给定的(就单单对 $\varphi=\dfrac{\pi}{4}$ 而言满足要求). 当然从"有 2 个零点"到"有 3 个零点"也会遇到新的情况.

由 $2\sin\left(\omega x+\dfrac{\pi}{4}\right)=0$ 解得 $x=\dfrac{k\pi-\dfrac{\pi}{4}}{\omega}(k\in\mathbf{Z})$,将这些零点标在数轴上,如图 3.19 所示.

相邻两个零点的间距	……	C_{-3}	$\dfrac{\pi}{\omega}$	C_{-2}	$\dfrac{\pi}{\omega}$	C_{-1}	$\dfrac{\pi}{\omega}$	C_0	$\dfrac{\pi}{\omega}$	C_1	$\dfrac{\pi}{\omega}$	C_2	……
零点	……	$-\dfrac{13\pi}{4\omega}$		$-\dfrac{9\pi}{4\omega}$		$-\dfrac{5\pi}{4\omega}$		$-\dfrac{\pi}{4\omega}$		$\dfrac{3\pi}{4\omega}$		$\dfrac{7\pi}{4\omega}$	……
k 的取值		$k=-3$		$k=-2$		$k=-1$		$k=0$		$k=1$		$k=2$	

图 3.19

"在区间 $[-1,1]$ 上恰有三个零点"这件事可分为四种情况,这四种情况及各自需满足的条件如表 3.7 所示.

表 3.7

类别	列式	解集
三个零点都大于 0	$\begin{cases}-\dfrac{\pi}{4\omega}<-1\\ \dfrac{11\pi}{4\omega}\leqslant 1<\dfrac{15\pi}{4\omega}\end{cases}$	$\varnothing$
三个零点中有两个大于 0	$\begin{cases}-\dfrac{5\pi}{4\omega}<-1\leqslant-\dfrac{\pi}{4\omega}\\ \dfrac{7\pi}{4\omega}\leqslant 1<\dfrac{11\pi}{4\omega}\end{cases}$	$\varnothing$
三个零点中有一个大于 0	$\begin{cases}-\dfrac{9\pi}{4\omega}<-1\leqslant-\dfrac{5\pi}{4\omega}\\ \dfrac{3\pi}{4\omega}\leqslant 1<\dfrac{7\pi}{4\omega}\end{cases}$	$\left[\dfrac{5\pi}{4},\dfrac{7\pi}{4}\right)$
三个零点都小于 0	$\begin{cases}-\dfrac{13\pi}{4\omega}<-1\leqslant-\dfrac{9\pi}{4\omega}\\ \dfrac{3\pi}{4\omega}>1\end{cases}$	$\varnothing$
综上		$\left[\dfrac{5\pi}{4},\dfrac{7\pi}{4}\right)$

由于问题 2 中初相位 φ 的未知性,我们在寻找需满足的条件时,可以让区间 $[\pi,3\pi]$ 在标有很多零点的数轴上滑动(因为数轴上的每一个点对应的数都可以等于 π),如图 3.18 所示,当从 A_0 滑动到 A_1 时就完成了对所有情况的考察.而"问题 2 的联想 1"中的这个问题却并非如此,区间 $[-1,1]$ 所能覆盖住的零点只能在原点两侧寻找(只考虑零点间距与区间长度的大小关系难以奏效了),抓住原点一侧零点的个数分类即可.当然,如果换元 $\left(令\omega x+\dfrac{\pi}{4}=t\right)$ 后画图来做,同样地,只需根据在原点某一侧区间 $\left[\dfrac{\pi}{4}-\omega,\dfrac{\pi}{4}+\omega\right]$ 所拥有的零点个数分类.

问题 2 的联想 2 函数 $y=f(x)$ 的定义域为 $[1,3]$,试问函数 $f(x+a)$ 与 $f(a^2-x)$ 的和函数是否存在?如果存在,请求出实数 a 的取值范围;如果不存在,请说明理由.

这是我十几年前做过的一道题目!不知为什么在思考问题 2 的时候突然就想到了它.

分析与解 当不等式组 $\begin{cases}1\leqslant x+a\leqslant 3,\\ 1\leqslant a^2-x\leqslant 3\end{cases}$ 有解时和函数存在,化简得 $\begin{cases}1-a\leqslant x\leqslant 3-a,\\ a^2-3\leqslant x\leqslant a^2-1,\end{cases}$ 记 $I_1=[1-a,3-a]$,$I_2=[a^2-3,a^2-1]$,则问题转化为"当 $I_1\cap I_2\neq\varnothing$ 时求 a 的取值范围".自此,我们会注意到该问题的下述特点:

① 数学对象自身的多动性与稳定性:I_1,I_2 都是动区间,但它们的长度都是恒定的,均为 2.顺带指出,有时我们还会遇到动区间中点恒定的情况,如区间 $[1-a,3+a]$ 的中点恒为 $(2,0)$.这有些类似于函数的周期性与对称性.如 $f(1-x)=f(3-x)$ 恒成立蕴含了周期性,而 $f(1-x)=f(3+x)$,$f(1-x)+f(3+x)=0$ 恒成立则蕴含了对称性[前者说明直线 $x=2$ 是对称轴,后者说明点 $(2,0)$ 是对称中心].当遇到多个动态的数学对象时,我们常用的思维策略可以是"先让其中一个不动".比如可以固定 I_2,让 I_1 在数轴上滑动,根据其与 I_1 的位置关系分类列式.

② 数学对象之间关系的多样性:满足 $I_1\cap I_2\neq\varnothing$ 的情况是不唯一的,需要讨论.分类讨论的作用是各个击破,把"大事化小,小事化了".当然,对 $I_1\cap I_2\neq\varnothing$ 的分析还要有"正难则反"的思维习惯,即先考虑其反面.但无论是正面入手还是反面突破,都需要分类讨论.

之所以由问题 2 联想到本题的另一原因是"初做时都曾困惑过一段时间".

基于对上述特点的分析,我们在表 3.8 中呈现了两种解法.

表 3.8

解题流程	方法及过程	
选择方法	正面入手	反面突破
固定区间	I_2	I_2
分类列式	$a^2-3\leqslant 1-a\leqslant a^2-1$ 或 $a^2-3\leqslant 3-a\leqslant a^2-1$	$1-a>a^2-1$ 或 $3-a<a^2-3$
计算求解	$a\in\left[\dfrac{-1-\sqrt{17}}{2},-2\right]\cup\left[1,\dfrac{-1+\sqrt{17}}{2}\right]$ 或 $a\in\left[-3,\dfrac{-1-\sqrt{17}}{2}\right]\cup\left[\dfrac{-1+\sqrt{17}}{2},2\right]$	$a\in(-\infty,-3)\cup(2,+\infty)$ 或 $a\in(-2,1)$
获得结果	取并集可得 $a\in[-3,-2]\cup[1,2]$	取补集可得 $a\in[-3,-2]\cup[1,2]$

三、对问题 3 的分析与解

问题 3 （2021 年上海春考数学第 12 题）已知 $\theta>0$，若存在实数 φ，对任意 $n\in \mathbf{N}^*$，总有 $\cos(n\theta+\varphi)<\dfrac{\sqrt{3}}{2}$，则 θ 的最小值是_____．

（一）往年本题无所获，今年努力再思考

此题的第一个难点是理解题意，原因是字母较多，有"存在"有"任意"，比较绕！初读题目可以知道，其中出现的三个字母 n,θ,φ 相对来讲，n 是变量，θ,φ 是参量．尽管是"双参"，但若将 θ,φ 视为一对[比如，可以记为 (θ,φ)]，则仍然可作"单参"．从所求"θ 的最小值"可以知道，符合题意的 θ 并不唯一，与 θ 相配的 φ 可能也非唯一，只要存在相应的 φ 满足要求就行．克服该难点的方法可以是"忽略'最小性'，先找到一对简单的符合题意的 (θ,φ)"．比如取 $(\theta,\varphi)=\left(2\pi,\dfrac{\pi}{3}\right)$，则有

$$\cos(n\theta+\varphi)=\cos\left(2\pi n+\dfrac{\pi}{3}\right)=\cos\dfrac{\pi}{3}=\dfrac{1}{2}<\dfrac{\sqrt{3}}{2},$$

符合要求．再比如取 $(\theta,\varphi)=\left(\pi,\dfrac{\pi}{3}\right)$，则有

$$\cos(n\theta+\varphi)=\cos\left(\pi n+\dfrac{\pi}{3}\right)=\cos\dfrac{\pi}{3} \text{ 或 }\cos\dfrac{4\pi}{3}=\pm\dfrac{1}{2}<\dfrac{\sqrt{3}}{2},$$

符合要求．但若取 $(\theta,\varphi)=\left(\dfrac{\pi}{2},\dfrac{\pi}{3}\right)$，则有 $\cos(n\theta+\varphi)=\cos\left(\dfrac{\pi}{2}n+\dfrac{\pi}{3}\right)=\pm\dfrac{1}{2},\pm\dfrac{\sqrt{3}}{2}$，不合要求．如果将该处的 $\dfrac{\pi}{3}$ 换为 $\dfrac{\pi}{4}$，则有 $\cos(n\theta+\varphi)=\cos\left(\dfrac{\pi}{2}n+\dfrac{\pi}{4}\right)=\pm\dfrac{\sqrt{2}}{2}<\dfrac{\sqrt{3}}{2}$，符合要求．原因在哪儿呢？若我们追根溯源，从"任意角的正弦、余弦、正切、余切"的定义可以知道，源头是"角的终边位置"．由 $\cos(n\theta+\varphi)<\dfrac{\sqrt{3}}{2}$ 得 $2k\pi+\dfrac{\pi}{6}<n\theta+\varphi<2k\pi+\dfrac{11\pi}{6}(k\in\mathbf{Z})$，即只要角的终边范围落在该区域就行．或等价地，只要角的终边范围不落在 $\left[2k\pi-\dfrac{\pi}{6},2k\pi+\dfrac{\pi}{6}\right]$（记为 I_0）就行．与前述四对 (θ,φ) 相对应的角"$n\theta+\varphi$"的终边位置分别如图 3.20(a)(b)(c)(d)所示[除 g,h 之外的那些终边，图 3.20(c)中有一条终边恰与 h 重合了]．

注意：图中的 g,h 分别表示 $2k\pi+\dfrac{\pi}{6},2k\pi-\dfrac{\pi}{6}$ 的终边.

此题的第二个难点是如何以理性分析代替简单列举．一条可行的途径是再多列举一些例子（正例与反例都要有），然后从符合要求的诸多情形中发现共同点，再从不符合要求的诸多情形中通过比较发现异同点，最后提炼出符合题意需要满足的最本质的量化条件．

从图 3.20(b)和(d)可以直观地看到，"角 $n\theta+\varphi(\forall n\in\mathbf{N}^*)$ 的终边范围恒不落在区间 I_0 内"的一个必要条件是 "$[(n+1)\theta+\varphi]-(n\theta+\varphi)=\theta>\dfrac{\pi}{3}$"，比如当分别取 $\left(\dfrac{\pi}{4},\dfrac{\pi}{5}\right)$，$\left(\dfrac{2\pi}{17},\dfrac{\pi}{8}\right)$ 时均不符合要求，如图 3.21(a)(b)所示．

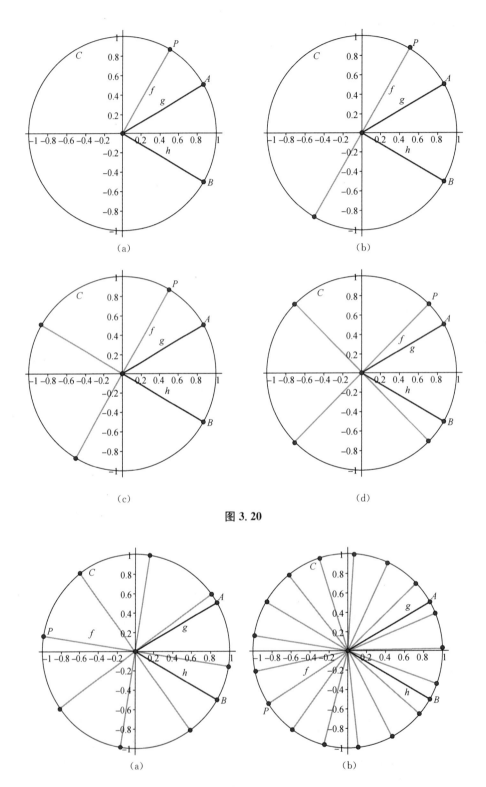

图 3.20

图 3.21

为通过对比发现更多的规律,我们将上述 6 个具体的例子列在一张表里,如表 3.9 所示.

表 3.9

θ	φ	$n\theta+\varphi(\forall n\in\mathbf{N}^*)$ 的终边位置个数	符合不符合题意	原因分析
2π	$\dfrac{\pi}{3}$	1 个	符合	这 1 个终边没落在 I_0 内
π	$\dfrac{\pi}{3}$	2 个	符合	这 2 个终边都没落在 I_0 内
$\dfrac{\pi}{2}$	$\dfrac{\pi}{3}$	4 个	不符合	这 4 个终边中有 1 个落在了 I_0 内
$\dfrac{\pi}{2}$	$\dfrac{\pi}{4}$	4 个	符合	这 4 个终边都没有落在 I_0 内
$\dfrac{\pi}{4}$	$\dfrac{\pi}{5}$	8 个	不符合	这 8 个终边中有 1 个落在了 I_0 内
$\dfrac{2\pi}{17}$	$\dfrac{\pi}{8}$	17 个	不符合	这 17 个终边中有 3 个落在了 I_0 内

以上例子有一个共性:$n\theta+\varphi(\forall n\in\mathbf{N}^*)$ 的终边只有有限个,且从图 3.22(a)可知终边的个数取决于最简分数 $\dfrac{\theta}{2\pi}$ 中的分母的值,如因为 $\dfrac{\pi}{4}\div2\pi=\dfrac{1}{8}$,$\dfrac{\pi}{2}\div2\pi=\dfrac{1}{4}$,$\dfrac{4\pi}{17}\div2\pi=\dfrac{2}{17}$,相应地终边位置就分别有 8 个、4 个、17 个.

注意:图 3.22(a)中 $(\theta,\varphi)=\left(\dfrac{4\pi}{17},\dfrac{\pi}{8}\right)$.

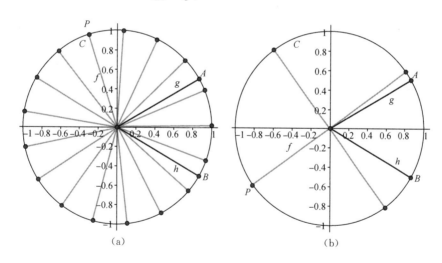

图 3.22

通过比较不符合题意的 $\left(\dfrac{\pi}{2},\dfrac{\pi}{3}\right)$ 与符合题意的 $\left(\dfrac{\pi}{2},\dfrac{\pi}{4}\right)$,我们可获得一个认识:只要 $\theta>\dfrac{\pi}{3}$,就可以通过调整 φ 的值使得 $n\theta+\varphi(\forall n\in\mathbf{N}^*)$ 的终边避开区间 I_0.比如 $(\theta,\varphi)=\left(\dfrac{\pi}{2},\dfrac{\pi}{5}\right)$ 时也可以,如图 3.22(b)所示.

值得强调的是"终边的个数取决于最简分数 $\dfrac{\theta}{2\pi}$ 中的分母的值"这句话显然是有前提的,即 $\dfrac{\theta}{2\pi}\in$

Q. 图 3.23(a)和(b)分别呈现了 $(\theta, \varphi) = \left(\dfrac{\sqrt{2}}{2}\pi, \dfrac{\pi}{5}\right), \left(\sqrt{3}\pi, \dfrac{\pi}{6}\right)$ 时 $n\theta + \varphi (\forall n \in \mathbf{N}^*)$ 的终边位置. 可以发现,此时的终边已无周期性可言,随着 n 的变化,终边覆盖了整个坐标平面!

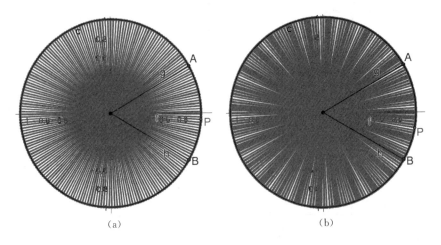

图 3.23

基于以上分析,我们只需在所有可以写成 2π 的最简分数倍的且大于 $\dfrac{\pi}{3}$ 的角中找出那个最小的即为所求. 由于 $\dfrac{\pi}{3} = \dfrac{1}{6} \cdot 2\pi$, 故大于 $\dfrac{\pi}{3}$ 的最小的那个 $\theta = \dfrac{1}{5} \cdot 2\pi = \dfrac{2\pi}{5}$. 接下来看对于 $\theta = \dfrac{2\pi}{5}$ 是否存在相应的 φ 使得 $n\theta + \varphi (\forall n \in \mathbf{N}^*)$ 的终边都不落在 I_0 内. 为此我们先作出 $n\theta = \dfrac{2n\pi}{5}$ 的终边,如图 3.24(a)所示. 接下来让这些终边同时旋转 φ 角,即得到复角 $n\theta + \varphi (\forall n \in \mathbf{N}^*)$ 所有的终边位置. 为了使得旋转过之后所有的终边都不落在 I_0 内,观察图 3.24(a)易知,只需 φ 满足 $\dfrac{\pi}{6} < \varphi < \dfrac{11\pi}{6} - \dfrac{2 \times 4}{5}\pi$, 即 $\dfrac{\pi}{6} < \varphi < \dfrac{7\pi}{30}$, 亦即 $\dfrac{5\pi}{30} < \varphi < \dfrac{7\pi}{30}$. 不妨取 $\varphi = \dfrac{6\pi}{30} = \dfrac{\pi}{5}$, 此时 $n \cdot \dfrac{2\pi}{5} + \dfrac{\pi}{5}$ 的终边位置如图 3.24(b)所示,符合题意$\left(\text{取 } \varphi = -\dfrac{\pi}{5}, -\dfrac{3\pi}{5} \text{等亦可}\right)$.

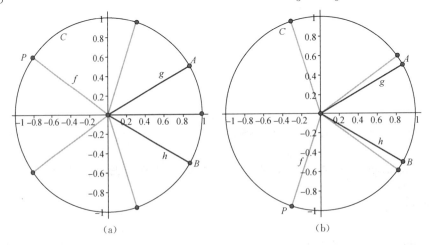

图 3.24

综上,我们探索得到 $\theta_{\min}=\dfrac{2\pi}{5}$.

(二) 补一些严格的论证

虽然探得了正确的结果,但显然有多处不严密的思维跳跃需要弥补. 另外,本题是否可以有所拓展? 如何拓展? 比如:

(1) 当 $\dfrac{\theta}{2\pi}\in\mathbf{Q}$ 时,确定 $n\theta+\varphi(\forall n\in\mathbf{N}^*)$ 终边位置个数的理论依据是什么?

(2) 当 $\dfrac{\theta}{2\pi}\notin\mathbf{Q}$ 时,$n\theta+\varphi(\forall n\in\mathbf{N}^*)$ 的终边位置为什么是稠密的? 会覆盖整个坐标平面吗?

(3) 若限制 $\theta\in(0,2\pi]$,则符合题意的 θ 会有无穷多吗? 若不会,一共有几个? 分别是哪些角? 为什么?

通过参考一些资料,并结合自己的思考,我们有如下的定理1、定理2、定理3.

定理 1 设 $\theta=2\pi\alpha(0<\alpha\leqslant 1)$,当 $\alpha=\dfrac{q}{p}[p,q\in\mathbf{N}^*,p\geqslant 2,(p,q)=1]$ 时,角 $n\theta$ 的终边必在 $0,\dfrac{1}{p}\cdot 2\pi,\dfrac{2}{p}\cdot 2\pi,\cdots,\dfrac{p-1}{p}\cdot 2\pi$ 共 p 个位置上.

证明:由 $\theta=\dfrac{q}{p}\cdot 2\pi$ 得 $q=\dfrac{p\theta}{2\pi}$. 考虑

$$q=\dfrac{p\theta}{2\pi},\ 2q=\dfrac{2p\theta}{2\pi},\ 3q=\dfrac{3p\theta}{2\pi},\ \cdots,\ pq=\dfrac{p^2\theta}{2\pi}.$$

下面用反证法证明这 p 个正整数两两对 p 不同余. 若 $xq\equiv yq(\bmod\ p)$,$x,y\in\{1,2,\cdots,p\}$,即 $\exists k_1,k_2\in\mathbf{N}^*$,$r\in\mathbf{N}$,$0\leqslant r\leqslant p-1$,使得 $xq=k_1p+r$,$yq=k_2p+r$,则因为 $x\neq y$,故 $k_1\neq k_2$. 由 $xq-yq=(k_1-k_2)p$ 知 $p|(x-y)q$,但由于 $(p,q)=1$,故 $p|(x-y)$,这是不可能的. 所以 $q,2q,3q,\cdots,pq$ 模 p 两两不同余.

以上我们证明了 $q,2q,3q,\cdots,pq$ 模 p 恰是 $0,1,2,\cdots,p-1$ 的一个排列,故 $n\theta$ 对应的终边恰为 $0,\dfrac{2\pi}{p},\dfrac{4\pi}{p},\cdots,\dfrac{2(p-1)\pi}{p}$ 所在的 p 个终边.

定理 2 设 $\theta=2\pi\alpha(0<\alpha\leqslant 1)$,当 α 是无理数时,角 $n\theta$ 的终边稠密分布在 $(0,2\pi)$ 的终边的位置上.

为证明定理2,我们先介绍三个引理(其证明可参见相关《数学分析》教科书). 其中符号 $\{n\}$ 表示 n 的小数部分,$\{n\}=n-[n]$.

引理 1(狄利克雷定理)

设 θ 是无理数,则对任给 $\varepsilon>0$,必存在正整数 m,使得 $\{m\theta\}<\varepsilon$.

引理 2(克罗内克定理)

设 θ 是无理数,给定实数 a,b,$a<b$,则必存在正整数 m 与整数 k,使得 $m\theta\in(k+a,k+b)$.

引理 3(克罗内克定理等价形式)

设 θ 是无理数,给定实数 a,b,$0\leqslant a<b\leqslant 1$,则必存在正整数 m,使得 $\{m\theta\}\in(a,b)$.

下面证明定理2.

对于任意给定的实数 x，$y(x<y)$ 且 $(x,y) \subseteq (0,1)$. 由引理 3 知，存在 $s \in \mathbf{N}^*$，使得 $\{s\alpha\} \in (x,y)$. 所以 $s\alpha$ 的终边落在 $(2\pi x, 2\pi y)$ 上. 故 $n\theta$ 角的终边稠密分布在 $(0, 2\pi)$ 的终边的位置上.

定理 3 已知 $0<\theta \leqslant 2\pi$，若存在实数 φ，对任意 $n \in \mathbf{N}^*$，总有 $\cos(n\theta+\varphi)<\dfrac{\sqrt{3}}{2}$，则这样的 θ 一共有 10 个，分别是 2π，π，$\dfrac{\pi}{2}$，$\dfrac{3\pi}{2}$，$\dfrac{2\pi}{3}$，$\dfrac{4\pi}{3}$，$\dfrac{2\pi}{5}$，$\dfrac{4\pi}{5}$，$\dfrac{6\pi}{5}$，$\dfrac{8\pi}{5}$.

为证明定理 3，我们先证明更一般的两个结论，由此自然得到定理 3. 依然分别记它们为引理 1、引理 2.

引理 1 已知 $\theta>0$，若存在实数 φ，使得对于任意的 $n \in \mathbf{N}^*$，$n\theta+\varphi$ 的终边不落在 $\angle AOB$ 内部及边上（如图 3.25 所示），其中 $\angle AOB = \dfrac{2\pi}{p}(p \in \mathbf{N}^*, p>1)$，则 θ 的最小值是 $\dfrac{2\pi}{p-1}$.

引理 2 已知 $\theta>0$，若存在实数 φ，使得对于任意的 $n \in \mathbf{N}^*$，$n\theta+\varphi$ 的终边不落在 $\angle AOB$ 内部及边上，其中 $\angle AOB = 2\alpha\pi(0<\alpha<1)$，则 θ 的最小值是 $\dfrac{2\pi}{\left[\dfrac{1}{\alpha}\right]}\left(\dfrac{1}{\alpha} \notin \mathbf{N}^*\right)$.

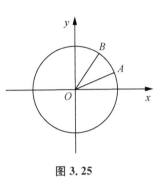

图 3.25

我们只证明引理 1，引理 2 类似可证.

证明：设 $\theta=2\pi\alpha(0<\alpha \leqslant 1)$，当 α 是无理数时，由定理 2 可知，必存在 $n\theta+\varphi$ 的终边落在角 $\angle AOB$ 内部的情形，不符合题意.

当 α 是有理数时，设 $\alpha=\dfrac{v}{u}[u,v \in \mathbf{N}^*, (u,v)=1, u \geqslant 2]$. 若 $u \geqslant p$，由定理 1 知 $n\theta=n \cdot \dfrac{v}{u} \cdot 2\pi$ 的终边共 u 个不同位置，相邻两个终边之间相差 $\dfrac{2\pi}{u}$，故 $n\theta+\varphi$ 的终边也共有 u 个不同位置，相邻两个终边之间相差 $\dfrac{2\pi}{u}$. 由于 $\dfrac{2\pi}{u} \leqslant \dfrac{2\pi}{p}$，故 $n\theta+\varphi$ 的终边至少有一条落在角 $\angle AOB$ 内部或边界，不符合题意. 故 $u<p$，即 $u \leqslant p-1$.

由上述分析可知 $\theta=2\pi\alpha=\dfrac{v}{u} \cdot 2\pi(u \leqslant p-1)$，故 $\theta \geqslant \dfrac{v}{p-1} \cdot 2\pi(v \geqslant 1, v \in \mathbf{N}^*)$. 所以 θ 的最小值可能是 $\dfrac{1}{p-1} \cdot 2\pi$. 事实上，若 $\theta=\dfrac{1}{p-1} \cdot 2\pi$，取 $\varphi=\angle xOA-\dfrac{\pi}{p(p-1)}$，则符合题意（$\angle xOA$ 有方向）. 所以 $\theta_{\min}=\dfrac{2\pi}{p-1}$.

定理 3 的证明：在引理 1 中当 $p=6$ 时即为问题 3，此时 $\theta_{\min}=\dfrac{2\pi}{p-1}=\dfrac{2\pi}{5}$，相应的 φ 可取 $\angle xOA-\dfrac{\pi}{p(p-1)}=-\dfrac{\pi}{6}-\dfrac{\pi}{6\times 5}=-\dfrac{\pi}{5}$. 由 $\theta=\dfrac{v}{u} \cdot 2\pi$ 且 $(u,v)=1$ 及 $\theta \geqslant \dfrac{v}{p-1} \cdot 2\pi$，其中 $v \geqslant 1$，$v \in \mathbf{N}^*$，还可得到满足条件的所有 $\alpha=\dfrac{1}{5}$，$\dfrac{2}{5}$，$\dfrac{3}{5}$，$\dfrac{4}{5}$；$\dfrac{1}{4}$，$\dfrac{3}{4}$；$\dfrac{1}{3}$，$\dfrac{2}{3}$；$\dfrac{1}{2}$；1，相应的 θ，φ 的值如表 3.10 所示.

表 3.10

θ	φ (仅提供一个)	$n\theta+\varphi(n\in \mathbf{N}^*)$ 的终边位置个数	示意图
$\dfrac{2\pi}{5}$	$-\dfrac{\pi}{5}$	5个	
$\dfrac{4\pi}{5}$	$-\dfrac{\pi}{5}$	5个	
$\dfrac{6\pi}{5}$	$-\dfrac{\pi}{5}$	5个	
$\dfrac{8\pi}{5}$	$-\dfrac{\pi}{5}$	5个	

（续表）

θ	φ （仅提供一个）	$n\theta+\varphi(n\in \mathbf{N}^*)$ 的终边位置个数	示意图
$\dfrac{\pi}{2}$	$-\dfrac{\pi}{5}$	4个	
$\dfrac{3\pi}{2}$	$-\dfrac{\pi}{5}$	4个	
$\dfrac{2\pi}{3}$	$-\dfrac{\pi}{5}$	3个	
$\dfrac{4\pi}{3}$	$-\dfrac{\pi}{5}$	3个	

（续表）

θ	φ（仅提供一个）	$n\theta+\varphi(n\in\mathbf{N}^*)$ 的终边位置个数	示意图
π	$-\dfrac{\pi}{5}$	2 个	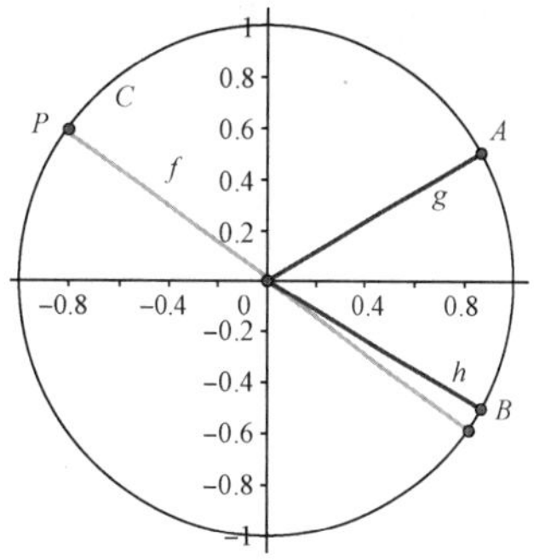
2π	$-\dfrac{\pi}{5}$	1 个	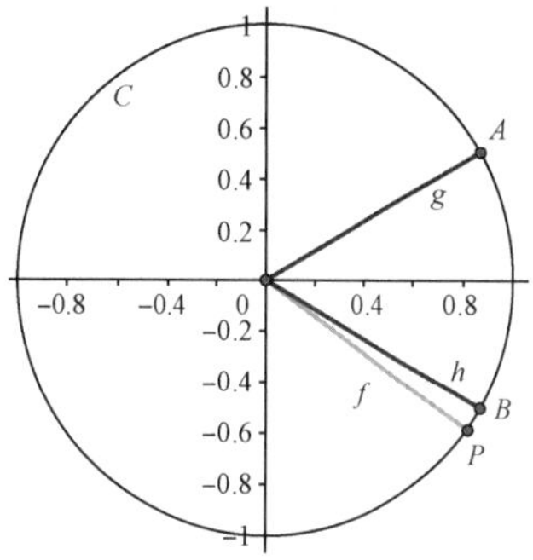

若不限制 $\theta\in(0,\ 2\pi]$，则 θ 的取值还可以是与以上各 θ 角终边重合的所有正角.

最后还有一个问题：为什么可以预判 $\theta>\dfrac{\pi}{3}$？尽管这从图形直观上不难看出，但确实也可以给出代数证明. 以下证明来自某公众号，现原样复制如图 3.26 所示.

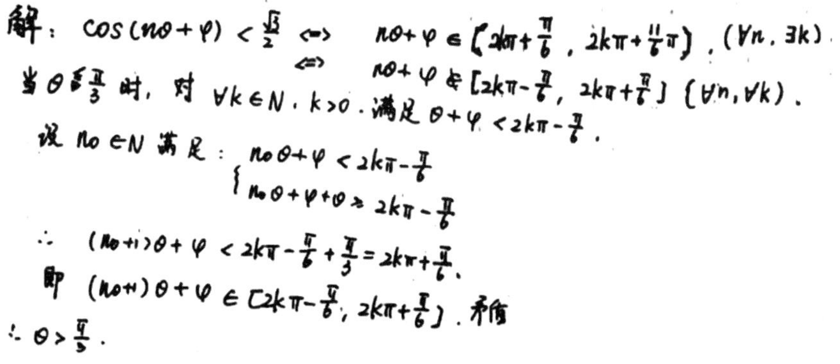

解：$\cos(n\theta+\varphi)<\frac{\sqrt{3}}{2}\Leftrightarrow n\theta+\varphi\in\left[2k\pi+\frac{\pi}{6},\ 2k\pi+\frac{11}{6}\pi\right]$，$(\forall n,\ \exists k)$.

$\Leftarrow\ n\theta+\varphi\notin\left[2k\pi-\frac{\pi}{6},\ 2k\pi+\frac{\pi}{6}\right]\ (\forall n,\forall k)$.

当 $\theta\leq\frac{\pi}{3}$ 时，对 $\forall k\in N,\ k>0$，满足 $\theta+\varphi<2k\pi-\frac{\pi}{6}$.

设 $n_0\in N$ 满足：$\begin{cases}n_0\theta+\varphi<2k\pi-\frac{\pi}{6}\\ n_0\theta+\varphi+\theta\geq 2k\pi-\frac{\pi}{6}\end{cases}$

$\therefore\ (n_0+1)\theta+\varphi<2k\pi-\frac{\pi}{6}+\frac{\pi}{3}=2k\pi+\frac{\pi}{6}$.

即 $(n_0+1)\theta+\varphi\in\left[2k\pi-\frac{\pi}{6},\ 2k\pi+\frac{\pi}{6}\right]$. 矛盾

$\therefore\ \theta>\frac{\pi}{3}$.

图 3.26

(三) 类似的考题

以下两道考题与问题 3(2021 年上海春考第 12 题)较为类似.

1. (2018 年上海秋考第 16 题)

设 D 是含数 1 的有限实数集，$f(x)$是定义在 D 上的函数，若 $f(x)$的图像绕原点逆时针

旋转 $\dfrac{\pi}{6}$ 后与原图像重合,则在以下各项中, $f(1)$ 的取值只能是( ).

A. $\sqrt{3}$ B. $\dfrac{\sqrt{3}}{2}$ C. $\dfrac{\sqrt{3}}{3}$ D. 0

2. (2019 年上海春考第 21 题)

已知等差数列 $\{a_n\}$ 的公差 $d\in(0,\pi]$,数列 $\{b_n\}$ 满足 $b_n=\sin(a_n)$,集合 $S=\{x\mid x=b_n,\ n\in \mathbf{N}^*\}$.

(1) 若 $a_1=0, d=\dfrac{2\pi}{3}$,求集合 S;

(2) 若 $a_1=\dfrac{\pi}{2}$,求 d 使得集合 S 恰好有两个元素;

(3) 若集合 S 恰好有三个元素, $b_{n+T}=b_n$, T 是不超过 7 的正整数,求 T 的所有可能的值.

求解第 1 题.

首先看选项 A. 因为 $f(1)=\sqrt{3}$,故 $A_1(1,\sqrt{3})$ 在函数图像上,由题意可知点 $A_1(1,\sqrt{3})$ 绕原点逆时针旋转 $\dfrac{\pi}{6}$ 后所得的点 $A_2\left(2\cos\left(\dfrac{\pi}{3}+\dfrac{\pi}{6}\right),\ 2\sin\left(\dfrac{\pi}{3}+\dfrac{\pi}{6}\right)\right)$ 也在函数图像上,即 $A_2(0,2)$ 在函数图像上. 同理得点 $A_3\left(2\cos\left(\dfrac{\pi}{3}+2\times\dfrac{\pi}{6}\right),\ 2\sin\left(\dfrac{\pi}{3}+2\times\dfrac{\pi}{6}\right)\right)$,即 $A_3(-1,\sqrt{3})$ 亦在函数图像上. 一般地,点

$$A_n\left(2\cos\left(\dfrac{\pi}{3}+(n-1)\times\dfrac{\pi}{6}\right),\ 2\sin\left(\dfrac{\pi}{3}+(n-1)\times\dfrac{\pi}{6}\right)\right)\ (n\in\mathbf{N}^*)$$

都在函数图像上,将这些点罗列出来就是(由于三角函数自带的周期性,一共 12 个不同的点,如图 3.27(a)所示):

$A_1(1,\sqrt{3}), A_2(0,2), A_3(-1,\sqrt{3}), A_4(-\sqrt{3},1), A_5(-2,0), A_6(-\sqrt{3},-1),$
$A_7(-1,-\sqrt{3}), A_8(0,-2), A_9(1,-\sqrt{3}), A_{10}(\sqrt{3},-1), A_{11}(2,0), A_{12}(\sqrt{3},1).$

其实当列到点 A_6 时就可以断定选项 A 是错误的了,因为 A_4 与 A_6 这两个点不可能都在函数图像上.

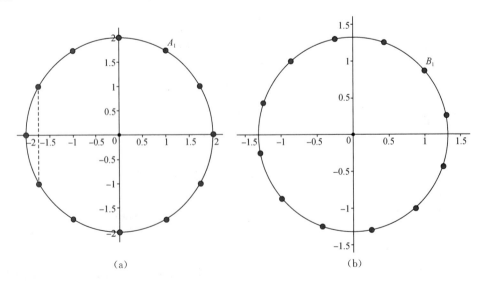

(a)　　　　　(b)

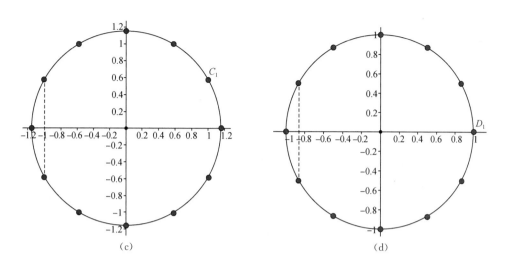

图 3.27

同理可知,若选项 B,C,D 正确,则相应地,有

$$B_n\left(\frac{\sqrt{7}}{2}\cos\left(\arctan\frac{\sqrt{3}}{2}+(n-1)\times\frac{\pi}{6}\right),\ \frac{\sqrt{7}}{2}\sin\left(\arctan\frac{\sqrt{3}}{2}+(n-1)\times\frac{\pi}{6}\right)\right)(n\in \mathbf{N}^*),$$

$$C_n\left(\frac{2\sqrt{3}}{3}\cos\left(\frac{\pi}{6}+(n-1)\times\frac{\pi}{6}\right),\ \frac{2\sqrt{3}}{3}\sin\left(\frac{\pi}{6}+(n-1)\times\frac{\pi}{6}\right)\right)(n\in \mathbf{N}^*),$$

$$D_n\left(\cos\left(0+(n-1)\times\frac{\pi}{6}\right),\ \sin\left(0+(n-1)\times\frac{\pi}{6}\right)\right)(n\in \mathbf{N}^*)$$

都在函数 $f(x)$ 图像上,分别如图 3.28(b)(c)(d) 所示. 可以发现,只有选项 B 没出现 "一对多" 现象,符合题意.

求解第 2 题.

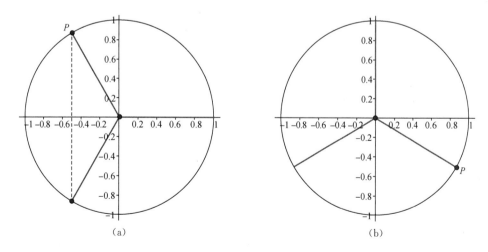

图 3.28

(1) 易知 $a_n=0+(n-1)\cdot\dfrac{2\pi}{3}=\dfrac{2(n-1)\pi}{3}$,其终边位置有三个,如图 3.28(a)所示. 对应

的正弦值有三个：0，$\dfrac{\sqrt{3}}{2}$，$-\dfrac{\sqrt{3}}{2}$，故 $S = \left\{0, \dfrac{\sqrt{3}}{2}, -\dfrac{\sqrt{3}}{2}\right\}$.

(2) 易知 $a_n = \dfrac{\pi}{2} + (n-1) \cdot d = dn + \dfrac{\pi}{2} - d$，因为集合 S 恰有两个元素，故 d 一定是 2π 的有理数倍. 具体求时可以用枚举的方法，比如先算出 b_1，b_2，b_3，然后根据这三项"要么都相等，要么有且只有两个不相等"实施突破，即走"先求后验"之路. 由于

$$b_1 = \sin a_1 = 1,\ b_2 = \sin a_2 = \sin\left(\dfrac{\pi}{2} + d\right) = \cos d,\ b_3 = \sin a_3 = \sin\left(\dfrac{\pi}{2} + 2d\right) = \cos 2d,$$

又 $d \in (0, \pi]$，故 $b_1 \neq b_2$.

① 若 $b_3 = b_1$，则 $d = \pi$，此时 $b_n = \sin a_n = \sin\left(\pi n - \dfrac{\pi}{2}\right) = -\cos n\pi = 1$ 或 -1，$S = \{1, -1\}$，符合要求.

② 若 $b_3 = b_2$，则 $\cos 2d = \cos d$，$2\cos^2 d - 1 = \cos d$，解得 $\cos d = 1$ 或 $-\dfrac{1}{2}$，但 $d \in (0, \pi]$，故 $d = \dfrac{2\pi}{3}$. 此时 $b_n = \sin a_n = \sin\left(\dfrac{2n\pi}{3} - \dfrac{\pi}{6}\right) = 1$ 或 $-\dfrac{1}{2}$，$S = \left\{1, -\dfrac{1}{2}\right\}$，符合要求. 此时 $a_n = \dfrac{2n\pi}{3} - \dfrac{\pi}{6}$ 的终边位置如图 3.28(b) 所示.

综上，$d = \pi$ 或 $\dfrac{2\pi}{3}$.

第②小类中对 $b_2 = b_3$ 的处理，命题者给出的参考解答是：由 $\sin\left(\dfrac{\pi}{2} + d\right) = \sin\left(\dfrac{\pi}{2} + 2d\right)$ 得 $\dfrac{\pi}{2} + 2d = 2k\pi + \dfrac{\pi}{2} + d$ 或 $\dfrac{\pi}{2} + 2d = 2k\pi + \pi - \left(\dfrac{\pi}{2} + d\right)$，其中 $k \in \mathbf{Z}$. 解得 $d = 2k\pi$ 或 $d = \dfrac{2}{3}k\pi$，再根据 $d \in (0, \pi]$ 得 $d = \dfrac{2\pi}{3}$. 所走思路是由三角比之间的关系得到角之间的关系，其本质是一般函数中由函数值之间的关系探知自变量之间的关系，即由 $f(x_1) = f(x_2)$ 探知 x_1, x_2 之间的关系. 这当然也是一种很好的途径，但面对三角方程 $\sin\left(\dfrac{\pi}{2} + d\right) = \sin\left(\dfrac{\pi}{2} + 2d\right)$，可能利用诱导公式、二倍角公式处理更加自然些，也是绝大多数学生会采用的方法. 待到第③小题中，首项 a_1 未知时，再走前者之路，也实乃不得已而为之了.

(3) 由 $b_{n+T} = b_n$ 及 $b_n = \sin(a_n)$ 得 $\sin(a_{n+T}) = \sin(a_n)$. 面对这样一个抽象的等式，有两种思路可以尝试. 一种是先将 a_{n+T} 与 a_n 用基本量 a_1，d 表示后再处理它们的正弦值. 另一种是直接由正弦值相等先得到 a_{n+T} 与 a_n 之间的关系，然后再套用通项公式. 但其实这两种处理顺序没有本质的区别.

由 $\sin(a_{n+T}) = \sin(a_n)$ 得 $a_{n+T} = a_n + 2k\pi$ 或 $a_{n+T} = \pi - a_n + 2k\pi$，故 $a_{n+T} - a_n = 2k\pi$ 或 $a_{n+T} + a_n = \pi + 2k\pi$，即 $Td = 2k\pi$ 或 $2a_n + Td = \pi + 2k\pi$.

由于 S 中恰有三个元素，故 $T \geqslant 3$.

① 若 $T = 3$，取 $a_1 = 0$，$d = \dfrac{2\pi}{3}$，由第(1)小题的结论知 $S = \left\{0, \dfrac{\sqrt{3}}{2}, -\dfrac{\sqrt{3}}{2}\right\}$，符合要求.

② 若 $T=4$，由 $4d=2k\pi$ 得 $d=\dfrac{k\pi}{2}$．结合图 3.29(a)，我们可取 $a_1=0$，$d=\dfrac{\pi}{2}$，则 $S=\{0,1,-1\}$，符合要求．

③ 若 $T=5$，由 $5d=2k\pi$ 得 $d=\dfrac{2k\pi}{5}$．取 $d=\dfrac{2\pi}{5}$，为了满足 S 中恰有三个元素的要求，我们令 $a_1+2\times\dfrac{2\pi}{5}=\pi-a_1$，解得 $a_1=\dfrac{\pi}{10}$．此时 $a_n=\dfrac{\pi}{10}+(n-1)\dfrac{2\pi}{5}$，其终边位置如图 3.29(b)所示，可以求得 $S=\left\{\sin\dfrac{\pi}{10},\sin\dfrac{\pi}{2},-\sin\dfrac{3\pi}{10}\right\}$，符合要求．

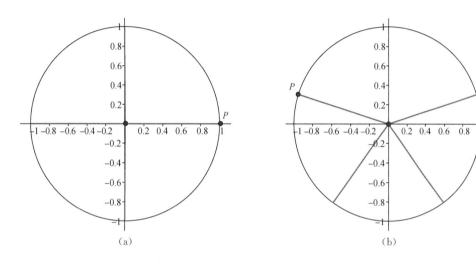

图 3.29

注意此处对首项 a_1 的选择，若取 $a_1=\dfrac{\pi}{6}$，则不符合要求，如图 3.30(a)所示，可得 S 中有 5 个元素．

④ 若 $T=6$，由 $6d=2k\pi$ 得 $d=\dfrac{k\pi}{3}$．取 $d=\dfrac{\pi}{3}$，为了满足 S 中恰有三个元素的要求，若模仿上述③中的做法，令 $a_1+2\times\dfrac{\pi}{3}=\pi-a_1$，解得 $a_1=\dfrac{\pi}{6}$．此时 $a_n=\dfrac{\pi}{6}+(n-1)\dfrac{\pi}{3}$，其终边位置如图 3.30(b)所示，显然不符合要求（S 中有 4 个元素）．经过试验，若取 $a_1=\dfrac{\pi}{3}$，则 $a_n=\dfrac{\pi}{3}+(n-1)\dfrac{\pi}{3}=\dfrac{n\pi}{3}$，如图 3.30(c)所示，符合要求，此时 $S=\left\{0,\dfrac{\sqrt{3}}{2},-\dfrac{\sqrt{3}}{2}\right\}$．当然，由 $d=\dfrac{k\pi}{3}$ 及 $d\in(0,\pi]$ 知 d 也可以取 $\dfrac{2\pi}{3}$ 或 π．但显然 $d=\pi$ 时，无论 a_1 取任何实数都不会满足 S 中恰有三个元素的要求．但取 $a_1=0$，$d=\dfrac{2\pi}{3}$（如图 3.28(a)所示），或取 $a_1=\dfrac{\pi}{3}$，$d=\dfrac{2\pi}{3}$（如图 3.30(d)所示），也满足要求．做到这儿，我们马上有一个发现：只要 $T=3$ 满足要求，$T=6$ 一定满足要求！这样的话，第④小类完全没必要展开讨论，只需由第①小类立知 $T=6$ 也可以．

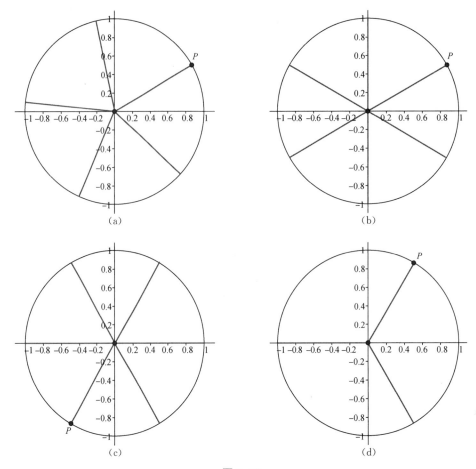

(a) (b) (c) (d)

图 3.30

③ 若 $T=7$，由 $7d=2k\pi$ 得 $d=\dfrac{2k\pi}{7}$，再由 $d\in(0,\pi]$ 得 d 的可能取值有：$\dfrac{2\pi}{7}$，$\dfrac{4\pi}{7}$，$\dfrac{6\pi}{7}$．由 $a_n=a_1+(n-1)\dfrac{2k\pi}{7}(k=1,2,3)$ 知 a_n 的终边位置有 7 个，如图 3.31(a) 是 $a_1=\dfrac{\pi}{3}$，$d=\dfrac{2\pi}{7}$ 时的情形，图 3.31(b) 是 $a_1=\dfrac{\pi}{18}$，$d=\dfrac{4\pi}{7}$ 时的情形．

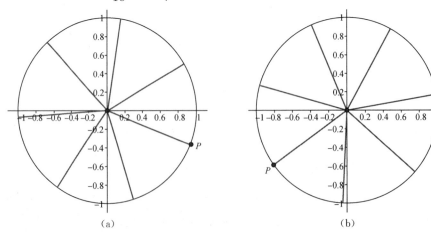

(a) (b)

图 3.31

从这两幅图上我们可以直观地获得这样的感受:这 7 个终边所对应的 a_n 的正弦值不可能恰有三个. 即对于任意的 $a_1 \in \mathbf{R}, d \in \left\{\dfrac{2\pi}{7}, \dfrac{4\pi}{7}, \dfrac{6\pi}{7}\right\}$, $\sin[a_1 + (n-1)d]$ 不可能恰取到三个不同的值. 但如何说清其中的道理呢?

由于 a_1 取值的任意性,我们不可能穷尽 a_n 的各种表达,但断言中的"不可能"三字提醒我们"反证法"是可以被用来尝试的一种策略.

取定某一个 $k \in \{1, 2, 3\}, d = \dfrac{2k\pi}{7}$. 假设 $\sin\left[a_1 + (n-1) \cdot \dfrac{2k\pi}{7}\right]$, $n \in \{1, 2, 3, 4, 5, 6, 7\}$ 恰能取到三个不同的值. 由于 $a_1 + (n-1) \cdot \dfrac{2k\pi}{7}$ 的终边共有 7 个不同位置,故由抽屉原理可知,至少要有三个终边对应的正弦值是相等的,不妨设这三个终边对应的 n 分别为 n_1, n_2, n_3, $n_i \in \{1, 2, 3, 4, 5, 6, 7\}$, $i = 1, 2, 3$. 由 $\sin\left[a_1 + (n_1-1) \cdot \dfrac{2k\pi}{7}\right] = \sin\left[a_1 + (n_2-1) \cdot \dfrac{2k\pi}{7}\right]$ 得

$$a_1 + (n_1-1) \cdot \dfrac{2k\pi}{7} = a_1 + (n_2-1) \cdot \dfrac{2k\pi}{7} + 2m\pi \text{ 或}$$

$$a_1 + (n_1-1) \cdot \dfrac{2k\pi}{7} = \pi - \left[a_1 + (n_2-1) \cdot \dfrac{2k\pi}{7}\right] + 2m'\pi (m, m' \in \mathbf{Z}),$$

即 $k(n_1 - n_2) = 7m$ 或 $2a_1 + (n_1 + n_2 - 2) \cdot \dfrac{2k\pi}{7} = \pi + 2m'\pi$. (i)

同理由 $\sin\left[a_1 + (n_1-1) \cdot \dfrac{2k\pi}{7}\right] = \sin\left[a_1 + (n_3-1) \cdot \dfrac{2k\pi}{7}\right]$ 得

$k(n_1 - n_3) = 7m''$ 或 $2a_1 + (n_1 + n_3 - 2) \cdot \dfrac{2k\pi}{7} = \pi + 2m'''\pi (m'', m''' \in \mathbf{Z})$. (ii)

由假设,(i)与(ii)要同时成立. 但在(i)与(ii)中,无论 $k = 1, 2$ 或 3, $k(n_1 - n_2) = 7m$ 与 $k(n_1 - n_3) = 7m''$ 都不可能成立,而由 $\begin{cases} 2a_1 + (n_1 + n_2 - 2) \cdot \dfrac{2k\pi}{7} = \pi + 2m'\pi, \\ 2a_1 + (n_1 + n_3 - 2) \cdot \dfrac{2k\pi}{7} = \pi + 2m'''\pi \end{cases}$ 得 $(n_2 - n_3) \cdot \dfrac{2k\pi}{7} = 2\pi(m' - m''')$,即 $k(n_2 - n_3) = 7(m' - m''')$,但类似上述分析,该式也不可能成立. 综上,前述假设有误,$T = 7$ 不符合要求.

综上,T 的所有可能取值为 $3, 4, 5, 6$.

当出现相同或相似结构的两个(或多个)代数式(等式或不等式)时,常需想到的是以它们为材料通过运算构造新的代数式后寻求突破,正如上面得到 $k(n_2 - n_3) = 7(m' - m''')$ 的思维过程.

四、对问题 4 的分析与解

问题 4 (2015 年上海秋考数学第 23 题)对于定义域为 $\mathbf{R}$ 的函数 $g(x)$,若存在正常数 T,使得 $\cos g(x)$ 是以 T 为周期的函数,则称 $g(x)$ 为余弦周期函数,且称 T 为其余弦周期. 已知 $f(x)$ 是以 T 为余弦周期的余弦周期函数,其值域为 $\mathbf{R}$. 设 $f(x)$ 单调递增,$f(0) = 0$, $f(T) = 4\pi$.

(1) 验证 $h(x) = x + \sin\dfrac{x}{3}$ 是以 6π 为余弦周期的余弦周期函数;

(2) 设 $a<b$. 证明对任意 $c\in[f(a), f(b)]$, 存在 $x_0\in[a, b]$, 使得 $f(x_0)=c$;

(3) 证明: "u_0 为方程 $\cos f(x)=1$ 在 $[0, T]$ 上的解" 的充要条件是 "u_0+T 为方程 $\cos f(x)=1$ 在 $[T, 2T]$ 上的解", 并证明对任意 $x\in[0, T]$ 都有 $f(x+T)=f(x)+f(T)$.

(一) 自己往年记录的思路及做法

对于第(1)小问,由于 $h'(x)=1+\dfrac{1}{3}\cos\dfrac{x}{3}>0$, 故 $h(x)$ 在 **R** 上严格增, 不具有周期性, 但对其取过余弦之后所得的复合函数 $y=\cos\left(x+\sin\dfrac{x}{3}\right)$, 由于

$$\cos\left(x+6\pi+\sin\dfrac{x+6\pi}{3}\right)=\cos\left(x+6\pi+\sin\dfrac{x}{3}\right)=\cos\left(x+\sin\dfrac{x}{3}\right),$$

故其是以 6π 为周期的周期函数. 它们的图像分别如图 3.32(a)和(b)所示.

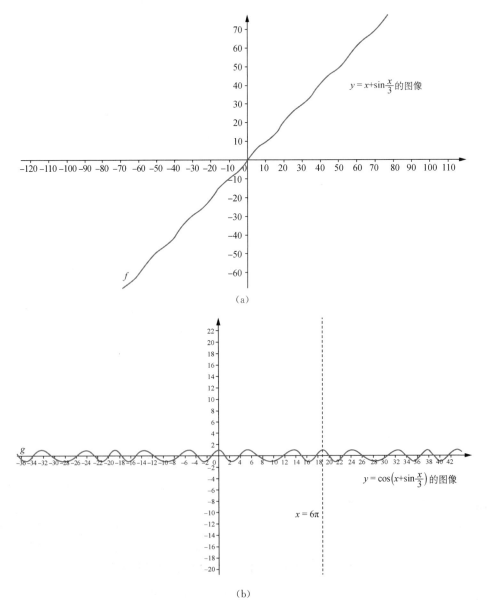

图 3.32

当然，$h(x)$ 取过正弦之后所得的函数 $y=\sin\left(x+\sin\dfrac{x}{3}\right)$ 也是以 6π 为周期的周期函数，故也可把 $h(x)=x+\sin\dfrac{x}{3}$ 称作以 6π 为周期的正弦周期函数.

在第(1)小问直观感知、具体验证的基础上，对题设中给出的比较抽象的余弦周期函数 $f(x)$，第(2)小问给出了它的一条性质并要求证明. 此时，在一定程度上，"理解题意"成为学生的一个难点. 这是因为命题中既有"任意"又有"存在"，而且全部是字母表达. "用自己的大白话文字语言逐字逐句翻译"是克服上述难点的有效对策. 比如，可将第(2)小问翻译为："$[f(a),f(b)]$ 内的任何一个数都是 $[a,b]$ 内某个数的函数值". 这种说法让人很自然地想到反证法. 假设存在 $c_1 \in [f(a),f(b)]$，它不是 $[a,b]$ 内某个数的函数值. 由于 $f(x)$ 的值域为 $\mathbf{R}$，故存在 $x_1 \notin [a,b]$，使得 $f(x_1)=c_1$. 若 $x_1 < a$，则 $f(x_1) < f(a)$，即 $c_1 < f(a)$，矛盾；若 $x_1 > b$，则 $f(x_1) > f(b)$，即 $c_1 > f(b)$，亦矛盾. 综上，第(2)小问得证.

第(3)小问的第一个论断是容易证明的，如下：

u_0 为方程 $\cos f(x)=1$ 在 $[0,T]$ 上的解 $\Leftrightarrow \begin{cases} u_0 \in [0,T], \\ \cos f(u_0)=1 \end{cases}$

$\Leftrightarrow \begin{cases} u_0+T \in [T,2T], \\ \cos f(u_0+T)=\cos f(u_0)=1 \end{cases}$

$\Leftrightarrow u_0+T$ 为方程 $\cos f(x)=1$ 在 $[T,2T]$ 上的解.

第(3)小问难在对第二个论断"对任意 $x \in [0,T]$ 都有 $f(x+T)=f(x)+f(T)$"的证明. 在茫然无助、乏理可述的情况下，有两种对策可以尝试.

对策1 构造一个符合要求的模特函数 $f(x)$，如表 3.11 所示.

表 3.11

	模特函数	验证条件
1	$f(x)=x+\sin\dfrac{x}{2}$	①因 $\cos f(x+4\pi)=\cos\left(x+4\pi+\sin\dfrac{x+4\pi}{2}\right)=\cos f(x)$，故 $T=4\pi$；②值域为 $\mathbf{R}$；③因 $f'(x)=1+\dfrac{1}{2}\cos\dfrac{x}{2}>0$，故 $f(x)$ 在 $\mathbf{R}$ 上严格增；④$f(0)=0$，$f(T)=f(4\pi)=4\pi$
2	$f(x)=\dfrac{2}{3}x+\sin\dfrac{x}{3}$	①因 $\cos f(x+6\pi)=\cos\left[\dfrac{2(x+6\pi)}{3}+\sin\dfrac{x+6\pi}{3}\right]=\cos f(x)$，故 $T=6\pi$；②值域为 $\mathbf{R}$；③因 $f'(x)=\dfrac{2}{3}+\dfrac{1}{3}\cos\dfrac{x}{3}>0$，故 $f(x)$ 在 $\mathbf{R}$ 上严格增；④$f(0)=0$，$f(T)=f(6\pi)=4\pi$
3	$f(x)=\dfrac{1}{2}x+\sin\dfrac{x}{4}$	①因 $\cos f(x+8\pi)=\cos\left(\dfrac{x+8\pi}{2}+\sin\dfrac{x+8\pi}{4}\right)=\cos f(x)$，故 $T=8\pi$；②值域为 $\mathbf{R}$；③因 $f'(x)=\dfrac{1}{2}+\dfrac{1}{4}\cos\dfrac{x}{4}>0$，故 $f(x)$ 在 $\mathbf{R}$ 上严格增；④$f(0)=0$，$f(T)=f(8\pi)=4\pi$

具体检验一下,上述三个函数确实是满足论断2的结论的,验证如下.

对于函数 $f(x)=x+\sin\frac{x}{2}$,$\forall x\in[0,T]=[0,4\pi]$,$f(x+T)=f(x+4\pi)=x+4\pi+\sin\frac{x+4\pi}{2}=x+\sin\frac{x}{2}+4\pi=f(x)+4\pi=f(x)+T$.

对于函数 $f(x)=\frac{2}{3}x+\sin\frac{x}{3}$,$\forall x\in[0,T]=[0,6\pi]$,$f(x+T)=f(x+6\pi)=\frac{2}{3}(x+6\pi)+\sin\frac{x+6\pi}{3}=\frac{2}{3}x+\sin\frac{x}{3}+4\pi=f(x)+4\pi=f(x)+T$.

对于函数 $f(x)=\frac{1}{2}x+\sin\frac{x}{4}$,$\forall x\in[0,T]=[0,8\pi]$,$f(x+T)=f(x+8\pi)=\frac{1}{2}(x+8\pi)+\sin\frac{x+8\pi}{4}=\frac{1}{2}x+\sin\frac{x}{4}+4\pi=f(x)+4\pi=f(x)+T$.

上述三个模特函数及其取过余弦之后的函数的图像分别如图 3.33(a)(b)(c)所示.

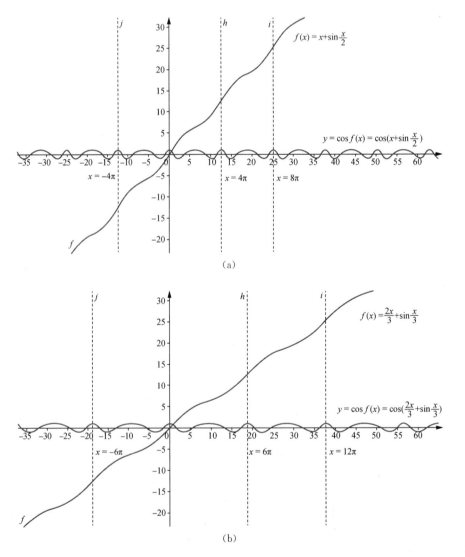

(a)

(b)

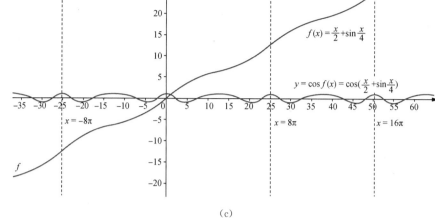

(c)

图 3.33

但于本题而言,这些模特函数除了帮助我们知道问题在讲什么之外,对提供破题思路好像价值不大. 我们来看对策 2.

对策 2 $f(x)$ 仍是满足题设要求的一般的函数,从"对任意 $x \in [0, T]$"入手展开探索.

对 $x = 0 \in [0, T]$,左边 $= f(0+T) = f(T) = 4\pi = 0 + 4\pi = f(0) + f(T) =$ 右边.

对 $x = T \in [0, T]$,左边 $= f(T+T) = f(2T)$;右边 $= f(T) + f(T) = 8\pi$. 但如何证明 $f(2T) = 8\pi$ 呢? 解题经验告诉我们,要利用函数 $f(x)$ 的性质,比如平时常常考虑的单调性、对称性(含奇偶性)、周期性等. 此处 $f(x)$ 有一条重要性质"是以 T 为余弦周期的余弦周期函数". 因此我们要想办法用这条性质,通过 $\cos f(x)$ 所具有的周期性"倒推"出 $f(x)$ 的相关性质. 这有些像导数及高中数学其他问题中常使用的"构造函数法",如满足 "$\dfrac{f(x_1) - f(x_2)}{x_1 - x_2} > -4$" 的函数 $f(x)$ 的单调性不明,但通过移项通分后我们发现函数 $g(x) = f(x) + 4x$ 具有很好的严格递增性. 再比如条件 $xf'(x) - f(x) < 0$ 或条件 $\dfrac{x_2 f(x_1) - x_1 f(x_2)}{x_1 - x_2} < 0$ 常提示我们构造新函数 $g(x) = \dfrac{f(x)}{x}$. 满足条件 $\begin{cases} a_n > 0, \\ a_1 = 1, \\ a_{n+1} = 2a_n^3 \end{cases}$ 的数列 $\{a_n\}$ 性质不明,但其递推式的结构提示我们"两边取对数"构造新数列 $b_n = \lg a_n$,则转化为我们较为熟悉的拥有明晰求解模型的递推式的结构.

回到该问题,由于 $f(T) = 4\pi$,则 $\cos f(T) = \cos(4\pi) = 1$,故 T 为方程 $\cos f(x) = 1$ 在 $[0, T]$ 上的解,由第(3)小问中的第一个论断可知,$T + T = 2T$ 为方程 $\cos f(x) = 1$ 在 $[T, 2T]$ 上的解,即有 $\cos f(2T) = 1$,从而 $f(2T) = 2k\pi (k \in \mathbf{Z})$. 但由于 $f(x)$ 在定义域 $\mathbf{R}$ 上单调递增,$T > 0$,故 $f(2T) > f(T)$,即 $2k\pi > 4\pi$,$k > 2$. 所以 $f(2T) = 2k\pi (k \in \mathbf{Z}, k \geqslant 3)$. 但也无法确定 $f(2T) = 8\pi$,受阻!

我们尝试从反面寻求突破. 若 $f(2T) = 10\pi$,考察区间 $[f(T), f(2T)]$,即 $[4\pi, 10\pi]$,由(2),对于 $6\pi, 8\pi \in [4\pi, 10\pi]$,存在 $x', x'' \in [T, 2T]$,使得 $f(x') = 6\pi$,$f(x'') = 8\pi$. 由 $f(x)$ 的单调递增性可知 $T < x' < x'' < 2T$. 因 $\cos f(x') = 1$,$\cos f(x'') = 1$,从而由(3)的前一论断可知,

$$\cos f(x'-T)=1, \cos f(x''-T)=1.$$

由于 $0<x'-T<x''-T<T$,故 $0=f(0)<f(x'-T)<f(x''-T)<f(T)=4\pi$,但 0 到 4π 之间余弦值等于 1 的角只有一个 2π,矛盾!

由上述论证易知 $f(2T)$ 更不可能超过 10π. 但 $f(2T)$ 为什么也不能等于 6π 呢? 能否模仿上述思路导出矛盾呢?

若 $f(2T)=6\pi$,考察区间 $[f(T),f(2T)]$,即 $[4\pi,6\pi]$,由 (2),对于 $5\pi\in[4\pi,6\pi]$,存在 $x'''\in[T,2T]$,使得 $f(x''')=5\pi$. 由 $f(x)$ 的单调递增性可知 $T<x'''<2T$. 因 $\cos f(x''')=-1$,从而类似 (3) 的前一论断可知,

$$\cos f(x'''-T)=-1.$$

由于 $0<x'''-T<T$,故 $0=f(0)<f(x'''-T)<f(T)=4\pi$,而 0 到 4π 之间余弦值等于 -1 的角有两个,分别是 π,3π,即 $f(x'''-T)=\pi$ 或 3π 得不到明显的矛盾! (说与函数所要求的一个 x 只能对应一个 y 的对应规则相矛盾有些牵强.)

上述分析虽然没有最终确定 $f(2T)$ 具体的值,但好在给出了 $f(2T)$ 的一个范围,即 $f(2T)\in\{6\pi,8\pi\}$. 同时启发我们是否可以从 $[0,4\pi]$ 中余弦值为 -1 的两个角 π,3π 入手,连续运用第 (2) 小问及 (3) 中的第一个论断,正推出 $[T,2T]$ 上与 $f(x)$ 函数值有关的一些性质.

考查区间 $[f(0),f(T)]$,即 $[0,4\pi]$,由 (2),对于 π,$3\pi\in[0,4\pi]$,存在 $m_1,m_2\in[0,T]$,使得 $f(m_1)=\pi$,$f(m_2)=3\pi$. 由 $f(x)$ 的单调递增性可知 $0<m_1<m_2<T$. 因 $\cos f(m_1)=\cos\pi=-1$,$\cos f(m_2)=\cos(3\pi)=-1$,从而类似 (3) 的前一论断可知,

$$\cos f(m_1+T)=-1, \cos f(m_2+T)=-1.$$

由于 $T<m_1+T<m_2+T<2T$,故 $4\pi=f(T)<f(m_1+T)<f(m_2+T)<f(2T)$,若 $f(2T)=6\pi$,则因为 4π 与 6π 之间余弦值等于 -1 的角只有 5π,故 $f(m_1+T)=f(m_2+T)=5\pi$,矛盾!

这样,我们终于证明了 $f(2T)=8\pi$,从而证明了当 $x=T$ 时,$f(x+T)=f(x)+f(T)$. 这正是: 路途漫漫,不懈前行;正难则反,反难则正;正反互助,心向成功.

上述对两种特殊情形,特别是 $x=T$ 时等式成立的探索,似乎隐藏了一般情形的求解思路,这让我们在未知之路上前行时虽颇感忐忑,却满怀信心.

现在回到一般情形. 依然考虑从区间 $[0,T]$ 中那些比较特殊的实数寻求突破, 如表 3.12 所示.

表 3.12

对于区间 $[f(0),f(T)]$, 即 $[0,4\pi]$ 中的某些特殊角 $c_i(i=0,1,2,3,4)$	在区间 $[0,T]$ 中存在相应的实数 u_i $(i=0,1,2,3,4)$	满足等式	从而就有	从而也有
$c_0=0$	$u_0=0$	$f(u_0)$ $=f(0)$ $=0$	$\cos f(u_0)$ $=\cos f(0)$ $=1$	$\cos f(u_0+T)$ $=\cos f(T)$ $=1$
$c_1=\pi$	u_1	$f(u_1)$ $=\pi$	$\cos f(u_1)$ $=-1$	$\cos f(u_1+T)$ $=-1$

（续表）

对于区间 $[f(0), f(T)]$，即 $[0, 4\pi]$ 中的某些特殊角 $c_i(i=0,1,2,3,4)$	在区间 $[0, T]$ 中存在相应的实数 u_i $(i=0,1,2,3,4)$	满足等式	从而就有	从而也有
$c_2 = 2\pi$	u_2	$f(u_2) = 2\pi$	$\cos f(u_2) = 1$	$\cos f(u_2 + T) = 1$
$c_3 = 3\pi$	u_3	$f(u_3) = 3\pi$	$\cos f(u_3) = -1$	$\cos f(u_3 + T) = -1$
$c_4 = 4\pi$	$u_4 = T$	$f(u_4) = f(T) = 4\pi$	$\cos f(u_4) = 1$	$\cos f(u_4 + T) = \cos f(2T) = 1$

由 $f(x)$ 的单调递增性可知，$0 = u_0 < u_1 < u_2 < u_3 < u_4 = T$，故
$$T = u_0 + T < u_1 + T < u_2 + T < u_3 + T < u_4 + T = 2T.$$
再由 $f(x)$ 的单调递增性可知
$$4\pi = f(T) < f(u_1 + T) < f(u_2 + T) < f(u_3 + T) < f(2T) = 8\pi.$$
由于 4π 与 8π 之间余弦值为 1 的只有 6π，余弦值为 -1 的只有 5π 和 7π，故必有
$$f(u_1 + T) = 5\pi, \quad f(u_2 + T) = 6\pi, \quad f(u_3 + T) = 7\pi.$$
这样我们就证明了
$$\begin{cases} f(u_1 + T) = 5\pi = \pi + 4\pi = f(u_1) + f(T), \\ f(u_2 + T) = 6\pi = 2\pi + 4\pi = f(u_2) + f(T), \\ f(u_3 + T) = 7\pi = 3\pi + 4\pi = f(u_3) + f(T). \end{cases}$$

回顾上述过程，事实上，我们首先是通过将 $f(x)$ 在 $[0, T]$ 上的值域区间 $[f(0), f(T)]$ 进行划分：
$$[f(0), f(T)] = [0, 4\pi] = [0, \pi] \cup [\pi, 2\pi] \cup [2\pi, 3\pi] \cup [3\pi, 4\pi],$$
然后运用第(2)小问的结论，得到了欲求证区间 $[0, T]$ 的一个划分：
$$[0, T] = [0, u_1] \cup [u_1, u_2] \cup [u_2, u_3] \cup [u_3, T],$$
再运用第(3)小问的第一个论断得到区间 $[T, 2T]$ 的一个划分：
$$[T, 2T] = [T, u_1 + T] \cup [u_1 + T, u_2 + T] \cup [u_2 + T, u_3 + T] \cup [u_3 + T, 2T].$$

现在我们先来看，对于任意 $x \in [0, u_1]$，如何证明恒有 $f(x + T) = f(x) + f(T)$？

面对陌生问题，在寻求破题思路时，往往需要联想、回忆与类比. 平时证明这种恒等式常用哪些方法呢？注意到该等式两边的函数值（或函数值的和）在本题中具有"角"的特性，而欲证两个角相等，最常用的方法是先证明它们某一个三角比的值相等，再结合左右这两个角均在该三角函数的某一个单调区间上，即可获证.

当 $x \in [0, u_1]$ 时，$x + T \in [T, u_1 + T]$，故 $f(x + T) \in [f(T), f(u_1 + T)] = [4\pi, 5\pi]$. 右边 $f(x) + f(T) = f(x) + 4\pi \in [f(0) + 4\pi, f(u_1) + 4\pi] = [4\pi, 5\pi]$，又
$$\cos f(x + T) = \cos f(x), \quad \cos[f(x) + f(T)] = \cos[f(x) + 4\pi] = \cos f(x),$$

因此 $\cos f(x+T) = \cos[f(x)+f(T)]$.

若令 $\alpha = f(x+T)$, $\beta = f(x)+f(T)$, 则上述推理所得到的结论是: $\alpha, \beta \in [4\pi, 5\pi]$ 且 $\cos \alpha = \cos \beta$. 由于 $y = \cos x$ 在 $[4\pi, 5\pi]$ 上严格递减, 故必有 $\alpha = \beta$. 即 $f(x+T) = f(x) + f(T)$, $\forall x \in [0, u_1]$.

类似地, 当 $x \in [u_1, u_2]$ 时, $x + T \in [u_1 + T, u_2 + T]$, 故
$$f(x+T) \in [f(u_1+T), f(u_2+T)] = [5\pi, 6\pi].$$
右边 $f(x) + f(T) = f(x) + 4\pi \in [f(u_1) + 4\pi, f(u_2) + 4\pi] = [5\pi, 6\pi]$, 又
$$\cos f(x+T) = \cos f(x) = \cos[f(x) + 4\pi] = \cos[f(x) + f(T)].$$
由于 $y = \cos x$ 在 $[5\pi, 6\pi]$ 上严格递增, 故必有 $f(x+T) = f(x) + f(T)$, $\forall x \in [u_1, u_2]$.

当 $x \in [u_2, u_3]$ 时, $x + T \in [u_2 + T, u_3 + T]$, 故
$$f(x+T) \in [f(u_2+T), f(u_3+T)] = [6\pi, 7\pi].$$
右边 $f(x) + f(T) = f(x) + 4\pi \in [f(u_2) + 4\pi, f(u_3) + 4\pi] = [6\pi, 7\pi]$, 又
$$\cos f(x+T) = \cos f(x) = \cos[f(x) + 4\pi] = \cos[f(x) + f(T)].$$
由于 $y = \cos x$ 在 $[6\pi, 7\pi]$ 上严格递减, 故必有 $f(x+T) = f(x) + f(T)$, $\forall x \in [u_2, u_3]$.

当 $x \in [u_3, u_4] = [u_3, T]$ 时, $x + T \in [u_3 + T, 2T]$, 故
$$f(x+T) \in [f(u_3+T), f(2T)] = [7\pi, 8\pi].$$
右边 $f(x) + f(T) = f(x) + 4\pi \in [f(u_3) + 4\pi, f(T) + 4\pi] = [7\pi, 8\pi]$, 又
$$\cos f(x+T) = \cos f(x) = \cos[f(x) + 4\pi] = \cos[f(x) + f(T)].$$
由于 $y = \cos x$ 在 $[7\pi, 8\pi]$ 上严格递增, 故必有 $f(x+T) = f(x) + f(T)$, $\forall x \in [u_2, u_3]$.

综上, 我们证明了对任意 $x \in [0, T]$ 都有 $f(x+T) = f(x) + f(T)$.

复盘上述思考过程, 笔者最为深刻的体会是"对数学对象的认识十分重要". 面对等式 $f(x+T) = f(x) + f(T)$, 从最初的"函数恒等式"到后来的"角的等式", 这种认识的转变, 给人以顿悟之感, 令思维柳暗花明, 迅速走上证明的康庄大道.

基于该认识, 面对学生, 教师对该题的讲解是否可做如下设计:

师: 题设所给新定义中的 $g(x)$ 相当于我们平时所做三角问题背景下的"角", 因此欲证等式 $f(x+T) = f(x) + f(T)$ 的本质是两个角相等(给定 x 的值后). 而证明两个角相等最常用的方法是"值+范围", 即先证左右(有时可以先移项转化)这两个角的同一三角函数的值相等, 再说明这两个角都在该三角函数的某一个单调区间内. 具体操作时往往需要根据角所在的范围对三角函数的类型有所选择. 对本题而言, 毫无疑问应选择余弦函数.

"值相等"是显然的, 因为我们有
$$\cos f(x+T) = \cos f(x), \cos[f(x) + f(T)] = \cos[f(x) + 4\pi] = \cos f(x).$$
接下来需说明的是一旦给定 x 的值后, 左右两个"角"位于余弦函数的某一个单调区间内.

若记 $\alpha = f(x+T)$, $\beta = f(x) + f(T)$, 则由于 $f(x) \in [f(0), f(T)] = [0, 4\pi]$ 且 $f(T) = 4\pi$, 故 $\beta \in [4\pi, 8\pi]$. 如图3.34所示, 因为函数 $y = \cos x$ 在 $[4\pi, 8\pi]$ 上的单调区间为

$[4\pi, 5\pi]$，$[5\pi, 6\pi]$，$[6\pi, 7\pi]$，$[7\pi, 8\pi]$，

故需分四种情况讨论(此处的思维策略是：大事化小，化整为零，各个击破，先分后合，以点带面，以一斑而窥全豹).

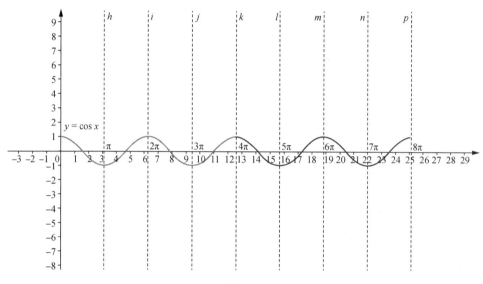

图 3.34

由 $f(x)+f(T)=f(x)+4\pi \in [4\pi,5\pi]$，$[5\pi,6\pi]$，$[6\pi,7\pi]$，$[7\pi,8\pi]$ 得

$$f(x)\in[0,\pi],[\pi,2\pi],[2\pi,3\pi],[3\pi,4\pi].$$

这一步处理虽然把焦点转移到了函数 $f(x)$ (先前的焦点是余弦函数 $y=\cos x$)，但与区间 $[0,T]$ 尚有距离. 从化整为零的角度出发，我们需要对自变量所在的区间 $[0,T]$ 实施"分域讨论". 该如何对其划分呢？

注意此处我们的分析思路是"由外到内"(与求复合函数值域的思路正好相反)，即在 $y=\cos f(x)$ 中，先考察最外层的"$\cos$"，再考察中间层的"f"，最后考察最内层的"x".

回忆平时老师的善意提醒"没有无缘无故的前两小问". 注意到本题第(2)小问中的推理顺序恰是"由函数值推出自变量". 为了与我们所需要的小区间 $[0,\pi]$，$[\pi,2\pi]$，$[2\pi,3\pi]$，$[3\pi,4\pi]$ 相对应，需要找到 $[0,T]$ 中分别与 $0, \pi, 2\pi, 3\pi, 4\pi$ 对应的 x. 由于 $f(0)=0$，$f(T)=4\pi$，故只需寻找到 $[0,T]$ 中分别与 π，2π，3π 对应的 x. 对值域区间 $[f(0),f(T)]=[0,4\pi]$ 中的三个数 $\pi, 2\pi, 3\pi$，由(2)可知存在 $u_1, u_2, u_3 \in [0,T]$，使得 $f(u_1)=\pi$，$f(u_2)=2\pi$，$f(u_3)=3\pi$.

接下来我们分析等式 $f(x+T)=f(x)+f(T)$ 的左边，看 $f(x+T)$ 具有哪些特征，范围如何？

当 $x \in [0,u_1]$ 时，$x+T \in [T,u_1+T]$，为了证明此时等式 $f(x+T)=f(x)+f(T)$ 成立，由于 $f(x)+f(T)\in[f(0)+f(T),f(u_1)+f(T)]=[4\pi,5\pi]$，故只需再说明一点，也就是说明"$f(x+T)\in[4\pi,5\pi]$". 由于 $f(T)=4\pi$，而 $f(x)$ 严格增，故若能证明 $f(u_1+T)=5\pi$[或 $f(u_1+T)<5\pi$]即可.

当 $x\in[u_1,u_2]$ 时，$x+T\in[u_1+T,u_2+T]$，为了证明此时等式 $f(x+T)=f(x)+f(T)$ 成立，由于 $f(x)+f(T)\in[f(u_1)+f(T),f(u_2)+f(T)]=[5\pi,6\pi]$，故只需再说

明一点,也就是说明"$f(x+T)\in[5\pi,6\pi]$". 假设已证 $f(u_1+T)=5\pi$,因 $f(x)$ 严格增,故只需证明 $f(u_2+T)=6\pi$[或 $f(u_2+T)<6\pi$]即可.

当 $x\in[u_2,u_3]$ 时,$x+T\in[u_2+T,u_3+T]$,为证明此时等式 $f(x+T)=f(x)+f(T)$ 成立,由于 $f(x)+f(T)\in[f(u_2)+f(T),f(u_3)+f(T)]=[6\pi,7\pi]$,故只需再说明一点,也就是说明"$f(x+T)\in[6\pi,7\pi]$". 假设已证 $f(u_2+T)=6\pi$,因 $f(x)$ 严格增,故只需证明 $f(u_3+T)=7\pi$[或 $f(u_3+T)<7\pi$]即可.

当 $x\in[u_3,T]$ 时,$x+T\in[u_3+T,2T]$,为证明此时等式 $f(x+T)=f(x)+f(T)$ 成立,由于 $f(x)+f(T)\in[f(u_3)+f(T),f(T)+f(T)]=[7\pi,8\pi]$,故只需再说明一点,也就是说明"$f(x+T)\in[7\pi,8\pi]$". 假设已证 $f(u_3+T)=7\pi$,因 $f(x)$ 严格增,故只需证明 $f(2T)=8\pi$[或 $f(2T)<8\pi$]即可.

综合上述分析,我们找到了破题的一个充分条件:

> 证明 $f(u_1+T)=5\pi$,$f(u_2+T)=6\pi$,$f(u_3+T)=7\pi$,$f(2T)=8\pi$.

只要证出这四个等式(不论先后),问题即宣告解决.

明晰了奋斗目标之后,我们再回到前面已有的材料:

$$u_1,u_2,u_3\in[0,T],\text{满足} f(u_1)=\pi,f(u_2)=2\pi,f(u_3)=3\pi.$$

注意到 $u_1+T,u_2+T,u_3+T\in[T,2T]$,而现在的任务是"要由 u_i 的函数值的信息推出 u_i+T 的函数值的信息,$i=1,2,3$". 利用第(3)小问中第一个论断中的结论就是很自然的想法了.

由 $\cos f(0)=\cos f(u_2)=\cos f(T)=1$ 及 $\cos f(u_1)=\cos f(u_3)=-1$,用上述论断可得 $\cos f(0+T)=\cos f(u_2+T)=\cos f(T+T)=1$ 及 $\cos f(u_1+T)=\cos f(u_3+T)=-1$.
即 $\cos f(T)=\cos f(u_2+T)=\cos f(2T)=1$ 且 $\cos f(u_1+T)=\cos f(u_3+T)=-1$. 故

$$f(u_2+T)=2k_2\pi,\quad f(2T)=2k_4\pi(k_2,k_4\in\mathbf{N},3\leqslant k_2<k_4),$$
$$f(u_1+T)=2k_1\pi+\pi,\quad f(u_3+T)=2k_3\pi+\pi(k_1,k_3\in\mathbf{N},k_1<k_3).$$

且 $4\pi=f(T)<f(u_1+T)<f(u_2+T)<f(u_3+T)<f(2T)$.

可以发现,此处破题的关键再次被聚焦,即只要能证明 $f(2T)=8\pi$(读者朋友可由此体会前文强调的"不论先后"这四个字),则自然必有 $f(u_1+T)=5\pi$,$f(u_2+T)=6\pi$,$f(u_3+T)=7\pi$.

欲证 $f(2T)=8\pi$,由于 $3\leqslant k_2<k_4$,故只需再做一件事,即证明 $k_4\geqslant 5$ 不可能. 这件事我们已在前面完成.

笔者在从各种角度梳理本题求解思路的过程中常会冒出一些念头或感慨,比如"本题的命题灵感来自何处呢?"来自处理复合函数的换元分解动作的逆操作吗? 还是来自那些"由特殊到一般,由离散到连续"等令人着迷的推理,如指数幂的拓展,再如华罗庚先生在《数学归纳法》(科学出版社,2002 年)一书第 12 节"不等式方面的例题"中对不等式 $(a_1a_2\cdots a_n)^{\frac{1}{n}}\leqslant \dfrac{a_1+a_2+\cdots+a_n}{n}$ 给出的"别证",以此引出"反向归纳法".

(二) 学习上海教育考试院给出的解答

在《2015 高考试题分析与评价 上海卷(理科)》(上海市教育考试院,上海教育出版社,2015 年)第 71 页,上海市教育考试院给出了第(3)小问第二个论断的证明过程如下.

由(2)所证知存在 $0=x_0<x_1<x_2<x_3<x_4=T$,使得 $f(x_i)=i\pi$,$i=0,1,2,3$,

4，而 $[x_i, x_{i+1}]$ 是函数 $\cos f(x)$ 的单调区间，$i=0,1,2,3$.

与之前类似地可以证明：u_0 是 $\cos f(x)=-1$ 在 $[0,T]$ 上的解当且仅当 u_0+T 是 $\cos f(x)=-1$ 在 $[T,2T]$ 上的解. 从而 $\cos f(x)=\pm 1$ 在 $[0,T]$ 与 $[T,2T]$ 上的解的个数相同.

故 $f(x_i+T)=f(x_i)+4\pi$，$i=0,1,2,3,4$.

对于 $x\in[0,x_1]$，$f(x)\in[0,\pi]$，$f(x+T)\in[4\pi,5\pi]$，而 $\cos f(x+T)=\cos f(x)$，故 $f(x+T)=f(x)+4\pi=f(x)+f(T)$.

类似地，当 $x\in[x_i,x_{i+1}]$，$i=1,2,3$ 时，有 $f(x+T)=f(x)+f(T)$.

结论成立.

解答很短，意会起来可能并不困难，但其背后的思维过程却着实隐晦. 如何想到？如何自然地推进思维？如何一点一点逻辑严密地写出来？这都是标答提供不了的. 正是考虑到这一点，命题专家在对本题的【试题分析】部分花了较大篇幅阐述了这一论断的探索过程，但其由特殊到一般的思维过程中选择"特殊研究点"的理由不够自然，与求解本论断的联系不紧密，如果教师将之照样搬到课堂上呈现给学生较为牵强. 另外，其对探索过程的解析更未揭示出与日常教学(比如三角教学、复合函数教学、数列教学等)的联系. 而教师的教学应是现场的、灵动的，其教学任务应要能引领学生将这样一个全新的陌生的问题通过"执果索因"的分析自然地与学生们平时经历过的知识、方法实现联系，乃至实现无缝衔接. "找到思维萌发的源头""找到富有启发意义的原型"(正如心理学中的"原型启发")，使学生认识到"所谓高考难题不过是平时学材的自然拓展而已". 从而启发学生在平时的学习中要有做好"善后"的习惯，除了要想清楚"为什么"，还要再多想一想"还有什么". 长此以往，其思维的深刻性、发散性、迁移性等品质自然得以优化，而高考题不过是日常思考过的对象经过梳妆打扮后的"摇身一变"罢了，正如小品王赵本山口中的"小样，你穿上马甲我就不认识你了？"

3.3.4 "分式化整式"的自然变形所引出的尴尬

正如原生态的未必是最好的，在数学解题时，自然的想法未必是最优的，笔者在教学中就曾遭遇到这样的尴尬.

"分式化整式"是教师在平时教学中常常强调的. 然而，师生在用该对策求解下面例 3.2 时却困难重重，但保留分式却流畅无阻，带给人无限的遐思.

例 3.2 已知函数 $f(x)=x-a\ln x$，$g(x)=-\dfrac{a+1}{x}(a\in\mathbf{R})$，若在 $[1,e]$ 上存在一点 x_0，使得 $f(x_0)<g(x_0)$ 成立，求实数 a 的取值范围.

分析 易知问题等价于"不等式 $x-a\ln x<-\dfrac{a+1}{x}$ 在 $[1,e]$ 上有解". 接下来最自然的操作，在教学实践中发现，也确实是几乎所有同学的操作，是在不等式两边同乘以 x，得到 $x^2-ax\ln x<-a-1$，很显然，该不等式从结构上来看变得整齐而简洁了. 再接下来有两种常见处理，其一是参变分离，转化为求"变"量部分所对应的函数的最值；其二是参变不分离，移项后直接求左侧函数的最小值. 接下来我们依次呈现这两种思路下具体的解题发展过程.

方法 1(参变分离后求最值)

由 $x^2-ax\ln x<-a-1$ 得 $a(x\ln x-1)>x^2+1$.

考察函数 $\varphi(x)=x\ln x-1$，$x\in[1,e]$，因为 $\varphi'(x)=\ln x+1\geqslant 1>0$，故 $\varphi(x)$ 在

$[1,e]$ 上严格增,从而 $\varphi(x)\in[-1,e-1]$. 设 $\varphi(x_0)=0, x_0\in(1,e)$.

(1) 当 $x\in[1,x_0)$ 时,$x\ln x-1<0$,故 $a<\dfrac{x^2+1}{x\ln x-1}$. 令 $h(x)=\dfrac{x^2+1}{x\ln x-1}$, $x\in[1,x_0)$,则 $h'(x)=\dfrac{(x+1)[(x-1)\ln x-(x+1)]}{(x\ln x-1)^2}$. 再令 $k(x)=(x-1)\ln x-(x+1)$, $x\in[1,x_0)$,则 $k'(x)=\dfrac{x\ln x-1}{x}<0$,故 $k(x)$ 在 $[1,x_0)$ 上严格减,从而 $k(x)\leqslant(1-1)\ln 1-(1+1)=-2<0$. 由此可得 $h'(x)<0$, $h(x)$ 在 $[1,x_0)$ 上严格减,故 $h(x)_{\max}=\dfrac{1^2+1}{1\cdot\ln 1-1}=-2, a<-2$.

(2) 当 $x=x_0$ 时,$x\ln x-1=0$,故 $a\cdot 0>x_0^2+1$,无解,$a\in\varnothing$.

(3) 当 $x\in(x_0,e]$ 时,$x\ln x-1>0$,故 $a>\dfrac{x^2+1}{x\ln x-1}$. 令 $l(x)=\dfrac{x^2+1}{x\ln x-1}$, $x\in(x_0,e]$,则 $l'(x)=\dfrac{(x+1)[(x-1)\ln x-(x+1)]}{(x\ln x-1)^2}$. 再令 $m(x)=(x-1)\ln x-(x+1)$, $x\in(x_0,e]$,则 $m'(x)=\dfrac{x\ln x-1}{x}>0$,故 $m(x)$ 在 $(x_0,e]$ 上严格增,从而 $m(x)\leqslant(e-1)\ln e-(e+1)=-2<0$. 由此可得 $l'(x)<0$, $l(x)$ 在 $(x_0,e]$ 上严格减,故 $l(x)_{\min}=\dfrac{e^2+1}{e\cdot\ln e-1}=\dfrac{e^2+1}{e-1}, a>\dfrac{e^2+1}{e-1}$.

综上,a 的取值范围是 $(-\infty,-2)\cup\left(\dfrac{e^2+1}{e-1},+\infty\right)$.

该方法中有一个看不见、摸不着的 x_0,这增加了其本来就有的难度. 借助计算器或图像分析软件可知 $x_0\approx 1.76322$. 作为参考,也为了有一个直观的印象,我们在图 3.35(a) 和 (b) 中分别给出了函数 $y=x\ln x-1$, $y=\dfrac{x^2+1}{x\ln x-1}$ 的图像.

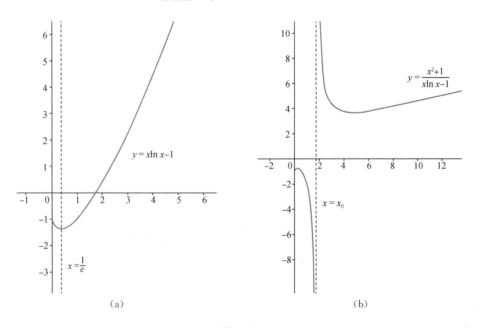

图 3.35

方法 2(参变不分离,移项后直接求最值)

由 $x^2-ax\ln x<-a-1$ 得 $x^2-ax\ln x+a+1<0$. 设 $\psi(x)=x^2-ax\ln x+a+1$,其中 $x\in[1,\mathrm{e}]$,则 $\psi'(x)=2x-a(\ln x+1)$. 我们的目的是求出 $\psi(x)$ 的最小值,为此须通过分析 $\psi'(x)$ 的值的正负推断出 $\psi(x)$ 的单调性. 对函数 $\psi'(x)$ 继续求导得 $\psi''(x)=2-\dfrac{a}{x}=\dfrac{2x-a}{x}$.

(1) 当 $\dfrac{a}{2}<1$,即 $a<2$ 时,$\psi''(x)>0$,$\psi'(x)$ 在 $[1,\mathrm{e}]$ 上严格增,故 $\psi'(x)\geqslant 2-a>0$,从而 $\psi(x)$ 在 $[1,\mathrm{e}]$ 上严格增,所以 $\psi(x)_{\min}=1^2-a\cdot 1\cdot\ln 1+a+1=2+a$,故令 $2+a<0$,解得 $a<-2$.

(2) 当 $1\leqslant\dfrac{a}{2}\leqslant\mathrm{e}$,即 $2\leqslant a\leqslant 2\mathrm{e}$ 时:当 $1\leqslant x\leqslant\dfrac{a}{2}$ 时,$\psi''(x)\leqslant 0$;当 $\dfrac{a}{2}<x\leqslant\mathrm{e}$ 时,$\psi''(x)>0$. 故 $\psi'(x)$ 在 $\left[1,\dfrac{a}{2}\right]$ 上严格减,在 $\left[\dfrac{a}{2},\mathrm{e}\right]$ 上严格增. 因为 $\psi'(1)=2-a\leqslant 0$,$\psi'\left(\dfrac{a}{2}\right)=a-a\left(\ln\dfrac{a}{2}+1\right)=-a\ln\dfrac{a}{2}<\psi'(1)=2-a\leqslant 0$,$\psi'(\mathrm{e})=2\mathrm{e}-2a=2(\mathrm{e}-a)$.

① 当 $\psi'(\mathrm{e})\leqslant 0$,即 $\mathrm{e}\leqslant a\leqslant 2\mathrm{e}$ 时,$\psi'(x)\leqslant 0$,推知 $\psi(x)$ 在 $[1,\mathrm{e}]$ 上严格减,故 $\psi(x)$ 的最小值为 $\psi(\mathrm{e})=\mathrm{e}^2-a\cdot\mathrm{e}\cdot\ln\mathrm{e}+a+1=\mathrm{e}^2-a\mathrm{e}+a+1$,令 $\psi(\mathrm{e})<0$,解得 $a>\dfrac{\mathrm{e}^2+1}{\mathrm{e}-1}$. 又 $\mathrm{e}\leqslant a\leqslant 2\mathrm{e}$,故有 $\dfrac{\mathrm{e}^2+1}{\mathrm{e}-1}<a\leqslant 2\mathrm{e}$.

② 当 $\psi'(\mathrm{e})>0$,即 $2\leqslant a<\mathrm{e}$ 时,$\psi'(\mathrm{e})>0$,从而存在 $x_0\in\left(\dfrac{a}{2},\mathrm{e}\right)$ 使得 $\psi'(x_0)=0$,即 $2x_0-a(\ln x_0+1)=0$. 推知 $\psi(x)$ 在 $[1,x_0]$ 上严格减,在 $[x_0,\mathrm{e}]$ 上严格增. 故 $\psi(x)$ 的最小值为 $\psi(x_0)=x_0^2-ax_0\ln x_0+a+1$,令 $\psi(x_0)<0$,得 $x_0^2-ax_0\ln x_0+a+1<0$. 此处面临的任务是:在 $2x_0-a(\ln x_0+1)=0$ 的条件下,从不等式 $x_0^2-ax_0\ln x_0+a+1<0$ 中解出 a 的取值范围.

由 $2x_0-a(\ln x_0+1)=0$ 得 $2x_0-a\ln x_0-a=0$,故 $a\ln x_0=2x_0-a$,代入上述不等式得 $x_0^2-x_0(2x_0-a)+a+1<0$,即 $x_0^2-ax_0>a+1$,$(x_0+1)(x_0-a-1)>0$. 因 $x_0+1>0$,故 $x_0-a-1>0$,$a<x_0-1$. 又因 $x_0\in\left(\dfrac{a}{2},\mathrm{e}\right)$,故 $a<x_0-1<\mathrm{e}-1$,这与 $2\leqslant a<\mathrm{e}$ 矛盾. 故该小类我们获得的 a 的取值范围是 $a\in\varnothing$.

综上,第(2)小类中我们求得 a 的取值范围是 $\dfrac{\mathrm{e}^2+1}{\mathrm{e}-1}<a\leqslant 2\mathrm{e}$.

(3) 当 $\dfrac{a}{2}>\mathrm{e}$,即 $a>2\mathrm{e}$ 时,$\psi''(x)<0$,$\psi'(x)$ 在 $[1,\mathrm{e}]$ 上严格减,故 $\psi'(x)\leqslant 2-a<0$,从而 $\psi(x)$ 在 $[1,\mathrm{e}]$ 上严格减,所以 $\psi(x)_{\min}=\mathrm{e}^2-a\cdot\mathrm{e}\cdot\ln\mathrm{e}+a+1=\mathrm{e}^2-a\mathrm{e}+a+1$,解 $\mathrm{e}^2-a\mathrm{e}+a+1<0$ 得 $a>\dfrac{\mathrm{e}^2+1}{\mathrm{e}-1}$. 又因为 $a>2\mathrm{e}$,故 $a>\max\left\{2\mathrm{e},\dfrac{\mathrm{e}^2+1}{\mathrm{e}-1}\right\}=2\mathrm{e}$.

综上,我们最终求得的 a 的取值范围是 $(-\infty,-2)\cup\left(\dfrac{\mathrm{e}^2+1}{\mathrm{e}-1},+\infty\right)$.

教学实践表明,上述两种解法如果由学生独立完成是很困难的.方法一中的"分离"与分离后的两次求导(特别是"分离"这一步);方法二中两次求导后的三小类讨论[特别是第(2)小类的第②小类],这些都是几乎所有学生都跨不过去的坎.这两种方法中"无中生有"凭空出现的x_0是一大障碍.

翻阅该题的"参考答案"(与笔者在网上搜出的答案相同),我们发现了最让教师意外的一步处理,也是本题最为关键的一步,就是解题伊始对不等式$x-a\ln x<-\dfrac{a+1}{x}$并没有"两边同乘x"将其化为结构更为简洁的整式,而是直接移项后对左边函数求导,后续过程却变得颇为流畅,见下面的方法三.

方法 3(直接移项后求左边的最小值)

由$x-a\ln x<-\dfrac{a+1}{x}$得$x-a\ln x+\dfrac{a+1}{x}<0$.设$u(x)=x-a\ln x+\dfrac{a+1}{x}$,$x\in[1,e]$,则$u'(x)=1-\dfrac{a}{x}-\dfrac{a+1}{x^2}=\dfrac{x^2-ax-a-1}{x^2}=\dfrac{(x+1)(x-1-a)}{x^2}$.

因为$x\in[1,e]$,故$\dfrac{x+1}{x^2}>0$.

(1) 当$a+1\leqslant 1$,即$a\leqslant 0$时,$u'(x)\geqslant 0$,$u(x)$在$[1,e]$上严格增,故$u(x)_{\min}=u(1)=1-a\ln 1+\dfrac{a+1}{1}=a+2$,令$a+2<0$得$a<-2$.

(2) 当$1<a+1<e$,即当$0<a<e-1$时,易知$u(x)$在$[1,a+1]$上严格减,在$[a+1,e]$上严格增.故$u(x)_{\min}=u(a+1)=a+1-a\ln(a+1)+\dfrac{a+1}{a+1}=a-a\ln(a+1)+2>2>0$(这儿的处理学生比较陌生,会稍微有些卡,但教师点拨一下即会),不符合题意.

(3) 当$a+1\geqslant e$,即$a\geqslant e-1$时,$u'(x)\leqslant 0$,$u(x)$在$[1,e]$上严格减,故$u(x)_{\min}=u(e)=e-a\ln e+\dfrac{a+1}{e}=e-a+\dfrac{a+1}{e}$,令$e-a+\dfrac{a+1}{e}<0$,解得$a>\dfrac{e^2+1}{e-1}$.

综上,a的取值范围是$(-\infty,-2)\cup\left(\dfrac{e^2+1}{e-1},+\infty\right)$.

在讲评该题时,教师会选择上述三种方法中的哪一种呢?方法一与二举步维艰,学生可能听着听着就会睡着,或者听过就听过了.但若选择方法三,自己平时多次对学生强调的"分式问题整式化"却被刻意回避.当然,教师完全可以"装作不知道整式化"而直接移项处理,窘境是暂时摆脱了,但难免课后有学生会当面质疑.如何解释呢?以"方法或技巧的选择要视问题而定"加以搪塞倒是可以应付学生,却难以说服自己.

是啊,为什么有和没有这步小小的"同乘"差别这么大呢?看似极为自然的操作为什么却艰难坎坷?有没有合理的解释说明这种现象?在其他问题背景下也会遇到这种现象吗?这些问题背景的特点是什么呢?

为了比较,我们再看一道题,同时也期待会有更多的发现或更深刻的理解.

例 3.3 已知函数$f(x)=x(\ln x+3ax+2)-3ax+4$.

(1) 若$f(x)$在$[1,+\infty)$上是减函数,求实数a的取值范围.

(2) 若$f(x)$的最大值为6,求实数a的值.

分析与解 (1) a的取值范围是$(-\infty,-1]$,过程略.

（2）每位教师应该都有过这样的经验或体会：发现问题中的隐含条件可加速解题的进程．譬如本题，符号"$\ln x$"隐含了 $x>0$（这是很多同学容易忽略的），而解析几何中的中心直线系与平行直线系等含参代数式所蕴含的"变化中的不变"给解题者带来的美好体验与破题手法也可迁移至本题：既然函数 $f(x)$ 的解析式中含有字母 a，那 $f(x)$ 的图像是否恒过定点呢？一旦有了这种想法，寻找之旅并不艰难．由于 $f(x)=x(\ln x+3ax+2)-3ax+4=x\ln x+3ax^2+2x-3ax+4=(3x^2-3x)a+x\ln x+2x+4$，令 $3x^2-3x=0$（参数系数零来替！），解得 $x=0$ 或 1．由于 $x>0$，故取 $x=1$，从而得到函数 $f(x)$ 的图像恒过点 $(1,6)$．

又由于 $f(x)$ 的最大值为 6，而 $f(1)=6$ 且 $1\in(0,+\infty)$，故 1 是 $f(x)$ 的极大值点，从而有 $f'(1)=0$．因为 $f'(x)=\ln x+6ax+3-3a$，故 $f'(1)=\ln 1+6a+3-3a=0$，解得 $a=-1$．下面证明当 $a=-1$ 时，$f(x)\leqslant 6$ 恒成立，即证 $x(\ln x-3x+2)+3x-2\leqslant 0$．

为证明上式，最自然的做法是令 $\varphi(x)=x(\ln x-3x+2)+3x-2$，只需证 $\varphi(x)_{\max}\leqslant 0$．因为 $\varphi(x)=x\ln x-3x^2+5x-2$，故 $\varphi'(x)=\ln x-6x+6$．继而 $\varphi''(x)=\dfrac{1}{x}-6=\dfrac{1-6x}{x}$，故可知 $\varphi'(x)$ 在 $\left(0,\dfrac{1}{6}\right)$ 上严格增，在 $\left(\dfrac{1}{6},+\infty\right)$ 上严格减，且 $\varphi'(1)=0$．易知当 $x\to 0$ 时，$\varphi'(x)\to -\infty$，而 $\varphi'\left(\dfrac{1}{6}\right)=\ln\dfrac{1}{6}-1+6=5-\ln 6>0$，故 $\exists x_0\in\left(0,\dfrac{1}{6}\right)$，使得 $\varphi'(x_0)=0$，即 $\ln x_0-6x_0+6=0$．又当 $x\to +\infty$ 时，$\varphi'(x)=\ln x-6x+6\to -\infty$．

综合上述分析，可得 $\varphi(x)$ 在 $(0,x_0)$ 上严格减，在 $(x_0,1)$ 上严格增，在 $(1,+\infty)$ 上严格减．为了找到 $\varphi(x)$ 在 $(0,+\infty)$ 上的最大值，需要对 $\lim\limits_{x\to 0^+}\varphi(x)$ 与 $\varphi(1)$ 的大小做出比较．易知 $\varphi(1)=0$，而

$$\lim_{x\to 0^+}\varphi(x)=\lim_{x\to 0^+}(x\ln x-3x^2+5x-2)$$
$$=\lim_{x\to 0^+}(x\ln x)+\lim_{x\to 0^+}(-3x^2+5x-2)$$
$$=\lim_{x\to 0^+}\dfrac{\ln x}{\dfrac{1}{x}}+(-2)=\lim_{x\to 0^+}\dfrac{\dfrac{1}{x}}{-\dfrac{1}{x^2}}-2$$
$$=\lim_{x\to 0^+}(-x)-2=-2.$$

故 $x(\ln x-3x+2)+3x-2\leqslant 0$ 得证！

可以发现上述最自然的做法对能力的要求较高，主要集中在两处：其一是人为构造的 x_0；其二是对 $\lim\limits_{x\to 0^+}\varphi(x)$ 的处理．对于后者，虽然借助科学计算器也能探知该极限的值，但毕竟有赖直观，严密不足．

作为笔者一贯坚持的原则，自己独立思考并努力做出结果后才能"看答案"．呈现在面前的"标答"给我以深深的震撼，因为相对于上述过程的曲折与漫长，"标答"速战速决，简洁而优美．仔细审视容易发现其最关键的一步在于"不走自然路"！面对要证的不等式：

$$x(\ln x-3x+2)+3x-2\leqslant 0,$$

并不直接视左边为一个函数并研究它，而是在构造辅助函数前增加了一个"动作"，即两边同时

除以 x，将其变为 $\ln x - 3x + 2 + 3 - \dfrac{2}{x} \leqslant 0$，即 $\ln x - 3x - \dfrac{2}{x} + 5 \leqslant 0$. 若从"形"上概括，两边同除的结果是将原来的"整式"结构变换成了"分式"结构(即整式化分式). 看来"分式化整式"并非一成不变的变形定则，而是要根据具体的问题选择最合适的化简方向，正所谓"合适的才是最好的".

稍稍揣摩不难体会到上述变形的目的，若设 $h(x) = \ln x - 3x - \dfrac{2}{x} + 5$，则其一阶导数中将不再含有自然对数这种超越函数，即 $h'(x) = \dfrac{1}{x} - 3 + \dfrac{2}{x^2} = \dfrac{-3x^2 + x + 2}{x^2} = \dfrac{-(3x+2)(x-1)}{x^2}$，此处的 x^2 及 $-(3x+2)$ 均为"符号放心项"，而"操心项" $x-1$ 则引领了 $h'(x)$ 的正负. 易知 $h(x)$ 在 $(0, 1)$ 上严格增，在 $(1, +\infty)$ 上严格减. 所以 $h(x)_{\max} = h(1) = \ln 1 - 3 \times 1 - \dfrac{2}{1} + 5 = 0$，故 $\ln x - 3x - \dfrac{2}{x} + 5 \leqslant 0$ 在 $(0, +\infty)$ 上恒成立，亦即 $x(\ln x - 3x + 2) + 3x - 2 \leqslant 0$ 在 $(0, +\infty)$ 上恒成立. 所以 $a = -1$ 即为所求.

这正是"共性因题而变，个性永远存在；数学永无定则，适合个性最伟"，而正是这种直接影响繁难程度与解题进程的微小变形的"做与不做"及"怎么做"就成了解题者最纠结之处，也产生了所谓"题感万岁"的感慨. 确实，老师们肯定都遇到过学生问"老师，您怎么想到的？"等等诸如此类的问题，而老师的回答往往归因于"题感好"，而以"回去多做题"作为师生对话的终结.

探索永远在路上！努力将暂时的"不自然"化为"自然"不正意味着认识的日益提高吗？

3.3.5 第四种数学语言

2021 年上海春考第 21 题如下：

21. 已知数列 $\{a_n\}$ 满足 $a_n \geqslant 0$，对任意 $n \geqslant 2$，a_n 和 a_{n+1} 中存在一项使其为另一项与 a_{n-1} 的等差中项.

(1) 已知 $a_1 = 5$，$a_2 = 3$，$a_4 = 2$，求 a_3 的所有可能取值；

(2) 已知 $a_1 = a_4 = a_7 = 0$，a_2, a_5, a_8 为正数，求证：a_2, a_5, a_8 成等比数列，并求出公比 q；

(3) 已知数列中恰有 3 项为 0，即 $a_r = a_s = a_t = 0$，$2 < r < s < t$，且 $a_1 = 1$，$a_2 = 2$，求 $a_{r+1} + a_{s+1} + a_{t+1}$ 的最大值.

笔者称"用自己的语言表达对数学对象或现象的理解"是第四种数学语言. 不断地说这种语言、有意识地训练这种语言可显著地促进自己的数学理解.

通常认为，数学语言有文字语言、符号语言、图形语言. 本题题设中主要条件的给出采用的是文字语言：a_n 和 a_{n+1} 中存在一项使其为另一项与 a_{n-1} 的等差中项. 如何理解这句话呢？

第一步 将其转化为符号语言

$$a_n = \dfrac{a_{n+1} + a_{n-1}}{2} \text{ 或 } a_{n+1} = \dfrac{a_n + a_{n-1}}{2}.$$

第二步 用自己的语言表达如何由前面的项求后面的项

先将上述符号语言改写为(此时脑海中有递推的思想在支配、指导着自己的行为)：$a_{n+1} = $

$2a_n - a_{n-1}$ 或 $a_{n+1} = \dfrac{a_n + a_{n-1}}{2}$. 继而再转换为自己的语言：前一项的两倍减再前一项或前两项加一加除以 2. 笔者认为，这种语言才具有可操作性，才可以方便地直接指导行为.

前两小问在这样一种语言的指导下很轻易地获解（证）.

再如浦东新区 2021 届一模 21(3)：

已知函数 $f(x)$ 的定义域是 D，若对于任意的 $x_1, x_2 \in D$，当 $x_1 < x_2$ 时，都有 $f(x_1) \leqslant f(x_2)$，则称函数 $f(x)$ 在 D 上为非减函数.

(1) 判断 $f_1(x) = x^2 - 4x \ (x \in [1, 4])$ 与 $f_2(x) = |x-1| + |x-2| \ (x \in [1, 4])$ 是否为非减函数？

(2) 已知函数 $g(x) = 2^x + \dfrac{a}{2^{x-1}}$ 在 $[2, 4]$ 上为非减函数，求实数 a 的取值范围.

(3) 已知函数 $h(x)$ 在 $[0, 1]$ 上为非减函数，且满足条件：① $h(0) = 0$，② $h\left(\dfrac{x}{3}\right) = \dfrac{1}{2} h(x)$，③ $h(1-x) = 1 - h(x)$，求 $h\left(\dfrac{1}{2\,020}\right)$ 的值.

求解本题第(3)小问的关键在于把题设中的诸多等式用第四种数学语言表达出来，即：直观简明地描述出每一个等式表示的意思. 如表 3.13 所示.

表 3.13

符号	① $h(0) = 0$	② $h\left(\dfrac{x}{3}\right) = \dfrac{1}{2} h(x)$	③ $h(1-x) = 1 - h(x)$
表示的意思	自变量为 0 时函数值也为 0	将其整理为 $h(x) = 2h\left(\dfrac{x}{3}\right)$. 前者是用大数的函数值求小数（大小是其三分之一的数）的函数值. 后者是用小数的函数值求大数（大小是其三倍）的函数值. 即：自变量是 3 倍关系，函数值就是 2 倍关系	将其整理为 $h(x) + h(1-x) = 1$，其意思就是：和为 1 的两个自变量其函数值也为 1. 即 $x_1 + x_2 = 1 \Rightarrow h(x_1) + h(x_2) = 1$

由此，思维开始涌动：

$$h(0) = 0 \xrightarrow{(3)} h(1) = 1 \xrightarrow{(2)} h\left(\dfrac{1}{3}\right) = \dfrac{1}{2} \xrightarrow{(3)} h\left(\dfrac{2}{3}\right) = \dfrac{1}{2}.$$

由函数 $h(x)$ 在 $[0, 1]$ 上的单调非减性立知 $h(x) \equiv \dfrac{1}{2}$，$x \in \left[\dfrac{1}{3}, \dfrac{2}{3}\right]$.

故 $h\left(\dfrac{1}{2\,020}\right) = \dfrac{1}{2} h\left(\dfrac{3}{2\,020}\right) = \left(\dfrac{1}{2}\right)^2 h\left(\dfrac{3^2}{2\,020}\right) = \cdots = \left(\dfrac{1}{2}\right)^6 h\left(\dfrac{3^6}{2\,020}\right) = \left(\dfrac{1}{2}\right)^6 h\left(\dfrac{729}{2\,020}\right)$，由于 $\dfrac{729}{2\,020} \in \left(\dfrac{1}{3}, \dfrac{2}{3}\right)$，故 $h\left(\dfrac{1}{2\,020}\right) = \left(\dfrac{1}{2}\right)^6 h\left(\dfrac{729}{2\,020}\right) = \left(\dfrac{1}{2}\right)^6 \cdot \dfrac{1}{2} = \dfrac{1}{128}$.

由此又想到 2021 年上海春考的第 15 题：

已知函数 $y = f(x)$ 的定义域为 $\mathbf{R}$，下列是 $f(x)$ 无最大值的充分条件的是（　　）.

A. $f(x)$ 为偶函数且关于点 $(1, 1)$ 对称　　B. $f(x)$ 为偶函数且关于直线 $x = 1$ 对称

C. $f(x)$ 为奇函数且关于点 $(1, 1)$ 对称　　D. $f(x)$ 为奇函数且关于直线 $x = 1$ 对称

切入口 1　走"形"的路线（图形语言）图像为主，解析式为辅.

联想到弦型三角函数,通过函数 $y=\cos\frac{\pi}{2}x+1$,$y=\cos\pi x$(常值函数亦为反例)与 $y=\sin\frac{\pi}{2}x$ 可立刻排除 A,B,D.作为选择题可锁定应选 C.

切入口 2 联想函数的性质:定义域为 **R** 的有两个对称中心 $(a,0)$,$(b,0)$ 的函数一定是周期函数,且周期是 $T=2|b-a|$.故对于……自此卡住了,发现推不下去了,比较尴尬.

切入口 3 文字语言到符号语言再到第四种数学语言,如表 3.14 所示.

表 3.14

文字语言	$f(x)$为偶函数且关于点$(1,1)$对称	$f(x)$为偶函数且关于直线$x=1$对称	$f(x)$为奇函数且关于点$(1,1)$对称	$f(x)$为奇函数且关于直线$x=1$对称
符号语言	$\begin{cases}f(-x)=f(x),\\f(x)+f(2-x)=2\end{cases}$	$\begin{cases}f(-x)=f(x),\\f(x)=f(2-x)\end{cases}$	$\begin{cases}f(-x)=-f(x),\\f(x)+f(2-x)=2\end{cases}$	$\begin{cases}f(-x)=-f(x),\\f(x)=f(2-x)\end{cases}$
第四种数学语言(心中有一个整形的标准)	$f(x)=-f(x-2)+2$ (相反数后加 2) 先做相反数运算,再做加法运算	$f(x)=f(x-2)$ 周期是 2	$f(x)=f(x-2)+2$ 直接加 2,显然这是一个无穷无尽的过程,而且函数值不断地增加	$f(x)=-f(x-2)$ 直接取相反数

3.3.6 由费解走向自然

教了多年高三,有件事似乎已成为见怪不怪、习以为常的事,那就是:每套试卷的 11、12、16、20(3)、21(3)教师自己做起来也十分吃力,甚至某些问题连答案也看不懂.也曾一度想克服,但终究还是不了了之,情形照旧.作为教师,在面对这些题目时,如何由费解走向自然,由一头雾水进到清澈见底,是摆在眼前的现实障碍,也是实现专业发展的突破口.

以以下三个问题为例.

问题 1 2021 年上海春考 21(3)(同本章《第四种数学语言》一文中的第 1 个问题)

已知数列 $\{a_n\}$ 满足 $a_n \geq 0$,对任意 $n \geq 2$,a_n 和 a_{n+1} 中存在一项使其为另一项与 a_{n-1} 的等差中项.

(1) 已知 $a_1=5$,$a_2=3$,$a_4=2$,求 a_3 的所有可能取值;

(2) 已知 $a_1=a_4=a_7=0$,a_2,a_5,a_8 为正数,求证:a_2,a_5,a_8 成等比数列,并求出公比 q;

(3) 已知数列中恰有 3 项为 0,即 $a_r=a_s=a_t=0$,$2<r<s<t$,且 $a_1=1$,$a_2=2$,求 $a_{r+1}+a_{s+1}+a_{t+1}$ 的最大值.

读不懂题设中"a_n 和 a_{n+1} 中存在一项使其为另一项与 a_{n-1} 的等差中项"的意思是完成解题的一大障碍.显然,此处首先考查的是学生数学语言之间灵活转化的意识与能力.第一步是将该文字语言转化为符号语言,那就是:

$$a_n=\frac{a_{n+1}+a_{n-1}}{2} \text{ 或 } a_{n+1}=\frac{a_n+a_{n-1}}{2}.$$

第二步是用自己的语言描述出该数列的递推规则,即"前一项的两倍减再前一项或前两项加一加除以 2".在此基础上,前两小问的情形均只有一种,如表 3.15 所示:

表 3.15

(a)

$\{a_n\}$	a_1	a_2	a_3	a_4
	5	3	1	2

(b)

$\{a_n\}$	a_1	a_2	a_3	a_4	a_5	a_6	a_7	a_8
	0	a_2	$\dfrac{a_2}{2}$	0	$\dfrac{a_2}{4}$	$\dfrac{a_2}{8}$	0	$\dfrac{a_2}{16}$

相较于第(1)问,第(2)问在以下几处增加了难度:

① 数列的项数由 4 项增至 8 项;

② 数列中的项由具体变为抽象,比如,(1)中得到 a_3 的计算是直接使用递归规则(因为 a_1, a_2 的值均已明确告知),而(2)中需要在脑海中先有一个设未知数的心理过程才行,即懂得视 a_2 为已知,用 $a_1 = 0$ 和 a_2 来导出后续各项.

③ (1)中优胜劣汰的过程只有一次(即先算出 $a_3 = 1$ 或 4,然后再据 $a_4 = 2$ 淘汰 $a_3 = 4$),但(2)中需要经历多次试算、检验、淘汰的过程.

通过求解下面的第(3)小问,我们发现此处设置的第(2)小问实乃醉翁之意在酒更在山水之间也!(由具体走向一般、由孤立的个案走向普遍的规律.)

现在,让我们直面第(3)小问.

注意到刚刚经历过的第(2)小问完美地符合第(3)小问中的条件"数列中恰有 3 项为 0",所以有理由期待求解第(2)小问时使用的方法或获得的结论会对第(3)小问提供帮助.但当笔者真的动手求解时却感到困难重重,无法推进.万般无奈之下求助于网络:

(3) 由 $2a_n = a_{n+1} + a_{n-1}$ 或 $2a_{n+1} = a_n + a_{n-1}$,可知 $\dfrac{a_{n+2} - a_{n+1}}{a_{n+1} - a_n} = 1$ 或 $\dfrac{a_{n+2} - a_{n+1}}{a_{n+1} - a_n} = -\dfrac{1}{2}$,

由第(2)问可知,$a_r = 0 \Rightarrow a_{r-2} = 2a_{r-1} \Rightarrow a_{r-1} - a_{r-2} = -a_{r-1}$,故有 $a_r = 0 \Rightarrow a_{r+1} = \dfrac{1}{2} a_{r-1} = -\dfrac{1}{2}(a_{r-1} - a_{r-2}) = -\dfrac{1}{2} \cdot \left(-\dfrac{1}{2}\right)^i \cdot 1^{r-3-i} \cdot (a_2 - a_1) = -\dfrac{1}{2} \cdot \left(-\dfrac{1}{2}\right)^i$,$i \in \mathbf{N}^*$,

则 $(a_{r+1})_{\max} = \dfrac{1}{4}$,类似地,我们有 $a_{s+1} = -\dfrac{1}{2} \cdot \left(-\dfrac{1}{2}\right)^j \cdot 1^{s-2-r-j} \cdot (a_{r+1} - a_r) = -\dfrac{1}{2} \cdot \left(-\dfrac{1}{2}\right)^j \cdot \dfrac{1}{4}$,$j \in \mathbf{N}^*$,故 $(a_{s+1})_{\max} = \dfrac{1}{16}$,同理,$(a_{t+1})_{\max} = \dfrac{1}{64}$,有 $a_{r+1} + a_{s+1} + a_{t+1}$ 的最大值为 $\dfrac{21}{64}$.

阅读该解答,笔者有如下一些体会:

(1) 令人眼前一亮、内心触动的变形.

由 $a_{n+2} = 2a_{n+1} - a_n$ 或 $a_{n+2} = \dfrac{a_{n+1} + a_n}{2}$ 得

$a_{n+2} - a_{n+1} = a_{n+1} - a_n$ 或 $a_{n+2} - a_{n+1} = \dfrac{a_{n+1} + a_n}{2} - a_{n+1} = \dfrac{a_n - a_{n+1}}{2} = \left(-\dfrac{1}{2}\right) \cdot (a_{n+1} - a_n)$,

即 $a_{n+2} - a_{n+1} = a_{n+1} - a_n$ 或 $a_{n+2} - a_{n+1} = \left(-\dfrac{1}{2}\right) \cdot (a_{n+1} - a_n)$. 其实,这两个变形有没有用

暂不知道,只是先变好了放在这儿备用而已.

(2) 找到 0 附近的项之间的关系,如表 3.16 所示.

表 3.16

$\{a_n\}$	a_1	a_2	a_3	a_4	a_5	a_6	a_7	a_8
	0	a_2	$\dfrac{a_2}{2}$	0	$\dfrac{a_2}{4}$	$\dfrac{a_2}{8}$	0	$\dfrac{a_2}{16}$

脑海中似乎会先有一个猜测的过程,(2)中的表格会启发我们做出如下猜测:$a_{r+1}=\dfrac{a_{r-1}}{2}=\dfrac{a_{r-2}}{4}$. 证明如下:

由于 $a_r=2a_{r-1}-a_{r-2}$ 或 $a_r=\dfrac{a_{r-1}+a_{r-2}}{2}$,从而 $2a_{r-1}-a_{r-2}=0$ 或 $\dfrac{a_{r-1}+a_{r-2}}{2}=0$,由于 $a_{r-1}>0,a_{r-2}>0$,故只有 $2a_{r-1}-a_{r-2}=0$,即 $a_{r-1}=\dfrac{1}{2}a_{r-2}$.

类似地,由 $a_{r+1}=2a_r-a_{r-1}$ 或 $a_{r+1}=\dfrac{a_r+a_{r-1}}{2}$ 得 $a_{r+1}=-a_{r-1}$ 或 $a_{r+1}=\dfrac{a_{r-1}}{2}$,但 $a_{r+1}>0,a_{r-1}>0$,故只有 $a_{r+1}=\dfrac{a_{r-1}}{2}$.

综上,我们证明了 $a_{r+1}=\dfrac{a_{r-1}}{2}=\dfrac{a_{r-2}}{4}$.

(3) 如何计算 a_{r+1} 呢?

不忘初心!题目要求 $a_{r+1}+a_{s+1}+a_{t+1}$ 的最大值.考虑到 r,s,t 之间的平等性,计算 a_{r+1} 的方法应该完全可以应用到另两者上去.

显然,我们思维的出发点是 $a_{r+1}=\dfrac{a_{r-1}}{2}=\dfrac{a_{r-2}}{4}$,如何由此继续下去,是一道很难的关卡.下面这一步实难想到:

因 $a_{r-1}=\dfrac{a_{r-2}}{2}$,则 $\dfrac{1}{2}a_{r-1}+\dfrac{1}{2}a_{r-1}=\dfrac{a_{r-2}}{2}$,有 $\dfrac{1}{2}a_{r-1}=\dfrac{a_{r-2}}{2}-\dfrac{1}{2}a_{r-1}=\left(-\dfrac{1}{2}\right)(a_{r-1}-a_{r-2})$,从而 $a_{r+1}=\dfrac{1}{2}a_{r-1}=\left(-\dfrac{1}{2}\right)(a_{r-1}-a_{r-2})$. 这一步变形就为源源不断地往前递推提供了可能!前面备用的关系 $a_{n+2}-a_{n+1}=a_{n+1}-a_n$ 或 $a_{n+2}-a_{n+1}=\left(-\dfrac{1}{2}\right)\cdot(a_{n+1}-a_n)$ 现在有了用武之地.

(4) 无中生有.

得到 $a_{r+1}=\dfrac{1}{2}a_{r-1}=\left(-\dfrac{1}{2}\right)(a_{r-1}-a_{r-2})$ 之后,题设中的 $a_1=1,a_2=2$ 似乎露出了笑容. 但漫漫征程中的每一步都面临着两种选择,此时,解题人的创造性就是必需的. 设在 $a_{r-1}-a_{r-2}$ 变到 a_2-a_1 的过程中按照规则 "$a_{n+2}-a_{n+1}=\left(-\dfrac{1}{2}\right)\cdot(a_{n+1}-a_n)$" 变的共有 i 次$(i\in \mathbf{N})$,则按照规则 "$a_{n+2}-a_{n+1}=a_{n+1}-a_n$" 变的就有 $r-3-i$ 次,故有

$$a_{r+1}=\dfrac{1}{2}a_{r-1}=\left(-\dfrac{1}{2}\right)(a_{r-1}-a_{r-2})=\left(-\dfrac{1}{2}\right)\cdot\left(-\dfrac{1}{2}\right)^i 1^{r-3-i}(a_2-a_1)=\left(-\dfrac{1}{2}\right)^{i+1},$$

故$(a_{r+1})_{\max}=\dfrac{1}{4}$.

类似地,就有

$$a_{s+1}=\dfrac{1}{2}a_{s-1}=\left(-\dfrac{1}{2}\right)(a_{s-1}-a_{s-2})=\left(-\dfrac{1}{2}\right)\cdot\left(-\dfrac{1}{2}\right)^j 1^{s-2-r-j}(a_{r+1}-a_r)$$
$$=\left(-\dfrac{1}{2}\right)^{j+1}\cdot\left(\dfrac{1}{4}-0\right)=\dfrac{1}{4}\left(-\dfrac{1}{2}\right)^{j+1},$$

其中$j\in\mathbf{N}$,故$(a_{s+1})_{\max}=\dfrac{1}{4}\left(-\dfrac{1}{2}\right)^{1+1}=\dfrac{1}{16}$.

$$a_{t+1}=\dfrac{1}{2}a_{t-1}=\left(-\dfrac{1}{2}\right)(a_{t-1}-a_{t-2})=\left(-\dfrac{1}{2}\right)\cdot\left(-\dfrac{1}{2}\right)^k 1^{t-2-s-k}(a_{s+1}-a_s)$$
$$=\left(-\dfrac{1}{2}\right)^{k+1}\cdot\left(\dfrac{1}{16}-0\right)=\dfrac{1}{16}\left(-\dfrac{1}{2}\right)^{k+1},$$

其中$k\in\mathbf{N}$,故$(a_{t+1})_{\max}=\dfrac{1}{16}\left(-\dfrac{1}{2}\right)^{1+1}=\dfrac{1}{64}$.因此,

$$(a_{r+1}+a_{s+1}+a_{t+1})_{\max}=\dfrac{1}{4}+\dfrac{1}{16}+\dfrac{1}{64}=\dfrac{21}{64}.$$

作为证据,取到上述最大值$\dfrac{21}{64}$的一个例子可以是

$$1,\ 2,\ \dfrac{3}{2},\ 1,\ \dfrac{1}{2},\ 0,\ \dfrac{1}{4},\ \dfrac{1}{2},\ \dfrac{3}{8},\ \dfrac{1}{4},\ \dfrac{1}{8},\ 0,\ \dfrac{1}{16},\ \dfrac{1}{8},\ \dfrac{3}{32},\ \dfrac{1}{16},\ \dfrac{1}{32},\ 0,\ \dfrac{1}{64},\ \cdots.$$

如何让上述求解过程成为自然而然的思维成果是需要教师好好思考的,这是跨越短板获得发展的有效载体.

3.3.7 美丽而高冷的同构

2023 学年笔者任教高三,是"双新"落地以来新高考的第二年. 我校高三每周四下午 15:35—17:35 是数学周测时间. 与学生一起做题是每周四下午必备的精神晚餐,而研究每份测验卷中的所谓"难题"并思考如何用最合适的方法引领学生化解它们更是生活之必需(即如何教解题). 初教"导数"的感觉是:技巧繁多,胜似数列;茫然无助,受阻无措. 同构法构造函数解题更是难中之难.

10 月 19 日周测卷中的填空第 12 题如下.

例 3.4 若关于x的不等式$\dfrac{x+\ln a}{\mathrm{e}^x}-\dfrac{a\ln x}{x}>0$对任意$x\in(0,1)$恒成立,则实数$a$的取值范围为_____.

显然,这又是一道含参不等式恒成立问题. 笔者曾在拙著《走在理解数学的路上》(复旦大学出版社,2024 年)第四章"思维为先,素养为核——我的所教、所思、所悟,理解数学永远在路上"中《导数的容颜之"分还是不分?"》一文中详细总结了处理这类问题的五种思维途径:①参变分离后求最值;②参变不分离直接求不等式左边对应函数的最大值;③参变半分离考察左右两个函数;④看右边数零是否为左边函数的函数值,然后通过极值走"先求后验"之路;⑤尝试

巧妙变形,整理出"同构之形"后构造函数转化为自变量之间的不等式恒成立问题.但方法归方法,拿到一道具体的题目独立找到恰当的方法将其解出却非一日之功.

考试现场,笔者依次尝试了前四种方法均以失败告终,由于解题经验和直觉所限,第五种方法还没起步又遭搁置.但又不愿轻易求助标答或网络,心想无论如何"先把答案算出来",可以猜、试或借助技术等.

在这种心理趋使下,我习惯性地拿起 TI-nspire CAS 图形计算器.

一、作为教师的我对本题的探索之旅

利用 TI 图形计算器的"游标"功能(设置游标时建议将步幅"step size"取为 0.01),可获得函数 $f(x)=\dfrac{x+\ln a}{e^x}-\dfrac{a\ln x}{x}$,$x\in(0,1)$ 当 a 取不同值时的图像如图 3.36 中各图所示.

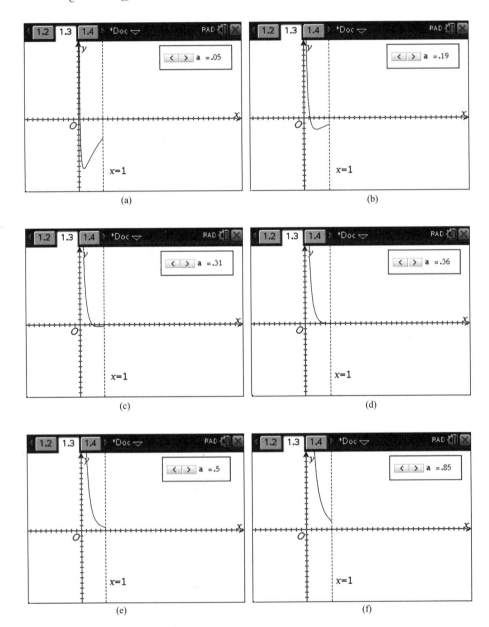

图 3.36

由以上各图清楚地可以看到,随着 a 取值的变化,函数 $f(x)$ 的函数值有一个正负分界点,此时 a 的值使得 $f(1)=0$,且 $a\approx 0.36$. 摆脱计算器,由 $f(1)=0$ 得 $\dfrac{1+\ln a}{e^1}-\dfrac{a\ln 1}{1}=0$,解得 $a=\dfrac{1}{e}(\approx 0.367\,879)$,由于所给区间为开区间 $(0,1)$,故本题实数 a 的取值范围应为 $\left[\dfrac{1}{e},+\infty\right)\left[而不是\left(\dfrac{1}{e},+\infty\right)\right]$.

接下来需要检验该答案是否正确. 但仍然比较困难,受阻,无计可施!

二、学生在考场上是否可用不严密的方法做对这道题?

首先,注意到"函数问题定义域先行",立知 $a>0$. 由于普通的科学计算器无法对含有参数的函数给出列表,此时可以尝试取某些特殊的 a 值后列表观察,进而通过归纳、猜测出 a 的取值范围. 另一条有益的做法是从"对任意的 $x\in(0,1)$"中的"任意的"三字入手,在区间 $(0,1)$ 内取若干特殊的 x 值代入后分别解出 a 的范围后再取交集. 对于后者,往往先考虑 x 取值范围的极端位置,例如当 $x=1$ 时,可得 $\dfrac{1+\ln a}{e^1}-\dfrac{a\ln 1}{1}>0$,解得 $a>\dfrac{1}{e}$. 但接下来,当 $x=\dfrac{1}{2}$(或其他值)时,会遭遇关于 a 的超越不等式 $1+2\ln a+4a\sqrt{e}\ln 2>0$. 且不说普通的科学计算器无能为力,TI 图形计算器也解不出. 所以,如果学生平时没接触过此类问题的思考方向,在考场上,单靠"敲击计算器"做对(或猜对)的可能性很小. 笔者就这道题目问了几位做对的同学. 其中一位说:"老师,我瞎蒙的,没想到对了."我追问:"你蒙的理由是什么?"他说:"就是 $x=1,a=\dfrac{1}{e}$ 的时候式子刚好是零,然后 a 越大,$\ln a$ 越大."此处学生的思维中既有定量计算,也有定性分析,可以勉强归入合情推理之列. 另一位同学说:"我其实并没有想到同构的方法,因为看到不等式中有 $\ln x$,所以想到把 $\dfrac{1}{e}$ 和 e 作为两个节点代进去看看是不是满足题意."

三、教师如何教这道题?

身在高三,解题和教解题是教师每天工作的主要内容. 教师除了不断锤炼自身解题功力外,如何基于本班学生,以最合适的方式教会学生是教学重点,亦是难点. 需要教师课外多多与学生交流,以便思考最优教法. 不仅教解法,更要教思维;不仅教考法,更要教学法.

第一步 展开联想. 回忆处理"含参不等式恒成立问题"的常用手法,对上面提到的五种思路逐个考察.

第二步 分析结构. 数学对象之间依赖运算组成新的对象,代数式之间的运算往往可以通过运算律进行化简. 启发学生:本题除了可以通过两边同乘以 xe^x 消除分式结构外,对其中的加式"$x+\ln a$"大家有什么想法? 这两项是同类项吗? 可以加吗? 还是只能"相顾无言"?

第三步 基于结构再回忆并强化认识. 由于对数函数的值域是实数集,指数函数的值域是正实数集,因此任何实数都能作为对数值,任何正数都能作为指数值. 如

$$\forall x\in\mathbf{R},\ x=\log_m m^x\ (m>0,\ m\neq 1);\ \forall x>0,\ x=m^{\log_m x}\ (m>0,\ m\neq 1).$$

基于该认识,学生应该会做出下列变形:$x+\ln a=\ln e^x+\ln a=\ln(e^x\cdot a)=\ln(ae^x)$. 在这里,教师宜趁热打铁给出下述表格以强化高中数学有别于初中的一些特殊的代数变形,如表 3.17 所示.

表 3.17

代数式	初中可以做的变形	高中可以做的变形
a^2+b^2	$(a+b)^2-2ab$	$a^2+b^2 \geqslant 2ab$，$a^2+b^2 \geqslant -2ab$
$a+b(a,b>0)$	$b+a$	$a+b \geqslant 2\sqrt{ab}$
ab	ba	$ab \leqslant \left(\dfrac{a+b}{2}\right)^2$
$\lvert a \rvert + \lvert b \rvert$	分类讨论去绝对值或看作数轴上的两个距离之和	$\lvert a \rvert + \lvert b \rvert \geqslant \lvert a+b \rvert$
x	做不了任何操作	$x = \log_2 2^x = \lg 10^x = \ln \mathrm{e}^x = \cdots$
$a(a>0)$	做不了任何操作	$a = 2^{\log_2 a} = 10^{\lg a} = \mathrm{e}^{\ln a} = \cdots$
$x + \ln a$	无法变形	$x + \ln a = \ln(a\mathrm{e}^x)$
$\sqrt{2} \cdot 3^x$	无法变形	$\sqrt{2} \cdot 3^x = 3^{\log_3 \sqrt{2}} \cdot 3^x = 3^{x+\log_3 \sqrt{2}}$
1	$1 = 2-1 = 2 \times \dfrac{1}{2} = \cdots$	$1 = \tan\dfrac{\pi}{4} = 2\cos\dfrac{\pi}{3} = \sin^2\alpha + \cos^2\alpha$ $= \tan\beta \cdot \cot\beta = \cdots$
e^x	无法变形	$\mathrm{e}^x \geqslant x+1$，$\mathrm{e}^x \geqslant \mathrm{e}x$
$\ln x$	无法变形	$\ln x \leqslant x-1$，$\ln x \leqslant \dfrac{x}{\mathrm{e}}$

到了大学对初等函数还有泰勒展开式等新的变形！

为了使学生形成更深的理解或认识，基于上挂下联、联系促发展的想法，教师可将本题与学生以前做过的函数奇数偶性中的相关题目做类比，就会对现在的变形倍感亲切，产生"原来并不陌生"的心理体验，如以下两题.

1. 若函数 $f(x)=\log_2(16^x+1)-ax$ 是偶函数，求实数 a 的值.

学生求解本题通常使用的是定义法，即：显然 $f(x)$ 的定义域为 **R**. 由 $f(-x)=f(x)$ 得 $\log_2(16^{-x}+1)+ax=\log_2(16^x+1)-ax$，所以

$$2ax = \log_2(16^x+1) - \log_2(16^{-x}+1) = \log_2 \dfrac{16^x+1}{16^{-x}+1} = 4x，$$

故 $a=2$.

题目虽然解出，但该函数在学生面前仍然十分陌生. 或者说，学生对该函数的"偶性"并没有获得直观的感知. 此时教师应引导学生做出如下变形：当 $a=2$ 时，有

$$f(x) = \log_2(16^x+1) - 2x = \log_2(16^x+1) - \log_2 2^{2x} = \log_2 \dfrac{16^x+1}{2^{2x}} = \log_2(4^x+4^{-x})，$$

自此，该函数的"偶性"已一望即知、一览无余. 深刻而独特的印象也马上在学生心中留下了.

2. 函数 $g(x)=\sqrt{3} \cdot 2^x$ 的图像能否由 $h(x)=2^x$ 的图像通过平移得到？

解：因为 $g(x)=\sqrt{3} \cdot 2^x = 2^{\log_2 \sqrt{3}} \cdot 2^x = 2^{x+\log_2 \sqrt{3}}$，而 $\log_2 \sqrt{3}>0$，故函数 $g(x)=\sqrt{3} \cdot 2^x$ 的图像可以由 $h(x)=2^x$ 的图像向左平移 $\log_2 \sqrt{3}$ 个单位而得到.

第四步 先由学生思考例 3.4,适当的时机教师给予适度的提示.

由 $\dfrac{x+\ln a}{\mathrm{e}^x}-\dfrac{a\ln x}{x}>0$ 得 $\dfrac{\ln(a\mathrm{e}^x)}{\mathrm{e}^x}-\dfrac{a\ln x}{x}>0$,即 $\dfrac{\ln(a\mathrm{e}^x)}{\mathrm{e}^x}>\dfrac{a\ln x}{x}$,由于 $a>0$,故 $\dfrac{\ln(a\mathrm{e}^x)}{a\mathrm{e}^x}>\dfrac{\ln x}{x}$. 由此,我们创造出了"同构"! 设 $\varphi(x)=\dfrac{\ln x}{x}$,则原不等式等价于 $\varphi(a\mathrm{e}^x)>\varphi(x)$. 自此,我们已经把一个平凡的超越不等式变成了一个函数不等式(函数值之间的不等关系). 对于函数不等式的求解,核心任务是先分析清楚该函数的单调性. 因为 $\varphi'(x)=\dfrac{1-\ln x}{x^2}$,可知 $\varphi(x)$ 在 $(0,\mathrm{e})$ 上严格增,在 $(\mathrm{e},+\infty)$ 上严格减. 由于 $\varphi(1)=0$,且当 $x>1$ 时,$\varphi(x)>0$,故可作出 $\varphi(x)$ 的图像如图 3.37(a)所示.

由于 $x\in(0,1)$,由图可知,$\varphi(a\mathrm{e}^x)>\varphi(x)\Leftrightarrow a\mathrm{e}^x>x\Leftrightarrow a>\dfrac{x}{\mathrm{e}^x}$,容易解得 $a\geqslant\dfrac{1}{\mathrm{e}}$,其中函数 $y=\dfrac{x}{\mathrm{e}^x}$ 的图像可参见图 3.37(b).

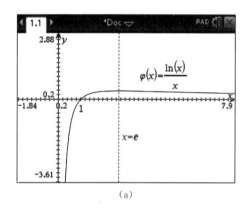 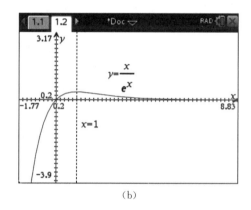

(a)   (b)

图 3.37

例 3.5 已知不等式 $\lambda\mathrm{e}^x+\ln\lambda\geqslant\ln x$ 对任意 $x\in(0,+\infty)$ 恒成立,求正数 λ 的取值范围.

分析与解 由表 3.17 我们已经有了这样的经验:实数与对数相加是一个新的对数,正数与指数相乘是一个新的指数. 当然,两个同底的对数做加(或减)后是一个新的对数,两个同底的指数做乘(或除)后是一个新的指数. 这些认识可以引领我们对数学对象的变形行为. 例如,本题中的 $\lambda\mathrm{e}^x$ 可以变形为 $\lambda\mathrm{e}^x=\mathrm{e}^{\ln\lambda}\cdot\mathrm{e}^x=\mathrm{e}^{x+\ln\lambda}$[若学生正面"凑指数"有困难,可先计算 $\lambda\mathrm{e}^x$ 的对数,即 $\ln(\lambda\mathrm{e}^x)=x+\ln\lambda$,从中解出 $\lambda\mathrm{e}^x$ 即可],又 $\ln x-\ln\lambda$ 可以变形为 $\ln x-\ln\lambda=\ln\dfrac{x}{\lambda}$. 至于这些变形对问题求解有无实质性的帮助笔者认为尚在其次,关键在于心有所想,想催人行,行则将至,久之不至,多做调整. 循上述操作,我们可得多种构造同构的方法.

法 1 由 $\lambda\mathrm{e}^x+\ln\lambda\geqslant\ln x$ 得 $\mathrm{e}^{x+\ln\lambda}+\ln\lambda\geqslant\ln x$,$\mathrm{e}^{x+\ln\lambda}+x+\ln\lambda\geqslant x+\ln x$,令 $\psi(x)=x+\ln x$,则上述不等式即转化为函数不等式 $\psi(\mathrm{e}^{x+\ln\lambda})\geqslant\psi(x)$. 而 $\psi(x)=x+\ln x$ 在 $(0,+\infty)$ 上严格增,故有 $\mathrm{e}^{x+\ln\lambda}\geqslant x$,即 $\lambda\mathrm{e}^x\geqslant x$,$\lambda\geqslant\dfrac{x}{\mathrm{e}^x}$,易得 $\lambda\geqslant\left(\dfrac{x}{\mathrm{e}^x}\right)_{\max}=\dfrac{1}{\mathrm{e}}$.

法 2 由 $\lambda e^x + \ln\lambda \geqslant \ln x$ 得 $e^{x+\ln\lambda} + \ln\lambda \geqslant \ln x$,$e^{x+\ln\lambda} + x + \ln\lambda \geqslant x + \ln x$,令 $u(x) = x + e^x$,则上述不等式即转化为函数不等式 $u(x+\ln\lambda) \geqslant u(\ln x)$. 而 $u(x) = x + e^x$ 在 $(0, +\infty)$ 上严格增,故有 $x + \ln\lambda \geqslant \ln x$,即 $\ln\lambda \geqslant \ln x - x$,易得 $\ln\lambda \geqslant (\ln x - x)_{\max} = -1$,从而 $\lambda \geqslant \dfrac{1}{e}$.

法 3 由 $\lambda e^x + \ln\lambda \geqslant \ln x$ 得 $\lambda e^x \geqslant \ln x - \ln\lambda$,即 $\lambda e^x \geqslant \ln\dfrac{x}{\lambda}$,从而 $e^x \geqslant \dfrac{1}{\lambda}\ln\dfrac{x}{\lambda}$,两边同乘以 x 得 $xe^x \geqslant \dfrac{x}{\lambda}\ln\dfrac{x}{\lambda}$. 令 $v(x) = xe^x$,则上述不等式即转化为函数不等式 $v(x) \geqslant v\left(\ln\dfrac{x}{\lambda}\right)$. 而 $v(x) = xe^x$ 在 $(0, +\infty)$ 上严格增,故有 $x \geqslant \ln\dfrac{x}{\lambda}$,即 $\ln\lambda \geqslant \ln x - x$,易得 $\ln\lambda \geqslant (\ln x - x)_{\max} = -1$,从而 $\lambda \geqslant \dfrac{1}{e}$.

可以看到,无论哪一种方法,其基本思维顺序均是:通过构造同构式,把"数式不等式"转化为"函数不等式",再根据函数的单调性将该"函数不等式"转化为新的较为简单的"数式不等式". 如果说"一桥飞架南北,天堑变通途",那么此处的"桥梁"就是我们通过变形(或称为形变)构造的辅助函数,此处可类比平面几何中求解平面图形问题中所构作的辅助线,平面图形问题→辅助线;函数问题→辅助函数;其他如辅助数列、辅助方程、辅助点、辅助角公式等,可帮助学生融会贯通,升起共鸣,催生其顿悟与灵感.

作为例 3.5 的变式,下面这道题与其如出一辙.

变式 对任意 $x > 0$,不等式 $2ae^{2x} - \ln x + \ln a \geqslant 0$ 恒成立,求实数 a 的最小值.

类似例 3.5,可求得 a 的取值范围为 $\left[\dfrac{1}{2e}, +\infty\right)$,$a_{\min} = \dfrac{1}{2e}$,过程略.

例 3.6 若对任意 $x > 0$,恒有 $a(e^{ax} + 1) \geqslant 2\left(x + \dfrac{1}{x}\right)\ln x$,求实数 a 的最小值.

分析与解 由 $a(e^{ax} + 1) \geqslant 2\left(x + \dfrac{1}{x}\right)\ln x$ 得 $ax(e^{ax} + 1) \geqslant (x^2 + 1)\ln x^2$,而单项式 ax 可以作为对数值出现,即 $ax = \ln e^{ax}$. 故 $\ln e^{ax} \cdot (e^{ax} + 1) \geqslant (x^2 + 1)\ln x^2$,将左右整理为"同构"的形式 $(e^{ax} + 1)\ln e^{ax} \geqslant (x^2 + 1)\ln x^2$. 由此我们发现若令 $f(x) = (x+1)\ln x$,则问题所给的"数式不等式"就等价于如下的"函数不等式" $f(e^{ax}) \geqslant f(x^2)$. 注意到 $f(x)$ 在 $(0, +\infty)$ 上严格增,故该"函数不等式"继续等价于新的"数式不等式" $e^{ax} \geqslant x^2$. 显然,相对于问题所给的数式不等式,这个新的数式不等式简单许多. 由 $e^{ax} \geqslant x^2$ 得 $\dfrac{a}{2} \geqslant \dfrac{\ln x}{x}$,最终我们求得 $\dfrac{a}{2} \geqslant \left(\dfrac{\ln x}{x}\right)_{\max} = \dfrac{1}{e}$,$a \geqslant \dfrac{2}{e}$.

这种题目有什么特点呢?"指对共处一式、无法参变分离"是其外形带给我们的印象,而"活用字母集中、抱团左右同构"则是值得尝试的处理对策. 让我们再通过几例强化这种感受,或期待能获得更新的体会.

例 3.7 已知函数 $f(x) = e^x - a\ln(ax - a) + a (a > 0)$,若关于 x 的不等式 $f(x) > 0$ 恒成立,求实数 a 的取值范围.

分析与解 由 $e^x - a\ln(ax - a) + a > 0$ 得 $e^x - a\ln a - a\ln(x-1) + a > 0$,由于 $a >$

0,故 $\dfrac{e^x}{a} - \ln a - \ln(x-1) + 1 > 0$. 注意到 $\dfrac{e^x}{a} = a^{-1}e^x = e^{\ln(a^{-1})}e^x = e^{x-\ln a}$,因此,上述不等式变为 $e^{x-\ln a} - \ln a > \ln(x-1) - 1$,即 $e^{x-\ln a} + x - \ln a > \ln(x-1) + x - 1$. 至此,同构形态初现. 令 $g(x) = e^x + x$,则上述"数式不等式"等价于"函数不等式" $g(x-\ln a) > g[\ln(x-1)]$. 由于 $g(x)$ 在 $(1, +\infty)$ 上严格增,故有 $x - \ln a > \ln(x-1)$. $\ln a < x - \ln(x-1)$. 视 $\ln a$ 为"团参",易得 $\ln a < [x - \ln(x-1)]_{\min} = 2 - \ln(2-1) = 2$,从而 $a < e^2$,又 $a > 0$,所以 $0 < a < e^2$,即为所求.

在求 $x - \ln(x-1)$ 的最小值时,也可以直接用对数不等式放缩获得,即

$$x - \ln(x-1) \geqslant x - [(x-1) - 1] = 2 (\text{当且仅当 } x-1=1,\text{即 } x=2 \text{ 时等号成立}).$$

因此 $[x - \ln(x-1)]_{\min} = 2$.

写到此处,不仅生出一些感想. 身在高三,学生面对繁多的知识往往无所适从,教师的职责之一便是帮助学生疏通各种联系、打通各种联结. 那么,今后在复习基本不等式时能否把以下这些不等式都一起呈现出来呢? 如表 3.18 所示.

表 3.18

序号	知识领域	基本不等式
1	等式与不等式	① $a^2 + b^2 \geqslant \pm 2ab (a, b \in \mathbf{R})$ (取"$+$"号时当且仅当 $a=b$ 时等号成立;取"$-$"号时当且仅当 $a=-b$ 时等号成立) ② $a+b \geqslant 2\sqrt{ab} (a, b \in \mathbf{R}^+)$;$ab \leqslant \left(\dfrac{a+b}{2}\right)^2 (a, b \in \mathbf{R})$ (当且仅当 $a=b$ 时等号成立)(平均值不等式) ③ $|a|+|b| \geqslant |a+b| (a, b \in \mathbf{R}$,当且仅当 $ab \geqslant 0$ 时等号成立) (三角不等式)
2	幂指对函数	④ 当 $a>1$, $s>0$ 时,$a^s > 1$(幂的基本不等式) ⑤ 当 $a>1$, $N>1$ 时,$\log_a N > 0$(对数的基本不等式)
3	导数	⑥ $e^x \geqslant x+1$(当且仅当 $x=0$ 时等号成立) ⑦ $\ln x \leqslant x-1$(当且仅当 $x=1$ 时等号成立) 推论: ⑧ $e^x \geqslant ex$(当且仅当 $x=1$ 时等号成立) ⑨ $\ln x \leqslant \dfrac{x}{e}$(当且仅当 $x=e$ 时等号成立)

例 3.8 已知函数 $f(x) = \dfrac{ax}{e^{x-1}} + x - \ln(ax) - 2 (a>0)$,若函数 $f(x)$ 在区间 $(0, +\infty)$ 内存在零点,求实数 a 的取值范围.

分析与解 问题等价于方程 $\dfrac{ax}{e^{x-1}} + x - \ln(ax) - 2 = 0$ 在 $(0, +\infty)$ 内有解. 注意到 $\dfrac{ax}{e^{x-1}} = axe^{1-x} = e^{\ln ax} \cdot e^{1-x} = e^{1-x+\ln ax}$,故上述方程可变为 $e^{1-x+\ln ax} + x - \ln(ax) - 2 = 0$. 本着整体处理与同构的想法,我们继续将其变形为 $e^{1-x+\ln ax} + x - \ln(ax) - 1 - 1 = 0$,或者写作 $e^{1-x+\ln ax} - (1-x+\ln ax) - 1 = 0$. 设 $t = 1 - x + \ln ax$,则上式变为 $e^t - t - 1 = 0$. 由于 $e^t \geqslant t+1$ 且

仅当$t=0$时取到等号. 故方程$e^t-t-1=0$有唯一解$t=0$, 即$1-x+\ln ax=0$, 亦即$ax=e^{x-1}$, $a=\dfrac{e^{x-1}}{x}$. 易知函数$y=\dfrac{e^{x-1}}{x}$在$(0,1)$上严格减, 在$(1,+\infty)$上严格增, 故$\dfrac{e^{x-1}}{x}\geqslant\dfrac{e^{1-1}}{1}=1$. 又当$x\to 0^+$时, $\dfrac{e^{x-1}}{x}\to+\infty$; 当$x\to+\infty$时, $\dfrac{e^{x-1}}{x}\to+\infty$. 所以欲使方程$a=\dfrac{e^{x-1}}{x}$在$(0,+\infty)$内有解, 只需$a\geqslant 1$, 即为所求.

关于零点个数问题, 下题可作为例3.8的变式.

变式1 若关于x的方程$e^{x-a}=\ln x+a$有两个不同的实数解, 求a的取值范围.

简解 由$e^{x-a}=\ln x+a$得$e^{x-a}-a=\ln x$, 两边加x得$e^{x-a}+x-a=\ln x+x$. 设$h(x)=\ln x+x$, 则原方程等价于$h(e^{x-a})=h(x)$(将"数式方程"转化为了"函数方程"). 由于$h(x)$在$(0,+\infty)$上严格增, 故$e^{x-a}=x$, $a=x-\ln x$. 至此原问题转化为新的"数式方程"$a=x-\ln x$在$(0,+\infty)$上有两个不同的实数解. 容易求得a的取值范围为$(1,+\infty)$.

此时让我们的思绪再次回到过往, 等量关系与不等关系作为最重要的数量关系常常相生相伴, 譬如方程与不等式总是并驾齐驱、比翼齐飞, 拥有着相似的方法或对策. 现在, 诸如以上诸例中的"同构法", 其作用与解题流程可勾勒如下:

数式方程 $\xrightarrow{\text{变形为同构后构造函数}}$ 函数方程 $\xrightarrow{\text{分析单调性后脱去函数}}$ 数式方程

数式不等式 $\xrightarrow{\text{变形为同构后构造函数}}$ 函数不等式 $\xrightarrow{\text{分析单调性后脱去函数}}$ 数式不等式

作为方程与不等式的集中体现, 请参见下述变式2.

变式2 已知函数$f(x)=ae^x-\ln(x+2)+\ln a-2$.

(1) 若$f(x)\geqslant 0$恒成立, 求a的取值范围;

(2) 若$f(x)$仅有两个零点, 求a的取值范围.

简解 (1) 由于$ae^x-\ln(x+2)+\ln a-2\geqslant 0 \Leftrightarrow e^{x+\ln a}+x+\ln a\geqslant\ln(x+2)+x+2$, 故可构造函数$g(x)=x+\ln x$将其转化为$g(e^{x+\ln a})\geqslant g(x+2)$; 或构造函数$h(x)=e^x+x$将其转化为$h(x+\ln a)\geqslant h[\ln(x+2)]$. 最终均可解得$a$的取值范围为$[e,+\infty)$.

(2) 由于$ae^x-\ln(x+2)+\ln a-2=0\Leftrightarrow e^{x+\ln a}+x+\ln a=\ln(x+2)+x+2$, 故可构造函数$g(x)=x+\ln x$将其转化为$g(e^{x+\ln a})=g(x+2)$; 或构造函数$h(x)=e^x+x$将其转化为$h(x+\ln a)=h[\ln(x+2)]$. 最终均可解得$a$的取值范围为$(0,e)$.

以上我们通过数例阐述了导数背景下同构法应用的基本流程, 需要说明的是, 同构并非函数独有, 也会出现在方程、不等式、解析几何、数列、映射(如同构映射等)等背景下. 通过回忆曾经的旧知与经历, 并将其与现今的导数问题做比, 可以实现方法上的大单元教学, 实现认识上的优化与提升. 如以下诸例.

例3.9 设$x,y\in\mathbf{R}$, 且满足$\begin{cases}(x+4)^5+2\,018(x+4)^{\frac{1}{3}}=-4,\\(y-1)^5+2\,018(y-1)^{\frac{1}{3}}=4,\end{cases}$则$x+y=$_____.

简解 设$f(x)=x^5+2\,018x^{\frac{1}{3}}$, 则原方程组等价于$\begin{cases}f(x+4)=-4,\\f(y-1)=4\end{cases}$(将数式方程组转化为函数方程组), $f(x+4)=-f(y-1)$, 由于$f(x)$在$\mathbf{R}$上为奇函数且严格增, 可得$x+y=-3$.

例3.10 若$-\dfrac{\pi}{2}\leqslant\alpha\leqslant\dfrac{\pi}{2}$, $-\dfrac{\pi}{2}\leqslant\beta\leqslant\dfrac{\pi}{2}$, $m\in\mathbf{R}$, 如果有$\begin{cases}\alpha^3+\sin\alpha+m=0,\\-\beta^3-\sin\beta+m=0,\end{cases}$则

$\cos(\alpha+\beta)$ 的值为 _____.

简解 设 $f(x)=x^3+\sin x$，类似例 3.10 可求得 $\alpha=-\beta$，从而 $\cos(\alpha+\beta)=1$.

例 3.11 若 $\alpha\in[0,\pi]$，$\beta\in\left(-\dfrac{\pi}{4},\dfrac{\pi}{4}\right)$，$\lambda\in\mathbf{R}$，且 $\begin{cases}\left(\alpha-\dfrac{\pi}{2}\right)^3-\cos\alpha-2\lambda=0,\\ 4\beta^3+\sin\beta\cos\beta+\lambda=0,\end{cases}$ 则

$\cos\left(\dfrac{\alpha}{2}+\beta\right)=$ _____.

简解 原方程组可变为 $\begin{cases}\left(\alpha-\dfrac{\pi}{2}\right)^3+\sin\left(\alpha-\dfrac{\pi}{2}\right)=2\lambda,\\ (2\beta)^3+\sin 2\beta=-2\lambda,\end{cases}$ 设 $f(x)=x^3+\sin x$，类似例

3.10 可求得 $\cos\left(\dfrac{\alpha}{2}+\beta\right)=\dfrac{\sqrt{2}}{2}$.

例 3.12 若直线 $a_1x+b_1y+1=0$ 和直线 $a_2x+b_2y+1=0$ 都过点 $A(2,1)$，则过点 $P_1(a_1,b_1)$ 和点 $P_2(a_2,b_2)$ 的直线方程是（　　）.

A. $2x+y+1=0$ B. $2x-y+1=0$

C. $2x+y-1=0$ D. $x+2y+1=0$

易知本例选（A）. 更进一步地，本题与圆锥曲线的切点弦问题及著名的极点、极线问题均密切相关.

上述 4 例的题设条件中已给出（或基本上已给出）同构式，无须从头构造. 而例 3.13、例 3.14 则须先构造同构式再行转化后求解.

例 3.13 已知函数 $g(x)=1-\dfrac{1}{|x|}$，若存在实数 $a,b(a<b)$，使得函数 $g(x)$ 在 $[a,b]$ 上的值域为 $[mb,ma]$，求实数 m 的取值范围.

简解 易知 $g(x)$ 在 $(-\infty,0)$ 上严格减，在 $(0,+\infty)$ 上严格增.

当 $[a,b]\subseteq(-\infty,0)$ 时有 $\begin{cases}g(a)=1+\dfrac{1}{a}=ma,\\ g(b)=1+\dfrac{1}{b}=mb,\end{cases}$ 这个同构式方程组告诉我们 a,b 是方程

$1+\dfrac{1}{x}=mx$ 的两个不相等的负实数根，即方程 $mx^2-x-1=0$ 在 $(-\infty,0)$ 上有两个不相等的实根（由题目条件可知 $m<0$），由 $\Delta>0$ 及韦达定理容易解得 $-\dfrac{1}{4}<m<0$.

当 $[a,b]\subseteq(0,+\infty)$ 时，有 $\begin{cases}g(a)=1+\dfrac{1}{a}=mb,\\ g(b)=1+\dfrac{1}{b}=ma,\end{cases}\Rightarrow\begin{cases}a+1=mab,\\ b+1=mab,\end{cases}$ 无解.

综上，实数 m 的取值范围为 $\left(-\dfrac{1}{4},0\right)$.

例 3.14 已知数列 $\{a_n\}$ 的前 n 项和 S_n 与通项 a_n 之间满足 $S_n=1-a_n$，求 a_n 的表达式.

简解 易求得 $a_1=\dfrac{1}{2}$. 当 $n\geqslant 2$ 时，构造对偶式（或称同构式）$\begin{cases}S_n=1-a_n,\\ S_{n-1}=1-a_{n-1}\end{cases}(n\geqslant 2)$，

两式相减可得 $2a_n = a_{n-1}(n \geq 2)$，继而可得 $a_n = \left(\dfrac{1}{2}\right)^n (n \in \mathbf{N}, n \geq 1)$.

最后需要强调的是对"同构意识"的培养，如看到 $\dfrac{\sin x + 1}{\cos x + 3}$ 联想斜率，看到 $(2a + 5 - |\cos b|)^2 + (2a - |\sin b|)^2$，$(a-c)^2 + (2\ln a - 2c - 1)^2$ 联想两点之间的距离，看到 $\begin{cases} x = \dfrac{2t}{1+t^2}, \\ y = \dfrac{1-t^2}{1+t^2} \end{cases}$ 联想万能置换公式等.

概括而言，数学中的同构式是指除了变量不同，而结构相同的两个表达式. 同构式，一方面体现了数学的结构美感，另一方面运用同构式的思想解决某些问题时往往可以轻松简便地化解. 另外，在高中数学的各个方面都渗透着"同构"的转化意识，这通过前文所举数例便可窥得一斑. 波利亚说，掌握数学就意味着要善于解题，对于解题方法的研究，总能吸引许多数学爱好者为之着迷，如何让美丽而高冷的同构意识、同构行为变得亲切而自然将会是笔者一直持续探究的课题.

3.3.8 "死算"中的"柔道"

学生普遍害怕、讨厌解析几何中的计算（特别是字母运算）已是公开的秘密. 据笔者私下与同学交流发现，哪怕是平时成绩很好的同学都曾一致表态说"不愿做解析几何题". 再追问原因，说："都是死算，没意思，不如做导数题好玩."作为教师，听到这样的回答心情很沉重. 运算作为一种特殊的逻辑推理，是学习数学必须掌握的基本技能. 之所以学生称其为"死算"，那是因为还没有熟悉数学变形的各种策略或窍门，没有体验到一旦有灵动的思维介入，"死算"也会变得生机勃勃、趣味盎然，甚至"说时迟那时快"，结果立现. 因此，如何让"死算""硬解"等变得灵动、高效、富有弹性，是教师应该着力引导学生去领会并掌握的. 笔者称其中之道为"柔道"，即化解"死算"、软化"硬解"的运算之道.

2023 年 10 月 19 日周四下午高三的周测考了这样一道题.

例 3.15 椭圆 $E: \dfrac{x^2}{a^2} + \dfrac{y^2}{b^2} = 1 (a > b > 0)$ 的离心率是 $\dfrac{\sqrt{2}}{2}$，点 $M(\sqrt{2}, 1)$ 是椭圆 E 上一点，过点 $P(0, 1)$ 的动直线 l 与椭圆相交于 A，B 两点.

(1) 求椭圆 E 的方程.

(2) 求 $\triangle AOB$ 面积的最大值.

(3) 在平面直角坐标系 xOy 中，是否存在与点 P 不同的定点 Q，使 $\dfrac{|QA|}{|QB|} = \dfrac{|PA|}{|PB|}$ 恒成立？若存在，求出点 Q 的坐标；若不存在，请说明理由.

本题(1)(2)的答案分别是 $\dfrac{x^2}{4} + \dfrac{y^2}{2} = 1$，$\sqrt{2}$，过程从略. 对于第(3)小题，笔者任教的两个班共 68 位同学中能做对的同学只有一位，另有三位同学思路正确，也肯算，却因为算功不济或欠缺"柔道"而最终与正确答案失之交臂，比较可惜. 接下来我们看一下他们的做法.

一、呈现并分析几位同学的做法

同学甲考场上的解法如图 3.38 所示.

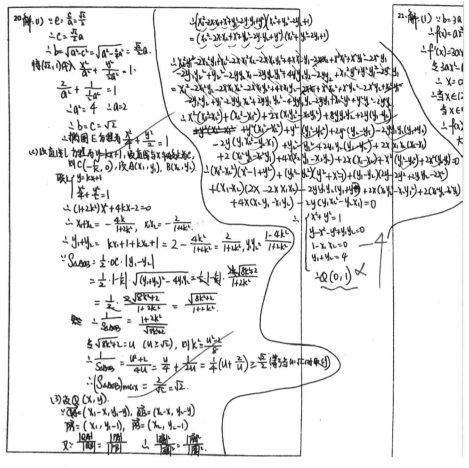

图 3.38

可以看到,该同学首先将线段长度等式 $\dfrac{|QA|}{|QB|}=\dfrac{|PA|}{|PB|}$ 完全转化为坐标等式,然后开始运算. 但既没有在运算之初运用直线 l 的方程 $y=kx+1$ 将 $\dfrac{|PA|^2}{|PB|^2}=\dfrac{x_1^2+(y_1-1)^2}{x_2^2+(y_2-1)^2}$ 化简为 $\dfrac{|PA|^2}{|PB|^2}=\dfrac{x_1^2+(kx_1)^2}{x_2^2+(kx_2)^2}=\dfrac{x_1^2}{x_2^2}$,在通过交叉相乘将分式化为整式时也没有"先让完全平方项整体参与运算,再伺机将其展开",而是将所有的平方项完全"打散",导致项与项之间的联系与某些可能被利用的规律被掩盖,使运算陷入铺天盖地又杂乱无章、多字母参与的汪洋大海中,只见八卦阵中群魔乱舞,却始终无法冲出重围. 最后只能"蒙"一个答案了事. 概括一下,可以说甲同学"精神可嘉、韧劲十足,但柔性不够、缺少变通". 另外,值得指出的是,该同学将待求的定点 Q 的坐标设为 (x,y) 并非明智的选择.

同学乙考场上的解法如图 3.39 所示.

相对于同学甲,乙同学设 $Q(m,n)$ 就比较妥当. 更难能可贵的是,该同学直接将比例 $\dfrac{|PA|}{|PB|}$ 转化为 $\dfrac{x_1}{x_2}$ 时并没使用直线 l 的方程,应该是观察图形并使用初中比例知识而得. 接下来,在两边平方并交叉相乘后,该同学通过整体观察把含有因式 x_2-x_1 的项分别合并,并在

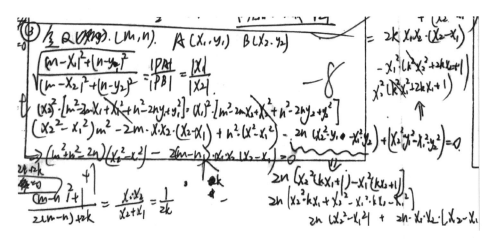

图 3.39

后续的变形中能想到将 y_1, y_2 用 x_1, x_2 表出,这些都说明该生的数学素养不低. 但也许他不明白最终要做什么(方向上比较茫然),抑或基于考场上灵活分配时间的考虑,最终没有求出 m, n 的值.

同学丙考场上的解法如图 3.40 所示(也标出了其所犯的多处错误,划横线部分和大括号里面的过程均有误).

显然,该同学也是一位"肯算"的好孩子,但可惜其中"粗心导致的小错误"(本质是计算能力弱)太多. 尽管有将 $\dfrac{|PA|}{|PB|}$ 化为 $\dfrac{|x_1|}{|x_2|}$ 的良好基础,但最终还是得到了错误的结果.

该生在计算过程中所犯的几处错误在表 3.19 中做了说明.

表 3.19

错误	应为	错误的可能原因分析	改进建议
x_1^2	x_2^2	抄错(但后面的过程是按 x_2^2 算的)	训练并养成"随时检查,瞬时检查"的习惯. 即:每做一步都要迅速地"回首"看一下上式,确认过正确后再继续往下做
$x_2 - x_1$(连续四处)	$x_2^2 - x_1^2$	抄错	
$m^2 + n^2$(出现了两处)	$(m^2 + n^2)(x_2 + x_1)$	上一个错导致的	
$2k - 2m - 2n$	$2k - 2m - 2nk$	去括号时心算出错	
$1 - 2m$	$1 - 2n$	去括号时心算出错	

该生的错非常可惜,事实上,将 $(2k-2m-2n)x_1x_2+(1-2m)(x_1+x_2)+m^2+n^2=0$ 改正为 $(2k-2m-2nk)x_1x_2+(1-2n)(x_1+x_2)+(m^2+n^2)(x_2+x_1)=0$,即

$$(2k-2m-2nk)x_1x_2+(1-2n+m^2+n^2)(x_1+x_2)=0 \qquad (*)$$

后,再将韦达定理代入,根据关于 k 的多项式恒等于零即可迅速解出 m, n 的值,如下:

因为 $x_1x_2 = \dfrac{-2}{1+2k^2}$, $x_1+x_2 = \dfrac{-4k}{1+2k^2}$,代入 $(*)$ 式得

$$(2k-2m-2nk) \cdot \dfrac{-2}{1+2k^2} + (1-2n+m^2+n^2) \cdot \dfrac{-4k}{1+2k^2} = 0,$$

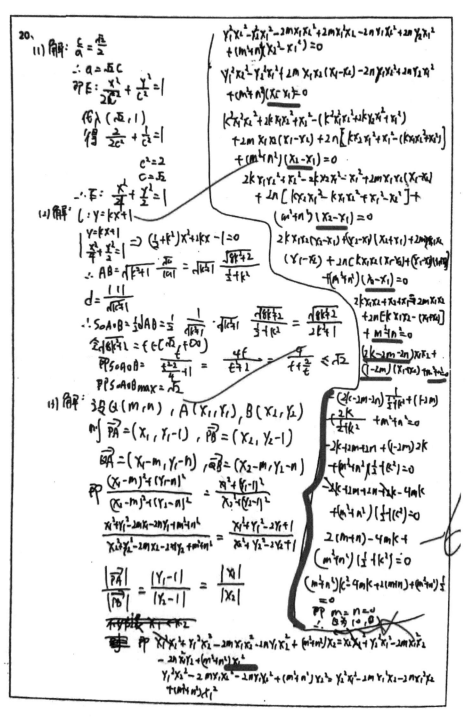

图 3.40

从而 $(2k-2m-2nk)(-2)+(1-2n+m^2+n^2)\cdot(-4k)=0$,故必有

$$\begin{cases}(2-2n)\cdot(-2)+(1-2n+m^2+n^2)\cdot(-4)=0,\\(-2m)\cdot(-2)=0,\end{cases}$$

解得 $m=0$, $n=1$ 或 2,故 $Q(0,1)$ 或 $Q(0,2)$,由于 Q 与 P 不重合,故 $Q(0,2)$ 即为所求.

同学丁考场上的解法如图 3.41 所示.

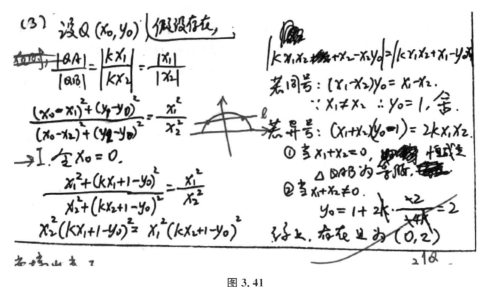

图 3.41

显然,该同学的消元与整体思维品质很好!而且敢想敢做,典型地大胆猜想、小心求证,这一点从"令 $x_0=0$"上便可看出. 正是这"一声令下",才使得后面的过程完美地避开了折磨人的冗长与烦琐. 我们不禁要问,此处看似很不自然的"令 $x_0=0$"的灵感来自何处?为什么不令 $y_0=0$ 呢?笔者认为,大概有两点促发了这种行为的发生. 其一是平时解题经验的积累,即满足题设要求的定点往往在坐标轴上;其二是从直线与椭圆所在图形上观察所得,属于合情猜测.

接下来另一处值得欣赏的是该同学对等式" $x_2^2(kx_1+1-y_0)^2=x_1^2(kx_2+1-y_0)^2$ "的处理. 他并没有直接将其展开,而是在注意到"等式左右整齐的平方结构"的情况下,将其分化为两种情况单独处理,即 $x_2(kx_1+1-y_0)=\pm x_1(kx_2+1-y_0)$,颇有"四两拨千斤"的美与魅.

看得出,以上这些同学对长度等式的处理均有将其化为坐标等式的意识与行为,而在转化过程中若关注比值的整体表达而非让分子、分母"孤军作战",将为后继运算带来很大方便(这可能也是研究比例及比的性质的一个原因吧). 这很类似于韦达定理的功能. 为了得到两根之和(或积)并非要先算出所有根. 另外,在"根与系数的关系"教学时,教师往往需解释单单研究两根之和与积的必要性(即为什么不研究两根之差与两根之商呢?). 是否也可以从"两根之比"已在比例中专门研究过做点解释呢?最后,在化为坐标等式后的具体计算过程中,先整体处理再在观察项与项之间关系的基础上,基于"先适当结合后再细化处理"是死算中化死为活的一种"柔道".

二、教师如何教这道题?

笔者很后悔当初讲评试卷时对这道解析几何问题第(3)小问的教学方式.

首先在讲评前自己先独立做,但感觉烦琐,又被批卷、准备第二天的一轮复习上课(第二天课较多)等事务所冲淡,就匆匆看了"标答". 因不满足标答中构造点 B 关于 y 轴的对称点这种非自然做法,思索良久,运用初中平面几何中三角形内角平分线定理得到了两条直线斜率互为相反数这条突破口. 于是,在对学生解法很陌生的情况下(批卷时只是了解个大概),第二天上课时直接为同学们呈现了下面的讲解.

师：定点、定值问题的破解对策是"特置探路，先求后证"．假设这样的定点 Q 存在，则对于绕点 P 旋转的任意直线 l，都有 $\frac{|PA|}{|PB|}=\frac{|QA|}{|QB|}$ 成立．特别地，当直线 l 与 x 轴平行、垂直时，定点 Q 也都满足 $\frac{|PA|}{|PB|}=\frac{|QA|}{|QB|}$．哪位同学说一下平行的情况？

生1：当直线 l 与 x 轴平行时，$|PA|=|PB|$，故 $|QA|=|QB|$．因此点 Q 必须在 y 轴上，其坐标形如 $(0, y_0)$，$y_0 \in \mathbf{R}$．

师：很好，请生2说一下 l 与 x 轴垂直时的情况．

生2：当直线 l 与 x 轴垂直时，A，B 分别为椭圆的上、下顶点，其坐标分别为 $A(0, \sqrt{2})$，$B(0, -\sqrt{2})$，故等式 $\frac{|PA|}{|PB|}=\frac{|QA|}{|QB|}$ 变为 $\frac{|\sqrt{2}-1|}{|\sqrt{2}+1|}=\frac{|y_0-\sqrt{2}|}{|y_0+\sqrt{2}|}$，即 $\frac{y_0-\sqrt{2}}{y_0+\sqrt{2}}=\pm\frac{\sqrt{2}-1}{\sqrt{2}+1}$，解得（可使用合分比定理）$y_0=1$ 或 2．因为 Q 不与点 P 重合，故 $Q(0, 2)$．

师：自此，我们探知若符合题目要求的定点 Q 存在，则其只能是 $Q(0, 2)$．那究竟这个点 Q 是不是最终要找的呢？还要做一件什么事情？

生3：还要证明它对于不与 x 轴平行、垂直的其他所有直线 l 也都有 $\frac{|PA|}{|PB|}=\frac{|QA|}{|QB|}$ 成立．

师：很好．请看图 3.42，怎么证明 $Q(0, 2)$ 符合该恒等式呢？

（无人响应）

师：在 $\triangle QAB$ 中，由等式 $\frac{|PA|}{|PB|}=\frac{|QA|}{|QB|}$ 中的两个比值相等大家想到了什么？

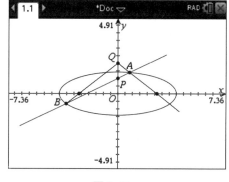

图 3.42

生4：我觉得 QP 应该是 $\angle AQB$ 的平分线．

师：为什么？

生4：我是根据初中学过的三角形内角平分线定理得到的．

师：很好．内角平分线定理可以通过作平行线或用面积法证得．这样我们得到了等式 $\frac{|PA|}{|PB|}=\frac{|QA|}{|QB|}$ 的一种等价表达，即 $\angle AQP = \angle BQP$．那么接下去又应该怎么转化呢？

生5：$\angle AQP = \angle BQP$ 等价于直线 QA，QB 与 x 轴的夹角相等，又等价于直线 QA，QB 的倾斜角互补．

师：又可以继续等价于什么？

生5：又等价于直线 QA，QB 的斜率互为相反数，即 $k_{QA}+k_{QB}=0$．

师：用坐标怎么写？

生6：$\frac{y_1-2}{x_1}+\frac{y_2-2}{x_2}=0$，或者 $x_2(y_1-2)+x_1(y_2-2)=0$．

师：请生7说说接下去怎么处理？

生7：我觉得接下去应该消去 y_1，y_2，得到 $x_2(kx_1+1-2)+x_1(kx_2+1-2)=0$，即 $x_2(kx_1-1)+x_1(kx_2-1)=0$，$2kx_1x_2-(x_1+x_2)=0$．

师：很好！我们来梳理一下证明的逻辑脉络：

$$\frac{|PA|}{|PB|} = \frac{|QA|}{|QB|} \Leftrightarrow \angle AQP = \angle BQP \Leftrightarrow k_{QA} + k_{QB} = 0 \Leftrightarrow 2kx_1x_2 - (x_1+x_2) = 0.$$

其中前两个等式均为几何等式,即几何对象的几何量之间的相等关系;而后两个等式均为代数等式,即实数之间的相等关系. 哪位同学来说一下最后这个代数等式怎么证?

生8:要用到韦达定理. 由 $\begin{cases} \dfrac{x^2}{4} + \dfrac{y^2}{2} = 1 \\ y = kx + 1 \end{cases}$, 得 $(1+2k^2)x^2 + 4kx - 2 = 0$, 故

$$2kx_1x_2 - (x_1+x_2) = 2k \cdot \frac{-2}{1+2k^2} - \frac{-4k}{1+2k^2} = 0.$$

得证.

师:自此,第(3)小问得以圆满解决. 同学们课后务必再把过程好好写一遍.

上述"教解题"的过程看起来完整、清晰,不仅带领同学们学会了这道题的求解,而且借此总结了求解圆锥曲线中"定点定值问题"的一般思路. 但其实,仔细分析不难发现,上述关键思路的发生、发展几乎全是教师告知,学生的思维始终被教师所牵引. 最失败之处就是教师的分析与点拨完全无视了考场上学生的真实想法(也是最自然的想法),没有在学生方法的基础上生长出他们所需要的、想听的方法,更没有指出他们的做法到底错在何处,卡在某个环节如何突破. 笔者第二天又要了上述几位同学的试卷和答题纸,发现他们很认真地把老师教的方法做了记录,但答题纸上自己原始的解题过程却不再理会,源自他们内心的方法为什么执行到最后没有结果或执行出错误的结果,根本不再关心. 反正接受老师教的方法就是了.

"步学生后尘,顺生而行"才是教解题之道. 教师在讲评作业、试卷前要做的重要事情是把学生的解法与错因吃透,基于此才能上出高质量的"师生共鸣"课.

基于这种想法及平时学习"一题一课"的体会,笔者将本题第(3)小问的教学设计调整如下.

第一步 出示学生甲的做法,请大家分析因为涉及的式子太过琐碎、繁杂、无序而导致计算艰难,如何优化呢? 应该会有同学建议"里面出现的完全平方先不做展开""先将 $\dfrac{|PA|}{|PB|}$ 利用相似三角形中的比例关系化简为 $\dfrac{|x_1|}{|x_2|}$""先利用直线 AB 的方程式将 $\dfrac{|PA|^2}{|PB|^2}$ 化简为 $\dfrac{x_1^2}{x_2^2}$".

第二步 出示乙同学和丙同学的解题过程,分析其相同的思路,乙同学开了个头就放弃了,丙同学锲而不舍地算了好多,但最后得到了错误的结果. 请同学们帮着丙同学共同寻找计算过程中的这些错误,并请丙同学现场总结考试时为什么会犯这些错误. 最后,在大家的共同努力下成功算出定点 Q 的坐标.

通过该环节,学生必定会受到深深的震撼,发出"计算如天大,步步要精心"的感慨,同时也学会了如何利用"随时检查、瞬时检查"的具体操作避免这些错误. 从丙同学洋洋洒洒、虽败犹荣的计算中,也能感悟到精神的力量.

第三步 出示丁同学的解答. 分析为什么与丙同学相同的思路,但丁同学的解题过程却简洁许多? 强化解题经验对解题的指导作用,体会"大胆猜想、小心求证"的科学探索策略.

第四步 从答案出发再思考. 要找的定点 $Q(0, 2)$ 很特殊,其坐标能不能另辟蹊径、未卜先知呢? 接下来转入笔者原来的教学设计. 在对一般与特殊关系的细致分析中,同学们对定

点、定值问题的思考对策也有了更深的理解与认识.

三、学生的困惑:知道是角平分线又如何?

试卷分析课上讲完例1后,杨同学课后马上找到我说:"在您的'先求后证'的证明环节用到了三角形的内角平分线定理,我在审题时看到题目中的等式 $\frac{|PA|}{|PB|}=\frac{|QA|}{|QB|}$ 也想到了 QP 是 $\triangle AQB$ 的内角 $\angle AQB$ 的平分线,但接着我就做不下去了!能不能不先特置探路,直接利用 QP 是内角平分线把点 Q 算出来呢?"

不得不说,这是一个自然的问题,是学生基于自己考试现场的原始念头,在听过教师的讲评后生发出的自然疑问.如果能直接用被发现的内角平分线找到点 Q,又何必多一步特置探路找到 Q,再用内角平分线来证呢?

但这又是一个困难的问题.笔者曾试着做出了如下的推理.

设 $\frac{|PA|}{|PB|}=\frac{|QA|}{|QB|}=\lambda$,因为 $\overrightarrow{AP}=\lambda\overrightarrow{PB}$,故点 P 的坐标为 $\left(\frac{x_1+\lambda x_2}{1+\lambda},\frac{y_1+\lambda y_2}{1+\lambda}\right)$,从而 $\frac{x_1+\lambda x_2}{1+\lambda}=0$,$\frac{y_1+\lambda y_2}{1+\lambda}=1$,因此 $\begin{cases}x_1+\lambda x_2=0,\\ y_1+\lambda y_2=1+\lambda,\end{cases}$ 所以 $\lambda=-\frac{x_1}{x_2}=-\frac{y_1-1}{y_2-1}$. 由于 QP 是 $\angle AQB$ 的平分线,故其方向向量为 $\boldsymbol{d}=\frac{\overrightarrow{QA}}{|\overrightarrow{QA}|}+\frac{\overrightarrow{QB}}{|\overrightarrow{QB}|}$,或取为 $\boldsymbol{d}=|\overrightarrow{QB}|\overrightarrow{QA}+|\overrightarrow{QA}|\overrightarrow{QB}$. 若记 $|\overrightarrow{QB}|=m$,则 $|\overrightarrow{QA}|=m\lambda$,则

$$\boldsymbol{d}=m\overrightarrow{QA}+\lambda m\overrightarrow{QB}=m(x_1-x_0,y_1-y_0)+\lambda m(x_2-x_0,y_2-y_0)$$
$$=(m(x_1-x_0)+\lambda m(x_2-x_0),m(y_1-y_0)+\lambda m(y_2-y_0)),$$

故角平分线的点方向式方程为 $\frac{x-0}{m(x_1-x_0)+\lambda m(x_2-x_0)}=\frac{y-1}{m(y_1-y_0)+\lambda m(y_2-y_0)}$. 因点 Q 在角平分线上,故 (x_0,y_0) 满足该方程,即有等式

$$\frac{x_0}{m(x_1-x_0)+\lambda m(x_2-x_0)}=\frac{y_0-1}{m(y_1-y_0)+\lambda m(y_2-y_0)}.$$

两边约去 m 得 $\frac{x_0}{(x_1-x_0)+\lambda(x_2-x_0)}=\frac{y_0-1}{(y_1-y_0)+\lambda(y_2-y_0)}$,交叉相乘后再去括号、合并同类项可化简为 $x_0y_1+\lambda x_0y_2=y_0x_1+\lambda y_0x_2-x_1+x_0-\lambda x_2+\lambda x_0$,将 $\lambda=-\frac{x_1}{x_2}$ 代入并化简得 $x_0y_1-\frac{x_1}{x_2}x_0y_2=x_0-\frac{x_1}{x_2}x_0$,即 $x_0(y_1x_2-y_2x_1+x_1-x_2)=0$,所以 $x_0=0$ 或 $(y_1-1)x_2-(y_2-1)x_1=0$. 但由于 $(y_1-1)x_2-(y_2-1)x_1=0$ 是恒成立的,所以并不能得出 $x_0=0$.

为什么辛辛苦苦却做了无用功呢?

原来在表达角平分线的方向向量时就已经用到了点 Q 在角平分线上(由 $|\overrightarrow{QA}|=m\lambda$ 得 $\frac{|\overrightarrow{QA}|}{m}=\lambda$,即 $\frac{|\overrightarrow{QA}|}{|\overrightarrow{QB}|}=\frac{|\overrightarrow{PA}|}{|\overrightarrow{PB}|}$),再用该方向向量写出角平分线的方程后把点 Q 的坐标 (x_0,y_0) 代入,自然是满足该方程的. 所以最后化出来的自然是一个左右相等的式子,得不到任何新的信息也就在情理之中了.

碰壁之后,笔者也曾比较过"知道点 Q 在 y 轴上"与"不知道点 Q 在 y 轴上"两种情况

下使用内角平分线的区别,其最突出的区别是前者可转化为 QA,QB 的斜率互为相反数,但后者却不易转化. 也想着运用坐标系的平移与旋转的知识处理,却囿于自身水平无法推进.

自此,探索陷入僵局,且至今未发现"一般情况下如何利用内角平分线较快地找到定点 Q",探索一直在路上,学无止境、教无止境.

3.3.9 再探椭圆的一类内接三角形问题

在拙著《走在理解数学的路上》(复旦大学出版社,2024 年)第四章"思维为先,素养为核——我的所教、所思、所悟,理解数学永远在路上"中《如何理解有"三个"?》一文中讨论了任意椭圆的内接等腰直角三角形的个数问题. 本文继续讨论与之类似的一个问题,意在彰显技术与思维在思考数学问题时互相启发、彼此完善、和谐共生的美好场景.

例 3.16 已知 A 为椭圆 $\Gamma: \dfrac{x^2}{a^2}+\dfrac{y^2}{b^2}=1(a>b>0)$ 的上顶点,B,C 为该椭圆上的两点,且 $\triangle ABC$ 是等边三角形,问满足条件的 $\triangle ABC$ 有几个?并分别求出对应情况下椭圆 Γ 的离心率的取值范围.

图形直观告诉我们所有椭圆均有一个满足题设条件的内接等边三角形,但只有某些椭圆共有三个这样的等边三角形,且等边三角形的位置有三种情况,如图 3.43 中各图所示.

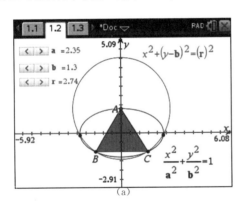
(a)

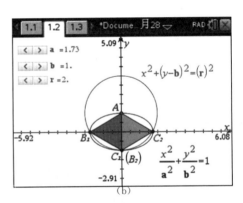
(b)

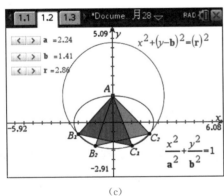
(c)

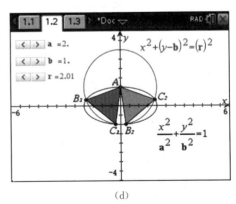
(d)

图 3.43

代数推证如下.

设等边三角形左侧这条边 AB 所在直线的斜率为 k(先假设其存在),则由"到角公式"

$\tan\angle BAC = \tan 60° = \dfrac{k_{AC} - k_{AB}}{1 + k_{AB}k_{AC}}$ 并结合图 59 可知,右侧这条边 AC 所在直线的斜率为 $\dfrac{\sqrt{3}+k}{1-\sqrt{3}k}$(假设该斜率存在,即 $k \neq \dfrac{\sqrt{3}}{3}$). 类似于等腰直角三角形的情况,我们由 $|AB| = |AC|$ 可得方程 $\dfrac{2a^2 b\sqrt{k^2+1} \cdot |k|}{a^2 k^2 + b^2} = \dfrac{4a^2 b\sqrt{k^2+1} \cdot |k+\sqrt{3}|}{a^2(k+\sqrt{3})^2 + b^2(\sqrt{3}k-1)^2}$,即

$$\dfrac{|k|}{a^2 k^2 + b^2} = \dfrac{2|k+\sqrt{3}|}{(3b^2 + a^2)k^2 + 2\sqrt{3}(a^2 - b^2)k + 3a^2 + b^2}. \quad (*)$$

计算过程如图 3.44 中各图所示.

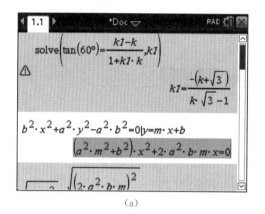

(a)

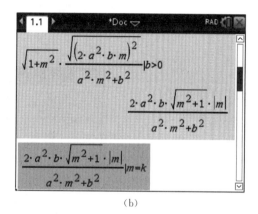

(b)

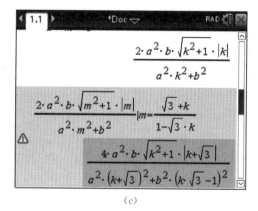

(c)

图 3.44

(1) 当 $k > 0$ 或 $k < -\sqrt{3}$ 时,可将 $(*)$ 式变为

$$(k - \sqrt{3})[(a^2 - 3b^2)k^2 + \sqrt{3}(a^2 - b^2)k - 2b^2] = 0. \quad (*')$$

计算过程如图 3.45 中各图所示,记 $h(k) = (a^2 - 3b^2)k^2 + \sqrt{3}(a^2 - b^2)k - 2b^2$.

下面对 $h(k)$ 的零点,即方程 $(a^2 - 3b^2)k^2 + \sqrt{3}(a^2 - b^2)k - 2b^2 = 0$ 的根展开讨论.

若 $a^2 - 3b^2 = 0$,则方程 $h(k) = 0$ 变为 $0 \cdot k^2 + 2\sqrt{3}b^2 k - 2b^2 = 0$,解得 $k = \dfrac{\sqrt{3}}{3}$. 此时虽与前

面我们对 $k \neq \dfrac{\sqrt{3}}{3}$ 的限制矛盾,但同时这种特殊情况却也随之被发现,即直线 AB 或 AC 斜率不存在的情况,如图 3.43(b) 所示.

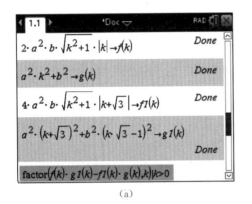

(a)

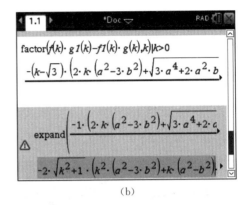

(b)

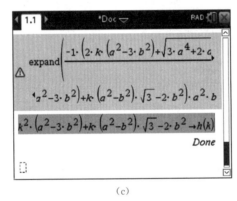

(c)

图 3.45

若 $a^2 - 3b^2 \neq 0$,记 $\Delta = 3(a^2 - b^2)^2 + 8b^2(a^2 - 3b^2) = (a^2 + 3b^2)(3a^2 - 7b^2)$.

① 若 $\begin{cases} a^2 - 3b^2 \neq 0 \\ \Delta < 0 \end{cases}$,即 $b^2 < a^2 < \dfrac{7}{3} b^2$,($*'$)式只有一解 $k = \sqrt{3}$. 如图 3.43(a) 所示.

② 若 $\begin{cases} a^2 - 3b^2 \neq 0 \\ \Delta = 0 \end{cases}$,即 $a^2 = \dfrac{7}{3} b^2$,方程 $h(k) = 0$ 变为 $-\dfrac{2}{3} b^2 (k - \sqrt{3})^2 = 0$,从而($*'$)式只有一解 $k = \sqrt{3}$. 示意图略,与图 3.43(a) 相似.

③ 若 $\begin{cases} a^2 - 3b^2 \neq 0 \\ \Delta > 0 \end{cases}$,即 $a^2 > \dfrac{7}{3} b^2$ 且 $a^2 \neq 3b^2$,方程 $h(k) = 0$ 有两个相异的实根 $k = \dfrac{\sqrt{3}(a^2 - b^2) \pm \sqrt{(a^2 + 3b^2)(3a^2 - 7b^2)}}{2(3b^2 - a^2)}$ (记取"+"时对应的根为 k_1,取"-"时对应的根为 k_2).

此处需检验 k_1, k_2 是否满足 $k > 0$ 或 $k < -\sqrt{3}$. 若 $\dfrac{7}{3} b^2 < a^2 < 3b^2$,则 $k_1 \in (0, +\infty)$ 符合要求;而由于

$$[\sqrt{3}(a^2 - b^2)]^2 - [\sqrt{(a^2 + 3b^2)(3a^2 - 7b^2)}]^2 = -8b^2(a^2 - 3b^2) > 0,$$

故 $k_2 \in (0, +\infty)$ 亦符合要求,如图 3.43(c) 所示. 若 $a^2 > 3b^2$,则由于此时 $-8b^2(a^2 - 3b^2) <$

0，故 $k_2 \in (0, +\infty)$ 符合要求；又可证 $k_1 - (-\sqrt{3}) = k_1 + \sqrt{3} < 0$（这只需证明 $k_1 + \sqrt{3}$ 的分子大于零，图 3.46(a) 和 (b) 展示了计算过程），故 $k_1 \in (-\infty, -\sqrt{3})$ 也符合要求，如图 3.43(d) 所示. 并且我们容易验证当 $k = k_1, k_2$ 时所对应的等边三角形的边长相等，即

$$\frac{2a^2 b\sqrt{k_1^2+1} \cdot |k_1|}{a^2 k_1^2 + b^2} = \frac{2a^2 b\sqrt{k_2^2+1} \cdot |k_2|}{a^2 k_2^2 + b^2},$$ 验证过程如下.

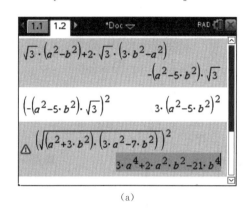

(a)

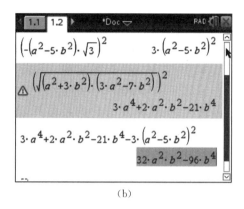

(b)

图 3.46

以下验证当 $k = k_1, k_2$ 时所对应的等边三角形的边长相等.

$$\frac{2a^2 b\sqrt{k_1^2+1} \cdot |k_1|}{a^2 k_1^2 + b^2} = \frac{2a^2 b\sqrt{k_2^2+1} \cdot |k_2|}{a^2 k_2^2 + b^2}$$

$$\Leftrightarrow k_1^2 (k_1^2+1)(a^2 k_2^2 + b^2)^2 = k_2^2 (k_2^2+1)(a^2 k_1^2 + b^2)^2$$

$$\Leftrightarrow (k_1^4 + k_1^2)(a^4 k_2^4 + 2a^2 b^2 k_2^2 + b^4) = (k_2^4 + k_2^2)(a^4 k_1^4 + 2a^2 b^2 k_1^2 + b^4)$$

$$\Leftrightarrow k_1^2 - k_2^2 = 0 \text{ 或 } a^2 (2b^2 - a^2)(k_1 k_2)^2 + b^4 [(k_1 + k_2)^2 - 2k_1 k_2] + b^4 = 0.$$

由于 $k_1 + k_2 = \dfrac{-\sqrt{3}(a^2 - b^2)}{a^2 - 3b^2}$，$k_1 k_2 = \dfrac{-2b^2}{a^2 - 3b^2}$，故

$$a^2 (2b^2 - a^2)(k_1 k_2)^2 + b^4 [(k_1 + k_2)^2 - 2k_1 k_2] + b^4 = 0$$

$$\Leftrightarrow a^2 (2b^2 - a^2) \cdot \frac{4b^4}{(a^2 - 3b^2)^2} + b^4 \left[\frac{3(a^2 - b^2)^2}{(a^2 - 3b^2)^2} + \frac{4b^2}{a^2 - 3b^2} \right] + b^4 = 0$$

$$\Leftrightarrow 4a^2 (2b^2 - a^2) + 3(a^2 - b^2)^2 + 4b^2 (a^2 - 3b^2) + (a^2 - 3b^2)^2 = 0. \quad (**)$$

(**) 式左边展开计算得其值为 0（或直接观察可得合并同类项后 $a^4, b^4, a^2 b^2$ 的系数均为 0），得证.

(2) 当 $-\sqrt{3} \leqslant k \leqslant 0$ 时，由于我们最初设的 k 是等边三角形左侧这条边所在直线的斜率，故由图 3.47 易知（其中直线 AB 的斜率为 $-\sqrt{3}$，它逆时针旋转 $60°$ 后已经与 x 轴平行了），这样的等边三角形是不存在的.

此处由图形观察得知的结论可以由 (*) 式推证而出吗？

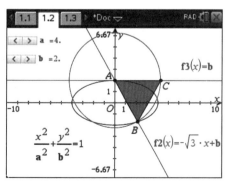

图 3.47

当 $-\sqrt{3} \leqslant k \leqslant 0$ 时，(*)式变为 $\dfrac{-k}{a^2k^2+b^2} = \dfrac{2(k+\sqrt{3})}{(3b^2+a^2)k^2+2\sqrt{3}(a^2-b^2)k+3a^2+b^2}$，

该式等价于 $(-k)[(3b^2+a^2)k^2+2\sqrt{3}(a^2-b^2)k+3a^2+b^2]=2(k+\sqrt{3})(a^2k^2+b^2)$. 经过去括号、移项、合并同类项可得

$$\sqrt{3}(a^2+b^2)k^3+2(2a^2-b^2)k^2+\sqrt{3}(a^2+b^2)k+2b^2=0. \qquad (***)$$

面对该式我们最自然的想法是能否将其左边因式分解（视为关于 k 的多项式），为此如果能先找出该方程一个具体的根该想法就极易实现. 但若只是盲目地试根可能需要更多时间或一点好运气. 事实上，我们可以这样展开探索：将该方程的系数具体化，即对 a^2, b^2 取特殊值（特值探路）. 如当 $a^2=2$, $b^2=1$ 时，方程 (***) 变为 $3\sqrt{3}k^3+6k^2+3\sqrt{3}k+2=0$. 用 TI-图形计算器的代数求解或求零点功能容易获得该方程的一个根为 $-\dfrac{\sqrt{3}}{3}$，如图 3.48 所示. 若抛开计算器，纯人

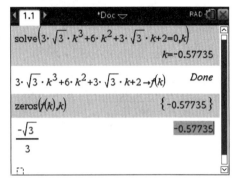

图 3.48

工也可这样处理：先考察方程 $3\sqrt{3}+6x+3\sqrt{3}x^2+2x^3=0$，基于"试根"的想法观察该方程的结构，心里先盲猜 $-\sqrt{3}$ 可能是根，然后对 $x=-\sqrt{3}$ 进行检验，即把 $x=-\sqrt{3}$ 代入上述方程左边并计算可得

$$3\sqrt{3}+6(-\sqrt{3})+3\sqrt{3}(-\sqrt{3})^2+2(-\sqrt{3})^3 = -3\sqrt{3}+9\sqrt{3}-6\sqrt{3}=0,$$

从而推出当 $a^2=2$, $b^2=1$ 时，(***) 有一个根 $-\dfrac{\sqrt{3}}{3}$.

由此，我们可用凑配法（减一项再加一项）或长除法将方程 (***) 分解为

$$\left(k+\dfrac{\sqrt{3}}{3}\right)\left[\sqrt{3}(a^2+b^2)k^2+(3a^2-3b^2)k+2\sqrt{3}b^2\right]=0.$$

记 $\Delta_0=(3a^2-3b^2)^2-4\cdot\sqrt{3}(a^2+b^2)\cdot(2\sqrt{3}b^2)$，计算可得 $\Delta_0=3(3a^2+b^2)(a^2-5b^2)$.

① 若 $\Delta_0<0$，即 $b^2<a^2<5b^2$，方程 (***) 只有一根 $k=-\dfrac{\sqrt{3}}{3}$；

② 若 $\Delta_0=0$，即 $a^2=5b^2$，方程 (***) 可变为 $3\sqrt{3}\left(k+\dfrac{\sqrt{3}}{3}\right)^3=0$，只有一根 $k=-\dfrac{\sqrt{3}}{3}$；

③ 若 $\Delta_0>0$，即 $a^2>5b^2$，方程 (***) 有三个互异的根

$$k=-\dfrac{\sqrt{3}}{3}, \dfrac{3b^2-3a^2\pm\sqrt{3(3a^2+b^2)(a^2-5b^2)}}{2\sqrt{3}(a^2+b^2)}$$

即

$$k=-\dfrac{\sqrt{3}}{3}, \dfrac{\sqrt{3}(b^2-a^2)\pm\sqrt{(3a^2+b^2)(a^2-5b^2)}}{2(a^2+b^2)}.$$

我们将上述取"＋"与取"－"时的根分别记作 k_3, k_4，则易证 $k_3, k_4 \in (-\sqrt{3}, 0)$.

显然，以上所得的 k 无论是只有一个还是有三个，体现在图形上都是"身在椭圆外"的"虚"正三角形，均应舍去.

综上，当 $b^2 < a^2 < \dfrac{7}{3} b^2$ 时有一个内接等边三角形，此时椭圆 Γ 离心率 e 的取值范围是 $\left(0, \dfrac{2\sqrt{7}}{7}\right)$；当 $a^2 = \dfrac{7}{3} b^2$ 时有一个内接等边三角形，此时 $e \in \left\{\dfrac{2\sqrt{7}}{7}\right\}$；当 $a^2 > \dfrac{7}{3} b^2$ 时有三个内接等边三角形，此时 $e \in \left(\dfrac{2\sqrt{7}}{7}, 1\right)$.

3.3.10　此处能否边角齐飞——兼议解三角形问题中的"加权周长"

解三角形问题无论有无实际背景，通常化归为角或边都是可行的，即所谓的"化角为边"或"化边为角". 如果涉及最值问题，常利用正弦定理转化为关于某角变量的三角函数，或利用余弦定理并结合均值不等式求解，后者往往需要灵活的"和积互化"（或其一个方向），是学生学习的难点. 但在某些问题中三角形边长的线性组合往往是不对称的（即各边长前面所乘的系数不相等），笔者将之称为"加权周长"，此时若仍考虑用边来解，则仅靠余弦定理和均值不等式就稍嫌不够了.

例 3.17　（长宁区 2021 届高三数学一模第 19 题）

某公共场所计划用固定高度的板材将一块如图 3.49(a) 所示的四边形区域 $ABCD$ 沿边界围成一个封闭的留观区. 经测量，边界 AB 与 AD 的长度都是 20 米，$\angle BAD = 60°$，$\angle BCD = 120°$.

（1）若 $\angle ADC = 105°$，求 BC 的长（结果精确到米）；

（2）求围成该区域至多需要多少米长度的板材（不计损耗，结果精确到米）.

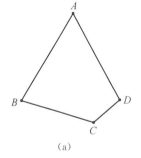

图 3.49

分析与解　（1）容易求得 $BC = \dfrac{20\sqrt{6}}{3} \approx 16$（米），过程略.

（2）本题没有给出诸如"设 $\angle ADC = \theta$"或"设 $\angle BDC = \theta$"等类似的条件，其意有二：一是与平时做过的常给出自变量的类似问题做区别，以考查学生是否具有主动引入自变量表示目标的函数意识，而这种意识完全可以从"至多需要多少米"这种提问背后的最大值"味道"中得到催生，也可以从第(1)小问的求解中获得启发（两小问的设置显然是从特殊到一般，由具体到抽象，由已知到未知）. 二是为本小问的解决预留了更大的思维空间，更便于学生选择自己更擅长的方法（比如可以利用余弦定理并结合基本不等式等）求解.

但正是这一小小的保留（或称为出卷中的留白）为第(2)小问增加了很大难度. 阅卷事实证明，好多同学面对该小问不知从何入手（学生在纠结：从何算起呢？）. 因为学生习惯了给到工具后的计算操作，而对如何创造工具却十分陌生. 这也是造成学生创新意识淡薄、创造能力不足的一个原因吧.

从初高衔接角度来看，初中既有给定方程让解的"解方程"问题，也有不给方程需要设未知数列方程后再解的应用题，而高中既有给定不等式让解的"解不等式"问题（比如解一元二次不等式、分式不等式、含绝对值的不等式等），也有不给不等式需要设未知数列不等式后再解的应用题. 那么，类似地，对函数不也是如此吗？既有给定函数让分析（比如判断奇偶性、单调性、求最值或值域、求零点等)的常规问题,也有不给函数需要先建函数再分析(比如本题的求最大值等)的应用题或其他构造性问题.

函数与方程思想的一个重要体现就在于于无方程处创设方程(未知数意识)、于无函数处创设函数(自变量意识,即欲求的变量受谁影响或控制).因此,方程、不等式、函数实乃一脉相承的数学系统.

思路 1 以角为自变量,建立长度函数后求最值.

如图 3.49(b)所示,联结 BD,设 $\angle BDC = \theta$,则 $\angle CBD = \dfrac{\pi}{3} - \theta \left(0 < \theta < \dfrac{\pi}{3}\right)$. 在 $\triangle BCD$ 中,由正弦定理得 $\dfrac{CD}{\sin\left(\dfrac{\pi}{3} - \theta\right)} = \dfrac{BC}{\sin\theta} = \dfrac{BD}{\sin\dfrac{2\pi}{3}}$,故 $BC = \dfrac{40}{\sqrt{3}}\sin\theta$,$CD = \dfrac{40}{\sqrt{3}}\sin\left(\dfrac{\pi}{3} - \theta\right)$. 从而所需板材的长度为

$$40 + BC + CD = 40 + \dfrac{40}{\sqrt{3}}\sin\theta + \dfrac{40}{\sqrt{3}}\sin\left(\dfrac{\pi}{3} - \theta\right) = 40 + \dfrac{40}{\sqrt{3}}\sin\left(\theta + \dfrac{\pi}{3}\right).$$

当 $\theta + \dfrac{\pi}{3} = \dfrac{\pi}{2}$,即 $\theta = \dfrac{\pi}{6} \in \left(0, \dfrac{\pi}{3}\right)$ 时,所需板材最长为 $40 + \dfrac{40}{\sqrt{3}} \approx 63$(米).

思路 2 用余弦定理及配方法、基本不等式法求最值.

为便于书写、形式简洁及益于启发思路起见,我们设 $BC = x$,$CD = y$. 在 $\triangle BCD$ 中利用余弦定理有 $x^2 + y^2 - 2xy\cos\dfrac{2\pi}{3} = 20^2$,即 $(x+y)^2 - xy = 400$. 由于 $xy \leqslant \left(\dfrac{x+y}{2}\right)^2$,故 $(x+y)^2 - 400 \leqslant \left(\dfrac{x+y}{2}\right)^2$,解得 $x + y \leqslant \dfrac{40}{\sqrt{3}}$(当且仅当 $x = y$ 时等号成立),故 $(x+y)_{\max} = \dfrac{40}{\sqrt{3}}$,从而所需板材最长为 $40 + \dfrac{40}{\sqrt{3}} \approx 63$(米).

可以发现,较之思路一,思路二要简洁许多.但学生对代数式 $x^2 + y^2$,xy 的处理很不熟练,脑海中普遍缺乏目标意识的引领.不知道为了得到 $x + y$ 的最大值(或等价地:为了得到 $\triangle BCD$ 周长的最大值),需将"平方和"化为"和",将"积"化为"和".而前者的变化手段是"配方法",后者的变化手段是"均值不等式".

上海中学数学一期课改、二期课改对放缩法的要求一直都很低,二期课改教材中尚有独立的一节"不等式的证明"(高一上"第 2 章 不等式"2.5 节),详细介绍了比较法、分析法与综合法,但并未明确涉及放缩法.双新课标背景下的上海新教材在必修一"第 2 章 等式与不等式"对于"不等式的证明"并未单独设节,而是将其分散于不等式的性质、不等式求解、基本不等式等内容之中,以不断使用并逐步加深理解的方式学习不等式的证明.教参上对其的解释是:这是因为证明不等式本质上是一种技能,证明方法因情况而异,在后续函数性质、导数应用等内容的学习中还将进一步深化.

导数中常常遇到的是"含参不等式恒成立问题",而对独立呈现的不等式的证明则较少.这类问题往往需要构造函数,然后再借助导数工具经分析后获解.一个现实的问题是,由于上海的初

等数学教科书中直到最近几年才在双新教材中编入导数,因此教师的知识储备相对于非上海地区的教师相差甚远.特别地对于导数背景下经常使用的不等式 $e^x \geqslant x+1$,$\ln x \leqslant x-1$ 等更是十分陌生.这导致对很多导数问题的处理要依赖反复多次求导后慢慢获解(先上多个台阶,再下多个台阶),而不是像外地教师那样已经习惯于利用上述不等式尝试放缩,很可能就会一步到位.

例 3.18 某水产养殖户承包一片靠岸水域.如图 3.50(a)所示,AO,OB 为直线岸线,$OA=1\,000$ 米,$OB=1\,500$ 米,$\angle AOB=\dfrac{\pi}{3}$,该承包水域的水面边界是某圆的一段弧 $\overset{\frown}{AB}$,过弧 $\overset{\frown}{AB}$ 上一点 P 按线段 PA 和 PB 修建养殖网箱,已知 $\angle APB=\dfrac{2\pi}{3}$.

(1) 求岸线上点 A 与点 B 之间的直线距离;

(2) 如果线段 PA 上的网箱每米可获得 40 元的经济收益,线段 PB 上的网箱每米可获得 30 元的经济收益,记 $\angle PAB=\theta$,则这两段网箱获得的经济总收益最高为多少?(精确到元)

分析与解

教师在每次讲评试题或点评答卷时,都应引导学生在读题时养成"随手标"好习惯,即边读题边把题目中出现的一些数量或数量关系(如线段长度、角的大小、某两条线段相等或所成的比例)及位置关系(如垂直、平行等)随手标在题目所给的图形上,如图 3.50(b)所示,并且圈出一些关键词(如某数为整数、某数大于零等),做到"看在眼里、圈在卷上、记在心里".

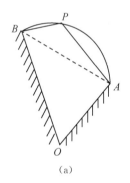
(a)

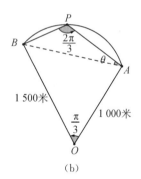
(b)

图 3.50

(1) $AB=500\sqrt{7}$ 米,过程略.

(2) 相对于例 3.17,本小问中出现了"记 $\angle PAB=\theta$",这就可以使学生快速进入"计算状态",而且这种条件也为思路提供了明确的暗示,即先建立总收益关于 θ 的函数,然后再求其最大值.

在 $\triangle PAB$ 中,由正弦定理得 $\dfrac{PB}{\sin \theta}=\dfrac{PA}{\sin\left(\dfrac{\pi}{3}-\theta\right)}=\dfrac{500\sqrt{7}}{\sin\dfrac{2\pi}{3}}$,故 $PB=\dfrac{1\,000\sqrt{7}}{\sqrt{3}}\sin\theta$,$PA=\dfrac{1\,000\sqrt{7}}{\sqrt{3}}\sin\left(\dfrac{\pi}{3}-\theta\right)$.设两段网箱获得的经济总收益为 y 元,则

$$y=40PA+30PB=\dfrac{40\,000\sqrt{7}}{\sqrt{3}}\sin\left(\dfrac{\pi}{3}-\theta\right)+\dfrac{30\,000\sqrt{7}}{\sqrt{3}}\sin\theta,$$

从而
$$y = \frac{10\,000\sqrt{7}}{\sqrt{3}}(2\sqrt{3}\cos\theta + \sin\theta) = \frac{10\,000\sqrt{91}}{\sqrt{3}}\sin(\theta + \arctan 2\sqrt{3}).$$

故当 $\theta = \frac{\pi}{2} - \arctan 2\sqrt{3} \in \left(0, \frac{\pi}{3}\right)$ 时,$y_{\max} = \frac{10\,000\sqrt{91}}{\sqrt{3}} \approx 55\,076$(元),即两段网箱获得的经济总收益最高约为 55 076 元.

我们发现,与例 3.17 第(2)小问中所出现的 $BC + CD$ 不同,例 3.18 第(2)小问中出现的是 $40PA + 30PB$,笔者称这种和为"加权和",相应的 $AB + 40PA + 30PB$ 则称为 $\triangle PAB$ 的"加权周长"(当然,例 1 中 $\triangle BCD$ 的周长 $20 + BC + CD$ 可视为每条边的权重均为 1).那么,此处能否模仿例 3.17 第(2)小问"思路一"与"思路二"的边角齐飞,也有相应的(更加简捷的)"思路二"呢?尽管这种思路已与题目中的善意提醒"$\angle PAB = \theta$"没有关系,但其作为一种曾经有过成功经历的思路,当迁移应用到例 3.18(2) 时其效果到底如何值得期待.何况,当我们仔细阅读例 3.18 的第(2)小问的表达,发现去掉"记 $\angle PAB = \theta$"反而更为顺畅,即:"如果线段 PA 上的网箱每米可获得 40 元的经济收益,线段 PB 上的网箱每米可获得 30 元的经济收益,则这两段网箱获得的经济总收益最高为多少?(精确到元)"插入这一"记 $\angle PAB = \theta$"着实有些奇怪,讲它是"赤裸裸的暗示"或"对学生思路的强行限制"也毫不为过.

下面我们来探讨这个问题.

设 $PA = x$,$PB = y$,则问题转化为在条件 $x^2 + y^2 - 2xy\cos\frac{2\pi}{3} = (500\sqrt{7})^2$,即 $x^2 + y^2 + xy = 1.75 \times 10^6 (0 < x, y < 500\sqrt{7}, x + y > 500\sqrt{7})$ 下,求代数式 $40x + 30y$ 的最大值.

由于 $40x + 30y = 10(4x + 3y)$,故只需聚焦在 $4x + 3y$ 上.

设 $m = 4x + 3y$,则 $y = \frac{m - 4x}{3}$,代入 $x^2 + y^2 + xy = 1.75 \times 10^6$ 得 $x^2 + \left(\frac{m-4x}{3}\right)^2 + x \cdot \left(\frac{m-4x}{3}\right) = 1.75 \times 10^6$,按 x 的降幂整理可得 $13x^2 - 5mx + m^2 - 1.575 \times 10^7 = 0$.令 $\Delta = (-5m)^2 - 4 \times 13 \times (m^2 - 1.575 \times 10^7) \geqslant 0$,化简得 $27m^2 - 13 \times 63 \times 10^6 \leqslant 0$,解得 $0 < m \leqslant \frac{\sqrt{91}}{\sqrt{3}} \times 10^3$.当 $m = \frac{\sqrt{91}}{\sqrt{3}} \times 10^3$ 时,$x = \frac{5m}{26} = \frac{5}{26} \cdot \frac{\sqrt{91}}{\sqrt{3}} \times 10^3 \approx 1\,059.15 < 500\sqrt{7}$,$y = \frac{m - 4x}{3} = \frac{m - 4 \times \frac{5m}{26}}{3} = \frac{m}{13} = \frac{1}{13} \cdot \frac{\sqrt{91}}{\sqrt{3}} \times 10^3 \approx 423.659 < 500\sqrt{7}$ ($500\sqrt{7} \approx 1\,322.88$),且 $x + y \approx 1\,059.15 + 423.659 = 1\,482.81 > 500\sqrt{7}$.故 $m_{\max} = \frac{\sqrt{91}}{\sqrt{3}} \times 10^3$,此即 $4x + 3y$ 的最大值.从而 $(40x + 30y)_{\max} = \frac{\sqrt{91}}{\sqrt{3}} \times 10^4 \approx 55\,076$(元).

从过程与形式上看,上述方法十分类似于线性规划,在一条动直线和一条定曲线有公共点的前提下,将"求 $4x + 3y$ 的最值"这个问题转化为求一条直线与一条曲线相切时相应参数的值,该值(不合题意的舍去)也恰好就是所求的最值.事实上也确实如此.如图 3.51(a)所示,方

程 $x^2+y^2+xy=1.75\times 10^6$ 表示的图形为椭圆(非标准位置),$y=\dfrac{m-4x}{3}=-\dfrac{4}{3}x+\dfrac{m}{3}$ 是一簇平行直线系,滑动该直线系中的直线,与椭圆相切时恰是临界位置,其中纵截距为正时相应的 m 恰是所求的最大值.

如图 3.51(b)所示,其中的椭圆弧是符合限制条件"$0<x,y<500\sqrt{7},x+y>500\sqrt{7}$"的部分,上面这条纵截距为正的椭圆的切线与椭圆的切点正好也在上述椭圆弧上.

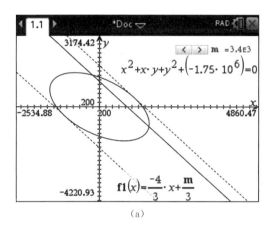
(a)

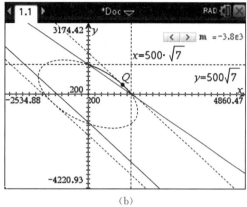
(b)

图 3.51

上述探索很类似解析几何中求动点轨迹方程的"转代法",为了寻求 m 的取值范围(或最值),转而先把 y 解出来,而后将 y 代入已知条件中的等式消去 y,再借助判别式先求出 m 的取值范围,最后检验等号能否取到(先求后验).

下面介绍的第三个思路是刚才在用 TI 图形计算器作图时偶然想到的.为了作出符合限制条件"$0<x,y<500\sqrt{7},x+y>500\sqrt{7}$"的椭圆弧,不能再像作完整椭圆那样在机器的图形界面下输入"$x^2+y^2+xy-1.75\times 10^6=0$",而要以普通函数解析式的形式输入,这样才便于在解析式后面附加上所要求的限制条件.为此逼着笔者将方程 $x^2+y^2+xy-1.75\times 10^6=0$ 中的 y 解出来.为此视 y 为主元,按其降幂将方程整理为 $y^2+xy+x^2-1.75\times 10^6=0$,继而 $y=\dfrac{-x\pm\sqrt{x^2-4(x^2-1.75\times 10^6)}}{2}$,考虑到 x,y 均为正数,故有 $y=\dfrac{-x+\sqrt{x^2-4(x^2-1.75\times 10^6)}}{2}=\dfrac{-x+\sqrt{7\times 10^6-3x^2}}{2}$.接下去我们就可以走函数求最值之路了,详述如下.

思路 3 如上所述,$y=\dfrac{-x+\sqrt{7\times 10^6-3x^2}}{2}$,将其代入 $4x+3y$ 得

$$4x+3y=4x+3\cdot\dfrac{-x+\sqrt{7\times 10^6-3x^2}}{2}=\dfrac{5x+3\sqrt{7\times 10^6-3x^2}}{2}.$$

记 $f(x)=\dfrac{1}{2}(5x+3\sqrt{7\times 10^6-3x^2})(0<x<500\sqrt{7})$,则

$$f'(x)=\dfrac{1}{2}\left(5+\dfrac{3}{2}\cdot\dfrac{-6x}{\sqrt{7\times 10^6-3x^2}}\right)=\dfrac{5\sqrt{7\times 10^6-3x^2}-9x}{2\sqrt{7\times 10^6-3x^2}}.$$

易知当 $0 < x < \dfrac{2\,500\sqrt{273}}{39}$ 时 $f'(x) > 0$;当 $\dfrac{2\,500\sqrt{273}}{39} < x < 500\sqrt{7}$ 时 $f'(x) < 0$. 从而 $f(x)$ 在 $\left(0,\dfrac{2\,500\sqrt{273}}{39}\right)$ 上严格增;在 $\left(\dfrac{2\,500\sqrt{273}}{39},500\sqrt{7}\right)$ 上严格减. 故

$$(40x+30y)_{\max}=10(4x+3y)_{\max}=10f(x)_{\max}=10f\left(\dfrac{2\,500\sqrt{273}}{39}\right)\approx 55\,076(元).$$

上述思路纯属"偶得". 说实话,面对双元对称式 $x^2+y^2+xy=1.75\times 10^6$,如果不是想着作出椭圆上的一段弧,还真不会往函数(或一元二次方程)上想. 其实,本题作为"条件最值问题","消元归一"是常规操作,能想到从条件 $x^2+y^2+xy=1.75\times 10^6$ 中解出 x 或 y 应该是自然的! 但由于受形式 x^2+y^2,xy 所带来的"可能要使用均值不等式"的潜在影响,以及"解出的 x 或 y 中都有根号"的心理恐惧,这种最自然的思路却"千呼万唤始出来".

作为本小问的第四个思路,仔细观察欲求式 $4x+3y$ 的结构,极易让人联想到两个向量的数量积,沿此思路能否对第 2 小问有所作为呢?

设 $E(4,3)$,$M(x,y)$,则 $4x+3y=\overrightarrow{OE}\cdot\overrightarrow{OM}$,其中点 $M(x,y)$ 是椭圆 $x^2+y^2+xy=1.75\times 10^6$ 上的动点. 初初看来,由于向量 $\overrightarrow{OE}$,$\overrightarrow{OM}$ 的几何意义并不明显,好像只靠观察难以求得其数量积 $\overrightarrow{OE}\cdot\overrightarrow{OM}$ 的最大值,而只能借助技术的力量算得其最大值的近似值,如图 3.52(a)所示[手工拖动让 M 在椭圆上运动,显示 $(4x+3y)_{\max}=5\,507.570\,5$]. 但若仔细思考,就会发现事实并非如此. 由于向量 $\overrightarrow{OE}$ 是确定的,因此容易想到求数量积的投影法(即利用数量积的几何意义). 随着点 M 在椭圆上运动,只需考察 $\overrightarrow{OM}$ 在向量 $\overrightarrow{OE}$ 方向上的数量投影何时最大. 具体判断方法可以如下操作:"拿着"一条与直线 OE 垂直且相交的直线沿着向量 $\overrightarrow{OE}$ 的方向(保证数量投影为正数)在直线 OE 上滑动,找到与椭圆相切时的那个位置,对应的切点的横坐标即为使 $\overrightarrow{OE}\cdot\overrightarrow{OM}$ 取最大值时 x 的值,如图 3.52(b)所示.

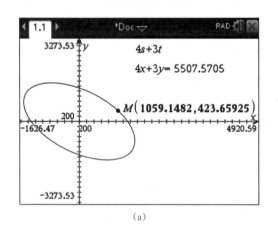
(a)

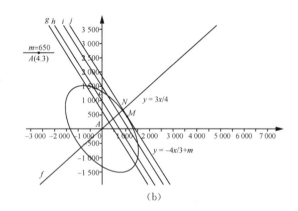
(b)

图 3.52

由 $\begin{cases}y=-\dfrac{4}{3}x+m,\\ x^2+y^2+xy=1.75\times 10^6\end{cases}$ 得 $x^2+\left(-\dfrac{4}{3}x+m\right)^2+x\left(-\dfrac{4}{3}x+m\right)=1.75\times 10^6$,整理后变为 $13x^2-15mx+9m^2-15.75\times 10^6=0$. 令

$$\Delta = (-15m)^2 - 4 \times 13 \times (9m^2 - 15.75 \times 10^6) = 0,$$

解得 $m = \pm \dfrac{\sqrt{91}}{3\sqrt{3}} \times 10^3$. 如图 3.52(b)所示,

$$(4x + 3y)_{\max} = (\overrightarrow{OE} \cdot \overrightarrow{OM})_{\max} = |\overrightarrow{OE}| \times |\overrightarrow{ON}| = 5|\overrightarrow{ON}|.$$

由 $\begin{cases} y = -\dfrac{4}{3}x + \dfrac{\sqrt{91}}{3\sqrt{3}} \times 10^3 \\ y = \dfrac{3}{4}x \end{cases}$ 解得 $N\left(\dfrac{160\sqrt{173}}{3}, 40\sqrt{273}\right)$. 故 $|\overrightarrow{ON}| = \dfrac{200}{3}\sqrt{273}$, 从而

$(4x + 3y)_{\max} = 5|\overrightarrow{ON}| = \dfrac{1\,000}{3}\sqrt{273} \approx 5\,507.570\,5$, 故 $(40x + 30y)_{\max} \approx 55\,076$.

写完上述思路四后,笔者的心理感受是"对任何一道题目都要心怀敬畏". 不思考永远不知道思考的背后会有多少旖旎的风景! 面对一道题目,一位解题者的思考尚且如此,当教师面对班级几十名青春年少、活力无限的学生时,他们的思维该是多么的丰富多彩,值得教师多多琢磨、反复研究. 细细想来,上述哪一种思考不是自然的? 角的角度、方程的角度、函数的角度、结构相似触发联想的角度,桩桩件件莫不亲切美丽、花枝招展,从心底生根、发芽、结果. 只要肯思考,凡事皆自然.

笔者经常想,身为教师(乃至社会人),要拥有四种思维习惯,即:逆向思考(反过来考虑问题,换位想想等)、假设思考(如果这样将会怎样,如果不这样将会怎样)、跨域思考(符号文字化、文字符号化、式子图形化、同一个对象在不同的知识领域的表现)、异同思考(善于总结不同对象之间的异与同). 对于例 3.18,笔者的另一种思考是如果给出的问题就是"实数 x, y 满足 $0 < x$, $y < 500\sqrt{7}$, $x + y > 500\sqrt{7}$ 且 $x^2 + y^2 + xy - 1.75 \times 10^6 = 0$,求 $40x + 30y$ 的最大值",我们能为其构造出鲜活的"形"的背景然后将其解决吗? 即我们能由这些式子创造出例 3.18(或类似于例 3.18)的背景吗?

一旦有了这种想法,答案基本就在眼前了. 等式"$x^2 + y^2 + xy - 1.75 \times 10^6 = 0$"中的齐次化结构"$x^2 + y^2 + xy$"很容易让人想到余弦定理. 将其"整形"为 $x^2 + y^2 - 2xy\cos\dfrac{2\pi}{3}$,三角形的三条边就立刻浮现出来. 其中夹 $\dfrac{2\pi}{3}$ 的两条边为 x, y,角 $\dfrac{2\pi}{3}$ 所对的边长

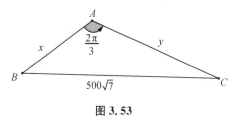

图 3.53

为 $\sqrt{1.75 \times 10^6} = 500\sqrt{7}$ (自然满足 $0 < x$, $y < 500\sqrt{7}$, $x + y > 500\sqrt{7}$),如图 3.53 所示.

自此,欲算 $40x + 30y$,只需引入一个角变量(比如设 $\angle C = \theta$)后使用正弦定理便可用 θ 表示出 x, y,继而将 $40x + 30y$ 表示为 θ 的三角函数,再结合 $\theta \in \left(0, \dfrac{\pi}{3}\right)$ 即可求出其最大值.

"会联想"是解题能力强的重要表现. 波利亚在"怎样解题表"中的第二步"拟定方案"中这样阐述:"见过这道题或与之类似的题目吗? 能联想起有关的定理或公式吗? 还能以不同的方式叙述它吗? 能解出这道题目的一部分吗? 用到全部条件了吗? 再看看未知数? 把题目中所有关键的概念都考虑到了吗? 回到定义看看? 先解决一个特例试试." 过伯祥教授在《怎样学好数学》(过伯祥,江苏教育出版社,1995 年)中给出了"新编怎样解题表",将"回忆联想"放在

了第二步"拟定计划"的第一个环节:"你以前见过它么?你想到了什么可能有用的知识么?你知道什么有关联的问题么?试想出一个有类似的结论(或条件)的熟问题!"

"形似联想"是解题活动中的一种重要联想. 由 $4x+3y$ 想到数量积、由 x^2+y^2+xy 想到余弦定理、由 x^2+y^2 想到基本不等式和两点间的距离等都是如此. 再如以下诸例.

例 3.19 已知 $P_1(x_1,y_1)$,$P_2(x_2,y_2)$ 两点均在双曲线 $\Gamma:\dfrac{x^2}{a^2}-y^2=1(a>0)$ 的右支上,若 $x_1x_2>y_1y_2$ 恒成立,则实数 a 的取值范围为_____.

略解 构造数量积 $\overrightarrow{OP'_1}\cdot\overrightarrow{OP_2}$,其中 $P'_1(x_1,-y_1)$,则 $x_1x_2>y_1y_2 \Leftrightarrow \overrightarrow{OP'_1}\cdot\overrightarrow{OP_2}>0$. 由此只要渐近线 $y=\dfrac{1}{a}x$ 的斜率不大于 1 即可,解得 $a\in[1,+\infty)$.

例 3.20 若实数 x,y 满足 $x^2+y^2\leqslant 1$,则 $|2x+y-2|+|6-x-3y|$ 的最小值是_____.

分析与解 本例出自 2015 年普通高等学校招生全国统一考试浙江理科数学卷. 看到 $x^2+y^2\leqslant 1$ 想到什么? 实心的单位圆面? 三角换元或用圆的参数方程表示点坐标 $x=r\cos\theta$, $y=r\sin\theta(|r|\leqslant 1)$? 都合情合理,都是解决本题可能用到的工具. 看到绝对值之和 $|2x+y-2|+|6-x-3y|$ 想到什么? 最先想到的应该是新教材中独立成节的"三角不等式". 除此之外还会想到什么呢? 不要忘了最基本的"分类讨论去绝对值"! 然后呢? 当我们关注作绝对值运算的两个代数式"$2x+y-2$""$6-x-3y$"时,就会自然与解析几何中的直线方程(二元一次多项式结构)产生联系. 求两个绝对值的和的最小值还会让我们有些极端的想法,比如是否可能两个绝对值都最小时加起来也最小呢? 当想到这一层时,那个无形的"1 的代换"经验可能就会跳出来. 在三角中遇到"$\sin x\cos x+\cos^2 x$"这种齐次型时,"凑 1 代换后同除"便可实现"弦化切". 而此处呢? 当我们直面一个内部呈直线方程结构的绝对值时,很难不想到点到直线的距离公式. 比如对于 $|2x+y-2|$ 我们可将其整理为 $\dfrac{|2x+y-2|}{\sqrt{5}}\cdot\sqrt{5}$,而 $|6-x-3y|$ 也可整理为 $\dfrac{|x+3y-6|}{\sqrt{10}}\cdot\sqrt{10}$,虽然两个不同的分母($\sqrt{5}$,$\sqrt{10}$)让我们这种思路因碰壁而原路返回,但确实也有所得、有所悟不是? 我们说,所有的这些联想可能无助于解决本题,求解本题所需要的联想也可能并未被想起,但毕竟有了一些可以尝试的入口. 俗话说"凡事预则立,不预则废",联想与解题、日常积累与把握机遇等之间的关系实是相通的.

接下来我们开始执行刚才联想得到的方案.

方案 1 "三角换元+三角不等式"

设 $x=r\cos\theta$,$y=r\sin\theta(|r|\leqslant 1)$,则

$$|2x+y-2|+|6-x-3y|=|2x+y-2|+|x+3y-6|$$
$$=|2r\cos\theta+r\sin\theta-2|+|r\cos\theta+3r\sin\theta-6|$$
$$\geqslant|3r\cos\theta+4r\sin\theta-8|$$

[当且仅当 $(2r\cos\theta+r\sin\theta-2)(r\cos\theta+3r\sin\theta-6)\geqslant 0$ 时取到等号].

而 $|3r\cos\theta+4r\sin\theta-8|=|5r\sin(\theta+\varphi)-8|$ $\left(\text{其中}\ \varphi=\arctan\dfrac{3}{4}\right)$.

由于 $5r\sin(\theta+\varphi)-8\in[-5|r|-8,5|r|-8]$,故 $|3r\cos\theta+4r\sin\theta-8|$ 的取值

范围是 $[8-5|r|, 8+5|r|]$，当 $|r|=1$ 时取到最小值 3.

综上，当 $\begin{cases}(2r\cos\theta+r\sin\theta-2)(r\cos\theta+3r\sin\theta-6)\geqslant 0,\\ \sin(\theta+\varphi)=1,\\ |r|=1,\end{cases}$ 即当 $\theta+\varphi=\dfrac{3\pi}{2}$ 且 $r=-1$ 时，$|2x+y-2|+|6-x-3y|$ 取到最小值 3.

波利亚的"怎样解题表"第四个步骤"回顾反思"这样提醒我们：你能检验这个结果吗？你能检验这个论证吗？你能以不同的方式推导这个结果吗？你能一眼就看出它来吗？你能在别的什么题目中利用这个结果或方法吗？

让我们来检验一下刚才的结果.

当 $\theta+\varphi=\dfrac{3\pi}{2}$ 时，$\cos\theta=\cos\left(\dfrac{3\pi}{2}-\arctan\dfrac{3}{4}\right)=-\sin\left(\arctan\dfrac{3}{4}\right)=-\dfrac{3}{5}$，同理可得 $\sin\theta=-\dfrac{4}{5}$，故 $x=\dfrac{3}{5}$，$y=\dfrac{4}{5}$. 此时

$$|2x+y-2|+|6-x-3y|=\left|\dfrac{6}{5}+\dfrac{4}{5}-2\right|+\left|6-\dfrac{3}{5}-\dfrac{12}{5}\right|=3.$$

需要说明的是，不将 $|2x+y-2|+|6-x-3y|$ 变形为 $|2x+y-2|+|x+3y-6|$，而直接用三角不等式，也可类似得到正确的结果.

方案 2 "三角不等式＋点到直线距离公式"

$|2x+y-2|+|6-x-3y|=|2x+y-2|+|x+3y-6|\geqslant|3x+4y-8|$［此步是将两个绝对值通过放缩法转化成了一个绝对值，其中的等号当且仅当 $(2x+y-2)(x+3y-6)\geqslant 0$ 时取到］. 又 $|3x+4y-8|=\dfrac{|3x+4y-8|}{\sqrt{3^2+4^2}}\cdot 5\geqslant 5\left(\dfrac{|3\times 0+4\times 0-8|}{\sqrt{3^2+4^2}}-1\right)=3$，此处的等号当且仅当 $\begin{cases}x^2+y^2=1,\\ y=\dfrac{4}{3}x\end{cases}$ 且 $x>0, y>0$，即 $x=\dfrac{3}{5}$，$y=\dfrac{4}{5}$ 时取到.

又当 $x=\dfrac{3}{5}$，$y=\dfrac{4}{5}$ 时，$(2x+y-2)(x+3y-6)=\left(\dfrac{6}{5}+\dfrac{4}{5}-2\right)\left(\dfrac{3}{5}+\dfrac{12}{5}-6\right)=0$，满足第一个等号取到的条件 $(2x+y-2)(x+3y-6)\geqslant 0$.

综上，$(|2x+y-2|+|6-x-3y|)_{\min}=3$.

方案 3 "分类讨论去绝对值＋线性规划"

设 $z=|2x+y-2|+|6-x-3y|=|2x+y-2|+|x+3y-6|$，则问题等价于先分别求出以下 4 种情况各自的最小值，然后再"小中选小"，即再从这些最小值中挑出一个最小的，以作为题目所要求的最小值.

（ⅰ）若 $\begin{cases}x^2+y^2\leqslant 1,\\ 2x+y-2\geqslant 0,\\ x+3y-6\geqslant 0,\end{cases}$ 求 $z=(2x+y-2)+(x+3y-6)=3x+4y-8$ 的最小值；

（ⅱ）若 $\begin{cases}x^2+y^2\leqslant 1,\\ 2x+y-2\geqslant 0,\\ x+3y-6\leqslant 0,\end{cases}$ 求 $z=(2x+y-2)-(x+3y-6)=x-2y+4$ 的最小值；

（ⅲ）若 $\begin{cases} x^2+y^2 \leqslant 1, \\ 2x+y-2 \leqslant 0, \\ x+3y-6 \geqslant 0, \end{cases}$ 求 $z=-(2x+y-2)+(x+3y-6)=-x+2y-4$ 的最小值；

（ⅳ）若 $\begin{cases} x^2+y^2 \leqslant 1, \\ 2x+y-2 \leqslant 0, \\ x+3y-6 \leqslant 0, \end{cases}$ 求 $z=-(2x+y-2)-(x+3y-6)=-3x-4y+8$ 的最小值.

由图 3.54(a)和(b)可知,情形(ⅰ)与(ⅲ)的可行域为空集,故只需考虑(ⅱ)与(ⅳ)中的最小值.

对于(ⅱ),其可行域如图 3.54(c)中的弓形所示.如图 3.54(d)所示,当平行直线系 $y=\dfrac{x+4-z}{2}$ 经过弓形 ACB 的端点 $A\left(\dfrac{3}{5},\dfrac{4}{5}\right)$ 时,z 取到最小值 3.

对于(ⅳ),其可行域如图 3.54(e)中的大弓形(直线 $2x+y-2=0$ 下方的圆)所示.如图 3.54(f)所示,当平行直线系 $y=\dfrac{-3x+8-z}{4}$ 经过弓形 ADB 的端点 $A\left(\dfrac{3}{5},\dfrac{4}{5}\right)$ 时,z 取到最小值 3.

综上,$(|2x+y-2|+|6-x-3y|)_{\min}=3$.

"大事化小,小事化了",正是分类讨论的解题价值,其内蕴的哲学意味是整体与部分之间的相辅相成、互相成就,也蕴含了"合久必分,分久必合"的历史规律.

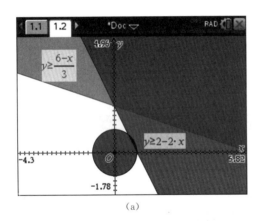

(a)

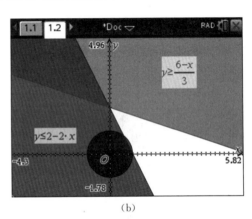

(b)

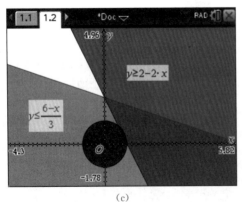

(c)

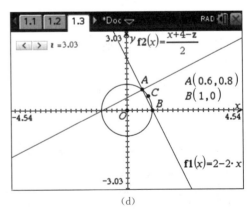

(d)

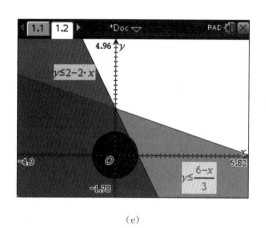
(e)

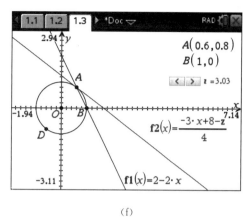
(f)

图 3.54

方案 4 看作两个点到直线距离的加权和

本例中两个绝对值的和的结构让人不由地想起上海某年的一道高考题. 试题如下：

已知实数 x_1，x_2，y_1，y_2 满足 $x_1^2 + y_1^2 = 1$，$x_2^2 + y_2^2 = 1$，$x_1 x_2 + y_1 y_2 = \dfrac{1}{2}$，求 $\dfrac{|x_1 + y_1 - 1|}{\sqrt{2}} + \dfrac{|x_2 + y_2 - 1|}{\sqrt{2}}$ 的最大值.

此处欲求的两个绝对值的和有比较明显的几何意义，那就是单位圆内以原点为一个顶点的等边三角形的另两个顶点（均在单位圆周上运动）到直线 $x + y - 1 = 0$ 的距离之和. 通过几何观察或以参数方程表示点的坐标后转化为弦的中点到直线 $x + y - 1 = 0$ 距离的两倍的最大值等方法均可获解.

若沿该方向对例 3.20 做思考，由于 $|2x + y - 2| + |6 - x - 3y| = |2x + y - 2| + |x + 3y - 6| = \sqrt{5} \cdot \dfrac{|2x + y - 2|}{\sqrt{5}} + \sqrt{10} \cdot \dfrac{|x + 3y - 6|}{\sqrt{10}} = \sqrt{5} d_1 + \sqrt{10} d_2$，其中 d_1，d_2 分别表示实心圆面 $x^2 + y^2 \leqslant 1$ 内的动点 $P(x, y)$ 到直线 $l_1: 2x + y - 2 = 0$ 与 $l_2: x + 3y - 6 = 0$ 的距离，如图 3.55 所示，$PE \perp l_1$ 于 E，$PF \perp l_2$ 于 F，则 $d_1 = PE$，$d_2 = PF$.

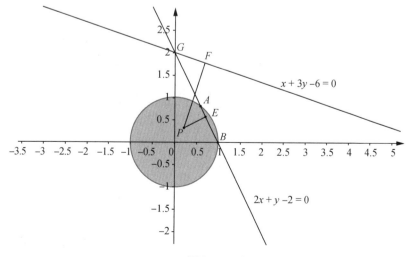

图 3.55

如图 3.55 所示,记直线 $2x+y-2=0$ 与圆 $x^2+y^2=1$ 的交点分别为 $A\left(\dfrac{3}{5},\dfrac{4}{5}\right)$,$B(1,0)$.拖动点 P,使其在圆面区域内运动,容易发现当 P 与点 A 重合时 $\sqrt{5}d_1+\sqrt{10}d_2$ 取到最小值 3.但不借助技术如何直观地看出这一点却比较困难,不像前面这道高考题一样几何特征足够清晰.

方案 5 对目标换元简化后将条件转化

设 $2x+y-2=u$,$x+3y-6=v$,则原问题所求变为:求 $|u|+|v|$ 的最小值.为将原问题条件转化为关于 u,v 的不等式,先从 $\begin{cases}2x+y-2=u,\\ x+3y-6=v\end{cases}$ 中解出 $\begin{cases}x=\dfrac{3u-v}{5},\\ y=\dfrac{-u+2v+10}{5},\end{cases}$ 然后将其代入 $x^2+y^2\leqslant 1$ 得 $\left(\dfrac{3u-v}{5}\right)^2+\left(\dfrac{-u+2v+10}{5}\right)^2\leqslant 1$,即

$$2u^2+v^2-2uv-4u+8v+15\leqslant 0.$$

故例 3.20 中的原问题转化下为例 3.20 的等价问题:若实数 x,y 满足 $2x^2+y^2-2xy-4x+8y+15\leqslant 0$,求 $|x|+|y|$ 的最小值.

利用 GeoGebra 或 TI 图形计算器可作出不等式 $2x^2+y^2-2xy-4x+8y+15\leqslant 0$ 所表示的图形,如图 3.56 所示,表示的是椭圆 $2x^2+y^2-2xy-4x+8y+15=0$ 及其内部.

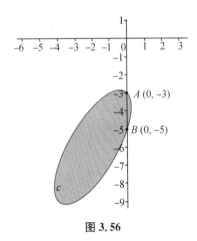

图 3.56

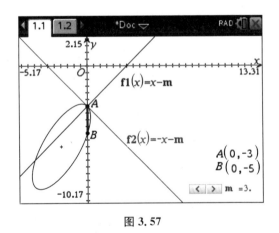

图 3.57

设 $m=|x|+|y|$,则问题转化为分别求以下两种情况下的 m 的最小值,再"小中选小".

(Ⅰ) $\begin{cases}2x^2+y^2-2xy-4x+8y+15\leqslant 0,\\ x\geqslant 0,\\ y\leqslant 0,\\ m=x-y,\end{cases}$ (Ⅱ) $\begin{cases}2x^2+y^2-2xy-4x+8y+15\leqslant 0,\\ x\leqslant 0,\\ y\leqslant 0,\\ m=-x-y.\end{cases}$

如图 3.57,对于情形(Ⅰ),当直线 $y=x-m$ 经过点 $A(0,-3)$ 时,m 取到最小值 3;对于情形(Ⅱ),当直线 $y=-x-m$ 经过点 $A(0,-3)$ 时,m 取到最小值 3.

综上,原问题所求的最小值为 3.

其实,从技术所提供的图形直观上来看,最大值也容易求得.

波利亚曾说:"没有任何一道题目是可以解决得十全十美的,总剩下些工作要做,经过充分的探讨总结,总会有点滴的发现,总能改进这个解答;而且在任何情况下,我们总能提高对这个解答的理解水平."随着对一个问题的持续思考,笔者越来越体会到上述名言的正确与精辟.那么,对于例 3.20,能否从升维的视角审视一下呢?

方案6 看作二元函数借助技术作立体图

对于本方案,笔者给出一个可供思考与探究的方向.

在 GeoGebra 界面下分别作出 $z=|2x+y-2|+|x+3y-6|$ 和圆柱面 $\begin{cases} x=\cos\alpha, \\ y=\sin\alpha, \\ z=h, \end{cases} \alpha \in [0, 2\pi), h \in \mathbf{R}$ 的 3D 图,如图 3.58(a)所示.需要说明的是,在对圆柱面作图时,可输入指令"圆柱((0,0,-8),(0,0,15),1)",其中前两个坐标分别给出了圆柱下底面和上底面的圆心,第三个正数 1 给出了圆柱底面圆的半径.

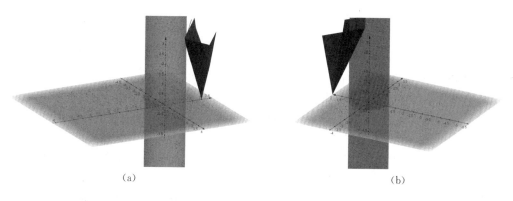

图 3.58

由图 3.58(a)和(b)可以清楚地看到,当实数 x,y 满足 $x^2+y^2 \leqslant 1$,即有序实数对 (x, y) 在实心圆面内变化时,$z=|2x+y-2|+|x+3y-6|$ 有一个最小值,且最小值在最下面的那个交点 Q 处取到(当然,随着曲面 $z=|2x+y-2|+|x+3y-6|$ 向上延伸,也会在与圆柱面的另一侧相交处取到一个最大值).如图 3.59 所示,点 Q 的坐标为 $(0.59, 0.81, 3)$,与我们在前几种思路中已求得的当 $x=\dfrac{3}{5}$,$y=\dfrac{4}{5}$ 时取到最小值 3 是吻合的!

方案 6 将平面问题升维为空间来处理,正像对某些特殊问题的处理,当先考虑一般情况时可能更具规律性与统领性.现在将通常的"空间问题平面化"的策略逆向使用,不知不觉中让我们对相关数学现象的认识又加深了一层.

身在高三,教师的核心任务是解题与教解题.波利亚的"怎样解题表"无论对于解题还是教解题都是极具参考价值的导航明灯.不仅如此,波利亚还阐述了教师在具体教学时要遵循的一些原则,即所谓的"十诫",都很值得我们学习与效仿.我们摘录下面的这几段论述与大家共勉.

论述 1 技巧诀窍是数学知识中较有价值的一部分,比单单只是拥有讯息更有价值.但我们应如何传授此项技巧诀窍呢? 学生可以透过模仿与练习来学得它.当你提出一个问题的解答时,适切地强调其中的教育性的特征(instructive features).如果一个特征值得仿效,那么它就是具教

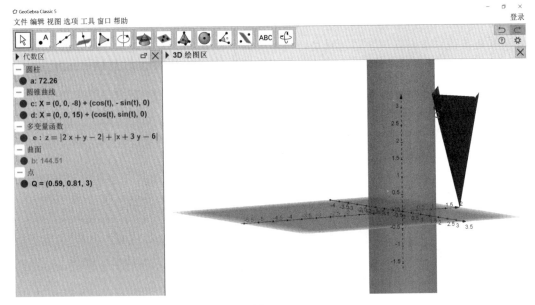

图 3.59

育性的,也就是说,它可以用来解答眼前的问题,更可以解决其他的问题——愈常用到,便愈具教育性质. 但强调教育性特征的方式,并不只表现于夸赞学生(因为对某些学生反而会产生反效果),更应表现在教师的行为中(如果你有表演天份的话,稍微装一下效果会更好). 一个适切强调的特征能将你的解答转入"范型答案"(model solution),借由让学生模仿可以解决更多问题的答案也能让它转变为一个令人印象深刻的形态,因而法则即是:留意现在手边的问题,从其中找寻一些可能对于以后解题有帮助的特征——试着去揭露潜藏在目前具体情境中的普遍形式.

论述 2 我希望能够在这边指出一些在课堂上容易学到且教师们应该要知道的秘诀. 当你开始讨论一个问题时,试着让学生去猜答案. 不要一次就泄露出所有的秘诀——在你告诉学生之前,让他们去清测——让他们尽可能地自行去发现.

3.3.11 繁、茫——对"难题"之"难"的认识

笔者认为,数学之难难在"繁、茫"二字."繁"即烦琐,体现在情况既多又杂、计算又"臭"又长,让人望而却步、信心顿失;"茫"即茫然,是指无法理解题意或毫无思路可试,与题目相顾无言、默默无语两眼泪.

攻克"繁"的方法一是要善于通过分类讨论将复杂问题做肢解后各个击破,二是要在不断总结算理、熟悉算法、领悟算技的基础上锤炼算功. 攻克"茫"的方法一是要学会熟练在各种语言(如文字语言、符号语言、图形语言、自然语言)之间互译、切换,会灵活转化问题,二是要通过多做题、多总结,不断开阔思路、积累模型、培养悟性、优化思维品质.

"繁"就像爬山,有路可循但曲折艰险;"难"就像看天,无路可走. 前者更多的是需要毅力、技巧和速度;后者在相当程度上靠智商,但"智商不够经验凑"也是重要的突破之法,诚如鲁迅所讲:"希望是本无所谓有,无所谓无的. 这正如地上的路;其实地上本没有路,走的人多了,也便成了路."因此,对很多问题,解题者可能原本没思路,但做得多了想得勤了,也就有了路.

例 3.21 已知 F 为抛物线 $\Gamma: y^2 = 4x$ 的焦点,O 为坐标原点. 过点 $P(p, 4)$ 且斜率为 1 的直线 l 与抛物线 Γ 交于 A,B 两点,与 x 轴交于点 M.

(1) 若点 P 在抛物线 Γ 上,求 $|PF|$.

(2) 若 $\triangle AOB$ 的面积为 $2\sqrt{2}$,求实数 p 的值.

(3) 是否存在以 M 为圆心、2 为半径的圆,使得过曲线 Γ 上任意一点 Q 作圆 M 的两条切线,与曲线 Γ 交于另外两点 C,D 时,总有直线 CD 也与圆 M 相切?若存在,求出此时 p 的值;若不存在,请说明理由.

本题是我校高三数学周测卷中的副压轴题,笔者任教的两个班 78 位同学中无一人能做出第(3)小问,连给出正确答案的都没有,更别说写全过程了.

分析与解 (1)(2)两小问的过程均从略,答案分别为 $|PF|=5$,$p=5$;

(3) 尽管在评讲大上周周测卷时已针对解析几何中的"定点、定值问题"讲过其通常的处理对策"特置探路,先求后验",但面对例 1 的第(3)小问,绝大多数同学根本没有"特置探路"的意识,个别同学虽有这种意识,但对于"当 Q 是坐标原点时"这种"特置"情况也缺乏简洁有效的处理手段.

我们先来看这种"特置"情形.

如图 3.60(a)所示,当 Q 与原点 O 重合时,过点 O 作圆 $M:(x-p+4)^2+y^2=4$ 的两条切线分别与抛物线交于点 C,D.根据题意,直线 CD 也与圆 M 相切.设直线 OC 的方程为 $y=kx$,由 $\begin{cases} y=kx, \\ y^2=4x \end{cases}$ 解得 $x=0$ 或 $x=\dfrac{4}{k^2}$,故 $x_C=x_D=\dfrac{4}{k^2}$.根据直线 OC 与 CD 均与圆 M 相切得

$$\begin{cases} \dfrac{|k\cdot m-0|}{\sqrt{k^2+1}}=2, \\ \dfrac{4}{k^2}-m=2, \end{cases} \quad (*)$$

其中 $m=p-4$.由方程组 $(*)$ 解得 $m=3$.从而 $p=7$,所得圆 M 的方程为 $(x-3)^2+y^2=4$.

上述推理告诉我们,若满足题意的圆 M 存在,则其方程必为 $(x-3)^2+y^2=4$. 接下来的任务是检验该圆对于抛物线上的任意点 Q 是否也满足题目要求.即当过点 Q 作圆 M 的两条切线与抛物线 Γ 交于另外两点 C,D 时,直线 CD 是否也一定是圆 M 的切线,参见图 3.60(b).

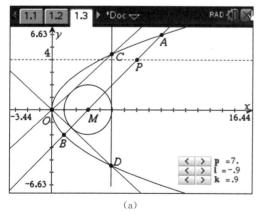
(a)

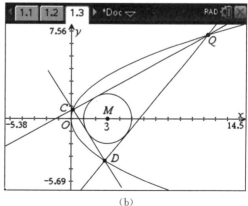
(b)

图 3.60

一个自然的思路是先写出直线 CD 的方程,再检验点 $M(3,0)$ 到直线 CD 的距离是否恒为 2. 为此我们需要点 C 和点 D 的坐标.设 $Q\left(\dfrac{y_0^2}{4},y_0\right)(y_0\in \mathbf{R})$,注意到 Q 和 $C(D)$ 均在抛物线上,因此想

着将直线方程与抛物线方程联立、消元后借助韦达定理直接写出 $C(D)$ 的坐标应该不是难事.

设直线 QC(或 QD)的方程为 $y-y_0=k\left(x-\dfrac{y_0^2}{4}\right)$(假设两条切线的斜率均存在),由 $\begin{cases} y-y_0=k\left(x-\dfrac{y_0^2}{4}\right) \\ y^2=4x \end{cases}$,消去 x 得 $ky^2-4y+4y_0-ky_0^2=0$,故 $y_C=\dfrac{4-ky_0}{k}$(y_D 相同). 从而点 C(或点 D)的坐标为 $\left(\dfrac{(4-ky_0)^2}{4k^2},\dfrac{4-ky_0}{k}\right)$.

由直线 QC(或 QD)与圆 M 相切可得 $\dfrac{|12k-0+4y_0-ky_0^2|}{\sqrt{16k^2+16}}=2$,平方后可整理为 $(y_0^2-4)(y_0^2-20)k^2-8y_0(y_0^2-12)k+16(y_0^2-4)=0$,该关于 k 的方程的两个根 k_1, k_2 分别为直线 QC 与 QD 的斜率. 由此得点 C 与点 D 的坐标分别为 $\left(\dfrac{(4-k_1y_0)^2}{4k_1^2},\dfrac{4-k_1y_0}{k_1}\right)$, $\left(\dfrac{(4-k_2y_0)^2}{4k_2^2},\dfrac{4-k_2y_0}{k_2}\right)$. 经计算可得直线 CD 的斜率为 $k_{CD}=\dfrac{2k_1k_2}{2(k_1+k_2)-k_1k_2y_0}=\dfrac{4-y_0^2}{4y_0}$(假设 k_{CD} 存在. 笔者第一遍将斜率算错了,后经反复检查才纠正过来,并经 GeoGebra 和 TI 图形计算器双重检验),进而可将直线 CD 的方程写为

$$y-\dfrac{4-k_1y_0}{k_1}=\dfrac{4-y_0^2}{4y_0}\cdot\left(x-\dfrac{(4-k_1y_0)^2}{4k_1^2}\right).$$

接下来只需再做最后一个动作,即求点 $M(3,0)$ 到直线 CD 的距离,并看它是不是恰好等于 2. 这看起来离成功近在咫尺,但不得不说也是一件令人望而却步的工作,太繁了! 此刻,解题者的心理状态可能是"欲哭无泪干着急、心有不甘又奈何".

但此时,正是见证"坚持的奇迹"的时候! 事实上,一旦我们将上述方程化为

$$y=\dfrac{4-y_0^2}{4y_0}x+\dfrac{y_0^2(y_0^2-20)k_1^2-8y_0(y_0^2-12)k_1+16(y_0^2-4)}{16y_0k_1^2},$$

可能就会瞥见胜利的曙光,从而心中升腾起希望.

由前面 k_1, k_2 所满足的方程立得

$$y_0^2(y_0^2-20)k_1^2-8y_0(y_0^2-12)k_1+16(y_0^2-4)=4(y_0^2-20)k_1^2,$$

从而可将直线 CD 的方程继续变为

$$y=\dfrac{4-y_0^2}{4y_0}x+\dfrac{4(y_0^2-20)k_1^2}{16y_0k_1^2}=\dfrac{4-y_0^2}{4y_0}x+\dfrac{y_0^2-20}{4y_0},$$

或者整理为 $(y_0^2-4)x+4y_0y+20-y_0^2=0$.

因此圆心 $M(3,0)$ 到直线 CD 的距离为

$$d=\dfrac{|(y_0^2-4)\times3+0+20-y_0^2|}{\sqrt{(y_0^2-4)^2+(4y_0)^2}}=\dfrac{|2y_0^2+8|}{\sqrt{(y_0^2+4)^2}}=\dfrac{2y_0^2+8}{y_0^2+4}=2.$$

故 CD 也与圆 M 相切!

上述推理的前提是 QC，QD，CD 的斜率均存在，因此还需补上几种特殊情况.

对于 CD 斜率不存在（即 $y_0=0$）的情形，我们已在"特置探路"环节做过推导. 接下来分别研究左右两条切线斜率不存在的情形.

若左边这条切线斜率不存在，则其方程为 $x=1$，与抛物线的交点为 $Q(1,2)$，故另一条与圆 M 相切的直线为 $y=2$，与抛物线不相交，如图 3.61(a)所示.

若右边这条切线斜率不存在，则其方程为 $x=5$，与抛物线的两个交点其一即为点 Q，其坐标为 $(5, 2\sqrt{5})$（不妨设点 Q 在 x 轴上方），另一个交点记为 D，其与 Q 关于 x 轴对称，坐标为 $(5, -2\sqrt{5})$. 容易求得经过 Q 的另一条与圆 M 相切的直线为 $y=\dfrac{2\sqrt{5}}{5}x$，恰经过原点，即点 C 与原点重合. 故直线 CD 的方程为 $y=-\dfrac{2\sqrt{5}}{5}x$，自然也与抛物线相切，如图 3.61(b)所示.

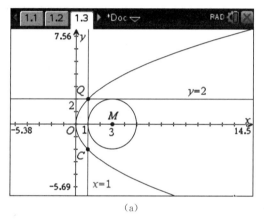 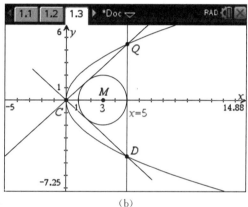

图 3.61

综上，我们的最终结论是："存在满足题意要求的定圆，其方程为 $(x-3)^2+y^2=4$，相应 p 的值为 7."

以上呈现的是笔者自己对该周测题的思考过程，没看标答，也不敢在课堂上把完整的过程讲给学生听，只是讲了"如何实施'特置探路'探出结果".

不敢讲给学生听的原因之一是过程太繁，面向全班讲授价值不大；另一原因是自己对上述很繁的过程也缺乏自信，期待学到较简洁的方法后再与部分"优生"分享；第三个原因是若不先行"特置探路"又该如何推进？可以预料过程将更为复杂、凶险和遥远，前途未卜、毫无胜算，自己尚需好好研究.

在思考本题上述解法前，脑海中其实已隐隐约约想到很久以前看过一道类似的问题. 第二天经过一番翻找，找到了已经发黄的、布满灰尘的《全国高中数学联赛预测卷》（蔡小雄，浙江大学出版社，2009 年）. 在本书"全国高中数学联赛新题型仿真试卷（一）"的"一试"中找到了第一道解答题（也看到了自己以前在书上没做出所留下的痕迹），记为例 3.22.

例 3.22 抛物线 $y^2=2px$ 的内接三角形的两边分别和抛物线 $x^2=2qy$ 相切，求证：三角形的第三条边也和 $x^2=2qy$ 相切.

现将书中提供的解答抄录如下，希望能由此收获一些启发，并开启对例 1 新的思考.

证明:设 A,B,C 三点的坐标分别为 $A(2pa^2,2pa)$,$B(2pb^2,2pb)$,$C(2pc^2,2pc)$,由直线的斜率 $k_{AB}=\dfrac{2pa-2pb}{2pa^2-2pb^2}=\dfrac{1}{a+b}$,得直线 AB 的方程为 $y-2pb=\dfrac{1}{a+b}(x-2pb^2)$.将其与 $x^2=2qy$ 联立,消去 y,得 $(a+b)x^2-2qx-4pqab=0$.设直线 AB 和抛物线 $x^2=2qy$ 相切,则 $\Delta=4q^2+16pqab(a+b)=0$,即 $q+4pab(a+b)=0$. ①

设直线 BC 和抛物线 $x^2=2qy$ 相切,同理有 $q+4pbc(b+c)=0$. ②

现在要证明三角形的第三边 AC 也和 $x^2=2qy$ 相切,这只要证明 $q+4pac(a+c)=0$ 即可.

①-②,并化简,得 $(a-c)(a+b+c)=0$.因为 $a\neq c$(否则 A,C 重合),所以 $a+b+c=0$.因而

$$q+4pac(a+c)=4pac(a+c)-4pbc(b+c)=4pc(a-b)(a+b+c)=0,$$

这说明 $\triangle ABC$ 的第三边也和 $x^2=2qy$ 相切.

需要说明的是,上述①-②化简所得到的 $(a-c)(a+b+c)=0$ 是等式两边同除以 b 后的结果.因为由①-②实际得到的是 $4pb(a-c)(a+b+c)=0$,由于过原点不可能作抛物线 $x^2=2qy$ 的两条相异切线,故点 B 不能和原点重合,因此 $b\neq 0$.

本例示意图如图 3.62 所示.

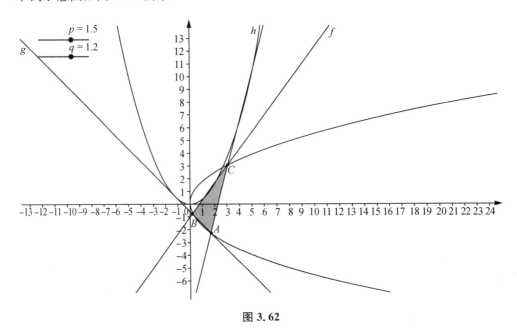

图 3.62

仔细品味上述解答,"选用抛物线最经典的参数方程形式设点的坐标"是一大特色,这使得求解过程处处充满对称美,已知与欲证浑然一体.笔者当时是怎么思考,最后又做不下去的呢?图 3.63 所示的截图呈现了笔者当初的解答与困惑.

照理说,笔者设的 $A\left(\dfrac{y_1^2}{2p},y_1\right)$,$B\left(\dfrac{y_2^2}{2p},y_2\right)$,$C\left(\dfrac{y_3^2}{2p},y_3\right)$ 与蔡小雄老师给出的设法也相差不大,而且也更符合现行教材与学生的认知习惯,或者说更为自然,不应该做不出啊?现在我们沿着这种设法重做如下.

另证:设 $A\left(\dfrac{y_1^2}{2p},y_1\right)$,$B\left(\dfrac{y_2^2}{2p},y_2\right)$,$C\left(\dfrac{y_3^2}{2p},y_3\right)$,则直线 AB 的斜率为 $k_{AB}=\dfrac{2p}{y_1+y_2}$,从

全国高中数学联赛预测卷

二、解答题(本大题共 3 小题,第 9 题 14 分,第 10 题、第 11 题 15 分,共 44 分)

9. 抛物线 $y^2=2px$ 的内接三角形的两边分别和抛物线 $x^2=2qy$ 相切,求证:三角形的第三边也和 $x^2=2qy$ 相切.

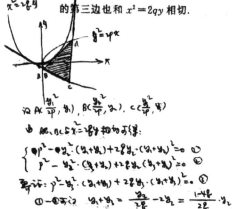

图 3.63

而其方程为 $y-y_1=\dfrac{2p}{y_1+y_2}\left(x-\dfrac{y_1^2}{2p}\right)$,整理后可得 $2px-(y_1+y_2)y+y_1y_2=0$. 由

$\begin{cases} 2px-(y_1+y_2)y+y_1y_2=0, \\ x^2=2qy \end{cases}$ 得 $(y_1+y_2)x^2-4pqx-2qy_1y_2=0$. 由于直线 AB 与抛物线 $x^2=2qy$ 相切,故 $\Delta=16p^2q^2+8qy_1y_2(y_1+y_2)=0$,即 $2p^2q+y_1y_2(y_1+y_2)=0$. ③ 同理,由直线 BC 与抛物线 $x^2=2qy$ 相切,得 $2p^2q+y_2y_3(y_2+y_3)=0$. ④

现在欲证第三边 AC 也和 $x^2=2qy$ 相切,只需证 $2p^2q+y_1y_3(y_1+y_3)=0$ 即可.

③-④,并化简,得 $y_2(y_1-y_3)(y_1+y_2+y_3)=0$. 因为 $y_2\neq 0$(否则点 B 和原点重合)和 $y_1\neq y_3$(否则 A,C 重合),所以 $y_1+y_2+y_3=0$. 因而

$2p^2q+y_1y_3(y_1+y_3)=y_1y_3(y_1+y_3)-y_2y_3(y_2+y_3)=y_3(y_1-y_2)(y_1+y_2+y_3)=0$,

这说明△ABC 的第三边也和 $x^2=2qy$ 相切.

看来问题主要并不是出在点坐标形式的选择上,而是计算不过关惹的祸,图 95 中错误的始作俑者就是①式!

俗话说"千金难买回头看",波利亚解题表的第四步强调的也是"回顾反思".接下来我们回头继续对例 3.21 做些思考,希望能有点新的发现或理解.

应该说,例 3.21 中"先求后验"思路的好处在于先求出了答案,从而化"寻找未知"为"证明结论",不足之处在于一个个具体的数字可能掩盖了某些规律性的东西,也可能在一定程度上缺失了形式的对称性与整齐性.注意到例 3.22 解答中 AB,BC 方程结构的规律性,我们在先"特置"探出圆 $(x-3)^2+y^2=4$ 的基础上尝试换一种证法.

设 $Q\left(\dfrac{y_0^2}{4},y_0\right)$,$C\left(\dfrac{y_1^2}{4},y_1\right)$,$D\left(\dfrac{y_2^2}{4},y_2\right)$,同例 3.22 易得直线 QC,QD,CD 的方程分别为 $4x-(y_0+y_1)y+y_0y_1=0$,$4x-(y_0+y_2)y+y_0y_2=0$,$4x-(y_1+y_2)y+y_1y_2=0$(此处非常有规律性,只需算出第 1 个式子,后两个就可立刻写出!). 同样地,接下来只需先算出

QC 与圆 $M:(x-3)^2+y^2=4$ 相切所得的等式,由 $\dfrac{|12+y_0y_1|}{\sqrt{16+(y_0+y_1)^2}}=2$ 平方整理得 $(y_0^2-4)y_1^2+16y_0y_1+4(20-y_0^2)=0$. 仿此便可立刻写出 QD 与圆 M 相切所得的方程为 $(y_0^2-4)y_2^2+16y_0y_2+4(20-y_0^2)=0$. 更进一步,欲证直线 CD 也与圆 M 相切,便只需证 $(y_2^2-4)y_1^2+16y_2y_1+4(20-y_2^2)=0$(与例 3.22 中情形相似,非常有规律性!节省了计算量,降低了烦琐度).

经配方,上述欲证式等价于 $(y_1y_2+12)^2-4(y_1+y_2)^2=64$. 将 $y_1+y_2=\dfrac{-16y_0}{y_0^2-4}$ 及 $y_1y_2=\dfrac{4(20-y_0^2)}{y_0^2-4}$ 代入该式左端得

$$\text{左边}=\left[\dfrac{4(20-y_0^2)}{y_0^2-4}+12\right]^2-4\left(\dfrac{-16y_0}{y_0^2-4}\right)^2=64\cdot\dfrac{(y_0^2+4)^2}{(y_0^2-4)^2}-64\cdot\dfrac{16y_0^2}{(y_0^2-4)^2}$$

$$=64\cdot\dfrac{(y_0^2-4)^2}{(y_0^2-4)^2}=64=\text{右边}.$$

故我们证得直线 CD 也与圆 M 相切.

显然,与例 3.21 的第一种证法相比,上述证明简洁优美,虽小有计算量,但给人赏心悦目之感. 其最大的一个原因在于抓住了抛物线上三个点 Q,C,D 地位的平等性做文章,使得两两连线的方程能做到"推一知三". 除此之外,两条切线方程地位的平等性也被充分运用.

作为例 3.21 的第三个思考,若不"特置探路",如何直接推知定圆 M 的方程呢?我们有理由畅想,如果也能充分运用上述"平等性","寻定圆梦"的探索之旅应该不会十分曲折. 另外,在推导过程中若能充分运用上述"已知定圆情况下的证明过程"并刻意比较两者的区别与联系,也会为旅途的跋涉增添不少"身边风景无限好"的乐趣.

设 $Q\left(\dfrac{y_0^2}{4},y_0\right)$,$C\left(\dfrac{y_1^2}{4},y_1\right)$,$D\left(\dfrac{y_2^2}{4},y_2\right)$,则直线 QC,QD,CD 的方程分别为 $4x-(y_0+y_1)y+y_0y_1=0$,$4x-(y_0+y_2)y+y_0y_2=0$,$4x-(y_1+y_2)y+y_1y_2=0$. 假设存在这样的定圆 M 且其方程为 $(x-m)^2+y^2=4$,由 QC 与圆 M 相切可得 $\dfrac{|4m+y_0y_1|}{\sqrt{16+(y_0+y_1)^2}}=2$,平方整理得 $(y_0^2-4)y_1^2+8(m-1)y_0y_1+4(4m^2-16-y_0^2)=0$. 故 QD 与圆 M 相切所得的方程为 $(y_0^2-4)y_2^2+8(m-1)y_0y_2+4(4m^2-16-y_0^2)=0$. 由题意直线 CD 也与圆 M 相切,即 $(y_2^2-4)y_1^2+8(m-1)y_2y_1+4(4m^2-16-y_2^2)=0$.

经展开、结合、配方等可将等式 $(y_2^2-4)y_1^2+8(m-1)y_2y_1+4(4m^2-16-y_2^2)=0$ 变为 $(y_1y_2+4m)^2-4(y_1+y_2)^2-64=0$. 由于 y_1,y_2 满足韦达定理 $y_1+y_2=\dfrac{-8y_0(m-1)}{y_0^2-4}$ 及 $y_1y_2=\dfrac{4(4m^2-16-y_0^2)}{y_0^2-4}$,将其代入上述等式并整理可得

$$[(4m-4)y_0^2+16m^2-16m-64]^2-256(m-1)^2y_0^2-64(y_0^2-4)^2=0.$$

对该式无须展开,只需提取出 y_0^4,y_0^2 的系数及常数项,然后令它们都为零,便得

$$\begin{cases} (4m-4)^2 - 64 = 0, \\ 2(4m-4)(16m^2-16m-64) - 256(m-1)^2 + 64 \times 8 = 0, \\ (16m^2-16m-64)^2 - 64 \times 16 = 0, \end{cases}$$

解此方程组可得 $m = -1$ 或 3.

显然,当 $m = -1$ 时不符合题设中"过曲线 Γ 上任意一点 Q 作圆 M 的两条切线,与曲线 Γ 交于另外两点 C, D",故我们所寻求的定圆是存在的,且其方程为 $(x-3)^2 + y^2 = 4$,此时 p 的值为 7.

解析几何的运算之繁是历届学生永远不变的痛. 作为教师,首先要教给学生一些化解烦琐运算的窍门或方法;其次还要经常鼓励学生敢算、敢拼;其三,在答疑辅导帮助学生时要讲究策略. 波利亚的下面这段话可以给我们极好的参考:有一个学生一行一行地进行一个冗长的计算,我在最后一行看到了一个错误,但我停住而没有马上纠正他. 我宁可带着学生一行一行地检查:刚开始蛮不错的,你的第一行写对了,下一行也正确了,你做了这个和那个……这一行真不错,现在你觉得这一行如何呢? 错误就发生在这一行,如果学生自己发现了,他便有机会学到一些东西. 然而,如果我在发现错误后立刻就说"这里错了!",学生或许会感到不愉快,而且再也听不进去之后我所说的话了. 如果我经常立刻就说"你这里错了!"的话,学生很可能会恨我,也很可能开始讨厌数学,那我在之前对这个学生所花费的苦心就全都白费了. 尽量避免去说"你错了!",可能的话,改口说"你是对的,但……". 如果你这样做的话,你非但不是伪善的,反而是通人情的. 波利亚的话告诫我们,作为教师要多用启发性的问题;让学生勇于发表,不要填鸭式地硬塞给学生.

当然,难题之难在"繁"上的体现绝不仅限于解析几何,很多难题的难在于情形较多,要逐一讨论,挨个计算,让人感觉"不胜其繁",类似下述例 3.23 与例 3.24.

例 3.23 已知函数 $f(x) = \begin{cases} x - \dfrac{8}{x}, & x < 0, \\ |x-a|, & x \geqslant 0. \end{cases}$ 若对任意的 $x_1 \in [2, +\infty)$,都存在 $x_2 \in [-2, -1]$ 使得 $f(x_1) f(x_2) \geqslant a$,则实数 a 的取值范围是_____.

略解 分 $a \leqslant 0, 0 < a < 2, a \geqslant 2$ 三种情况讨论,答案是 $\left(-\infty, \dfrac{7}{4}\right]$.

例 3.24 已知点 $A(-2, 0)$, $B(2, 0)$, $C(1, 1)$, $D(-1, 1)$,直线 $y = kx + m (k > 0)$ 将四边形 $ABCD$ 分割为面积相等的两部分,求 m 的取值范围.

分析与解 本题出现在高三一轮复习"直线的倾斜角与斜率、直线的方程"这一节,是笔者在未讲解这一节前布置的一道预习(准确地讲应该是复习,因为内容早已在高二学习过)作业题. 但两个班共 68 位同学竟无一人正确做出!"繁"是压垮学生信心与准确度的主要根源. 当然,"设线求点"还是"设点略线"是弱化"繁"还是强化"繁"的分界点. 正如,在处理导数背景下含参不等式恒成立问题时,往往面临"是分离还是分类"的选择,分离是指"参变分离后转化为求函数最值问题",后者是指"不参变分离而通过对参数的分类讨论直接求最值". 再如,在设圆或椭圆上点的坐标时,是设普通方程意义下的坐标还是设参数方程意义下的坐标;在处理直线方程时也会面临各种直线方程的选择问题,在直线与圆锥曲线位置关系的大背景下,直线方程的选择往往与联立后消去哪个坐标以及欲求目标的结构直接相联.

设直线 $l: y = kx + m (k > 0)$ 与梯形 $ABCD$ 各边的交点为 E, F,则有三种情形,情形 I 是 $E \in CD$, $F \in AB$;情形 II 是 $E \in BC$, $F \in AB$;情形 III 是 $E \in BC$, $F \in AD$. 分别如图 3.64(a)(b)(c)所示.

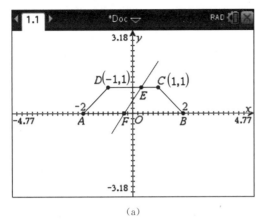
(a)

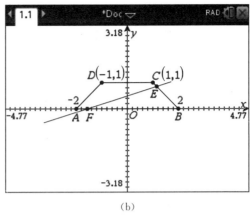
(b)

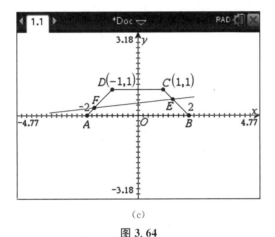
(c)

图 3.64

对于情形 I,相比先设 E,F 的坐标[比如设 $E(e,1),F(f,0)$]据面积关系找到 e,f 的等量关系后建立直线的方程再解出纵截距,直接由直线方程解出点 E,F 的坐标这种方法没优势也没劣势,两种方法相差不大,解得 $m=\dfrac{1}{2}$.

对于情形 II,图 3.65 展示了笔者任教班级中数学最好的一位同学(曾获得 2023 年全国高中数学联赛上海赛区三等奖)的做法. 晚上 10 点钟发来消息问:"这里怎么算 m 的范围?"相对于笔者自己对该题准备的"先设点坐标"的解法(其实是看的辅导书后面提供的解答,自己并没有独立思考),应该说,该同学的解法既出乎我的意料又给我好好上了一课,因为其想法"更自然"! 是啊,题设条件中已给了 $y=kx+m(k>0)$,为什么不用呢? 直线方程联立求交点坐标最自然不过! 然而,当他得出 $m=\sqrt{3k^2+3k}-2k$ 后却做不下去了. 我想,他应该受困在两点:一是函数问题定义域先行! 那么 k 的取值范围是什么? 二是知道 k

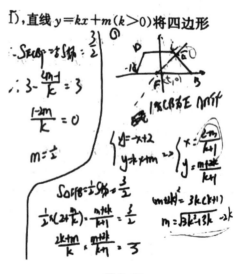

图 3.65

的取值范围后,面对表达式"$\sqrt{3k^2+3k}-2k$",如何求值域?所有这些问题,大概可以归结为均是"先方程后交点"所惹来的"繁".

我是这样为该同学做解答的,以下是相关对话.

师:先算 k 的取值范围.

生:这个范围好像要用 m 表示.

师:不需要.先根据 E 的横坐标介于 1 和 2 之间,F 的横坐标介于 -2 和 -1 之间,找出 m 和 k 的不等关系,然后把你划线的这个式子(参见图 3.65)代入该不等关系,就可解出 k 的取值范围是闭区间 $\dfrac{3}{13}$ 到 $\dfrac{1}{2}$.

生:我试试.

但直到第二天上课时,该同学仍未算出 $\dfrac{3}{13} \leqslant k \leqslant \dfrac{1}{2}$ 这个范围!

事实上,这并非难事.由 $-2 \leqslant x_F < 2$ 及 $1 \leqslant x_E < 2$ 得 $\begin{cases} -2 \leqslant -\dfrac{m}{k} < 2, \\ 1 \leqslant \dfrac{2-m}{k+1} < 2, \end{cases}$ 由于 $k>0$,故有 $\begin{cases} -2k < m \leqslant 2k, \\ -2k < m \leqslant 1-k, \end{cases}$ 将 $m=\sqrt{3k^2+3k}-2k$ 代入得 $\begin{cases} -2k < \sqrt{3k^2+3k}-2k \leqslant 2k, \\ -2k < \sqrt{3k^2+3k}-2k \leqslant 1-k, \end{cases}$ 解得 $\dfrac{3}{13} \leqslant k \leqslant \dfrac{1}{2}$.

接下来如何据 $m=\sqrt{3k^2+3k}-2k$,$\dfrac{3}{13} \leqslant k \leqslant \dfrac{1}{2}$ 求 m 的取值范围呢?

由于在区间 $\left[\dfrac{3}{13}, \dfrac{1}{2}\right]$ 上,$\sqrt{3k^2+3k}$ 上严格增,而 $-2k$ 严格减,故 $m=\sqrt{3k^2+3k}-2k$ 的单调性不确定.而若对 $\sqrt{3k^2+3k}$ 实施无理换元,也会带来新的无理根式(旧的去了,却来了新的).所以只能求助于导数了!设 $m=g(k)=\sqrt{3k^2+3k}-2k$,则 $g'(k)=\dfrac{6k+3}{2\sqrt{3k^2+3k}}-2=\dfrac{6k+3-4\sqrt{3k^2+3k}}{2\sqrt{3k^2+3k}}$.由 $6k+3-4\sqrt{3k^2+3k}>0$ 解得 $-\dfrac{3}{2}<k<\dfrac{1}{2}$,因此 $g(k)$ 在 $\left[\dfrac{3}{13}, \dfrac{1}{2}\right]$ 上严格增,故 $g(k) \in \left[g\left(\dfrac{3}{13}\right), g\left(\dfrac{1}{2}\right)\right]=\left[\dfrac{6}{13}, \dfrac{1}{2}\right]$,即对于情形 II,我们求得 m 的取值范围是 $\left[\dfrac{6}{13}, \dfrac{1}{2}\right]$.

利用现成的直线方程本来是很自然之事,但依此道而行却遭遇了很多挫折,乃至哪怕是优生在较为明白的提示下也无法将该思路执行到底.

若转为设点呢?

设 $F(t, 0)$,则由 $S_{\triangle EFB}=\dfrac{1}{2}(2-t)y_E=\dfrac{1}{2} \times 3$ 解得 $y_E=\dfrac{3}{2-t}$,从而 $x_E=2-y_E=2-\dfrac{3}{2-t}=\dfrac{1-2t}{2-t}$.故直线 EF 的方程为 $y-0=\dfrac{\dfrac{3}{2-t}-0}{\dfrac{1-2t}{2-t}-t}(x-t)$,即 $y=\dfrac{3}{t^2-4t+1}(x-t)$. 当

$x=0$ 时解得 $m=\dfrac{-3t}{t^2-4t+1}$. 又由 $-2\leqslant t<2$ 且 $1\leqslant\dfrac{1-2t}{2-t}<2$ 解得 $-2\leqslant t\leqslant-1$. 故 $m=\dfrac{-3t}{t^2-4t+1}=\dfrac{3}{-t+4-\dfrac{1}{t}}\in\left[\dfrac{6}{13},\dfrac{1}{2}\right]$.

可以发现,相对于设线,设点简洁了许多!

最后,对于情形Ⅲ,我们也考虑采用"设点"对策.

如图 3.64(c)所示,由于直线 BC,AD 的方程分别是 $y=-x+2$,$y=x+2$,故可设 $E(s,2-s)$,$F(t,2+t)$,其中 $1\leqslant s\leqslant 2$,$-2\leqslant t\leqslant -1$ 且 $k_{EF}=\dfrac{2+t-(2-s)}{t-s}=\dfrac{t+s}{t-s}>0$. 因此四边形 $EBAF$ 的面积为

$$S_{EBAF}=S_{\triangle ABF}+S_{\triangle BEF}=\dfrac{1}{2}\times 4\times(2+t)+\dfrac{1}{2}\times\sqrt{2}(2-s)\times\dfrac{|t+(2+t)-2|}{\sqrt{2}}=\dfrac{3}{2},$$

化简得 $st=-\dfrac{5}{2}$.

直线 EF 的方程为 $y-(2+t)=\dfrac{t+s}{t-s}(x-t)$,令 $x=0$,并注意到 $st=-\dfrac{5}{2}$ 可解得 $m=\dfrac{(t+s)(-t)}{t-s}+2+t=2+\dfrac{5}{t-s}=2+\dfrac{5}{t+\dfrac{5}{2t}}$.

由 $1\leqslant s\leqslant 2$,$-2\leqslant t\leqslant -1$,$\dfrac{t+s}{t-s}>0$ 及 $st=-\dfrac{5}{2}$ 解得 $-2\leqslant t<-\dfrac{\sqrt{10}}{2}$. 由此可得 $t+\dfrac{5}{2t}\in\left[-\dfrac{13}{4},-\sqrt{10}\right)$,故 $m=2+\dfrac{5}{t+\dfrac{5}{2t}}\in\left(\dfrac{4-\sqrt{10}}{2},\dfrac{6}{13}\right]$.

综合Ⅰ,Ⅱ,Ⅲ三种情形,我们最终获得例 3.24 的结果为

$$m\in\left\{\dfrac{1}{2}\right\}\cup\left[\dfrac{6}{13},\dfrac{1}{2}\right]\cup\left(\dfrac{4-\sqrt{10}}{2},\dfrac{6}{13}\right]=\left(\dfrac{4-\sqrt{10}}{2},\dfrac{1}{2}\right].$$

设点与设线所产生的"繁简之别"在下述例 3.25 中也体现得比较明显.

例 3.25 如图 3.66 所示,已知椭圆 $\dfrac{x^2}{a^2}+y^2=1(a>1)$ 的右焦点为 F,左右顶点分别为 A,B,直线 l 过点 B 且与 x 轴垂直,点 P 是椭圆上异于 A,B 的点,直线 AP 交直线 l 于点 D. 判断以 BD 为直径的圆与直线 PF 的位置关系,并加以证明.

分析与解 本题选自高三某一次周测卷第 20 题的第(3)小问. 图 3.67(a)和(b)展示的是笔者班级两位同学的解答[图 3.67(b)中请看第 (3)问]. 两位同学都选择了"设线"后解交点(都会

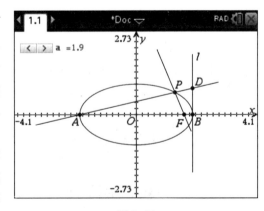

图 3.66

利用韦达定理直接得到点 P 坐标),然后再建立直线 PF 的方程,图 3.67(a)中这位夏同学的计算有多处连环错(笔者上课后当面引导其发现了这些错误),图 3.67(b)中这位邹同学的计算无误,但相同的是在面对烦琐的代数式时她们都无奈地选择了放弃.

(a)

(b)

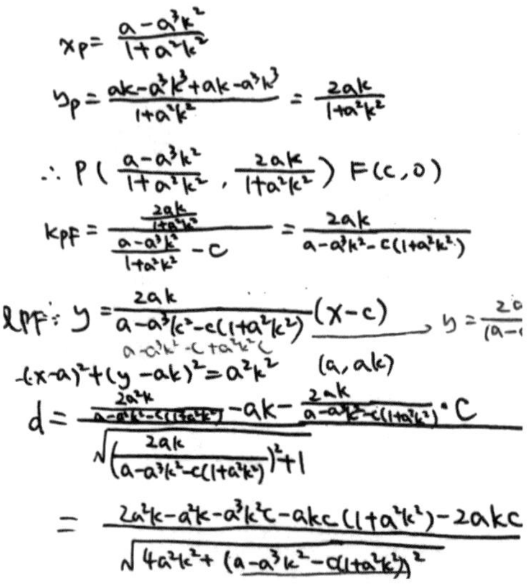

$$x_P = \frac{a - a^3k^2}{1+a^2k^2}$$

$$y_P = \frac{ak - a^3k^3 + ak - a^3k^3}{1+a^2k^2} = \frac{2ak}{1+a^2k^2}$$

$$\therefore P\left(\frac{a-a^3k^2}{1+a^2k^2}, \frac{2ak}{1+a^2k^2}\right) \quad F(c,0)$$

$$k_{PF} = \frac{\frac{2ak}{1+a^2k^2}}{\frac{a-a^3k^2}{1+a^2k^2} - c} = \frac{2ak}{a-a^3k^2 - c(1+a^2k^2)}$$

$$\ell_{PF}: y = \frac{2ak}{a-a^3k^2 - c(1+a^2k^2)}(x-c) \quad y = \frac{2a}{(a-c)}$$

$$(x-a)^2 + (y-ak)^2 = a^2k^2 \quad (a, ak)$$

$$d = \frac{\frac{2ak}{a-a^3k^2 - c(1+a^2k^2)} - ak - \frac{2ak}{a-a^3k^2 - c(1+a^2k^2)} \cdot c}{\sqrt{\left[\frac{2ak}{a-a^3k^2 - c(1+a^2k^2)}\right]^2 + 1}}$$

$$= \frac{2a^2k - a^3k^3 - akc(1+a^2k^2) - 2akc}{\sqrt{4a^2k^2 + (a-a^3k^2 - c(1+a^2k^2))^2}}$$

(c)

图 3.67

试后订正考卷时我对"计算的窍门"做了提示:其一是不要着急出现 $\sqrt{a^2-1}$,先用小 c 参与计算,最后必要时再换成 $\sqrt{a^2-1}$. 其二是计算过程中不要把各个式子打得太散. 夏同学对考卷中的连环错做了改正,然后按照上述提示继续完成了图 3.67(c)中的过程(仍有错误,比如在求点到直线距离时分子上漏了绝对值),但与图 3.67(b)中邹同学类似,也做不下去了,并说:"为啥我算到这里又算不下去了啊?"而邹同学在收到笔者的提示后竟无信心将图 3.67 (b)中自己考场上未完成的过程在课外完成,说:"按照我原来的方法做不下去了,好多项,感觉约不掉. 算了,我这个方法太烦琐了,我还是看标答给的方法吧……"

看来,学生急缺的不仅有跨越烦琐的有效对策,还有数学教师一步一步手把手的亲身示范. 正像教歌唱、戏曲的要一句一句教,教武术、舞蹈的要一个动作一个动作教那样,教师只是说说是远远不够的,这也是教师在带领学生跨越烦琐运算时的一个注意点.

直线 PF 的方程可化为 $2akx - [(a-c) - (a+c)a^2k^2]y - 2akc = 0$,考虑到 y 的系数稍嫌烦琐,我们暂用一个字母表示它(注意此处这种小对策,尽量不要让一个较长的式子参与运算,就像在火车站寄包一样,在办事时不要让一个暂时不用的包时刻背在身上,先将其寄存,稍候再来取即可. 又如在银行存钱,是不是也是这个道理? 如果教师做这样的解读,必会加深学生理解与领悟的烙印),记 $m = (a-c) - (a+c)a^2k^2$,则直线 PF 的方程为 $2akx - my - 2akc = 0$. 则圆心,即 BD 中点 $M(a, ak)$ 到直线 PF 的距离为

$$d = \frac{|2a^2k - mak - 2akc|}{\sqrt{4a^2k^2 + m^2}} = |ak| \frac{|2a - m - 2c|}{\sqrt{4a^2k^2 + m^2}}$$

$$= |ak| \frac{|a - c + (a+c)a^2k^2|}{\sqrt{(a-c)^2 + 2a^2k^2(2-a^2+c^2) + (a+c)^2a^4k^4}}$$

(注意此时再把 m 取回并代入,但小 c 仍是一个独立的个体,它与小 a 尚形同陌路! 或者说,小 c 就像一个潜伏者,装作与小 a 不认识,但肩并肩作战走完了上述形变的路程).

最后我们再利用小 c 与小 a 的关系,但并非把上式中所有的 c 都换掉,只需注意到

$2a^2k^2(2-a^2+c^2)=2a^2k^2(2-a^2+a^2-1)=2a^2k^2$ 及 $2(a-c)(a+c)a^2k^2=2a^2k^2$,便可得 $d=|ak|=\dfrac{|BD|}{2}=r$,故以 BD 为直径的圆与直线 PF 的位置关系为"相切",如图 3.68(a) 和 (b) 所示.

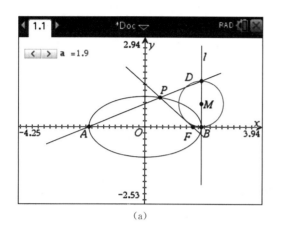
(a)

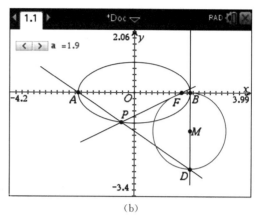
(b)

图 3.68

最后我们看一下,上述邹同学口里的"标答"又是如何化解烦琐运算的呢?与夏同学和邹同学不同,标答的运算之旅从"设点"开始.

设点 $P(x_0,y_0)$(有时可选择参数方程设法),此时心中要时刻牢记 x_0,y_0 这两个字母并不是孤立的,而是满足椭圆方程所约束的等量关系"$\dfrac{x_0^2}{a^2}+y_0^2=1$". 直线 AP 的方程为 $y-0=\dfrac{y_0-0}{x_0+a}(x+a)$ [注意体会"设点"法是用点坐标表示直线方程,而"设线"是用直线方程(里面的系数)表示点坐标],即 $y=\dfrac{y_0}{x_0+a}(x+a)$. 故点 D 的坐标为 $\left(a,\dfrac{2ay_0}{x_0+a}\right)$,由此可得以 BD 为直径的圆的圆心为 $M\left(a,\dfrac{ay_0}{x_0+a}\right)$,半径为 $\left|\dfrac{ay_0}{x_0+a}\right|$.

接下来需用 x_0,y_0 表示出直线 PF 的方程,这并非难事,但需注意提防其斜率是否存在. 若存在,可得其方程为 $y=\dfrac{y_0}{x_0-c}(x-c)$(注意此处先把 $\sqrt{a^2-1}$ 寄存在字母 c 处,待需要时再取出);若斜率不存在,其方程为 $x=c$. 标答中直接将这两种情形下的方程合并为 $(x_0-c)y=y_0(x-c)$,学生会感到突兀. 教师在讲解时可从问题"接下来欲求圆心 M 到直线 PF 的距离,故首先需将 PF 的方程化为什么形式?"出发自然得到上述合并后的方程,并继续将其化为 $y_0x-(x_0-c)y-cy_0=0$.

计算可得 $d_{M\to PF}=\dfrac{\left|ay_0-\dfrac{ay_0(x_0-c)}{x_0+a}-cy_0\right|}{\sqrt{y_0^2+(x_0-c)^2}}=\dfrac{|(a^2-cx_0)y_0|}{|x_0+a|\cdot\sqrt{y_0^2+(x_0-c)^2}}$. 算到这儿,宜引导学生与目标做下对照!由于 $r=\left|\dfrac{ay_0}{x_0+a}\right|$,故接下来的变形方向十分清楚,先将上

式变为 $d_{M\to PF} = \left|\dfrac{ay_0}{x_0+a}\right| \cdot \dfrac{\left|a-\dfrac{c}{a}x_0\right|}{\sqrt{y_0^2+(x_0-c)^2}}$,其次只需将 $\dfrac{\left|a-\dfrac{c}{a}x_0\right|}{\sqrt{y_0^2+(x_0-c)^2}}$ 与 1 比较. 运用差异分析法,只需将分母中的被开方式 $y_0^2+(x_0-c)^2$ 中的 y_0^2 消去. 这时,头脑中那个蛰伏的等量关系 $\dfrac{x_0^2}{a^2}+y_0^2=1$ 和被寄存的 $c=\sqrt{a^2-1}$ 就都该出场了:

$$y_0^2+(x_0-c)^2 = 1-\dfrac{x_0^2}{a^2}+(x_0-c)^2 = \dfrac{c^2}{a^2}x_0^2 - 2cx_0 + a^2 = \left(a-\dfrac{c}{a}x_0\right)^2.$$

因此 $\dfrac{\left|a-\dfrac{c}{a}x_0\right|}{\sqrt{y_0^2+(x_0-c)^2}} = 1$,进而 $d_{M\to PF} = \left|\dfrac{ay_0}{x_0+a}\right| = r$,即以 BD 为直径的圆与直线 PF 的位置关系为"相切".

我们说,当"繁"到做不下去,一是调整方法以回避或弱化繁,二是优化算法以攻克或化解繁. 而教师逐行逐式的示范与生活化、口语化的比拟或类比对学生的理解与吸收至关重要.

作为本文的第二部分,接下来我们试着分析难题之难的表现之二"茫". 先举一个过渡的例子,该例兼具繁与茫的双重特性.

例 3.26 设 $f(x) = |\log_2 x + ax + b|$,其中 $a>0$,函数 $y=f(x)$ 在区间 $[t, t+2]$($t>0$)上的最大值为 $M_t(a, b)$,若 $\{b \mid M_t(a, b) \geqslant 1+a\} = \mathbf{R}$,则实数 t 的最大值为 _____.

分析与解 由题意,函数 $y = \log_2 x + ax + b$ 在 $[t, t+2]$ 上严格增,可分以下三种情况写出 $M_t(a, b)$.

(1) 当 $\log_2 t + at + b \geqslant 0$ 时,$M_t(a, b) = \log_2(t+2) + a(t+2) + b$;

(2) 当 $\log_2(t+2) + a(t+2) + b \leqslant 0$ 时,$M_t(a, b) = -(\log_2 t + at + b)$;

(3) 当 $\begin{cases}\log_2 t + at + b < 0, \\ \log_2(t+2) + a(t+2) + b > 0\end{cases}$ 时,

$$M_t(a, b) = \max\{-(\log_2 t + at + b), \log_2(t+2) + a(t+2) + b\}.$$

上述分类讨论看起来烦琐,但难度很小. 本例真正的"难"可能还在于接下去思路向何方而走?让人比较茫然!特别是对于第(3)类的处理.

当我们感到茫然无措时,目标往往能启发我们择路前行——不可迷失方向!要奔着目标努力!注意到 $\{b\mid M_t(a, b) \geqslant 1+a\} = \mathbf{R}$,即不等式 $M_t(a, b) \geqslant 1+a$ 对于任意实数 b 都成立. 这启发我们将上述三类中每一类的前提条件与所满足的恒成立要求换一种表达,如下:

(ⅰ)当 $b \geqslant -\log_2 t - at$ 时,$\log_2(t+2) + a(t+2) + b \geqslant 1+a$ 恒成立,即 $b \geqslant 1-a-at-\log_2(t+2)$ 恒成立;

(ⅱ)当 $b \leqslant -\log_2(t+2) - a(t+2)$ 时,$-(\log_2 t + at + b) \geqslant 1+a$ 恒成立,即 $b \leqslant -1-a-at-\log_2 t$ 恒成立;

(ⅲ)当 $-\log_2(t+2) - a(t+2) < b < -\log_2 t - at$ 时,$\max\{-(\log_2 t + at + b), \log_2(t+2) + a(t+2) + b\} \geqslant 1+a$ 恒成立.

(ⅰ)与(ⅱ)比较好处理.

对于（ⅰ），只需令 $1-a-at-\log_2(t+2) \leqslant -\log_2 t-at$，即 $1-a \leqslant \log_2\dfrac{t+2}{t}$，因 $a>0$，故 $\log_2\dfrac{t+2}{t} \geqslant 1$，解得 $0<t \leqslant 2$；

对于（ⅱ），只需令 $-1-a-at-\log_2 t \geqslant -\log_2(t+2)-a(t+2)$，即 $a-1 \geqslant \log_2\dfrac{t}{t+2}$，因 $a>0$，故 $\log_2\dfrac{t}{t+2} \leqslant -1$，解得 $0<t \leqslant 2$.

接下来我们看情形（ⅲ），继续分两小类讨论.

① 当 $-(\log_2 t+at+b) \geqslant \log_2(t+2)+a(t+2)+b$，即

$$b \leqslant -\dfrac{1}{2}[\log_2 t+\log_2(t+2)]-at-a，又 -\log_2(t+2)-a(t+2)<b<-\log_2 t-at$$

时，要求 $-(\log_2 t+at+b) \geqslant 1+a$，即 $b \leqslant -1-a-at-\log_2 t$ 恒成立. 这等价于

$$\begin{cases} -\log_2 t-at \leqslant -\dfrac{1}{2}[\log_2 t+\log_2(t+2)]-at-a, \\ -1-a-at-\log_2 t \geqslant -\log_2 t-at \end{cases}$$

或

$$\begin{cases} -\log_2 t-at > -\dfrac{1}{2}[\log_2 t+\log_2(t+2)]-at-a, \\ -1-a-at-\log_2 t \geqslant -\dfrac{1}{2}[\log_2 t+\log_2(t+2)]-at-a. \end{cases}$$

前者无解（因为 $a>0$），由后者可解得 $0<t \leqslant \dfrac{2}{3}$.

② 当 $-(\log_2 t+at+b) < \log_2(t+2)+a(t+2)+b$，即

$$b > -\dfrac{1}{2}[\log_2 t+\log_2(t+2)]-at-a，又 -\log_2(t+2)-a(t+2)<b<-\log_2 t-at$$

时，要求 $\log_2(t+2)+a(t+2)+b \geqslant 1+a$，即 $b \leqslant 1-a-at-\log_2(t+2)$ 恒成立. 这等价于

$$\begin{cases} -\log_2(t+2)-at-2a \leqslant -\dfrac{1}{2}[\log_2 t+\log_2(t+2)]-at-a, \\ 1-a-at-\log_2(t+2) \leqslant -\dfrac{1}{2}[\log_2 t+\log_2(t+2)]-at-a \end{cases}$$

或

$$\begin{cases} -\log_2(t+2)-at-2a > -\dfrac{1}{2}[\log_2 t+\log_2(t+2)]-at-a, \\ 1-a-at-\log_2(t+2) \leqslant -\log_2(t+2)-at-2a. \end{cases}$$

后者无解（因为 $a>0$），由前者可解得 $0<t \leqslant \dfrac{2}{3}$.

因此，第（ⅲ）小类我们解得的结果为 $0<t \leqslant \dfrac{2}{3}$.

这样，经过紧扣目标的分析（找到深入的方向，冲破了"茫"）以及较为细致的讨论（大事化小，小事化了，冲破了"繁"），我们最终获得正数 t 的取值范围为 $0<t \leqslant \dfrac{2}{3}$，因此 $t_{\max}=\dfrac{2}{3}$ 即为

所求.

作为回顾与反思,不得不说,虽然对例 3.26 的求解还算"顺利",但其过程却远不尽如人意,是否还有稍微简洁一些的突破之路呢?

仔细品味上述解题过程,我们发现其非常自然地遵循了对复合函数通常的处理对策,即"由内向外,依次来求",若设 $g(x)=\log_2 x+ax+b$,则 $f(x)=|g(x)|$. 所谓"由内向外,依次来求"即先分析清楚函数 $g(x)$,再看其做过绝对值运算后所发生的变化. 有一次笔者去外校参加区教研活动,负责专题讲座的一位老师将三角问题概括为两种模型"$\sin f(x)$ 型与 $f(\sin x)$ 型",让人眼前一亮. 这正是两种不同的复合类型,教师很到位地帮学生总结出来,引领学生在各种纷繁的三角问题中通过"精准定位"而迅速找到破题之策. 虽说"归类靠型"的教解题教学法十分陈旧且被众多教育大家所抨击(大家崇尚思想与道),但教师善于总结、赤诚向学的精神与做法着实可嘉. 事实上,只宣讲"道"不落实"技"的教学是漂浮空中、不接地气的,对"道"的领悟必须建立在不断地对"技"的操作上.

那么,对于例 3.26,有没有整体的求解之策呢?正像韦达定理,欲求 x_1+x_2,x_1x_2,未必非得将 x_1,x_2 依次求出.

在久思无果、依旧迷茫的状态下(可能通过前面的求解过程已有了思维定式),笔者通过查阅相关资源,有了一些收获.

另解 1 由题意可知 $M_t(a,b)=\max\{|\log_2 t+at+b|,|\log_2(t+2)+a(t+2)+b|\}$. 因为 $\{b|M_t(a,b)\geqslant 1+a\}=\mathbf{R}$,所以关于 b 的不等式

$$1+a\leqslant|\log_2 t+at+b| \text{ 或 } 1+a\leqslant|\log_2(t+2)+a(t+2)+b|$$

的解集为实数集. 其等价于关于 b 的不等式 $b\geqslant 1+a-\log_2 t-at$ 或 $b\leqslant -1-a-\log_2 t-at$ 或 $b\geqslant 1+a-\log_2(t+2)-a(t+2)$ 或 $b\leqslant -1-a-\log_2(t+2)-a(t+2)$ 的解集为实数集. 由于 $0<t<t+2$,$a>0$,故 $\log_2 t+at<\log_2(t+2)+a(t+2)$. 所以上述关于 b 的不等式等价于 $b\leqslant -1-a-\log_2 t-at$ 或 $b\geqslant 1+a-\log_2(t+2)-a(t+2)$ 的解集为实数集. 这等价于 $-1-a-\log_2 t-at\geqslant 1+a-$

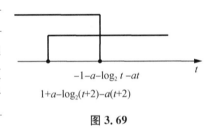

图 3.69

$\log_2(t+2)-a(t+2)$(如图 3.69 所示),所以 $2\leqslant\log_2\dfrac{t+2}{t}$,解得 $0<t\leqslant\dfrac{2}{3}$,因此 $t_{\max}=\dfrac{2}{3}$ 即为所求.

值得注意的是,对问题"关于 b 的不等式

$$1+a\leqslant|\log_2 t+at+b| \text{ 或 } 1+a\leqslant|\log_2(t+2)+a(t+2)+b|$$

的解集为实数集"的处理还可以走"正难则反"之路,即考虑其等价问题:"关于 b 的不等式 $|\log_2 t+at+b|<1+a$ 且 $|\log_2(t+2)+a(t+2)+b|<1+a$ 无解."这样处理的好处是将相对较难处理的"或"的问题转化为"且"的问题,同时对含绝对值不等式的求解,形如求解 $|x|<a$ 时的"取中间"往往较求解 $|x|\geqslant a$ 时的"取两边"容易处理. 若平时经常训练这种转化(口头或书面),则学生的转化意识与能力必会逐渐提升,在面对诸如"若'存在 $x>0$,使得 $x^2+ax+1<0$' 是假命题,则实数 a 的取值范围是_____"等问题时就会从容应对. 上海市长宁区 2023 年 12 月高三数学一模曾将该问题作为填空题的第 10 题,我校学生该题的平均得分为 1.96 分(满分 5 分),得分率仅为 39.25%.

可以看到,另解1通过对绝对值的整体处理消解了烦琐冗长的讨论与计算过程.

另解2 由题意 $f(x)_{\max} = f(t)$ 或 $f(t+2)$(注意此处也是连着绝对值一起考虑,并没有由内而外逐次思考).如图3.70所示,当 $f(t) = f(t+2)$ 时则有

$$-\log_2 t - at - b = \log_2(t+2) + a(t+2) + b,$$

解出 $b = \dfrac{\log_2(t+2) + \log_2 t + 2a(t+1)}{-2}$.

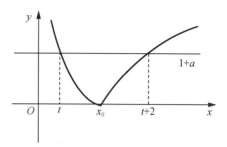

图 3.70

当 $t > x_0$ 或 $t+2 < x_0$ 时,$f(x)_{\max} > f(t)$ 或 $f(x)_{\max} > f(t+2)$,故只需 $f(t) \geqslant 1+a$,即 $-\log_2 t - at - b \geqslant 1+a$,得 $b \leqslant -\log_2 t - at - 1 - a$.将前面解出的 b 代入该不等式得 $\dfrac{\log_2(t+2) + \log_2 t + 2a(t+1)}{-2} \leqslant -\log_2 t - at - 1 - a$.化简为 $\log_2 \dfrac{t+2}{t} \geqslant 2$,解得 $0 < t \leqslant \dfrac{2}{3}$,因此 $t_{\max} = \dfrac{2}{3}$ 为所求.

另解2来自网上,其抓住 $f(t) = f(t+2)$ 这种临界状态及 $1+a \leqslant M_t(a,b)_{\min}$ 做文章,走出了一条形数结合、统一处理[其核心思想是两步并一步,直接找出 $M_t(a,b)_{\min}$]的捷径.但学生对上述解法普遍是看不懂的!为此,笔者在教学中换了一种更为自然而清晰的表达,如下所述.

另解2的另一种表达(对另解2的再解读):

前面解法都是分两步来走,第一步是求出 $M_t(a,b)$(又可分穷举讨论与统一处理两种思路),第二步是处理关于 b 的不等式 $M_t(a,b) \geqslant 1+a$ 恒成立(又可分直接解出 b 与利用极端原理转化为最值).那么,能不能两步并作一步,直接找出 $M_t(a,b)_{\min}$ 的表达呢?我们还是从研究内层函数 $y = \log_2 x + ax + b$ 入手.

因为 $y = \log_2 x + ax + b$ 在 $(0, +\infty)$ 上严格增,且当 $x \to 0^+$ 时,$y \to -\infty$;当 $x \to +\infty$ 时,$y \to +\infty$,所以 $f(x)$ 的大致图像如图3.71所示.设有某一个 $t_0 \in (0, +\infty)$,使得 $f(t_0) = f(t_0+2)$(通过考虑临界状态尝试找寻思路).

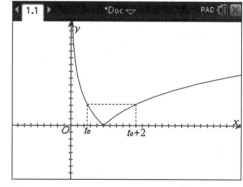

图 3.71

则当 $t < t_0$ 时(以 t_0 为标,对参数展开讨论),$M_t(a,b) > f(t_0)$;当 $t = t_0$ 时,$M_t(a,b) = f(t_0)$;当 $t > t_0$ 时,由于 $t+2 > t_0+2$,故 $M_t(a,b) > f(t_0+2) = f(t_0)$.因此 $M_t(a,b)_{\min} = f(t_0) = f(t_0+2)$(直接找出了最小值).

接下去当然是令 $f(t_0) \geqslant 1+a$.由于此处的 t_0 是满足 $f(t_0) = f(t_0+2)$ 的那个 t_0,故需先考察等式 $f(t_0) = f(t_0+2)$.

由 $f(t_0) = f(t_0+2)$ 得 $|\log_2 t_0 + at_0 + b| = |\log_2(t_0+2) + a(t_0+2) + b|$,结合图3.71我们有 $-\log_2 t_0 - at_0 - b = \log_2(t_0+2) + a(t_0+2) + b$,解得

$$b = \dfrac{1}{2}[-\log_2 t_0 - \log_2(t_0+2) - 2at_0 - 2a]$$

[即当 b 取上面这个数时 $M_t(a,b)$ 取到最小值,此时对应的 $t=t_0$]. 故此时

$$f(t_0) = |\log_2 t_0 + at_0 + b| = -(\log_2 t_0 + at_0 + b)$$
$$= -\log_2 t_0 - at_0 + \left[\frac{1}{2}\log_2 t_0 + \frac{1}{2}\log_2(t_0+2) + at_0 + a\right]$$
$$= -\frac{1}{2}\log_2 t_0 + \frac{1}{2}\log_2(t_0+2) + a.$$

令 $f(t_0) \geqslant 1+a$ 得 $-\frac{1}{2}\log_2 t_0 + \frac{1}{2}\log_2(t_0+2) \geqslant 1$,解得 $0<t_0 \leqslant \frac{2}{3}$. 故 $t_{\max}=\frac{2}{3}$ 即为所求.

实话实讲,上述另解 2 虽说是一种新的解法,里面也融入了一些颇有亮点的思考,但总感觉像向量一样"绕",解出答案后留在脑海中的还是晕乎乎的感觉.

在写过上述几种解法及相应思考一个月后,笔者在一次偶然的机会忽然遇到一个等式,这为求解本例提供了新的思路,等式如下:

$$\max\{|x|,|y|\} = \frac{|x+y|+|x-y|}{2}.$$

首先给出该等式的证明.

证法 1 (不去绝对值,直接用沪教版新教材中的三角不等式):

右边 $\frac{|x+y|+|x-y|}{2} \geqslant \frac{|(x+y)+(x-y)|}{2} = |x|$, 当且仅当 $(x+y)(x-y) \geqslant 0$ 即 $x^2 \geqslant y^2$, $|x| \geqslant |y|$ 时等号成立, 而此时左边 $=\max\{|x|,|y|\}=|x|$, 即当 $|x| \geqslant |y|$ 时等式成立. 又 $\frac{|x+y|+|x-y|}{2} \geqslant \frac{|(x+y)-(x-y)|}{2} = |y|$, 当且仅当 $(x+y)(x-y) \leqslant 0$ 即 $x^2 \leqslant y^2$, $|x| \leqslant |y|$ 时等号成立, 而此时左边 $=\max\{|x|,|y|\}=|y|$, 即当 $|x| \leqslant |y|$ 时等式也成立. 综上,等式得证.

证法 2 (用平方与定义法去绝对值):

当 $|x| \geqslant |y|$ 时, 左边 $=\max\{|x|,|y|\}=|x|$. 由 $|x| \geqslant |y|$ 得 $x^2 \geqslant y^2$, $y^2-x^2 \leqslant 0$, $(y+x)(y-x) \leqslant 0$. ① 若 $x \geqslant 0$, 则 $-x \leqslant y \leqslant x$, 此时右边 $=\frac{(x+y)+(x-y)}{2}=x=|x|$; ② 若 $x<0$, 则 $x \leqslant y \leqslant -x$, 此时右边 $=\frac{-(x+y)-(x-y)}{2}=-x=|x|$. 故等式成立.

当 $|y| \geqslant |x|$ 时, 同理可证.

该等式的作用是把定性的未知选择转化为定量的确定计算.

对于例 3.26, 若运用上述等式,则有另解 3.

另解 3 由题意 $M_t(a,b) = \max\{|\log_2 t + at + b|, |\log_2(t+2) + a(t+2) + b|\}$.

令 $x=\log_2 t + at + b$, $y=\log_2(t+2)+a(t+2)+b$, 则 $M_t(a,b)=$

$\frac{|x+y|+|x-y|}{2} = \frac{|\log_2 t(t+2) + 2at + 2a + 2b| + \left|2a + \log_2\left(\frac{t+2}{t}\right)\right|}{2}$, 故当 b 变化

时, $M_t(a,b)_{\min} = \frac{1}{2}\left|2a + \log_2\left(\frac{t+2}{t}\right)\right| = a + \frac{1}{2}\log_2\left(1+\frac{2}{t}\right)$. 令 $a+\frac{1}{2}\log_2\left(1+\frac{2}{t}\right) \geqslant a+$

1,解得 $0 < t \leqslant \dfrac{2}{3}$,故 $t_{\max} = \dfrac{2}{3}$.

另解 3 的发现让笔者思考良多.

恩格斯说"数学是研究数量关系与空间形式的科学",数学是用来表达世界的. 会表达是数学学得好的重要表征. 等式 $\max\{|x|, |y|\} = \dfrac{|x+y| + |x-y|}{2}$ 将充满悬念的两个非负数的较大者借助绝对值符号赋予了精确表达(背后借用了绝对值定义中所隐藏的分类讨论),这就为问题的推演带来了极大方便. 类似地,我们也有 $\min\{|x|, |y|\} = \dfrac{||x+y| - |x-y||}{2}$. 笔者认为,多积累诸如表 3.20 中这样的例子,会令人身心愉悦.

表 3.20

让人心动的表达	背后的含义
$f(x) = \dfrac{f(x) - f(-x)}{2} + \dfrac{f(x) + f(-x)}{2}$	任何一个定义域关于原点对称的函数都可以写成一个奇函数与一个偶函数和的形式
$f(x) = \dfrac{[f(x) + g(x)] + [f(x) - g(x)]}{2}$ $g(x) = \dfrac{[f(x) + g(x)] - [f(x) - g(x)]}{2}$	用两个函数的和、差函数表示任意一个函数
$ab = \dfrac{(a+b)^2 - (a-b)^2}{4}$ $\boldsymbol{a} \cdot \boldsymbol{b} = \dfrac{(\boldsymbol{a}+\boldsymbol{b})^2 - (\boldsymbol{a}-\boldsymbol{b})^2}{4}$	用和、差、商、乘方运算表示积
$a_n = \dfrac{(a+b) + (-1)^{n+1}(a-b)}{2}$	表达了数列 $\{a_n\}$:$a, b, a, b, a, b, \cdots$
$a_n = 2 + (-1)^n$	表达了数列 $\{a_n\}$:$1, 3, 1, 3, 1, 3, \cdots$
$N = a^{\log_a N}\ (N > 0)$	任何一个正数可以写成指数的形式
$x = \log_a a^x$	任何一个实数都可以写成对数的形式
$A = \sum\limits_{i=1}^{n} P(A \mid B_i) P(B_i)$	全概率公式
$\max\{|x|, |y|\} = \dfrac{|x+y| + |x-y|}{2}$	两个非负数中的较大者
$\min\{|x|, |y|\} = \dfrac{||x+y| - |x-y||}{2}$	两个非负数中的较小者
$(r\cos\theta, r\sin\theta)$	平面直角坐标系中的任意点的坐标
$\boldsymbol{a} = x\boldsymbol{i} + y\boldsymbol{j}$ $\boldsymbol{b} = x\boldsymbol{i} + y\boldsymbol{j} + z\boldsymbol{k}$	平面直角坐标系中的任意向量总可以用正交单位向量线性表出
再如高等数学中的幂级数、傅里叶级数、坐标变换公式等等,这种积累与愉悦的体验可以一直继续下去	

贵州师范大学原副校长、贵州省智库专家吕传汉教授于 2014 年结合三十余年的基础教育研究经验,在数学"情境——问题"教学模式的基础上,提出了教思考、教体验、教表达的"三教"

理念,希望各个学科都能够教会学生学会思考,教学生获得体验,教学生学会表达.教思考,重在培养学生思辨能力;教体验,重在增进学生的学科感悟;教表达,重在强化学生的交际能力. 2017年,东北师范大学史宁中教授提出:用数学的眼光观察现实世界,用数学的思维思考现实世界,用数学的语言表达现实世界.这三句话,和吕传汉教授的"三教"理念有着异曲同工之妙.

笔者认为,要想更好地教表达,就要多让学生表达,教师于学生的表达中不仅会发现很多可贵的点子、方法或思想,更为重要的是,教师要善于通过学生的表达发现其在表达上所急需的提升点,甚至常常会发现正确表面背后潜藏的错误,从而以此为契机,在纠误与试误的反复循环中引领学生学会表达.

例如,对于上海市长宁区2023年12月高三一模数学第11题"若函数 $f(x) = \sin x + a\cos x$ 在 $\left(\dfrac{2\pi}{3}, \dfrac{7\pi}{6}\right)$ 上是严格单调函数,则实数 a 的取值范围为_____.",笔者在课上分别用"导数法"和"辅助角公式化一法"做了分析、讲评.但下课后,杨同学迅速奔上讲台说:"老师,您的两种解法都太繁了,其实可以很简单地这样做."

杨同学的解法:由 $f\left(\dfrac{2\pi}{3}\right)f\left(\dfrac{7\pi}{6}\right) \leqslant 0$,得 $\left(\dfrac{\sqrt{3}}{2} - \dfrac{1}{2}a\right)\left(-\dfrac{1}{2} - \dfrac{\sqrt{3}}{2}a\right) \leqslant 0$,解得 $-\dfrac{\sqrt{3}}{3} \leqslant a \leqslant \sqrt{3}$,即为所求!

旁边很认真在听的高同学立刻说:"不对吧,我是令导函数值相乘大于等于零.即 $f'\left(\dfrac{2\pi}{3}\right)f'\left(\dfrac{7\pi}{6}\right) \geqslant 0$,$\left(-\dfrac{1}{2} - \dfrac{\sqrt{3}}{2}a\right)\left(-\dfrac{\sqrt{3}}{2} + \dfrac{1}{2}a\right) \geqslant 0$,解得 $-\dfrac{\sqrt{3}}{3} \leqslant a \leqslant \sqrt{3}$,即为所求!"

两位同学算得的答案都是对的,却不是"妙手而得之",而是"歪打正着".因为易知 $f\left(\dfrac{2\pi}{3}\right)f\left(\dfrac{7\pi}{6}\right) \leqslant 0$ 是 $f(x)$ 在 $\left(\dfrac{2\pi}{3}, \dfrac{7\pi}{6}\right)$ 上严格单调的既非充分亦非必要条件,而 $f'\left(\dfrac{2\pi}{3}\right)f'\left(\dfrac{7\pi}{6}\right) \geqslant 0$ 是 $f(x)$ 在 $\left(\dfrac{2\pi}{3}, \dfrac{7\pi}{6}\right)$ 上严格单调的必要非充分条件.如果不是学生亲口讲出其答案背后的真实想法,教师自然会把他们归入"已经掌握"的那一类同学,这对教师的因材施教是极为不利的.但令人遗憾的是,实际教学中,这种现象却较为常见.不过只要教师主动多问、勤于启发,学生都会乐意分享,进而主动表达,教学相长也就悄悄发生了.

例 3.27 在 $\triangle ABC$ 中,已知点 O, G, H 分别是三角形的外心、重心和垂心.求证:O, G, H 三点共线(此直线称为欧拉线).

分析与解 本题当然是一道史上名题!被选在沪教版《普通高中教科书 数学 必修第二册》(上海教育出版社,2020年)"第8章 平面向量"复习题"拓展与思考"栏目中.题目意思很清楚,但当初第一次看到本题时笔者就是不知如何下手去做!在面向学生上向量复习课时,笔者曾编过一首概述向量学习与解题策略的四行诗:"向量问题你别怕,概念公式用一下;作拆建系特殊化,投影恒等和线佳."然而面向上述名题,熟背这首诗的我竟也无法附庸风雅,不知因为它是一道名题的缘故(名题往往给人莫名的神秘感以及高不可攀的心理暗示),还是自己智商太低所致.后来看了与课本配套的教学参考书上提供的解答"证明略,提示:寻找合适的坐标轴建立平面直角坐标系",才好像隐隐约约地领悟到半条真理——做不出一道题很多情况下大概是因为"不敢做".或者说,内心总是期待有一条自己暂时发现不了的捷径,而不是想着先用"笨"方法把它做出来.这是否也是导致难题面前"路茫茫"的一条因素呢?相信只要"敢做",可能不再迷茫.

怎么"寻找合适的坐标轴建立平面直角坐标系"呢?最自然的做法是以某条边为 x 轴,以该边上的高为 y 轴.如图3.72所示,我们以 BC 边所在直线为 x 轴,以高 AD 所在直线为 y 轴建立平面直角坐标系.

设 $A(0,a)$, $B(b,0)$, $C(c,0)$, 则 $G\left(\dfrac{b+c}{3},\dfrac{a}{3}\right)$;

由 $\begin{cases} x=0, \\ y-0=-\dfrac{0-c}{a-0}(x-b) \end{cases}$

解得 $H\left(0,-\dfrac{bc}{a}\right)$;

由 $\begin{cases} x=\dfrac{b+c}{2}, \\ y-\dfrac{a}{2}=-\dfrac{0-b}{a-0}\left(x-\dfrac{b}{2}\right) \end{cases}$

解得 $O\left(\dfrac{b+c}{2},\dfrac{bc+a^2}{2a}\right)$. 以上述三点构造两个向量,

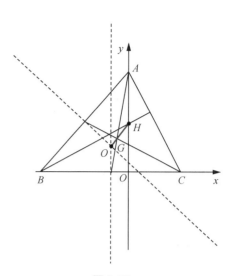

图 3.72

比如 $\overrightarrow{OG}=\left(-\dfrac{b+c}{6},-\dfrac{a^2+3bc}{6a}\right)$, $\overrightarrow{OH}=\left(-\dfrac{b+c}{2},-\dfrac{a^2+3bc}{2a}\right)$. 因此我们有 $\overrightarrow{OG}=\dfrac{1}{3}\overrightarrow{OH}$, 故 O,G,H 三点共线.

没想到计算过程如此简洁! 这正是: 当向量坐标遇上敢做后生, 名题竟也如此亲民.

例 3.28 已知 $a+b+c=\dfrac{1}{2}$, $a,b,c\in\mathbf{R}^+$, 求 $\dfrac{\sqrt{a}}{4a+1}+\dfrac{\sqrt{b}}{4b+1}+\dfrac{\sqrt{c}}{4c+1}$ 的最大值.

分析与解 虽然题目清晰简短,题目也读过多遍,但思路仍然没来,怎一个"茫"字了得. 万般无奈之下,笔者便想借用一下技术的外力. 令 $a=x$, $b=y$, 则 $c=\dfrac{1}{2}-x-y$, 则 $\dfrac{\sqrt{a}}{4a+1}+\dfrac{\sqrt{b}}{4b+1}+\dfrac{\sqrt{c}}{4c+1}=\dfrac{\sqrt{x}}{4x+1}+\dfrac{\sqrt{y}}{4y+1}+\dfrac{\sqrt{0.5-x-y}}{3-4x-4y}$. 如图 3.73 所示, 在 GeoGebra 的 3D 绘图区作出曲面 $z=\dfrac{\sqrt{x}}{4x+1}+\dfrac{\sqrt{y}}{4y+1}+\dfrac{\sqrt{0.5-x-y}}{3-4x-4y}$ 的图, 经过测量我们发现该曲面上的最高点近似为 $D(0.16667,0.16667,0.73485)$. 这启发我们所求最大值应该恰在 $a=b=c$ 时取到

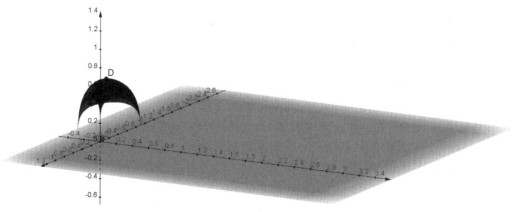

$D=(0.16667,0.16667,0.73485)$

图 3.73

(因为当 $a=b=0.16667$ 时，$c=0.5-2\times 0.16667\approx 0.16667$).

然而,究竟如何用精确严密的方法求解仍然一片茫然!

我们从题目的结构与表述中看能不能产生一些联想.

从结构上看,代数式 $a+b+c=\dfrac{1}{2}$ 容易让人想到"不患贫而患不均"意义下的均值换元,或者等式右边归零的移项操作,即 $a+b+c-\dfrac{1}{2}=0$,继续写为 $a-\dfrac{1}{6}+b-\dfrac{1}{6}+c-\dfrac{1}{6}=0$. 若令 $a-\dfrac{1}{6}=x$,$b-\dfrac{1}{6}=y$,$c-\dfrac{1}{6}=z$,则原问题"改头换面"变为:

已知 $x+y+z=0$,$x,y,z\in\left(-\dfrac{1}{2},+\infty\right)$,求 $\dfrac{\sqrt{6}}{2}\left(\dfrac{\sqrt{6x+1}}{12x+5}+\dfrac{\sqrt{6y+1}}{12y+5}+\dfrac{\sqrt{6z+1}}{12z+5}\right)$ 的最大值.

但这种转化显然有些弃简就繁了.

从表述上看,"求最大值"这种要求很容易让人想到"函数". 但如果直接构造关于 a,b 的二元函数 $f(a,b)=\dfrac{\sqrt{a}}{4a+1}+\dfrac{\sqrt{b}}{4b+1}+\dfrac{\sqrt{\dfrac{1}{2}-a-b}}{4\left(\dfrac{1}{2}-a-b\right)+1}$,$a,b\in\left(0,\dfrac{1}{2}\right)$ 且 $a+b<\dfrac{1}{2}$,则需用到高等数学中与"求偏导"有关的数学工具. 让我们打开遥远的记忆,回忆一下相关的一些知识点.

定义 设函数 $z=f(x,y)$ 在点 $P_0(x_0,y_0)$ 的某邻域 $U(P_0)$ 内有定义,若对于 $U(P_0)$ 内任何不同于 P_0 的点 $P(x,y)[(x,y)\neq(x_0,y_0)]$ 成立下列不等式

$$f(x_0,y_0)\geqslant f(x,y)[\text{或 } f(x_0,y_0)\leqslant f(x,y)],$$

则称函数 $f(x,y)$ 在点 P_0 取得极大(或极小)值,点 P_0 称为函数 $f(x,y)$ 的极大(或极小)点. 极大值、极小值统称极值. 极大点、极小点统称极值点.

注意:这里所讨论的极值点都必须是内点.

为了讨论二元函数 $f(x,y)$ 在点 (x_0,y_0) 取得极值的充分条件,我们假定 $f(x,y)$ 具有二阶连续偏导数,并记 $A=f_{xx}(x_0,y_0)$,$B=f_{xy}(x_0,y_0)$,$C=f_{yy}(x_0,y_0)$,$D=AC-B^2$. 则有如下定理.

定理 设函数 $z=f(x,y)$ 在点 $P(x_0,y_0)$ 的某邻域内具有一阶和二阶的连续偏导数,又设 $f_x(x_0,y_0)=0$,$f_y(x_0,y_0)=0$,于是:

(i) 若 $D>0$,则当 $A<0$(或 $C<0$)时,f 在点 P 取得极大值,而当 $A>0$(或 $C>0$)时,f 在点 P 取得极小值.

(ii) 若 $D<0$,则 P 不是 f 的极值点.

(iii) 若 $D=0$,不能肯定 f 在 P 处是否取得极值,需进一步讨论.

现在我们可以回到前面对例 3.28 求解思路的讨论,为运用上述定理,我们需先做一些运算.

可以求得 $f_a(a,b)=\dfrac{1-4a}{2\sqrt{a}(4a+1)^2}+0+\dfrac{1-4\left(\dfrac{1}{2}-a-b\right)}{2\sqrt{\dfrac{1}{2}-a-b}\left[4\left(\dfrac{1}{2}-a-b\right)+1\right]^2}\cdot(-1)$,

即
$$f_a(a, b) = \frac{1-4a}{2\sqrt{a}(4a+1)^2} - \frac{4a+4b-1}{\sqrt{2} \cdot \sqrt{1-2a-2b} \cdot (3-4a-4b)^2}.$$

同理，我们有
$$f_b(a, b) = \frac{1-4b}{2\sqrt{b}(4b+1)^2} - \frac{4b+4a-1}{\sqrt{2} \cdot \sqrt{1-2b-2a} \cdot (3-4b-4a)^2}.$$

现在要从方程组 $\begin{cases} f_a(a, b) = 0, \\ f_b(a, b) = 0 \end{cases}$ 中解出 a, b 来，这并不是一件容易的事情. 笔者曾用具有卓越代数运算功能的 TI-nspire CX-C CAS 彩屏图形计算器做过试验，发现也无法解出. 现在我们回到未化简的 $f_a(a, b)$ 的表达式（即分子分母都含有 $\frac{1}{2} - a - b$ 的那个），发现解方程组 $\begin{cases} f_a(a, b) = 0, \\ f_b(a, b) = 0, \end{cases}$ 其实就是寻求满足连等式

$$\frac{1-4a}{2\sqrt{a}(4a+1)^2} = \frac{1-4b}{2\sqrt{b}(4b+1)^2} = \frac{1-4\left(\frac{1}{2}-a-b\right)}{2\sqrt{\frac{1}{2}-a-b}\left[4\left(\frac{1}{2}-a-b\right)+1\right]^2}$$

的正数 a, b 的值. 由于上述连等式等价于 $\frac{1-4a}{2\sqrt{a}(4a+1)^2} = \frac{1-4b}{2\sqrt{b}(4b+1)^2} = \frac{1-4c}{2\sqrt{c}(4c+1)^2}$，故我们得到 $a = b = c$ [此处有明显的猜测成分，严密推理需借助函数 $g(x) = \frac{1-4x}{2\sqrt{x}(4x+1)^2}$，$x \in \left(0, \frac{1}{2}\right)$ 的单调性，参见后面的补证]，再结合 $a + b + c = \frac{1}{2}$ 即得 $a = b = c = \frac{1}{6}$. 即方程组 $\begin{cases} f_a(a, b) = 0, \\ f_b(a, b) = 0 \end{cases}$ 的解为 $a = b = \frac{1}{6}$，此即二元函数 $f(a, b)$ 的稳定点（或称驻点）.

让我们稍做停留，对刚才的"猜测"做一下补证. 对于函数 $g(x)$，经过手工计算或借助 TI 图形计算器可得 $g'(x) = \frac{48x^2 - 24x - 1}{4x\sqrt{x}(4x+1)^3} = \frac{48\left(x - \frac{3-2\sqrt{3}}{12}\right)\left(x - \frac{3+2\sqrt{3}}{12}\right)}{4x\sqrt{x}(4x+1)^3}$，故该函数在 $\left(0, \frac{3+2\sqrt{3}}{12}\right)$ 上严格减，在 $\left(\frac{3+2\sqrt{3}}{12}, +\infty\right)$ 上严格增. 由于 $\frac{3+2\sqrt{3}}{12} \approx 0.54$，故 $g(x)$ 在 $\left(0, \frac{1}{2}\right)$ 上严格减，由于 $g(a) = g(b) = g(c)$，故必有 $a = b = c$.

接下来需要依次计算 $A = f_{aa}\left(\frac{1}{6}, \frac{1}{6}\right)$，$B = f_{ab}\left(\frac{1}{6}, \frac{1}{6}\right)$，$C = f_{bb}\left(\frac{1}{6}, \frac{1}{6}\right)$ 及 $D = AC - B^2$. 由于偏导函数 $f_a(a, b), f_b(a, b)$ 的形式较为复杂，我们借助 TI 图形计算器来完成这件工作，如图 3.74 中各图所示.

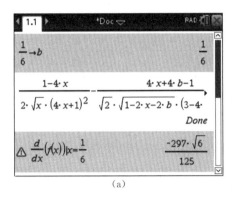
(a)

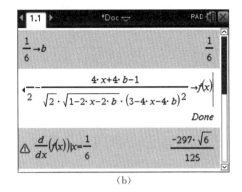
(b)

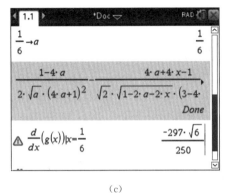
(c)

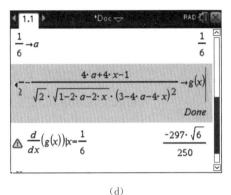
(d)

图 3.74

可得 $A=C=-\dfrac{297\sqrt{6}}{125}$，$B=-\dfrac{297\sqrt{6}}{250}$，故 $D=AC-B^2=\dfrac{793\,881}{31\,250}$. 由前述高数定理可知 $f(a,b)$ 在点 $\left(\dfrac{1}{6},\dfrac{1}{6}\right)$ 取得极大值，且极大值为 $f\left(\dfrac{1}{6},\dfrac{1}{6}\right)=\dfrac{3\sqrt{6}}{10}$. 由于 $a,b\in\left(0,\dfrac{1}{2}\right)$，故该极大值也为最大值.

以上是我们抓住例 3.28 问题表述中的"求最大值"所展开的联想与探索，尽管获得了答案，但所用到的高等数学定理却有些高不可攀，能否由此衍生出相对初等的方法呢？在上述"补证"中我们发现函数 $g(x)=\dfrac{1-4x}{2\sqrt{x}(4x+1)^2}$，$x\in\left(0,\dfrac{1}{2}\right)$ 的单调性比较重要. 注意到 $g(x)$ 恰是函数 $y=\dfrac{\sqrt{x}}{4x+1}$，$x\in\left(0,\dfrac{1}{2}\right)$ 的导函数！这引领我们的思维转向对该函数的二阶导函数的研究.

设 $h(x)=\dfrac{\sqrt{x}}{4x+1}$，$x\in\left(0,\dfrac{1}{2}\right)$，则 $h'(x)=\dfrac{1-4x}{2\sqrt{x}(4x+1)^2}$，$h''(x)=\dfrac{48x^2-24x-1}{4x\sqrt{x}(4x+1)^3}$，或将 $h''(x)$ 写为 $h''(x)=\dfrac{48\left(x-\dfrac{3-2\sqrt{3}}{12}\right)\left(x-\dfrac{3+2\sqrt{3}}{12}\right)}{4x\sqrt{x}(4x+1)^3}\approx\dfrac{48(x+0.038\,675)(x-0.538\,675)}{4x\sqrt{x}(4x+1)^3}$. 故函数 $h(x)$ 在 $\left(0,\dfrac{1}{4}\right)$ 上严格增，在 $\left(\dfrac{1}{4},\dfrac{1}{2}\right)$ 上严格减；在 $\left(0,\dfrac{1}{2}\right)$ 上上凸. 受刚才所求得结论（即在 $a=b=c=\dfrac{1}{6}$ 时取到最大值）的启发，我们重点关注函数 $h(x)$ 在 $x=\dfrac{1}{6}$ 处的图像特征.

首先 $h(x)$ 的图像在 $x=\dfrac{1}{6}$ 处的切线 l 的方程为 $y-h\left(\dfrac{1}{6}\right)=h'\left(\dfrac{1}{6}\right)\left(x-\dfrac{1}{6}\right)$，由于 $h\left(\dfrac{1}{6}\right)=\dfrac{\sqrt{6}}{10}$，$h'\left(\dfrac{1}{6}\right)=\dfrac{3\sqrt{6}}{50}$，故 l 的方程可写为 $y=\dfrac{3\sqrt{6}}{50}\left(x-\dfrac{1}{6}\right)+\dfrac{\sqrt{6}}{10}$. 又因为 $h(x)$ 的图像在 $\left(0,\dfrac{1}{2}\right)$ 上上凸，故有 $h(x)=\dfrac{\sqrt{x}}{4x+1}\leqslant \dfrac{3\sqrt{6}}{50}\left(x-\dfrac{1}{6}\right)+\dfrac{\sqrt{6}}{10}$ 对于任意 $x\in\left(0,\dfrac{1}{2}\right)$ 恒成立，且当且仅当 $x=\dfrac{1}{6}$ 时等号成立. 由此，

$$h(a)+h(b)+h(c)\leqslant \dfrac{3\sqrt{6}}{50}\left(a+b+c-\dfrac{1}{2}\right)+\dfrac{3\sqrt{6}}{10}=\dfrac{3\sqrt{6}}{10},$$

等号在 $a=b=c=\dfrac{1}{6}$ 时成立，故 $\dfrac{3\sqrt{6}}{10}$ 即为所求之最大值.

在解题教学中，既要锤炼学生正面硬刚"繁"的算功，又要教会其化解繁的计算"小技"[如不要把式子打得太散，学会整体处理；不要太早引入一个较繁的式子，如在椭圆 $\dfrac{x^2}{a^2}+y^2=1(a>1)$ 的问题背景下，直接用 c 参与计算，而不要过早用 $\sqrt{a^2-1}$ 等]，同时也要引导其避开不必要的无用之"繁". 既要循循善诱，不断启发"自然的数学思考"以发散思维，又要通过变式训练，学会多解归一、跨域联结，以弱化"茫"之困惑.

所谓无用之"繁"，试举一例.

已知 $M(m,n)$ 为圆 $C: x^2+y^2-4x-14y+45=0$ 上任意一点，求 $\dfrac{n-3}{m+2}$ 的最大值和最小值.

图 3.75 中是笔者班级一位同学的求解.

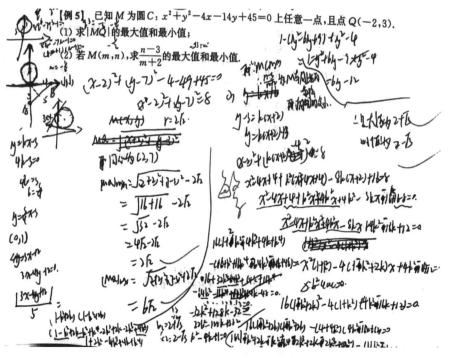

图 3.75

很显然，之所以烦琐是因为没有抓住圆这种特殊曲线的几何特征，用圆心到切线的距离等于半径来处理，而是对特殊的数学对象用了"通法"（即判别式法），招来了很多复杂的计算. 近年来，上海市高考数学试题中出现了一些凸显解析几何的几何特性的好题，意在引导师生在关注解析几何"用代数的方法研究图形的几何特征"的特点之外，不要忘了图形本身作为几何对象的个性化特征.

相声界与小品界常有"雅俗之争"，争来争去也无定论. "简"的方法看起来灵动优雅，丝滑飘柔. 而"繁"的方法相对于"简"常被人忽视，甚至弃之不用. 但笔者认为其相对于"无"也足可登上大雅之堂. 看过贾平凹《丑石》的朋友都知道，那块连种地农民都鄙视的石头不也被请上科学家光鲜神圣的科研舞台了吗？丑与美并无明确之界限. 有时"简"实乃灵光一现的偶得之法（如：在边长为 2 的正六边形 $ABCDEF$ 中，点 P 为其内部或边上一点，求 $\overrightarrow{AD} \cdot \overrightarrow{BP}$ 的取值范围. "建系法"中数以 A 为原点，AD 所在直线为 x 轴最简单），持有心中那片"繁"，并保有由繁走向简的上进之心才是学习之道.

我们说，突破"繁"与"茫"没有捷径，唯有满腔热爱、持续思考，才能不断培养对数学对象、现象与规律的感觉与悟性，经过不停跋涉与攀登，欣赏到数学高地与险峰处的无限风光.

第四章　品味历史上某些数学发现的自然意味

——基于学习与教研的视角

第一节　"数学发现"的内涵解析

何谓数学发现？数学发现包括哪些内容？研究数学发现有何意义？我们逐一稍做探讨．

一、数学发现的含义

从字面上解释，"发现"一词，它的含义是客观存在的事物或规律，经过探索、研究才开始知道．与"发现"相联系的"发明"，则是指创造新的事物，首创新的制作方法．所以，在通常情况下，自然科学领域中原理的觅得叫作发现，技术科学领域中的创新称为发明．

随着科学知识的深化，发现和发明之间的界限也越来越不那么确定和明显．例如，托里拆利曾注意到这样一个事实：当把一个真空的管子倒过来插在水银池里时，水银就会上升到一个确定的高度．这是一个发现，但他也就由此而发明了气压表．从心理学的意义来考察，发现和发明没有什么大的差别，往往被看作是一致的．

在数学中，发现和发明这两个词也常常是混用的．这是因为：一方面数学的对象和数学真理具有客观性，所以用发现来表达数学上的创造性新成果是确切的；另一方面数学上的创造常常涉及一系列符号表示方法和计算法则，而这些都具有人为制作的性质，因此称之为发明也是合适的．为了方便起见，本书对于发现和发明不加严格区别，主要地采用"发现"一词来表述有关内容．

一般来说，凡在数学上创立新概念、证明新定理、提出新方法、建立新理论等，都可叫作数学领域中的发现或简单地称为数学发现．但数学研究与数学教学（或学习）中的数学发现还是有所区别的．

在数学研究中，数学发现的参考系一般是数学家集体或数学知识体．也就是说，就数学研究而论，发现者必须发现过去人们从来不知道的新概念、新定理、新方法或新理论；数学发现的成果最终能够结合进数学知识体，成为数学知识中的新的一章或原来一章的新补充．

在数学教学中，为能逐步培养学生创造性思维的能力，对于数学发现可以做广义的理解．即把发现者自己当作发现的参考系，能发现仅对自己来说是未知的东西也就可以了．本书在讨论中学数学教学中的创造、发现时，就采用广义的理解．

数学发现是以前发现数学知识发展的间断性和连续性的统一．就发现的新知识与以前发现知识之间的关系来考察数学发现大体上可分为两类：首创性发现和继承性发现．

首创性发现,主要指基本上不依赖于或很少依赖于既有成果的某种开拓新领域的工作,它与前发现知识迥然不同,或在理论框架上根本不同,是前发现知识发展的中断.例如,解析几何的发现、微积分的发现、群论的创立、库默尔理想数论的提出等都属于首创性发现.继承性发现,主要指那些在前人已经建立的理论框架上所取得的发展性或改进性的成果,它与前发现知识之间存在着一种继承关系,是前发现知识的合乎逻辑的结果.例如,现代数学文献上所见到的论文,大多属这一类.

当然,继承性发现有时也会出现阶段性的飞跃或突破,这又必然带有首创性的因素.因此,关于数学发现的分类,只能有一条模糊的界线.

二、数学发现的内容

数学发现的内容十分广泛,大体上包括数学问题的发现,数学概念、数学规律、数学方法的发现和数学理论的发现三个互相联系的基本层次.

(一) 数学问题的发现

数学问题是从社会实践和数学体系内部提炼出来的,主要是指需要求解的计算题、作图题、应用题,以及有待确定真假的数学猜想.

数学问题,是数学发现的基础性层次的内容.不少学者认为,问题是数学的心脏,数学的真正组成部分是问题和解,解决问题最困难的部分之一是提出正确的问题.从这个意义上论发现问题和提出问题即是全部数学发现的基础和源泉.

(二) 数学概念、规律、方法的发现

数学概念、数学规律和数学方法是数学发现的一个中介性层次的内容.一方面数学的概念、规律或方法大多是解决数学问题的直接的或间接的成果;另一方面所获得的概念、规律或方法,常常是充实、完善现有数学理论的素材或是建立新的数学理论的基石.

1. 数学概念的发现

数学概念是反映现实世界量的本质属性的思维形式.就数学概念产生的客观背景而论,一般有两种情况:一是直接从客观事物的量和量的关系反映得来的;二是在已有数学概念的基础上,经过多层次的抽象概括而形成的.

数学概念,尤其是重要的数学概念,它们的发现,常常伴随着理论上的新的突破,要得到人们的确认,一般要经历一个曲折的过程.

2. 数学规律的发现

数学规律的内容十分丰富,主要指公理、法则、定律、定理、公式、性质等,它们是数学中的合理规定或经过证明确认其真实性的命题.数学规律是构成数学理论的主体性材料,与数学问题、数学方法有着密切的联系.

解决实际问题,研究数学猜想常常能引导数学规律的发现;而在发现数学规律的过程中,又往往会提出新问题,创造新方法.由此,把人们的认识活动向前推进.

3. 数学方法的发现

数学方法是实现数学认识的具体手段和固有步骤.数学方法的发现,大体上包括四个环节:首先从解决实际问题的实践出发,有目的地发掘解决一类或几类问题的共同模式,从中提炼、概括出一般性的方法;其次,对获得的方法进行理论分析,阐明方法的基本原理,第三,研究新形成的方法与原有的其他数学方法之间的联系和区别,把新方法纳入数学方法总体结构的网络之中;第四,用以指导实践,在运用中加以补充和完善.

数学方法有着不同的层次.有的方法层次较高,适用范围较宽,如数学模型方法、公理化方

法、关系映射反演方法等;有些方法层次较低、适用范围较窄,如解析法、换元法、图解法、母函数法等.另外还有一些适用范围更窄的具体方法,如因式分解中的十字相乘法等.

(三) 数学理论的发现

数学理论是数学概念、数学规律和数学方法在一定框架上的有机组合,是人们关于数学真理性的系统认识.

数学发展的历史表明,具有突破性的数学理论常常需要几代人的努力才能完成,就是在科学技术高速发展的今天,也往往需要数学家群体的通力协作,才能获取开创性的成果.

数学理论是数学发现的最高层次的内容,如果把数学问题比作原材料,那么数学概念、数学规律和数学方法是零部件,而数学理论则是一台可以运转的机器.

三、研究数学发现的意义

研究数学发现的认识与方法具有多方面的意义,对推进数学研究、改革数学教学都有重要的指导意义.

(一) 推进数学研究

研究数学发现的认识与方法,有助于拓宽人们的思路,推进数学研究工作.

从认识论和方法论的角度来分析数学发现,其不是萌发某一想法的瞬间行动,而是一个逻辑推理和思想跳跃相互促进的复杂的交替过程.在这个过程中,既需要以逻辑推理为主的逻辑思维活动,也需要包括直觉、顿悟和灵感等非逻辑因素在内的创造性思维活动.正确的推理为思想跳跃做准备,思想跳跃又使逻辑推理在更高水平上进行,正如在跳高中助跑对跳跃的高度十分重要一样.

一般说来,在继承性发现中,逻辑推理起主要作用;在首创性发现中,则思想跳跃占主导地位.任何一种新的数学理论只靠严谨的逻辑演绎是推不出来的,必须加上生动的思维创造.一旦有了新的想法,采取了新的策略,掌握了新的技巧,数学发现就前进一步.人们的直觉、顿悟或灵感往往已把握整个理论的主体结构,剩下的则是逻辑验证.数学史上冠以某数学家名字的猜想、定理或法则,开始时常常并无逻辑证明,逻辑推演是后人补做的.但是,人们仍把功劳归于首创者,原因也就在这里.

在数学发现过程中,各种要素或各种环节之间的联系形式多样,变幻莫测,没有统一的逻辑.但是,对于类似的数学发现,通过对有关案例的剖析,常能找到具有指导意义的共同模式或基本方法.因此有目的地总结一类数学发现的案例、模式和方法,对于数学研究具有启发作用或有助发现的作用.

也就是说,数学发现的模式或方法如果确实反映了某类数学发现并揭示了其中的内在联系,那么就会有助于人们扩展思路,提高数学研究的效率和速率.数学发现作为一种创造性思维活动不是简单地按照某些规则可以推演的,需要通过实践来学习,包括自己的实践和别人的实践.当人们了解到过去的数学家在什么问题上、在什么环节上、在什么情况下、用什么方法完成数学发现中的某一步骤时,就能更好地对付自己在数学研究中面临的挑战.

研究数学发现的认识和方法,在科学技术突飞猛进的今天更具有重要的现实意义.当今世界,人类知识的更新速度空前加快.据估计,19 世纪的知识更新周期是 80~90 年,现在已缩短为 15 年,某些领先学科更缩短为 5~10 年.数学也是如此,面临着文献爆炸.现在世界上大约有 1 500 种数学杂志,用将近 100 种语言出版.美国的文摘性杂志《数学评论》每年摘录的论文正在逐年增加,1960 年不到 8 000 篇,而 1980 年却已超过 50 000 篇.

这就表明,当今数学的深度和广度已迥异往昔.在今天,一个数学家一般只能谙熟数学的某一个领域,至多旁及几个领域.不必说牛顿式的全能科学家已不可能出现,即使像希尔伯特那样能总揽全局的数学家也难产生;20世纪60年代以后,就连冯·诺伊曼那样横跨几个数学领域的大师似乎也难以再现.面对这样的情况,要在数学研究中做出新的成果,除了要具备扎实的数学基础知识,还必须熟悉数学发现的案例模式和方法,从认识论和方法论中汲取成功的经验.

(二) 推进教学创新

分析数学发现的行为与心理过程有利于改进我们的教学.

首先,历史上数学家的观点为我们提供了许多数学学习方面的认识:学生像数学家一样研究数学问题;数学家从问题开始研究数学;试验和证明是数学家研究问题过程中的两个阶段;数学家在合作中研究数学;数学家也会犯错误,也会失败;数学家在对话交流中研究数学.数学家的观点有助于我们对数学学习的反思.

其次,正如美国著名数学教育家和数学史学家史密斯所强调的"数学史为数学教学改革提供重要借鉴",他说:"若要考虑该学科(数学)的任何改革问题,就不可不知道几何如何演变为现今的形式;若要理解现今提倡的改进教学的多种方法,就必须知道早期解方程的几何方法;若要将微积分从现今的地位中挽救出来,知道微积分的早期历史同样很重要.这些只是数学史对教学的无数启示中的数例而已."

再次,我们身边的普通学生只要满怀兴趣、善于思考,也会经常收获数学发现的愉悦.而研究如何引导学生走向数学发现之路则是教师义不容辞的责任与义务,也是值得教师深入研究的大课题.曾读过小学二年级学生徐书聪写的一篇名为《数学发现》的短文,如图4.1所示.

图 4.1

如果学生能经常拥有这种经历,则核心素养的生长必会自然而然节节高!

四、数学的发现与论证

具有较大普遍性的科学研究程序,对于数学研究具有原则性的指导意义.根据这个程序和数学自身的特点,数学研究活动可以概括为两个基本过程:发现过程和论证过程.

发现过程,就是明确问题,提出猜想(假说或公理)的过程.通常是从具体素材或具体问题入手,通过观察、试验,结合运用分析、综合、抽象、概括、类比、归纳等逻辑方法和包括直觉、灵感等在内的非逻辑思维,提炼有待探索的数学问题,提出需要证明的数学猜想.在发现过程中,逻辑思维和非逻辑思维是相互渗透、交互为用的.

论证过程,就是对提炼的问题进行求解,对获得的猜想给出证明的过程. 进行论证,通常是以原有的数学知识为依据,灵活运用各种数学思想和数学方法,推求所需的答案,给出严格的证明. 在首创性的研究中,常常还需要从问题的客观背景出发引入新概念,探索新方法,建立新理论.

在实际研究中,发现和论证是互相依赖、互相渗透的. 有的猜想经过论证得以确立,有的猜想经过论证而被推翻. 在多数场合,经过论证去掉猜想中不正确的部分,保留其有价值的部分;最终获得的往往不是原来的猜想,而是经过改进了的结论.

因此,数学研究活动,常常是包含了"发现—论证"多次反复的复杂过程. 作为中学数学教师,引领学生经历"发现与论证"的循环过程有利于其创新思维的训练与培养,对学生的终身发展意义重大.

第二节 品味"数学发现"背后的自然意味

分析并揭示作为结果的数学发现背后的神秘征途,探究其实现过程中的"自然性"(有迹可循,而非"从天而降",非"魔术师帽子里蹦出的兔子"),可更好地设计我们的数学教学,进而激发并引领学生能常常收获属于自己的数学发现.

4.2.1 对数学发现自然性的一点认识

尽管历史上很多数学发现都有迹可循,但真正明确地把它们阐述出来却是十分困难的事情. 有些发现在后来者看来好像颇为容易,但自己却没有成为那个名垂史册的第一人.

笔者体会,面对数学发现,基本上有三种情形.

其一是这种发现我(非笔者,泛指一般人)也能独立地做出. 如费罗与塔尔塔利亚独立地发现一元三次方程的解法;笛卡儿与费马独立地创立解析几何;牛顿与莱布尼茨独立地提出微积分;勒让德与高斯独立地提出最小二乘法;吉布斯与赫维塞德独立地开创三维向量分析;拉马努金独立地发现前人已经发现了的一些新结论,康托尔与戴德金独立发现由有理数构造实数的理论,罗巴切夫斯基与波尔约先后独立发现非欧几何等等.

其二是这种发现我没提出,但被别人公布于众后我能看懂并学会,甚至能将其优化完善或发扬光大,如柯西、维尔斯特拉斯等之于微积分. 柯西把极限引入了微积分,并用它来定义导数的概念. 极限的概念不仅解决了无穷小的问题(不再把无穷小看成一个固定的极小的数,而是一个趋于零的变量),而且澄清了微积分中的所有基本概念,支撑着整个微积分学. 微积分中使用极限就像人用脚走路那样自然与方便. 事实上,朴素的极限思想,古已有之,古希腊的欧多克斯的比例论、阿基米德的"穷竭法"以及我国古代刘徽的"割圆术",都蕴含着极限的思想. 但明确提出极限的概念,并把它全面应用于微积分之中的,只有柯西. 在分析的严格化历程中,魏尔斯特拉斯也扮演了重要的角色,且其结果更接近于现代形式,也更成功,比如我们非常熟悉的"$\varepsilon\text{-}\delta$"语言就完全出自魏尔斯特拉斯之手(柯西在关于极限的定义中,使用了比较含糊的用语"无限接近""要多接近就能够有多接近"等. 而"$\varepsilon\text{-}\delta$"语言把极限这样一个无限过程,用一种有限的形式表达出来,使极限的理论有了严格逻辑推理的基础). 同时他还提出了许多新概念和定理,如一致收敛等,并严格地重新定义了极限、连续和导数等概念与函数逼近定理等. 这些成果极大地造就了今天教科书中非常完善的数学分析体系. 希尔伯特这样评价魏尔斯特拉斯的这一功绩:"魏尔斯特拉斯以其酷爱批判的精神和深邃的洞察力,为数学分析建立了坚实的基础.通过澄清极小、极大、函数、导数等概念,他排除了在微积分中仍在出现的各种错误提法,扫清了关于无穷大、无穷小等各种混乱观念,决定性地克服了源于无穷大、无穷小朦胧思想的困难.今天,分析学能达到这样和谐可靠和完美的程度本质上应归功于魏尔斯特拉斯的数学活动."

再如,牛顿的《自然哲学的数学原理》使用了欧几里得《几何原本》的公理化思想;希尔伯特的《几何基础》完善了《几何原本》,等等.

其三,这种数学发现不是我做出,看了别人对该发现的阐述后仍然不懂.如笔者曾多次阅读有关伽罗瓦理论的书籍,但至今尚未理解蕴含其中的深邃道理.

正像解题的三种情形.其一是这个题我自己能独立解出;其二是该题我解不出,但看过别人答案后能理解并学会;其三是该题我解不出,看过别人答案后仍然不理解,更无法独立解出.

数学发现自然性的体现之一在于其缘起.即导致该发现的问题的提出看起来很自然,但完成该发现的过程却难之又难,让人感慨.

一、费马大定理

费马学习过勾股定理后提出了猜想:"当整数 $n>2$ 时,关于 x、y、z 的方程 $x^n+y^n=z^n$ 没有正整数解."该猜想被提出后,经历多人猜想辩证,历经三百多年的历史,最终在 1993 年被英国数学家安德鲁·怀尔斯证明.

二、二项式定理

初中学习过完全平方和与平方差公式后,到高中我们所学的二项式定理在史上被称为牛顿二项式定理.事实上,在牛顿"早期的工作"(但几乎总是超越其他任何人深思熟虑的工作)中不但发现了像 $(1+x)^5$ 这样基本的二项式的展开形式,而且发现了像 $\dfrac{1}{\sqrt[3]{(1+x)^5}}=(1+x)^{-\frac{5}{3}}$ 这样复杂的二项式的展开形式.截至 1665 年,牛顿已经发现将二项式展开(他的说法是"化简")成级数的简单方法.对他而言,这种化简不仅是用另一种形式重建二项式的手段,同时也是通向流数术(微积分)的大门.这个二项式定理是牛顿众多数学发明的起点.

三、四元数

再比如从复数到四元数.历史上,在稍微熟悉了由韦塞尔、阿尔冈和高斯提供的复数的几何表示之后,数学家们认识到复数能用来表示平面上的向量和研究向量.复数对于平面向量所做的事情,就是提供了表示向量及其运算的一个代数.人们不一定要几何地作出这些运算,但能够代数地研究它们,很像曲线的方程能用来表示曲线和研究曲线.

复数用于表示平面上的向量,在 1830 年时就是熟知的了,然而,复数的利用是受限制的.设有几个力作用于一物体,这些力不一定在一个平面上.代数上为了处理这些力需要复数的一个三维类似物,我们能用点的通常的笛卡儿坐标 (x,y,z) 来代表从原点到该点的向量,但不存在三元数组的运算来表现向量的运算.这些运算和复数的情况一样,表面上看来必须包括加法、减法、乘法和除法,而且要服从通常的结合律、交换律和分配律,使代数的运算能自由而有效地运用.数学家们开始寻找所谓三维的复数以及它的代数.韦塞尔、高斯、塞尔瓦、默比乌斯和其他人继续研究了这个问题.高斯关于空间的运算写了一篇未发表的短文(1819 年).他把复数想象为位移;$a+bi$ 是沿一固定方向移动 a 个单位,接着在一垂直方向移动 b 个单位.由此他试图建立一个三分量的数的代数,其中第三个分量代表 $a+bi$ 平面的垂直方向上的位移.

他得到了一个非交换代数,但它不是物理学家所需要的有效的代数,而且由于未发表,这篇著作影响不大.

复数的有用的空间类似物的创造属于哈密顿.哈密顿澄清了复数的概念,这使他能更清楚地思考引进三维类似物以代表空间的向量.但是直接的效果使他的努力失望.当时数学家们所知道的全部数都具有乘法交换性,因而对于哈密顿来说也自然地相信他要寻找的三维或三分量的数应同样具有这个性质,同时具有实数和复数的其他性质.经过一些年的努力之后,哈密顿发现自己被迫应做两个让步.第一个是他的新数包含四个分量,而第二个是他必须牺牲乘法交换律.两个特点对代数学都是革命性的.他称这新的数为四元数.

事后来认识,我们能看到在几何的基础上,新的"数"必须包含四个分量.把这个新数看成一个算子,期望对一个给定的向量绕空间中一给定轴进行转动并将它进行伸缩.为此目的需要两个参数(角度)来固定转动轴,需要一个参数来规定转动角度,还需要第四个参数来规定给定向量的伸长和缩短.

哈密顿自己描述了他的四元数的发现:

明天是四元数的第15个生日.1843年10月16日,当我和哈密顿女士步行去都柏林途中来到布鲁厄姆桥的时候,它们就来到了人世间,或者说出生了,发育成熟了.这就是说,此时此地我感到思想的电路接通了,而从中落下的火花就是 I, J, K 之间的基本方程;恰恰就是我此后使用它们的那个样子.我当场抽出笔记本,它还在,就将这些做了记录,同一时刻,我感到也许值得花上未来的至少10年(也许15年)的劳动.但当时已完全可以说,这是因我感觉到一个问题就在那一刻已经解决了,智力该缓口气了,它已经纠缠住我至少15年了.

1843年哈密顿在爱尔兰皇家科学院会议上宣告了四元数的发明,为发展这个课题他付出了余生,并且为它写了许多文章.

四、伽罗瓦理论

更广为大家所知的是从二、三、四次方程的求解到伽罗瓦理论,看起来自然而然的方程的解的发现过程却极端困难.

解代数方程是古典代数学的主要内容.学过中学代数的读者对一、二次方程的求解方法一定很熟悉,很自然地,会进一步提出这样的问题:三次方程、四次方程以至更高次的代数方程应如何求解呢? 实际上经过数学家的长期努力,一般三次方程、四次方程的公式求解方法在16世纪已经找到了,可是高于四次的方程的一般代数求解方法,虽然经过许多著名的数学家二百多年的努力(从16世纪中直到18世纪末),却始终没有被找到(这里所谓代数求解方法,是指经过有限次加、减、乘、除和开方运算来求得方程根的精确解法,而不是指如秦九韶法、牛顿法等的近似数值解法,这些数值解法在应用上是很有意义的,但是与我们所要讨论的求解方法是两类性质不同的问题),为了求解一般的五次方程,曾经枉然地耗去了许多精力.可是尽管许多人在这个问题上碰了壁,然而却从未怀疑过这种求解方法是否存在!直到1770年,法国的数学家拉格朗日才开始认识到求解一般五次方程的代数方法可能是不存在的.他在一篇长达200多页的文章《关于代数方程解法的思考》中,系统地分析总结了在他以前人们所已知的解二、三、四次方程的一切方法,以及他所创造的求解二、三、四次方程的统一方法.他指出这些解法对于求解一般五次方程都是无效的,并开始认识到根的排列与置换理论是解代数方程的关键所在,这就开创了用置换群的理论来研究代数方程的新阶段.在此基础上挪威数学家阿贝尔利用置换群的理论给出了高于四次的一般代数方程的代数求解公式不存在的严格证明.以后法国数学家伽罗瓦更进一步证明了不能用代数方法求解的具体方程式的存在,他还用置换群的理论彻底阐明了代数方程可用代数方法求解是依据了怎样的原理.这后来发展成当今代数学中有趣而又很基本的一部分(此处的"基本"事实上很艰深)——群论中的伽罗瓦理论.

老子曰:"道生一,一生二,二生三,三生万物."从简单入手,自然一步步发展出一系列高深玄妙之物、之理、之学问,是笔者所羡慕与崇尚的.很喜欢阅读(也更喜欢自己能创作出)类似这样的著作.像《2 的平方根——关于一个数与一个数列的对话》(戴维·弗兰纳里著,郑炼译,上海科技教育出版社,2010 年)、"数学女孩"系列、《线性代数》(李尚志,高等教育出版社,2021 年)等书都给人这种感觉.

4.2.2　出现在多类高等数学教材与中学数学新教材中的最小二乘法

在沪教版教材中,"最小二乘法"是新增内容,出现在选择性必修二最后一章,即"第 8 章　成对数据的统计分析""§8.2　一元线性回归分析"中,其定义是:如果回归分析是基于拟合误差 $Q=\sum_{i=1}^{n}(y_i-\hat{y}_i)^2$ 取最小值的假设,即基于所有离差的平方和取最小值的假设进行的,这种回归分析的方法称为最小二乘法.此处的"二乘"是二次方(或平方)之意,因此又称最小平方法.事实上最小二乘法可解读为"二乘最小法",即平方(和)最小法.正如数列就是"列数";方差就是"差方";等差数列、等比数列实乃"差等数列、比等数列";等腰三角形、等边三角形实乃"腰等三角形、边等三角形"等等.

一、高等数学中的"最小二乘法"

在执教这一节前,作为预习,大学留存的一点印象促使我回忆并查询了本科时读过的几本高等数学书.我发现"最小二乘法"出现在三种不同类型的书中,分别是《数学分析》《高等代数》《概率论与数理统计教程》.

在《数学分析 第三版》(华东师范大学数学系,高等教育出版社,2001 年)中,最小二乘法以例题形式出现在下册"第十七章　多元函数微分学""§4　泰勒公式与极值问题"的第三节"极值问题"中(例题编号同原书).

例 10(最小二乘法问题)　设通过观测或实验得到一列点 (x_i, y_i),$i=1,2,\cdots,n$. 它们大体上在一条直线上,即大体上可用直线方程来反映变量 x 与 y 之间的对应关系.现要确定一条直线使得与这 n 个点的偏差平方和最小(最小二乘方).

解　设所求直线方程为 $y=ax+b$,所测得的 n 个点为 $(x_i, y_i)(i=1,2,\cdots,n)$.现要确定 a,b,使得 $f(a,b)=\sum_{i=1}^{n}(ax_i+b-y_i)^2$ 为最小.为此,令

$$\begin{cases} f_a=2\sum_{i=1}^{n}x_i(ax_i+b-y_i)=0, \\ f_b=2\sum_{i=1}^{n}(ax_i+b-y_i)=0. \end{cases}$$

解该关于 a,b 的线性方程组即得函数 $f(a,b)$ 的稳定点 $(\hat{a},\hat{b})$($\hat{a},\hat{b}$ 的表达式略).最后再验证满足取得极小值的诸条件,并由实际问题知该极小值亦为最小值.

可以看到上述寻求二元函数 $f(a,b)$ 最小值的方法是导数法.由于中学教材中的最小二乘法安排在导数学过之后,因此上述《数学分析》中提供的方法值得借鉴.但由于其借助的是偏导数,故在中学教学中运用时需做些铺垫才行,在本节后面我们会谈到相应的教学策略.

在《高等代数(第三版)》(北京大学数学系几何与代数教研室前代数小组编,高等教育出版社,2003 年)中,最小二乘法出现在"第九章 欧几里得空间"的"§7 向量到子空间的距离·最小二乘法". 在本节,首先给出了欧式空间中两个向量之间的距离的定义,即 $d(\boldsymbol{\alpha}, \boldsymbol{\beta}) = |\boldsymbol{\alpha} - \boldsymbol{\beta}|$,然后直接给出了距离的三条基本性质:交换律、非负性、三角形不等式. 接下来类比"中学几何中一个点到一个平面(或一条直线)上所有点的距离以垂线最短",证明了一个几何事实:一个固定向量和一个子空间中各向量间的距离也是以"垂线最短",即:

设子空间 $W = L(\boldsymbol{\alpha}_1, \boldsymbol{\alpha}_2, \cdots, \boldsymbol{\alpha}_k), \boldsymbol{\gamma} \in W$,给定向量 $\boldsymbol{\beta}, \boldsymbol{\beta} - \boldsymbol{\gamma} \perp W$,则对 $\forall \boldsymbol{\delta} \in W$,恒有 $|\boldsymbol{\beta} - \boldsymbol{\gamma}| \leq |\boldsymbol{\beta} - \boldsymbol{\delta}|$.

接下来介绍了该几何事实的一个实际应用——解决最小二乘法问题.

先出示了一个具体例子.

例 已知某种材料在生产过程中的废品率 y 与某种化学成分 x 有关. 表 4.1 中记载了某工厂生产中 y 与相应的 x 的几次数值:

表 4.1

$y(\%)$	1.00	0.90	0.90	0.81	0.60	0.56	0.35
$x(\%)$	3.6	3.7	3.8	3.9	4.0	4.1	4.2

我们想找出 y 对 x 的一个近似公式.

解 把表中数值画出图来看,发现它的变化趋势近于一条直线. 因此我们决定选取 x 的一次式 $ax + b$ 来表达. 当然最好能选到适当的 a, b 使得下面的等式

$$3.6a + b - 1.00 = 0,$$
$$3.7a + b - 0.90 = 0,$$
$$3.8a + b - 0.90 = 0,$$
$$3.9a + b - 0.81 = 0,$$
$$4.0a + b - 0.60 = 0,$$
$$4.1a + b - 0.56 = 0,$$
$$4.2a + b - 0.35 = 0$$

都成立. 实际上是不可能的. 任何 a, b 代入上面各式都发生些误差. 于是想到找 a, b 使得上面各式的误差的平方和最小,即找 a, b 使

$$(3.6a + b - 1.00)^2 + (3.7a + b - 0.90)^2 + (3.8a + b - 0.90)^2 + (3.9a + b - 0.81)^2 +$$
$$(4.0a + b - 0.60)^2 + (4.1a + b - 0.56)^2 + (4.2a + b - 0.35)^2$$

最小. 这里讨论的是误差的平方即二乘方,故称为最小二乘方. 现在转向一般的最小二乘法问题:线性方程组

$$\begin{cases} a_{11}x_1 + a_{12}x_2 + \cdots + a_{1s}x_s - b_1 = 0, \\ a_{21}x_1 + a_{22}x_2 + \cdots + a_{2s}x_s - b_2 = 0, \\ \cdots\cdots \\ a_{n1}x_1 + a_{n2}x_2 + \cdots + a_{ns}x_s - b_n = 0 \end{cases}$$

可能无解. 即任何一组数 $x_1, x_2, \cdots, x_s$ 都可能使 $\sum_{i=1}^{n} (a_{i1}x_1 + a_{i2}x_2 + \cdots + a_{is}x_s - $

$b_i)^2(*)$ 不等于零. 我们设法找 $x_1^0, x_2^0, \cdots, x_s^0$ 使 $(*)$ 最小, 这样的 $x_1^0, x_2^0, \cdots, x_s^0$ 称为方程组的最小二乘解. 这种问题就叫最小二乘法问题.

显然, 教科书以一元线性回归问题为引例, 给出了一般的多元线性回归背景下的最小二乘法问题. 接下来, 教科书利用前面介绍的欧式空间中向量距离的概念来表达最小二乘法, 并利用已经证明的几何事实给出了最小二乘解所满足的代数条件: $A'AX = A'B$, 其中

$$A = \begin{pmatrix} a_{11} & a_{12} & \cdots & a_{1s} \\ a_{21} & a_{22} & \cdots & a_{2s} \\ \vdots & \vdots & & \vdots \\ a_{n1} & a_{n2} & \cdots & a_{ns} \end{pmatrix}, B = \begin{pmatrix} b_1 \\ b_2 \\ \vdots \\ b_n \end{pmatrix}, A' \text{ 是 } A \text{ 的转置矩阵}.$$

上述所给最小二乘解满足的代数方程 $A'AX = A'B$ 是一个线性方程组, 系数矩阵是 $A'A$, 常数项是 $A'B$. 线性代数的知识告诉我们这种线性方程组总是有解的.

在本节最后, 教科书运用导出的代数方程 $A'AX = A'B$ 解决了前面呈现的具体例子.

易知

$$A = \begin{pmatrix} 3.6 & 1 \\ 3.7 & 1 \\ 3.8 & 1 \\ 3.9 & 1 \\ 4.0 & 1 \\ 4.1 & 1 \\ 4.2 & 1 \end{pmatrix}, B = \begin{pmatrix} 1.00 \\ 0.90 \\ 0.90 \\ 0.81 \\ 0.60 \\ 0.56 \\ 0.35 \end{pmatrix}.$$

最小二乘解 a, b 所满足的方程就是 $A'A \begin{pmatrix} a \\ b \end{pmatrix} - A'B = 0$, 即为

$$\begin{cases} 106.75a + 27.3b - 19.675 = 0, \\ 27.3a + 7b - 5.12 = 0. \end{cases}$$

解得 $a = -1.05, b = 4.81$ (取三位有效数字).

《高等代数》中介绍的上述方法 (向量与空间工具) 能应用到中学数学教学中吗? 虽然向量、行列式、矩阵等现代数学的内容曾经渗透到了中学数学中 (其中矩阵与行列式在沪教版二期课改教材中有, 但在新课标新教材中已删去), 但处理多维向量, 并且两个线性无关向量的线性组合可以形成"平面"(多个线性无关的向量可以形成子空间), 矩阵是由向量组成的, 这些做法和观点离中学生的实际还是太远了, 不好挖掘其教育价值, 使之成为课堂教学中的学生可以接受的任务.

作为刻画相关关系的线性回归分析的数学模型, 最小二乘法理所当然地也出现在了大学"概率论与数理统计"教科书中. 在《概率论与数理统计教程》(魏宗舒等, 高等教育出版社, 1982年) 中, "最小二乘法"作为直接被引用的名词出现在"第八章 方差分析和回归分析"的"§8.2 线性回归分析的数学模型"中. 相对于《数学分析》中的函数与导数味道, 《高等代数》中的空间与线性方程组味道, 此处的介绍具有浓浓的统计味道 (随机变量、分布、试验、随机误差等).

教材先介绍一元线性回归模型. 在出示例子、做简单分析后, 又继续做了如下阐述:

这样我们可以把试验结果 y 看成是由两部分叠加而成的, 一部分是由 x 的线性函数引起

的,记为 $\beta_0+\beta_1 x$,另一部分是由随机因素引起的,记为 ε,即 $y=\beta_0+\beta_1 x+\varepsilon$. 由于我们把 ε 看成是随机误差,一般来讲,假定它服从 $N(0,\sigma^2)$ 分布是合理的,这也就意味着假定 $y \sim N(\beta_0+\beta_1 x,\sigma^2)$,$y$ 的数学期望是 x 的线性函数.

在 $y=\beta_0+\beta_1 x+\varepsilon$ 中 x 是一般变量,它可以精确测量或可以加以控制,y 是可观测其值的随机变量,β_0,β_1 是未知参数,ε 是不可观测的随机变量,假定它服从 $N(0,\sigma^2)$ 分布.

为了获得 β_0,β_1 的估计,我们就要进行若干次独立试验.设所得结果为

$$(y_i, x_i), \quad i=1, 2, \cdots, n,$$

则由 $y=\beta_0+\beta_1 x+\varepsilon$ 知

$$y_i=\beta_0+\beta_1 x_i+\varepsilon_i, \quad i=1, 2, \cdots, n,$$

这里 $\varepsilon_1,\varepsilon_2,\cdots,\varepsilon_n$ 是独立随机变量,它们均服从 $N(0,\sigma^2)$. 这就是一元线性回归模型.

接下来,教程中又介绍了 p 元线性回归模型

$$y_i=\beta_0+\beta_1 x_{i1}+\cdots+\beta_p x_{ip}+\varepsilon_i, \quad i=1, 2, \cdots, n,$$

其中诸 $\varepsilon_1,\varepsilon_2,\cdots,\varepsilon_n$ 相互独立,且均服从 $N(0,\sigma^2)$,这就是 p 元线性回归模型.并对 p 元线性回归模型研究了下面三个问题:

(1) 根据样本 $(y_i; x_{i1}, x_{i2}, \cdots, x_{ip})$,$i=1, 2, \cdots, n$ 去估计未知参数 $\beta_0,\beta_1,\cdots,\beta_p$,$\sigma^2$,从而建立 y 与 $x_1,x_2,\cdots,x_p$ 间的数量关系式(常称为回归方程).

(2) 对由此得到的数量关系式的可信度进行统计检验.

(3) 检验各变量 $x_1,x_2,\cdots,x_p$ 分别对指标是否有显著影响.

其中对问题 1 的讨论依次用了《数学分析》中的导数法与《高等代数》中的矩阵与线性方程组法(未用前面所述"向量到子空间各向量间的距离以垂线最短"这个几何事实). 在问题 1 讨论的最后,教程中又简单地提了一下关于最小二乘估计 $\hat{\boldsymbol{\beta}}$ 与残差向量 $\widetilde{\boldsymbol{Y}}$(实测值 y_i 与回归值 $\hat{y}_i$ 的差 $y_i-\hat{y}_i$ 称为残差,沪教版教材中称为离差)的几何意义,该几何意义与《高等代数》教材中介绍的几何事实一致.

上述《概率论与数理统计教程》中的介绍提供了新的求最小二乘解的方法吗? 很遗憾,我们没有发现,其方法只不过是将《数学分析》与《高等代数》中的方法综合用了一下而已. 不过,这也为教师的教研提供了新的课题——可不可以完全借助分布、期望、方差等统计的方法导出最小二乘解?(异于导数法、矩阵与线性方程组法及各种版本中学数学教材中所介绍的初等配方法)

为了获得更多的信息或启发,我们再看一本大学概率论与数理统计教科书.

在大学用书《新编概率论与数理统计(第二版)》(夏宁茂,华东理工大学出版社,2011年)中,名词"最小二乘估计"(Least Square Estimation,LSE)出现在"第 8 章 应用回归分析""§8.1 一元线性回归"的"§8.1.1 一元线性回归模型及待定参数的估计"及"§8.2 多元线性回归"的"§8.2.1 多元线性回归模型及待定参数的估计"这两节中. 其中,一元线性回归模型中 LSE 的求取利用了《数学分析》中求偏导等于 0 的方法. 多元线性回归模型中 LSE 的求取利用了矩阵及线性方程组求解技巧. 我们仍未发现前述期待的方法. 对其的进一步研究放在下面"三、学习'最小二乘法'的启示"中另行展开.

二、对最小二乘法的历史回顾——基于"以简例说方法"的视角

"最小二乘法"是如何想到的? 其必要性,尤其是合理性体现在何处呢? 让我们回顾历史

一窥究竟.

美国著名经济学家、经济学史家、芝加哥大学教授,同弗里德曼一起并称为芝加哥经济学派的领袖人物,1982 年诺贝尔经济学奖得主乔治·斯蒂格勒在其著作 The History of Statistics 中曾说:"最小平方法(即最小二乘法)是 19 世纪统计学的主题曲.从许多方面来看,它之于统计学就相当于 18 世纪的微积分之于数学."

最早提出最小二乘标准的是法国数学家阿德里安-马里·勒让德(见图 4.2).在关于行星形状和球体引力的研究中,为了减少物理测量中遇到的误差问题,勒让德创造性地引入了"最小二乘法",提出了关于二次变分的"勒让德条件".具体来讲,是他于 1805 年在其著作《计算彗星轨道的新方法》中提出了这种方法.该书有 80 页,包含 8 页附录,LSE(最小二乘估计)就包含在这个附录中.

让我们从简单例子讲起.

用五把尺子分别测量一条线段的长度,得到的数值分别为(记作 y_i,$i=1,2,3,4,5$):10.2,10.3,9.8,9.9,9.8. 出现不同的值的可能因素有:不同厂家的尺子生产精度不同;尺子材质不同,热胀冷缩不一样;测量的时候心情起伏不定……总之就是有误差,这种情况下,一般取算术平均值来

图 4.2

作为线段的长度:$\bar{x}=\dfrac{10.2+10.3+9.8+9.9+9.8}{5}=10$. 日常中就是这么处理的. 但作为具有"问题意识"的数学爱好者,自然还会想:这样做有道理吗?用其他平均数,如平方平均数、几何平均数或调和平均数行不行?用中位数行不行?等等.

让我们换一种思路来思考刚才的问题.

首先,把测试得到的值画在笛卡儿坐标系中,得到五个点:

$$(1,10.2),(2,10.3),(3,9.8),(4,9.9),(5,9.8).$$

其次,把要猜测的线段长度的真实值用平行于横轴的直线 l 来表示(因为是猜测的,所以用虚线来画),记作 y. 然后,分别过刚才得到的五个点向 l 作垂线,垂线段的长度是 $|y-y_i|$,这可以理解为测量值和真实值之间的误差. 因为误差是长度,还要取绝对值,计算起来麻烦,就干脆用平方来代替误差:$|y-y_i|\to(y-y_i)^2$,误差的平方和就是(ε 代表误差)$S_{\varepsilon^2}=\sum(y-y_i)^2$. 因为 y 是猜测的,所以可以不断变化,自然误差的平方和也在不断变化. 勒让德提出让总的误差的平方最小的那个 y 就是真值. 这是基于,如果误差是随机的,应该围绕真值上下波动. 勒让德的想法变成代数式就是

$$S_{\varepsilon^2}=\sum(y-y_i)^2 \text{ 最小} \Rightarrow \text{真值 } y.$$

应该说这个猜想是蛮符合直觉的,我们来算一下(下面呈现的是依托一元二次函数性质的初等方法,也可用一元函数导数法计算),

$$S_{\varepsilon^2}=\sum(y-y_i)^2=(y-y_1)^2+(y-y_2)^2+(y-y_3)^2+(y-y_4)^2+(y-y_5)^2$$
$$=5y^2-2(y_1+y_2+y_3+y_4+y_5)y+y_1^2+y_2^2+y_3^2+y_4^2+y_5^2.$$

故当 $y = -\dfrac{-2(y_1+y_2+y_3+y_4+y_5)}{2\times 5} = \dfrac{y_1+y_2+y_3+y_4+y_5}{5}$ 时,S_{ε^2} 取得最小值.

注意到 $\dfrac{y_1+y_2+y_3+y_4+y_5}{5}$ 正好是算术平均数.这样我们就获得一个认识:原来算术平均数可以让误差最小!依此来看选用它确实还是挺有道理的.

以上这种方法:$S_{\varepsilon^2}=\sum(y-y_i)^2$ 最小$\Rightarrow$真值y 就是最小二乘法.如前所述,所谓"二乘"就是平方的意思,台湾地区则直接将其翻译为最小平方法.

当然,算术平均数只是最小二乘法的特例,适用范围比较狭窄,而最小二乘法的用途则广泛得多.比如,温度与冰淇淋的销量如表 4.2 所示.

表 4.2

i	温度 x(℃)	销量 y(个)
1	25	110
2	27	115
3	31	155
4	33	160
5	35	180

通过描绘并观察散点图,我们发现 y 与 x 的关系看上去像是某种线性关系,如图 4.3(a)所示.可假设这种线性关系为 $y=ax+b$.通过最小二乘法的思想,误差的平方和,即总误差为 $S_{\varepsilon^2}=\sum_{i=1}^{5}(ax_i+b-y_i)^2$,其中 x_i,y_i 如表 4.2 所示.

不同的 a,b 会导致不同的 S_{ε^2},根据多元微积分的知识,当

$$\begin{cases} \dfrac{\partial}{\partial a}S_{\varepsilon^2}=2\sum_{i=1}^{5}(ax_i+b-y_i)x_i=0,\\ \dfrac{\partial}{\partial b}S_{\varepsilon^2}=2\sum_{i=1}^{5}(ax_i+b-y_i)=0 \end{cases}$$

时 S_{ε^2} 取最小值.对于 a,b 而言,上述方程组为线性方程组,将表 4.2 中的数据代入,计算可得 $\begin{cases} a\approx 7.2,\\ b\approx -74, \end{cases}$ 对应的直线方程为 $y=7.2x-74$,如图 4.3(b)所示.

当然,我们也可以假设 y 与 x 的关系为 $y=ax^2+bx+c$.在该假设下,运用最小二乘法思想也可算出使 S_{ε^2} 最小的 a,b,c,过程如下:

此时的 $S_{\varepsilon^2}=\sum_{i=1}^{5}(ax_i^2+bx_i+c-y_i)^2$.根据多元微积分的知识,当

$$\begin{cases} \dfrac{\partial}{\partial a}S_{\varepsilon^2}=2\sum_{i=1}^{5}(ax_i^2+bx_i+c-y_i)x_i^2=0,\\ \dfrac{\partial}{\partial b}S_{\varepsilon^2}=2\sum_{i=1}^{5}(ax_i^2+bx_i+c-y_i)x_i=0,\\ \dfrac{\partial}{\partial c}S_{\varepsilon^2}=2\sum_{i=1}^{5}(ax_i^2+bx_i+c-y_i)=0 \end{cases}$$

时，S_{ε^2} 取最小值. 对于 a，b，c 而言，上述方程组为线性方程组，将表 4.2 中的数据代入，计算

可得 $\begin{cases} a \approx 0.079, \\ b \approx 2.476, \\ c \approx -4.032, \end{cases}$ 对应的抛物线方程为 $y = 0.079x^2 + 2.476x - 4.032$，如图 4.3(c)所示.

一般地，同一组数据，选择不同的函数类型，通过最小二乘法便可得到不一样的拟合曲线，如图 4.3(d)(e)(f)所示，所选择的函数类型分别为四次多项式函数、指数函数、对数函数.

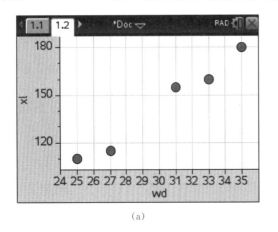

(a)

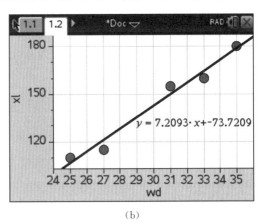

(b)

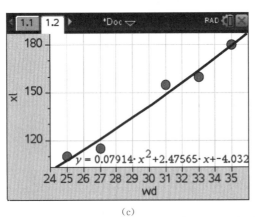

(c)

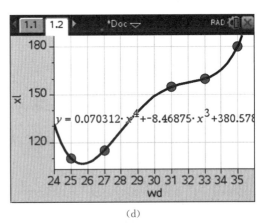

(d)

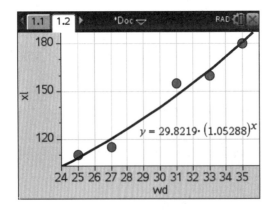

(e)

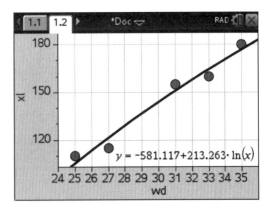

(f)

图 4.3

其中,图 4.4 中的函数解析式未呈现完整,应为

$$y = 0.070\,312x^4 - 8.468\,75x^3 + 380.578x^2 - 7\,555.03x + 55\,982.9.$$

当然,为了获得较好的拟合效果,并非所有的函数均能胜任,比如,正弦、余弦型函数等的表现就十分差了.

另外,实际问题中的情况要比上述例子复杂,一个数据往往受到多个因素的制约,此时勒让德的做法仍然是让所有误差的平方和最小,如图 4.4 所述.

> Of all the principles that can be proposed for this purpose, I think there is none more general, more exact, or easier to apply, than that which we have used in this work; it consists of making the sum of the squares of the errors a *minimum*. By this method, a kind of equilibrium is established among the errors which, since it prevents the extremes from dominating, is appropriate for revealing the state of the system which most nearly approaches the truth.
> (Legendre, 1805, pp. 72-73)

图 4.4

勒让德使用的求和符号与现在不同,他的符号是现在通用的积分符号 $\int$. "最小二乘法"最早由勒让德发表于 1805 年的论文中,但数学王子、德国大数学家高斯发文说他早在 1795 年就发现了这个方法,并在 1801 年结合此方法计算出了谷神星的运动轨迹.据史料记载,两人为了优先权争论了好几年.

但撇开优先权不论,高斯的确比勒让德走得更远.勒让德说,误差的平方和最小是合理的,但为什么会合理?或者什么时候是合理的?勒让德并没有说明白.但高斯做到了,高斯第一次将最小二乘法与概率论结合在一起,并由此开发出一个新工具——"正态分布".

现在我们回到刚才的小例,试着说一下最小二乘法与正态分布.

事实上,对于勒让德的猜测,即最小二乘法,有些人确实抱有怀疑:万一这个猜测是错误的怎么办?高斯换了一个思考框架——从概率统计角度思考.

对于前面测量线段长度的问题,高斯想,通过测量得到了这些值:x_i, $i=1,2,3,4,5$ 的值依次为 10.2, 10.3, 9.8, 9.9, 9.8(此处所用的字母 x_i 与前面所用的 y_i 含义相同).每次的测量值 x_i 都和线段长度的真值 x 之间存在一个误差:$\varepsilon_i = x - x_i$.这些误差最终会形成一个概率分布,只是现在不知道误差的概率分布是什么.假设概率密度函数为 $p(\varepsilon)$,再假设一个联合概率,这样方便把所有的测量数据利用起来:

$$L(x) = p(\varepsilon_1)p(\varepsilon_2)\cdots p(\varepsilon_5) = p(x-x_1)p(x-x_2)\cdots p(x-x_5).$$

把 x 作为变量的时候,上面就是似然函数了(关于似然函数以及极大似然估计,可以参看大学有关概率论与数理统计教程),$L(x)$ 的大致图像类似我们现在已知的正态分布的钟形曲线.根据极大似然估计的思想,联合概率最大的最应该出现,也就是应该取到钟形曲线的最高点.已知当 $\dfrac{\mathrm{d}}{\mathrm{d}x}L(x) = 0$ 成立时取得最大值.然后高斯想,最小二乘法给出的答案是:$x = \bar{x} = \dfrac{x_1+x_2+x_3+x_4+x_5}{5}$.如果最小二乘法是对的,那么当 $x = \bar{x}$ 时应该取得最大值,即 $\dfrac{\mathrm{d}}{\mathrm{d}x}L(x)\big|_{x=\bar{x}} = 0$.

解这个微分方程,最终得到:$p(\varepsilon)=\dfrac{1}{\sqrt{2\pi}\sigma}e^{-\frac{\varepsilon^2}{2\sigma^2}}$,这就是正态分布(又称高斯分布).并且这还是一个充要条件:$x=\bar{x}\Leftrightarrow p(\varepsilon)=\dfrac{1}{\sqrt{2\pi}\sigma}e^{-\frac{\varepsilon^2}{2\sigma^2}}$.也就是说,如果误差的分布是正态分布,那么最小二乘法得到的就是最有可能的值.那么误差的分布是正态分布吗?

如果误差是由于随机的、无数的、独立的、多个因素造成的,比如之前提到的"不同厂家的尺子的生产精度不同""尺子材质不同,热胀冷缩不一样""测量时心情起伏不定"……那么根据中心极限定理,误差的分布就应该是正态分布.

可见,虽然勒让德提出了最小二乘法(高斯说他最早提出最小二乘法,只是没有发表),但是经过高斯的努力才真正奠定了最小二乘法的重要地位.

三、学习"最小二乘法"的启示

俗话说:"读史可以明智,知古方能鉴今."从最小二乘法的历史发展来看,《数学分析》与《高等代数》中的最小二乘法例题估计应该源自概率统计.另外,勒让德为什么能做出"最小二乘法"这个发现?这个发现现在看来似乎平淡无奇,真的如此吗?为什么现今教科书和著作中多把最小二乘法的发明权归功于高斯?在中学课堂上,如何自然地发现最小二乘法?又如何有效地介绍最小二乘解的获得呢?

(一)勒让德为什么能做出"最小二乘法"这个发现?

在上述"二、对最小二乘法的历史回顾——基于'以简例说方法'的视角"中,我们以简单的例子阐述了勒让德与高斯对最小二乘法思想的认识与处理.实际上,可以肯定地说,勒让德在《计算彗星轨道的新方法》中对 LSE 的介绍一定是以天文学或测地学中的比较复杂的问题为例.

天文学和测地学中的一些数据分析问题可以描述如下:有若干个要估计其值的量 θ_1, θ_2, $\cdots$, θ_k,另有若干个可以测量的量 x_0, x_1, $\cdots$, x_k.按理论,这些量之间有线性关系

$$x_0+x_1\theta_1+\cdots+x_k\theta_k=0. \tag{4.1}$$

但是,在实际工作中对 x_0, x_1, $\cdots$, x_k 的测量难免有误差,再者关系式(4.1)可能本来就只是数学上的近似而非严格成立,(4.1)式左边的表达式实际上不为0,其实际值与测量值有关,可视为一种误差.现在设进行了 $n(n\geqslant k)$ 次观测.在第 i 次观测中,x_0, x_1, $\cdots$, x_k 分别取值 x_{0i}, x_{1i}, $\cdots$, x_{ki}.按(4.1)式,应有

$$x_{0i}+x_{1i}\theta_1+\cdots+x_{ki}\theta_k=0, \quad i=1,2,\cdots,n. \tag{4.2}$$

如果 $n=k$,则一般由方程组(4.2)可唯一地解出 θ_1, θ_2, $\cdots$, θ_k 之值,可以取它们作为 θ_1, θ_2, $\cdots$, θ_k 的估计值.在实际问题中,n 总是大于甚至远大于 k.如果方程组(4.2)是严格成立的,则只要从这 n 个方程中任意挑出 k 个求解就行.但如上所述,由于存在测量误差,(4.2)式实际上并非严格成立,因此取不同的 k 个方程可能解出不同的结果.梅耶、欧拉、拉普拉斯等数学家试图根据一个方程解一个未知数的道理组合出未知数个数与方程个数相等的方程组,结果均无功而返.这与多提供一点数据信息以便对未知参数 θ_1, θ_2, $\cdots$, θ_k 做出精确的估计的想法相悖.勒让德之所以能做出 LSE 这个发现,是因为他没有因袭前人的想法——要设法构造出 k 个方程去求解.他认识到关键不在于使某一方程严格符合,而在于要使误差以一种更平衡

的方式分配到各个方程. 具体地说, 他寻求这样的 $\theta_1, \theta_2, \cdots, \theta_k$ 的值, 使各误差的平方和, 即 $\sum_{i=1}^{n}(x_{0i}+x_{1i}\theta_1+\cdots+x_{ki}\theta_k)^2$ 达到最小. 为什么取平方, 而不取绝对值、四次方或其他函数? 这就只能从计算的观点来解释了——至少在勒让德时代, 不可能知道从统计学的角度看, 选择平方这个函数有何优点, 这方面的研究是那以后很久的事情.

(二) 最小二乘法的数学发现现在看来似乎平淡无奇吗?

从一种"事后诸葛亮"的眼光, 我们现在看起来会觉得这个方法似乎平淡无奇, 甚至是理所当然的. 实际上, 这正说明了创造性思维之可贵和不易, 从一些数学大家未能在这个问题上有所突破, 可以看出当时这个问题之困难. 欧拉、拉普拉斯在许多很困难的数学问题上有伟大的建树, 但在这个问题上未能成功, 除了在思想上有"解方程"这一思维定式之外, 也许还因为, 这是个实用性质的问题而非纯数学问题. 解决这种问题, 要一种植根于实用而非纯数学精确性的思维. 例如, 按数学理论, 容器以做成球形最省, 但基于实际以至美学上的原因, 在现实中有各种形状的容器存在. 总之, 从 LSE 发现的历史中, 使我们对纯数学和应用数学思维之间的差别, 多少会有一些宝贵的启示.

(三) 为什么现今教科书和著作中多把最小二乘法的发明权归功于高斯?

勒让德在其著作中, 对 LSE 的优点有所述. 然而, 到此为止, 这个方法仍有其不足之处, 即它纯是一个计算方法, 缺少误差分析. 我们不知道使用这个方法引起的误差如何, 因此也就无法知道, 除了若干表面上的优点 (例如计算上方便) 之外, LSE 还有何深层次的优点. 要研究这些问题, 就需建立一种误差分析理论. 从 $x_{0i}+x_{1i}\theta_1+\cdots+x_{ki}\theta_k=\varepsilon_i, i=1, 2, \cdots, n$ (此处 ε_i, $i=1, 2, \cdots, n$ 为随机误差, $n \geqslant k$) 可以看到, 误差 ε_i 的大小对 $\theta_1, \theta_2, \cdots, \theta_k$ 的估计有重大影响, ε_i 的概率性质决定了 $\theta_1, \theta_2, \cdots, \theta_k$ 估计的统计性质. 因此, 要对 ε_i 的概率性质给予适当的描述, 这一点是高斯的功绩.

高斯的正态误差理论的意义, 并不在于给 LSE 这样一个形式上的推证, 其意义在于: (1) 无论从实际与理论看, 正态误差是合理的选择; (2) 在正态误差下, 有一套严格简洁的小样本理论 (其发展是 20 世纪的事), 因而大大提高了 LSE 在实用上的方便和广泛性. 可以说, 没有高斯的正态误差理论配合, LSE 的意义和重要性可能还不到其现今所具有的十分之一. LSE 方法与高斯误差理论的结合, 是数理统计史上最重大的成就之一, 其影响直到今日也尚未过时.

高斯的上述理论发表于其 1809 年的著作《关于绕日行星运动的理论》中. 在此书中, 他把 LSE 称为"我们的方法", 并声称他自 1799 年以来就使用这个方法, 由此爆发了一场与勒让德的优先权之争. 近代学者经过对原始文献的研究, 认为两人可能是独立发明了这个方法, 但首先见于书面形式的, 以勒让德为早. 然而, 现今教科书和著作中, 多把这个发明权归功于高斯. 其原因, 除了高斯有更大的名气外, 主要可能是因为其正态误差理论对这个方法的重要意义. 在德国 10 马克的钞票上有高斯像, 并配了一条正态曲线, 在高斯众多伟大的数学成就中挑选了这一条, 亦可见这一成就对世界文明的影响.

(四) 在中学课堂上, 如何做好"一元线性回归分析"的单元教学?

回归分析是由一个变量的变化去推测另一个变量的变化的方法. 笔者认为, 在"一元线性回归分析"这一单元, 要解决这样几个问题:

(1) 研究一元线性回归的必要性.

(2) 什么情况下选择线性回归模型比较合理?

(3) 明确直线"最接近"各散点的标准并阐述其合理性,如何自然地发现最小二乘法?
(4) 在该标准下如何求最接近各散点的回归直线方程,即如何有效地求出最小二乘解?
(5) 如何判断模型刻画数据的效果? 效果不佳时如何改进模型?
(6) 如何使用经验回归方程进行预测? 在进行预测时需注意哪些问题?

先看问题(1).

沪教版新教材在选择性必修二"8.2 一元线性回归分析"单元的第 1 节"一元线性回归分析的基本思想"的第一段阐述了研究一元线性回归的必要性及所需研究的具体内容:对于一组有某种线性关系的成对数据,相关系数分析了数据之间线性关系的方向与程度. 但有时还需要进一步了解其中一个变量随另一个变量变化的大致情况. 更准确地说,就是要找到关联两个变量的一个线性方程,使得在平面直角坐标系上数据所确定的点尽可能地"贴近"方程所定义的直线.

而人教 A 版新教材在选择性必修三"8.2 一元线性回归模型及其应用"单元伊始有一段对本单元的总述:

通过前面的学习我们已经了解到,根据成对样本数据的散点图和样本相关系数,可以推断两个变量是否存在相关关系、是正相关还是负相关,以及线性相关程度的强弱等. 进一步地,如果能像建立函数模型刻画两个变量之间的确定性关系那样,通过建立适当的统计模型刻画两个随机变量的相关关系,那么我们就可以利用这个模型研究两个变量之间的随机关系,并通过模型进行预测.

下面我们研究当两个变量线性相关时,如何利用成对样本数据建立统计模型,并利用模型进行预测的问题.

可以看到,总述中首先阐述了建立适当的统计模型刻画相关关系的必要性,在此基础上过渡到"当两个变量线性相关"的特殊情况. 不仅如此,总述中所出现的"函数模型、变量、确定性关系""统计模型、随机变量、相关关系""预测"等表达上挂下联、清晰得体、准确凝练,让学习者在"回忆旧知识""类比""展望"中对新旧知识有了系统、全面的了解与把握.

再看问题(2).

尽管沪教版新教材与人教 A 版新教材都提到了"用相关系数可以刻画变量 x, y 线性相关程度的强弱",但相关系数 r 的绝对值与 1 接近到什么程度才表明选用线性回归模型比较合理呢? 该合理性不解决,就直接用一元线性回归系数的计算公式写出线性回归方程,不就是在做无用功吗? 这一点无论是沪教版还是人教 A 版新教材均未给出明确的判断标准. 事实上,在统计学中对此有明确的检验方法. 有的高中数学教材,如《普通高中课程标准实验教科书 数学 选修 2-3》(单墫,江苏凤凰教育出版社,2020 年)的"第 3 章 统计案例""§3.2 回归分析"中对此也做了介绍,称为"相关性检验",即对相关系数 r 进行显著性检验,具体步骤如下:

① 提出统计假设 H_0:变量 x, y 不具有相关关系;

② 如果以 95% 的把握做出推断,那么可以根据 $1-0.95=0.05$ 与 $n-2$(此处的 n 指变量 x, y 随机取到 n 对数据) 在"相关性检验的临界值表"中查出一个 r 的临界值 $r_{0.05}$(其中 $1-0.95=0.05$ 称为检验水平);

③ 计算样本相关系数 r;

④ 做出统计推断:若 $|r|>r_{0.05}$,则否定 H_0,表明有 95% 的把握认为 x 与 y 之间具有线性相关关系;若 $|r|\leqslant r_{0.05}$,则没有理由拒绝原来的假设 H_0,即就目前数据而言,没有充分理由认为 y 与 x 之间有线性相关关系.

在学过"卡方独立性检验"后可将两者做对比,以增进对假设检验作用与过程的理解.

下面我们分析问题(3):

明确直线"最接近"各散点的标准并阐述其合理性,如何自然地发现最小二乘法?

对该问题的回答,沪教版新教材的处理方式是"直接介绍".先阐述了"在 x_i 处的离差"的概念,即 $y_i - \hat{y}_i$. 通过分析离差的正负,并类比方差,得到"可以像计算方差那样,用离差的平方和 $Q = \sum_{i=1}^{n}(y_i - \hat{y}_i)^2 \left[\text{即} \sum_{i=1}^{n}(y_i - ax_i - b)^2\right]$ 来刻画直线与点之间的拟合程度",Q(称为拟合误差)是一个很好的描述数据与线性方程 $y = ax + b$ 贴近度的指标.并把拟合误差取得最小值时得到的线性方程(线性模型)$y = \hat{a}x + \hat{b}$ 称为变量 y 随 x 波动的回归方程或回归模型.

应该说,这种"使误差最小"的处理方式还是比较容易被学生理解与接受的,在此基础上,发现最小二乘法这种判别标准是自然而然的结果.

人教 A 版新教材的处理类似标准的概率统计教科书中所述,先引入随机误差 e(并详细分析了产生随机误差的可能原因),然后将 $\begin{cases} Y = bx + a + e, \\ E(e) = 0, D(e) = \sigma^2 \end{cases}$ 定义为 Y 关于 x 的一元线性回归模型.接下来出示探究问题"利用散点图找出一条直线,使各散点在整体上与此直线尽可能接近".针对此探究问题,教材随即从学生视角先给出了三种回答,如下:

有的同学可能会想,可以采用测量的方法,先画出一条直线,测量出各点与它的距离,然后移动直线,到达一个使距离的和最小的位置.测量出此时的斜率和截距,就可得到一条直线.

有的同学可能会想,可以在图中选择这样的两点画直线,使得直线两侧的点的个数基本相同,把这条直线作为所求直线.

还有的同学会想,在散点图中多取几对点,确定出几条直线的方程,再分别求出这些直线的斜率、截距的平均数,将这两个平均数作为所求直线的斜率和截距.

教材对上面三种思路的评价是:"同学们不妨去实践一下,看看这些方法是不是真的可行.上面这些方法虽然有一定的道理,但比较难操作,我们需要另辟蹊径."

事实上,上述思路一"标准确定,但计算复杂";思路二与思路三"标准不确定且不具可推广性."

接下来,人教 A 版教材也是基于"整体误差 $\sum_{i=1}^{n}|e_i|$ 最小",直接给出"点到直线的纵向距离",并称"在实际应用中,因为绝对值使得计算不方便,所以人们通常用各散点到直线的竖直距离的平方之和来刻画'整体接近程度'".值得注意的是,沪教版教材未对为什么不使用绝对值做说明,但提到了"像计算方差那样".这提示我们,在进行必修三"第 13 章 统计"中的"方差"概念教学时就要对"为什么不使用绝对值"做出思考与解释.例如,有学者将使用绝对值称为"最小一乘估计",并认为绝对值不是初等函数,微积分的方法用不上,运算起来也不方便,但二次函数就没有这些缺点.因此,方差比平均绝对偏差更适合表征离开一个给定中心的平均距离.我们说,形如 $\sum_{i=1}^{n}|x_i - a|$ 的代数式的最小值倒不难求得,在上海市二期课改教材《高级中学课本 高中三年级 拓展Ⅱ 第二册(试用本)》(或更早的文科拓展教材)中就给出了相应的结论.在该教科书"*专题 7 统计案例"的"§7.1 抽样调查案例"中有这样的论述:

可以推得,对于样本 $x_1, x_2, \cdots, x_n$,其中位数是函数

$$G(m)=|x_1-m|+|x_2-m|+\cdots+|x_n-m|$$

的最小值点. 这就是说, 当 m 取样本中位数 x_{md} 时, 函数 $G(m)$ 达到最小值, 即

$$G(x_{md})=\min_x G(m).$$

这就是说, 中位数是样本数据的中心, 它与各数据点的距离和最小. 要考察一些有次序、等级的量, 例如, 工资、声望等, 最好不用平均数而用中位数.

该教材同时在案例 6 中通过三个数字中的中位数验证了 $G(x_{md})=\min\limits_x G(m)$.

不仅如此, 本小节教材在介绍上述案例 6 及中位数的上述性质前先通过案例 4、案例 5 呈现了以下这些信息:

① 样本均值和中位数都能表示总体的"平均水平", 但是均值对极端值反应灵敏, 而中位数则更加稳健.

② 一般地, 设样本数据组为 x_1, x_2, $\cdots$, x_n, 记

$$J(\mu)=(x_1-\mu)^2+(x_2-\mu)^2+\cdots+(x_n-\mu)^2.$$

则当 μ 等于算术平均数 $\bar{x}$ 时, 和式 $J(\mu)$ 达到最小值. 即

$$J(\bar{x})=\min_x J(\mu).$$

这就是说, 算术平均数 $\bar{x}$ 是样本数据的中心, 它与各数据点的距离平方和最小.

建议教师在执教新教材时最好能将上述二期课改教材拿过来好好研究一下. 里面还有"假设检验案例""列联表独立性检验案例""线性回归"等内容. 其中, "线性回归"中有标题为"最小二乘法"的专门一节! 新教材试用以来, 老师们总是抱怨新增知识太多, 现在看来, 这些所谓的"新增内容"早就静静地躺在自己身边的教材中了(诚如汪晓勤教授所言"太阳底下无新事"), 可能因为当时"高考不考", 自己也就将其束之高阁了. 说到底, 还是功夫花得不够、专业眼界太窄的缘故所致. 俗话说"他山之石, 可以攻玉""三人行必有吾师", 做好新旧传承(其实是旧知才学)才能在教学之路上走得更好.

现在, 我们回到对问题(3)的讨论.

在具体教学时, 建议教师先请学生对"如何找到整体上与各散点最接近的直线"畅所欲言. 可能在学生的发言中就会出现人教 A 版中介绍的所有思路. 不仅如此, 在笔者执教的班级, 还有同学提出了更多的方法. 比如, 曾获得美国数学竞赛(AMC)优胜奖的张同学就曾与笔者交流过以下这两种方法:

① 在散点图中, 过每一点作 y 轴的平行线与该直线交于一点, 连接这两点, 构成正方形的一边, 所有正方形的边长的和若为最小, 该直线即可作为回归直线;

② 上述①中所有正方形面积的和若为最小, 该直线即可作为回归直线.

显然, ①与②均基于几何的思考角度, 其区别亦在于是使用绝对值还是平方.

关于"最小二乘法"这种"鉴定是否最接近"的标准, 尽管从"使得整体误差最小"角度可以理解, 但很多同学还是发出质疑: "这里使用的是纵向距离, 不符合点到直线距离的定义!"即他们还是认为采用人教 A 版教材中所阐述的第一条思路最为自然, 即: "有的同学可能会想, 可以采用测量的方法, 先画出一条直线, 测量出各点与它的距离, 然后移动直线, 到达一个使距离的和最小的位置. 测量出此时的斜率和截距, 就可得到一条直线."

即欲求的是使得函数 $F(a,b)=\sum_{i=1}^{n}\dfrac{|ax_i-y_i+b|}{\sqrt{a^2+1}}$ 取到最小值的 a,b；或者说，欲求的是使得函数 $G(a,b)=\sum_{i=1}^{n}\dfrac{(y_i-ax_i-b)^2}{a^2+1}=\dfrac{1}{a^2+1}\sum_{i=1}^{n}(y_i-ax_i-b)^2$ 取到最小值的 a,b，而不是使得函数 $Q(a,b)=\sum_{i=1}^{n}(y_i-ax_i-b)^2$ 取到最小值的 a,b.

教师如何应对？

确实，由于自变量是 a,b，故函数 $G(a,b)=\dfrac{1}{a^2+1}\sum_{i=1}^{n}(y_i-ax_i-b)^2$ 与函数 $Q(a,b)=\sum_{i=1}^{n}(y_i-ax_i-b)^2$ 并不等价. 如果说不用前者而用后者仅仅是因为前者复杂，这显然说不过去. 那么，后者与前者取到最小值时所对应的 a,b 相同吗？如果不相同，后者比前者在刻画"最接近"上更好在何处？

在回答上述疑问之前，我们首先做一点说明. 事实上，在学生的质疑中，由 $F(a,b)=\sum_{i=1}^{n}\dfrac{|ax_i-y_i+b|}{\sqrt{a^2+1}}$ 转化到 $G(a,b)=\sum_{i=1}^{n}\dfrac{(y_i-ax_i-b)^2}{a^2+1}$ 并不等价. 如果是等价转化，应该是由 $F(a,b)=\sum_{i=1}^{n}\dfrac{|ax_i-y_i+b|}{\sqrt{a^2+1}}$ 到 $[F(a,b)]^2=\left(\sum_{i=1}^{n}\dfrac{|ax_i-y_i+b|}{\sqrt{a^2+1}}\right)^2$，即应该是距离的和的平方，而不是距离的平方的和. 函数式 $G(a,b)=\sum_{i=1}^{n}\dfrac{(y_i-ax_i-b)^2}{a^2+1}$ 表示的是各散点到直线的距离的平方的和，已与"距离的和"的初衷不同. 不过学生直接使用"各距离平方过之后再作和"的函数 $G(a,b)=\sum_{i=1}^{n}\dfrac{(y_i-ax_i-b)^2}{a^2+1}$ 也有一定的道理（所有距离中的绝对值与根号都可以去掉，而距离的和的平方则完全无此功效）.

有学者认为，方案"以每一点向该直线作垂线，垂线段长度的和若为最小，该直线即可作为回归直线"与方案"在散点图中，过每一点作 y 轴的平行线与该直线交于一点，连接这两点，构成正方形的一边，所有正方形的边长的和若为最小，该直线即可作为回归直线"本质是一样的. 理由是："因为对每条直线，每个点对应的正方形边长与垂线段之比是一个常数. 但是前者的计算复杂，不如后者."但问题在于，我们要找的是"不同直线背景下，所有点到直线距离的和最小的那条直线". 对不同的直线来讲，某点对应的正方形边长与垂线段之比与这条直线的斜率有关，不是一个常数！所以上述两种方案并不等价.

我们说，使用函数 $G(a,b)=\sum_{i=1}^{n}\dfrac{(y_i-ax_i-b)^2}{a^2+1}$ 来算出那条"最接近"的直线也是可行的，课本中选择使用 $Q(a,b)=\sum_{i=1}^{n}(y_i-ax_i-b)^2$ 不过是其中一种途径而已，此时对应的方法叫最小二乘法. 最小二乘法模式下获得的回归方程未必优于前者，详述如下.

欲使 $G(a,b)=\sum_{i=1}^{n}\dfrac{(y_i-ax_i-b)^2}{a^2+1}$ 最小，需要满足 $\begin{cases}\dfrac{\partial G(a,b)}{\partial a}=0,\\ \dfrac{\partial G(a,b)}{\partial b}=0,\end{cases}$ 经过复杂的数学推导可得

$$b = \bar{y} - a\bar{x},$$
$$a^2 - L \times a - 1 = 0,$$
$$L = \frac{\sum_{i=1}^{n}(y_i - \bar{y})^2 - \sum_{i=1}^{n}(x_i - \bar{x})^2}{\sum_{i=1}^{n}(x_i - \bar{x})(y_i - \bar{y})}.$$

进一步可得,当相关系数 $r > 0$ 时,$a = \dfrac{L + \sqrt{L^2 + 4}}{2}$;当 $r < 0$ 时,$a = \dfrac{L - \sqrt{L^2 + 4}}{2}$. 与最小二乘法意义下求出的线性回归方程一样,$a$ 与 r 同号.

上述方法可称为"最小距离平方和法",其所确定的方程与坐标选取无关(即与 x,y 中哪个是解释变量,哪个是反应变量无关,这与最小二乘回归法不同),所得到的方程不妨称为相关方程,其与相关系数是对应的,相关系数的确定也与坐标的选取无关.

在具体应用时有这种例子,最小距离平方和法总的离差绝对值和及离差平方和均比最小二乘回归法小,限于篇幅,此处例子从略.

综上所述,我们获得了这样的认识:传统最小二乘回归法所求得的线性方程是回归方程,回归分析带有一定的方向性,其自变量影响因变量,两个变量是影响与被影响的关系;而相关分析则没有方向性,两个变量间互相交换位置,相关系数值并不改变. 最小距离平方和法所得线性方程没有方向性,为区别于回归方程,故称之为相关方程. 应该说,用相关方程定量描述相关关系在一定条件下较用回归方程更好,尤其当两个变量的观测误差相当时. 目前的教科书及一些专用软件都只介绍推求回归方程的方法,笔者认为若能增加确定相关方程的方法则更好.

接下来我们看问题(4):

在该标准下如何求最接近各散点的回归直线方程,即如何有效地求出最小二乘解?

先将问题(4)明确一下(按沪教版新教材的符号表达):

设有一组成对的数据 (x_1, y_1),(x_2, y_2),$\cdots$,(x_n, y_n) 和一个 y 与 x 的线性关系 $y = ax + b$. 对给定 $i (i = 1, 2, \cdots, n)$,令 $\hat{y_i} = ax_i + b$. 我们要优化线性关系,使离差 $y_i - \hat{y_i}$ 的平方和(即拟合误差)$Q = \sum_{i=1}^{n}(y_i - \hat{y_i})^2$ 达到最小值. 满足这个条件的线性关系是拟合数据的最佳选择.

沪教版新教材与人教 A 版新教材对模型参数 a,b 的最小二乘估计(LSE)的求解均采用了"凑配＋配方"法. 其中"凑配"是指将 $y_i - ax_i - b$ 变形为

$$y_i - ax_i - b = (y_i - \bar{y}) + [\bar{y} - (a\bar{x} + b)] - a(x_i - \bar{x}),$$

其实质是对 x_i,y_i 作了平移变换:$x_i \to x_i - \bar{x}$;$y_i \to y_i - \bar{y}$. 实际上,统计中经常会对原始数据进行一些变换(如标准化,线性化)之后再进行数据分析. 人教 A 版新教材在介绍"相关系数"时,在正文中很详细地阐述了从原始数据经"平移,标准化"后得到定义式 $r = \dfrac{\sum_{i=1}^{n}(x_i - \bar{x})(y_i - \bar{y})}{\sqrt{\sum_{i=1}^{n}(x_i - \bar{x})^2} \sqrt{\sum_{i=1}^{n}(y_i - \bar{y})^2}}$ 的过程. 而沪教版新教材的处理是:在正文中直接给出 r 的定义式,然后说明其特点并举例应用;在课后阅读部分给出"相关系数的几何意义". 在该阅读

材料的最后提到了"平移变换",如下:

两组数据 x_i, $y_i(i=1,2,\cdots,n)$ 之所以分别减去各自的平均数,相应地得到差向量 $\boldsymbol{x}-\bar{x}$ 与 $\boldsymbol{y}-\bar{y}$,从几何上看是在作一个平移变换,而用统计学的说法,则相应于做了一个数据中心化的处理.

基于上述分析,我们认为,将相关系数学习经历中的平移变换作为启发源迁移到对 LSE 的探索是一条可行之路,由此得到回答问题(4)的第 1 种方法.

有效方法 1 先作平移变换,再用配方法.

过程同教材中所述,此处从略.

在"有效方法 1"中,我们通过类比相关系数中的平移变换,突破了"凑配"这个变形难点,但接下来的配方法的技巧性还是很强,学生较难想到. 配方法的本质是将 $Q(a,b)=\sum_{i=1}^{n}(y_i-ax_i-b)^2$ 拆成几个平方式之和,将参数 a 和 b 尽可能地拆分,从而求解每一部分的最小值,进而得到参数的估计值.

作为对方法 1 的优化,面对棘手的二元问题,我们可以先处理主元,将另一个变量看成"常量"(与含参不等式恒成立或有解问题中的两个任意或一个任意一个存在等问题、解析几何中的两个动点问题、研究多参数函数图像与性质问题、物理中的控制变量法等问题的处理类似),先求出一个参数的估计值,代入 $Q(a,b)$ 的表达式化简,将二元问题转化为一元问题处理(降维思想),参见下面的"有效方法 2".

有效方法 2 考虑二次函数,抓主元求最值.

$$g(b)=\sum_{i=1}^{n}(y_i-ax_i-b)^2=\sum_{i=1}^{n}[b^2+2(ax_i-y_i)b+(ax_i-y_i)^2]$$
$$=nb^2+2\sum_{i=1}^{n}(ax_i-y_i)b+\sum_{i=1}^{n}(ax_i-y_i)^2.$$

此处,若学生对浓缩的求和符号运算感到困难,可对 n 分别取 $1,2,3$ 示理(示范变形的算理、原理或道理).

$g(b)$ 是 b 的二次函数,因此要使 $g(b)$ 取得最小值,当且仅当

$$b=\frac{1}{n}\sum_{i=1}^{n}(y_i-ax_i)=\bar{y}-a\bar{x}.$$

将上述 b 代入 $Q(a,b)$ 的表达式中,则 $Q(a,b)$ 是关于 a 的二次函数:

$$Q(a,b)=\sum_{i=1}^{n}(y_i-ax_i-\bar{y}+a\bar{x})^2=\sum_{i=1}^{n}[(y_i-\bar{y})-a(x_i-\bar{x})]^2$$
$$=a^2\sum_{i=1}^{n}(x_i-\bar{x})^2-2a\sum_{i=1}^{n}(x_i-\bar{x})(y_i-\bar{y})+\sum_{i=1}^{n}(y_i-\bar{y})^2.$$

由开口向上的二次函数在对称轴处取得最小值,得 $\hat{a}=\dfrac{\sum\limits_{i=1}^{n}(x_i-\bar{x})(y_i-\bar{y})}{\sum\limits_{i=1}^{n}(x_i-\bar{x})^2}$.

综上,参数的最小二乘估计为 $\hat{a} = \dfrac{\sum_{i=1}^{n}(x_i-\bar{x})(y_i-\bar{y})}{\sum_{i=1}^{n}(x_i-\bar{x})^2}$, $\hat{b} = \bar{y} - \hat{a}\bar{x}$.

前面我们对高等数学中最小二乘法的回忆与学习还能带给我们什么新的思路吗?显然,《高等代数》中的方法距离学生甚远(新教材中已无矩阵与行列式内容).但面对在选择性必修二中刚经历过"导数是求最值问题的利器"心灵震撼的学生,《数学分析》中的导数法倒是可以尝试的第三种途径.

有效方法 3 先三维直观演示,再用导数法求解.

第一大步 借助具体例子催生方法

① 出示具体例子并建立目标函数.

可以沪教版新教材选择性必修二"第8章 成对数据的统计分析""§8.1 成对数据的相关分析"中的例1为例("§8.2.1 一元线性回归分析的基本思想"中仍以该例为主例),如图4.5所示.

> **例 1** 通过随机抽样,我们获得某种商品每千克价格(单位:百元)与该商品消费者年需求量(单位:千克)的一组调查数据,如表8-1所示.
>
> 表 8-1 消费者年需求量与商品每千克价格
>
> | 每千克价格/百元 | 4.0 | 4.0 | 4.6 | 5.0 | 5.2 | 5.6 | 6.0 | 6.6 | 7.0 | 10.0 |
> |---|---|---|---|---|---|---|---|---|---|---|
> | 年需求量/千克 | 3.5 | 3.0 | 2.7 | 2.4 | 2.5 | 2.0 | 1.5 | 1.2 | 1.2 | 1.0 |

图 4.5

目标函数为

$z = Q(a,b)$
$= (3.5-4a-b)^2 + (3-4a-b)^2 + (2.7-4.6a-b)^2 + (2.4-5a-b)^2$
$\quad + (2.5-5.2a-b)^2 + (2-5.6a-b)^2 + (1.5-6a-b)^2 + (1.2-6.6a-b)^2$
$\quad + (1.2-7a-b)^2 + (1-10a-b)^2.$

② 画出目标函数的图形(光滑曲面).

利用三维作图软件作出函数 $z = Q(x,y)$ 所对应的曲面图,图略.

③ 类比求曲线极小值的方法,悟得求曲面极小值的方法.

光滑曲面的最小值处的切平面与 xOy 平面是平行的,因而两个偏导数等于零.

④ 具体求解.

解 $\begin{cases} \dfrac{\partial Q(a,b)}{\partial a} = 0, \\ \dfrac{\partial Q(a,b)}{\partial b} = 0 \end{cases}$ 所对应的方程组得 $\begin{cases} a \approx -0.413, \\ b \approx 4.495, \end{cases}$ 即 $\begin{cases} \hat{a} = -0.413, \\ \hat{b} = 4.495, \end{cases}$ 从而得回归方程为

$y = -0.413x + 4.495.$

第二大步 用获得的方法处理一般情况

该步过程同我们前面展示的《数学分析》中的过程,不再赘述.

接下来我们要介绍的"有效方法 4"是高等数学教科书与中学数学教科书上都没有出现的,它的基本思想是"用统计量直接推导线性回归方程",这可以作为课本方法的有益补充.

有效方法 4　用期望推导线性回归方程

回忆前面我们学习大学《概率论与数理统计教程》中的叙述,可知在一元线性回归模型 $y=\beta_0+\beta_1 x+\varepsilon$ 中,x 是一般变量,它可以精确测量或可以加以控制,y 是可观测其值的随机变量,β_0,β_1 是未知参数,ε 是不可观测的随机变量,假定它服从 $N(0,\sigma^2)$ 分布,即 $E(\varepsilon)=0$,$D(\varepsilon)=\sigma^2$.

对 $y=\beta_0+\beta_1 x+\varepsilon$ 两边取期望可得

$$E(y)=E(\beta_0+\beta_1 x+\varepsilon)=\beta_1 E(x)+E(\beta_0)+E(\varepsilon),$$

即 $E(y)=\beta_1 E(x)+\beta_0$,亦即 $\beta_0=E(y)-\beta_1 E(x)$.

在 $y=\beta_0+\beta_1 x+\varepsilon$ 两边同时乘以随机变量 x,得 $xy=\beta_0 x+\beta_1 x^2+\varepsilon x$,然后对该式两边再取期望可得 $E(xy)=E(\beta_0 x+\beta_1 x^2+\varepsilon x)$,即 $E(xy)=\beta_0 E(x)+\beta_1 E(x^2)+E(\varepsilon x)$.假定 $E(\varepsilon x)=0$[为了得到更好的估计,ε 应尽可能小,又 x 是有界的,故可假定 $E(\varepsilon x)=0$],从而我们就有 $E(xy)=\beta_0 E(x)+\beta_1 E(x^2)$.

将 $\beta_0=E(y)-\beta_1 E(x)$ 代入 $E(xy)=\beta_0 E(x)+\beta_1 E(x^2)$,有

$$E(xy)=[E(y)-\beta_1 E(x)]E(x)+\beta_1 E(x^2),$$

整理得 $\beta_1[E(x^2)-E^2(x)]=E(xy)-E(x)E(y)$,$\beta_1=\dfrac{E(xy)-E(x)E(y)}{E(x^2)-E^2(x)}$.

当用 n 个点对拟合直线时,

$$E(xy)\approx \dfrac{\sum_{i=1}^n x_i y_i}{n},\ E(x)E(y)\approx \dfrac{\sum_{i=1}^n x_i \sum_{i=1}^n y_i}{n^2},\ E(x^2)-E^2(x)\approx \dfrac{\sum_{i=1}^n x_i^2}{n}-\left(\dfrac{\sum_{i=1}^n x_i}{n}\right)^2,$$

把上述结果代入可得

$$a=\hat{\beta}_1=\dfrac{n\sum_{i=1}^n x_i y_i-\left(\sum_{i=1}^n x_i\right)\left(\sum_{i=1}^n y_i\right)}{n\sum_{i=1}^n x_i^2-\left(\sum_{i=1}^n x_i\right)^2}=\dfrac{\sum_{i=1}^n x_i y_i-n\bar{x}\bar{y}}{\sum_{i=1}^n x_i^2-n\bar{x}^2},$$

$$b=\hat{\beta}_0=E(y)-\hat{\beta}_1 E(x)=\bar{y}-a\bar{x}.$$

所以 $y=ax+b$ 是总体回归方程的最佳拟合.

接下来我们看问题(5):

如何判断模型刻画数据的效果?效果不佳时如何改进模型?

对于"如何判断模型刻画数据的效果",人教 A 版新教材在正文中给出了三种方法:

法 1　残差分析法

直接比较残差或比较残差平方和的大小.残差平方和越小的模型拟合效果越好.

法 2　比较决定系数 R^2 的大小

R^2 的计算公式为 $R^2 = 1 - \dfrac{\sum_{i=1}^{n}(y_i - \hat{y}_i)^2}{\sum_{i=1}^{n}(y_i - \bar{y})^2}$. 在该表达式中，$\sum_{i=1}^{n}(y_i - \bar{y})^2$ 与经验回归方程无关，残差平方和 $\sum_{i=1}^{n}(y_i - \hat{y}_i)^2$ 与经验回归方程有关. 因此 R^2 越大，表示残差平方和越小，即模型的拟合效果越好；R^2 越小，表示残差平方和越大，即模型的拟合效果越差.

法3 用新的观测数据检验

在原来的散点图中，把新的观测数据所对应的点也绘制出来，同时将拟合模型所对应的图像也作在散点图所在的坐标系中，通过比较新的散点与各拟合图像的位置关系便可看出不同模型拟合效果的优劣.

沪教版新教材对如何检验不同模型的拟合效果未做介绍，但对如何将非线性转化为线性在正文中有所阐述. 而人教A版新教材则在如何检测拟合效果的基础上对"效果不佳时如何改进模型"在正文中做了详细分析.

最后我们来看问题(6)：

如何使用经验回归方程进行预测？在进行预测时需注意哪些问题？

关于预测，沪教版新教材在"第8章 成对数据的统计分析"章首语，§8.2.2 一元线性回归分析的应用举例中的"例1""建立一元线性回归模型的一般步骤""相关分析与回归分析的联系与区别"中都有所呈现. 而人教A版新教材不仅在章首语、单元总述、相关例题中对预测功能做了强调与示范，还在"§8.2 一元线性回归模型及其应用"的最后详细阐述了"在使用经验回归方程进行预测时需要注意的一些问题"，如下：

(1) 经验回归方程只适用于所研究的样本的总体. 例如，根据我国父亲身高与儿子身高的数据建立的经验回归方程，不能用来描述美国父亲身高与儿子身高之间的关系. 同样，根据生长在南方多雨地区的树高与胸径的数据建立的经验回归方程，不能用来描述北方干旱地区的树高与胸径之间的关系.

(2) 经验回归方程一般都有时效性. 例如，根据20世纪80年代的父亲身高与儿子身高的数据建立的经验回归方程，不能用来描述现在的父亲身高与儿子身高之间的关系.

(3) 解释变量的取值不能离样本数据的范围太远. 一般解释变量的取值在样本数据范围内，经验回归方程的预报效果会比较好，超出这个范围越远，预报的效果越差.

(4) 不能期望经验回归方程得到的预报值就是响应变量的精确值. 事实上，它是响应变量的可能取值的平均值.

我们认为，相比较而言，人教A版新教材以系统观指导新教材编写，其处理比较有利于学生(乃至教师)对知识形成系统的认识. 而沪教版新教材基于学生认知与减负思想的指导，仅呈现主干知识，对主干知识背后的诸多细节则做了留白处理. 类似的想法与处理也出现在"§8.3 2×2 列联表"单元中. 英雄所见略同的是，两套教材对相关与回归、相关分析与回归分析的关系都做了重点阐述.

4.2.3 误差分析——从解斜三角形与卡方统计量谈起

先看两个现象.

现象1 一学生对问题"已知三角形 $\triangle ABC$ 的边长 $a=7.49$，$b=5.32$，$\angle C=30°$，求边长

c."求解如下:

解:由题意得 $a^2=56.1001$, $b^2=28.3024$, $a^2+b^2=84.4025$, $\cos C=0.87$, $2ab\cos C=69.3334$,从而 $c^2=a^2+b^2-2ab\cos C=15.0691$, $c=3.88$.

教师发现这个结果太不准确了:本来期望的解 $c=3.92$,学生在考查 $\cos C$ 时显然取的位数太少了.在很多解斜三角形问题(特别是应用题)求解时学生经常会发出这样的疑问:"老师,我的结果与答案相差较多,中间各量的计算结果究竟要保留几位有效数字才合适呢?"

现象 2 在本章 4.2.2 所述的一元线性回归问题中,衡量"最接近"的标准是离差平方和最小,此处的离差即为真实值(即观察值)与理想值(即预期值)之差(绝对误差的相反数).离差平方和最小即为绝对误差平方和(即拟合误差)最小.而在 2×2 列联表独立性检验时,所引入的度量"观察值与预期值的总体偏差"的统计量 $\chi^2=\sum\dfrac{(观察值-预期值)^2}{预期值}$. 此处所用并非绝对误差,与相对误差类似但不是相对误差.因为相对误差是 $\left|\dfrac{近似值-精确值}{精确值}\right|$, 即 $\left|\dfrac{观察值-预期值}{预期值}\right|$. 但 $\dfrac{(观察值-预期值)^2}{预期值}$ 也不是相对误差的平方.如何理解 χ^2 统计量的这种结构?

现象 1 引发的问题是:忽略小数位数的结果会出现怎样的误差?而为了给出所要的准确度,$\cos C$ 应当保留多少个小数位?

现象 2 引发的问题是:什么是绝对误差与相对误差?何时使用绝对误差?何时使用相对误差?χ^2 统计量的这种构作有何深意?

一、绝对误差与相对误差

在实际应用中测量所得的数值只能近似地知道.近似值 a 的优劣由它与精确值 x 的偏差来评定.差值 $a-x$ 叫作绝对误差 $\varepsilon=a-x$. 绝对误差越小,则近似值 a 越准确.例如 $x=\dfrac{2}{3}$ 的近似值 $a_1=0.66667$ 要比近似值 $a_2=0.667$ 准确一百倍.

如果要从近似值 a 获得该量的精确值 x,就必须对 a 加上校正值 c: $c=x-a=-\varepsilon$.

很多种情形下,常常不是给出近似值 a 的绝对误差 ε,而是给出它的相对误差 $\left|\dfrac{\varepsilon}{x}\right|$. 相对误差通常用百分数来表示.对于不是同一个量的若干近似值,可以用这种方式进行相互比较.

例 4.1 对于精确值 $x=\dfrac{2}{3}$, $y=\dfrac{1}{15}$ 分别取近似值 $a_1=0.67$, $a_2=0.07$,其绝对误差 $\varepsilon_1=a_1-x=0.67-\dfrac{2}{3}=\dfrac{1}{300}$ 以及 $\varepsilon_2=a_2-y=0.07-\dfrac{1}{15}=\dfrac{1}{300}$;而对于相对误差则得到

$$\left|\dfrac{\varepsilon_1}{x}\right|=\dfrac{\dfrac{1}{300}}{\dfrac{2}{3}}=\dfrac{1}{200}=0.005=0.5\%,$$

以及

$$\left|\dfrac{\varepsilon_2}{y}\right|=\dfrac{\dfrac{1}{300}}{\dfrac{1}{15}}=\dfrac{1}{20}=0.05=5\%.$$

虽然绝对误差相等，a_1 近似于 x 要比 a_2 近似于 y 准确十倍。

二、绝对误差界限与相对误差界限

（一）绝对误差界限

有关某个近似值的绝对误差或相对误差大小的每一个命题都是表达这个逼近准确度的命题。不过，精确值通常是不知道的，例如从测量所得的近似值就是这种情况。因此既不能计算此逼近的绝对误差，也不能计算出它的相对误差。在这种情况下，应当给出这一逼近的绝对误差或相对误差的界限。所谓某个近似值 a 的绝对误差界限，理解为绝对误差的绝对值绝不会超出的一个正数 Δa。不等式 $-\Delta a \leqslant \varepsilon \leqslant \Delta a$ 或 $a - \Delta a \leqslant x \leqslant a + \Delta a$ 总是成立。如果指出了一个 Δa，则同时就给出了 x 的一个下界和一个上界。这可简写为 $x \approx a(\pm \Delta a)$，或 $x = a \pm \Delta a$；Δa 给出了关于 a 的准确度信息。Δa 越小，近似值 a 越准确。

a 是 x 的近似值，Δa 是 a 的绝对误差界限	$x \approx a(\pm \Delta a)$ 或 $x = a \pm \Delta a$

另一方面，若对于量 a 已知两个界限 x_1 和 x_2，且 $x_1 \leqslant x \leqslant x_2$，则 $a = \dfrac{x_1 + x_2}{2}$ 是 a 的一个近似值，而 $\Delta a = \dfrac{x_2 - x_1}{2}$。

（二）相对误差界限

在技术资料中准确度常常写成 $x \approx a(\pm \delta \cdot 100\%)$ 或 $x = a \pm \delta \cdot 100\%$。量 $\delta = \left|\dfrac{\Delta a}{a}\right| = \dfrac{\Delta a}{|a|}$ 是 a 的相对误差的一个界限。

三、近似值计算结果的准确度

（一）初始误差和计算误差

如果用近似值来进行一项计算，那么一般地说，其结果同样也只是近似地正确的。首先，结果的不准确度取决于参与计算的逼近误差。在结果中以这种方式所造成的误差称为初始误差。其次，有些误差是在计算过程本身出现的，例如经受了四舍五入标准下的舍进或舍出而出现的，这叫作计算误差。计算误差总是要比初始误差小，否则初始数据的准确度就没有完全被利用。计算误差大约应是初始误差的 $\dfrac{1}{10}$ 数量级。要做到这一点可以在计算中增加小数位，然后将结果舍入到与初始误差相适应的准确度。一般地说，为了达到这个目的，有一到二位数就足够了。

边界值方法能最精密地确定出计算结果的准确度。这个方法从初始数据的下界和上界找出结果的下界和上界。感兴趣的读者可以在相关误差分析的文献中找到对这种方法的详细介绍。这种方法把初始误差和计算误差都考虑进去了。不过使用它是很费时间的，因为每一步计算都要进行两次。下面我们介绍的"确定近似值计算结果准确度"的方法叫作极限误差方法。

（二）极限误差方法

如果只是对初始误差感兴趣，那么极限误差法能更快地达到目标。它虽然不那么严格，但它提供了一种方便，能直接从初始数据的准确度找出结果误差的近似界限。极限误差方法依据下面的原理。

设要计算 k 个变量的函数 $f(x_1, x_2, \cdots, x_k)$。对于计算所需的值 $x_1, x_2, \cdots, x_k$，只能利用它们的近似值 $a_1, a_2, \cdots, a_k$。现在要求估计基于近似值 $a_1, a_2, \cdots, a_k$ 计算出的结果中所具有的误差。假设逼近具有绝对误差 $\varepsilon_1 = a_1 - x_1$，$\varepsilon_2 = a_2 - x_2$，$\cdots$，$\varepsilon_k = a_k - x_k$，它们与

值 a_i 相比是非常小的. 精确的结果应是

$$f(x_1, x_2, \cdots, x_k) = f(a_1 - \varepsilon_1, a_2 - \varepsilon_2, \cdots, a_k - \varepsilon_k).$$

如果这个等式的右端应用微分演算中已知的方法展开为级数,再略去绝对误差 ε_i 的高次项,就得到

$$f(x_1, x_2, \cdots, x_k) = f(a_1, a_2, \cdots, a_k) - \varepsilon_1 \frac{\partial f}{\partial x_1} - \varepsilon_2 \frac{\partial f}{\partial x_2} - \cdots - \varepsilon_k \frac{\partial f}{\partial x_k}.$$

这里 $f(x_1, x_2, \cdots, x_k)$ 的偏导数在点 $x_1 = a_1, x_2 = a_2, \cdots, x_k = a_k$ 取值. 对于结果的绝对误差,到 ε_i 的高次项为止,这个等式给出了表达式

$$\begin{aligned}\varepsilon_f &= f(a_1, a_2, \cdots, a_k) - f(x_1, x_2, \cdots, x_k)\\ &= \varepsilon_1 f_{x_1}(a_1, a_2, \cdots, a_k) + \varepsilon_2 f_{x_2}(a_1, a_2, \cdots, a_k) + \cdots + \varepsilon_k f_{x_k}(a_1, a_2, \cdots, a_k).\end{aligned}$$

这样,绝对误差的绝对值可以估计如下:

$$\begin{aligned}|\varepsilon_f| \leq &|\varepsilon_1| |f_{x_1}(a_1, a_2, \cdots, a_k)| + |\varepsilon_2| |f_{x_2}(a_1, a_2, \cdots, a_k)| + \cdots \\ &+ |\varepsilon_k| |f_{x_k}(a_1, a_2, \cdots, a_k)|.\end{aligned}$$

若已知绝对误差 $\varepsilon_1, \varepsilon_2, \cdots, \varepsilon_k$ 的界限 $\Delta a_1, \Delta a_2, \cdots, \Delta a_k$,则此不等式可以加强为

$$\begin{aligned}|\varepsilon_f| \leq &\Delta a_1 |f_{x_1}(a_1, a_2, \cdots, a_k)| + \Delta a_2 |f_{x_2}(a_1, a_2, \cdots, a_k)| + \cdots \\ &+ \Delta a_k |f_{x_k}(a_1, a_2, \cdots, a_k)| = \Delta f.\end{aligned}$$

就一个良好的逼近来说,值 Δf 给出了结果的绝对误差的一个界限,即我们有下面的:

> 估计计算结果准确度的基本等式:
> $$\Delta f = \Delta a_1 |f_{x_1}(a_1, a_2, \cdots, a_k)| + \Delta a_2 |f_{x_2}(a_1, a_2, \cdots, a_k)| + \cdots + \Delta a_k |f_{x_k}(a_1, a_2, \cdots, a_k)|$$

由这个等式就有可能从参与计算的近似值的极限误差计算出结果的极限误差. 在其推导中略去绝对误差 $\varepsilon_i (i = 1, 2, \cdots, k)$ 的高次项实际上相差无几.

(三) 极限误差方法应用于初等计算规则

若 a 和 b 分别是量 x 和 y 的逼近,极限误差为 Δa 和 Δb,则基本等式采取如下形式:

(1) 加法: $f(x, y) = x + y$; $|f_x| = 1$; $|f_y| = 1$; $\Delta f = \Delta a + \Delta b$.

(2) 减法: $f(x, y) = x - y$; $|f_x| = 1$; $|f_y| = 1$; $\Delta f = \Delta a + \Delta b$.

两个近似值的极限误差之和表示这两个近似值的和以及差的绝对误差的一个界限.

(3) 乘法: $f(x, y) = xy$; $|f_x| = |y|$; $|f_y| = |x|$; $\Delta f = |a|\Delta b + |b|\Delta a$; 除以 $|f(a, b)| = |ab|$ 给出 $\frac{\Delta f}{|f|} = \frac{\Delta a}{|a|} + \frac{\Delta b}{|b|}$.

(4) 除法: $f(x, y) = \frac{x}{y}$; $|f_x| = \frac{1}{|y|}$; $|f_y| = \frac{|x|}{y^2}$; $\Delta f = \frac{\Delta a}{|b|} + \frac{\Delta b |a|}{b^2}$; 除以 $|f(a, b)| = \left|\frac{a}{b}\right|$,给出 $\frac{\Delta f}{|f|} = \frac{\Delta a}{|a|} + \frac{\Delta b}{|b|}$.

两个近似值的相对误差界限之和表示这两个近似值的积以及商的相对误差的一个近似界限.

(5) 自乘方幂：$f(x)=x^n$；$|f_x|=|nx^{n-1}|$；$\Delta f = \Delta a |na^{n-1}|$；除以 $|f(a)|=|a^n|$，给出 $\dfrac{\Delta f}{|f|} = \dfrac{|n|\cdot \Delta a}{|a|}$。

一个近似值的相对误差界限的 n 倍为这个近似值 n 次幂的相对误差的一个近似界限。

极限误差方法也可应用于由和、差、积、商合成的更加复杂的计算。

为清晰起见，我们将极限误差公式以表格形式呈现，如表 4.3 所示。

表 4.3

计算类型	$f(x,y)$	绝对误差 Δf 界限	相对误差 $\dfrac{\Delta f}{|f|}$ 界限
加	$x+y$	$\Delta a + \Delta b$	$\dfrac{\Delta a + \Delta b}{|a+b|}$
减	$x-y$	$\Delta a + \Delta b$	$\dfrac{\Delta a + \Delta b}{|a-b|}$
乘	xy	$\Delta a|b|+\Delta b|a|$	$\dfrac{\Delta a}{|a|}+\dfrac{\Delta b}{|b|}$
除	$\dfrac{x}{y}$	$\dfrac{\Delta a|b|+\Delta b|a|}{b^2}$	$\dfrac{\Delta a}{|a|}+\dfrac{\Delta b}{|b|}$
自乘方幂	x^n	$\Delta a|na^{n-1}|$	$|n|\dfrac{\Delta a}{|a|}$
一般	$f(x,y)$	$\Delta a|f_x(a,b)|+\Delta b|f_y(a,b)|$	$\dfrac{\Delta a|f_x(a,b)|+\Delta b|f_y(a,b)|}{|f(a,b)|}$

（四）几个例子

例 4.2 表达式 $f=\dfrac{ab}{c}$ 对于 $a=2\pm 0.1$，$b=4\pm 0.2$，$c=2.5\pm 0.1$ 的计算给出

$$f = \dfrac{2\times 4}{2.5} = 3.2,$$

具有相对误差 $\dfrac{\Delta f}{|f|} = \dfrac{\Delta a}{|a|}+\dfrac{\Delta b}{|b|}+\dfrac{\Delta c}{|c|} = \dfrac{0.1}{2}+\dfrac{0.2}{4}+\dfrac{0.1}{2.5} = 0.14 \triangleq 14\%$，和绝对误差为 $\Delta f = 3.2 \times 0.14 = 0.448$。结果是 $f = 3.2 \pm 0.448$。

例 4.3 给出两边及夹角 $a \approx 5.2(\pm 0.05)$，$b \approx 3.4(\pm 0.05)$，$\angle C = 35°(\pm 10')$ 的三角形面积是 $S_{\triangle ABC} = \dfrac{1}{2}ab\sin C \approx 5.070$。

误差估计为

$$\Delta S = \dfrac{1}{2}\Delta a|b||\sin C|+\dfrac{1}{2}\Delta b|a||\sin C|+\dfrac{1}{2}\Delta C|a||b||\cos C|,$$

$$\dfrac{\Delta S}{|S|} = \dfrac{\Delta a}{|a|}+\dfrac{\Delta b}{|b|}+\Delta C\left|\dfrac{\cos C}{\sin C}\right| = \dfrac{0.05}{5.2}+\dfrac{0.05}{3.4}+0.0029\times 1.428$$

$$= 0.0096 + 0.0147 + 0.0042 = 0.0285 \triangleq 2.85\%。$$

因此 $\Delta S = 5.070 \times 0.0285 = 0.144$ 或 $S \approx 5.070(\pm 0.144)$,亦即 $S \approx 5.070(\pm 2.85\%)$.

值得指出的是,由问题所给条件可作出三个三角形,其两边及夹角分别是
$a - \Delta a$,$b - \Delta b$,$C - \Delta C$(即 $5.2 - 0.05$,$3.4 - 0.05$,$35° - 10'$);
a,b,C(即 5.2,3.4,$35°$);
$a + \Delta a$,$b + \Delta b$,$C + \Delta C$(即 $5.2 + 0.05$,$3.4 + 0.05$,$35° + 10'$).
从几何上看,这三个三角形呈嵌套状态,如图 4.6 所示.

如前所述,我们说极限误差方法的基本等式将初始值误差的界限同计算结果误差的界限联系了起来. 如果只有单个近似值参加计算,那么从这个基本等式,可以算出为了保证结果达到要求的准确度对这个近似值所必须选取的准确度. 在这种情况下,基本等式形式为 $\Delta f = |f'(a)| \Delta a$,其中 a 和 Δa 标记这个近似值及其极限误差. 若结果的误差不得超过 Δ_0,则必须有 $\Delta f < \Delta_0$ 或 $\Delta a < \dfrac{\Delta_0}{|f'(a)|}$,我们以本小节"现象1"中出现的例子为例来说明.

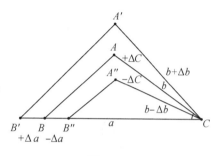

图 4.6

例 4.4 由两条边长 $a = 7.49$ 和 $b = 5.32$ 以及夹角 $C = 30°$ 计算三角形第三条边的长度 c,为了使其绝对误差小于 0.005,问 $\cos C$ 必须取多少位小数?

分析与解 因为 $c = \sqrt{a^2 + b^2 - 2ab\cos C}$,因此

$$\frac{\partial c}{\partial (\cos C)} = -\frac{ab}{\sqrt{a^2 + b^2 - 2ab\cos C}} = -\frac{ab}{c}.$$

且 $\Delta c = \Delta(\cos C) \times \dfrac{ab}{c} = \Delta(\cos C) \times 1.2$.

因为 $\Delta c < 0.005$ 必须成立,所以 $\Delta(\cos C) < \dfrac{0.005}{10.2} = 4.9 \times 10^{-4}$. 由此得出 $\cos C$ 的值至少准确到三位小数.

如果计算的结果依赖于几个初始值,那么为了保证结果具有给定准确度而从极限误差的基本方程来确定初始数据所必需的准确度问题当然是一个不定问题. 对于多个变量的计算只有一个线性方程可以利用. 不过,借助于基本方程可以估计出各个误差对于结果的影响大小,从而可以认识到某一些初始值必须选取得具有特定的准确度.

例 4.5 要确定正圆锥的体积. 测得底圆的直径 $d \approx 16$ 及高度 $h \approx 32$. 为了使结果的相对误差不超过 1%,问测量必须有怎样的准确度?在计算中 π 应取多少位小数?

分析与解 锥的体积 $V = \dfrac{1}{3}\pi r^2 h = \dfrac{1}{3}\pi \left(\dfrac{d}{2}\right)^2 h = \dfrac{\pi}{12} hd^2$. 如果 $\Delta \pi$,Δh,Δd 分别为 π,h,d 绝对误差的界限,那么体积相对误差的界限给出如 $\dfrac{\Delta V}{V} = \dfrac{\Delta \pi}{\pi} + \dfrac{\Delta h}{h} + \dfrac{2\Delta d}{d}$. 由条件 $\dfrac{\Delta V}{V} < 0.01$ 得到不等式 $0.31831\Delta\pi + 0.03125\Delta h + 0.125\Delta d < 0.01$. 单独利用这个关系,不可能给出 $\Delta\pi$,Δh 和 Δd 的唯一估计. 不过可以看出,在确定直径时产生的一个误差对于结果的影响要比测量高度时一个误差的影响大四倍. 测量直径时 $\Delta d = 0.1$ 的准确度是不够的. 单单由这

项误差所造成的结果相对误差可达 1.25%. 若直径测量具有准确度 0.05, 则 $\Delta d = 0.05$, 而其他两个误差的界限必须满足条件

$$0.318\,31\Delta\pi + 0.031\,25\Delta h < 0.003\,75.$$

高度测量中的误差最多为 0.12, 此时 π 必须没有误差. 如果高度测量的准确度提高到 $\Delta h = 0.1$, 那么 π 的误差界限必须满足 $0.318\,31\Delta\pi < 0.000\,625$ 或 $\Delta\pi < 0.002$. 这样, π 舍入到两位小数取值 3.14 就能满足条件. 由此得出, 若测量直径具有 $\Delta d = 0.05$ 的准确度, 高度具有准确度 $\Delta h = 0.1$ 并且取 $\pi = 3.14$, 则计算圆锥的体积至少具有 1% 的准确度.

类似于例 4.3, 从几何上看, 正圆锥截面所对应的三角形也呈三个三角形嵌套之态.

通过以上对"现象 1、2 引发的问题"的部分探讨, 笔者内心的感受是: 数学无小事! 没想到一旦对自己身边每年都遇到的现象(学生在解斜三角形时遇到的近似值与答案有出入的困惑每年都有)深入下去, 背后竟然有这么多值得研究的奥妙. 以前每年学生问自己上述问题时, 笔者往往提供两条建议: ①尽量减少中间量的计算, 使用计算器时把最终需求量的表达式一次性输入; ②在计算中间量时多保留几位小数. 但现在寒假期间在思考一元线性回归与卡方检验中的统计量的构作时, 偶然回忆起以前三角中的学生困惑, 通过查阅资料、学习思考, 发现这么多背后的知识海洋. 其实, 前面我们所述只不过是误差理论中的沧海一粟而已, 其触角触及高等数学中的微积分、概率统计、数论等领域.

数学发现的自然性不就在"认真对待身边的小困惑、小问题、小想法、小灵感"之中吗? 盯着它们执着思考、迂回推进、坚定信念、遇阻不弃, 终会获得属于自己的数学发现. 甚至可能会获得能改变人类文明进程的数学大发现.

接下来我们来看"现象 2 引发的问题"中的"χ^2 统计量的这种构作有何深意?".

设关于分类变量 X 和 Y 的抽样数据的 2×2 列联表如表 4.4 所示(如 $Y=0$ 表示不患肺癌, $Y=1$ 表示患肺癌; $X=0$ 表示不吸烟, $X=1$ 表示吸烟, 等等):

表 4.4

X	Y		合计
	$Y=0$	$Y=1$	
$X=0$	a	b	$a+b$
$X=1$	c	d	$c+d$
合计	$a+c$	$b+d$	$n=a+b+c+d$

在零假设 H_0 成立的条件下, 我们可算得相应的预期值, 如表 4.5 所示.

表 4.5 增加了预期值的列联表

	观察值		预期值		合计
	$Y=0$	$Y=1$	$Y=0$	$Y=1$	
$X=0$	a	b	A	B	$a+b$
$X=1$	c	d	C	D	$c+d$
合计	$a+c$	$b+d$	$a+c$	$b+d$	$n=a+b+c+d$

其中 $A=\dfrac{(a+b)(a+c)}{n}$, $B=\dfrac{(a+b)(b+d)}{n}$, $C=\dfrac{(c+d)(a+c)}{n}$, $D=\dfrac{(c+d)(b+d)}{n}$.

如果零假设 H_0 成立,下面四个量的取值都不应该太大:

$$\left|a-\dfrac{(a+b)(a+c)}{n}\right|, \left|b-\dfrac{(a+b)(b+d)}{n}\right|, \left|c-\dfrac{(c+d)(a+c)}{n}\right|, \left|d-\dfrac{(c+d)(b+d)}{n}\right|. \quad (**)$$

反之,当这些量的取值较大时,就可以推断 H_0 不成立.

显然,分别考虑($**$)中的四个差的绝对值很困难. 我们需要找到一个既合理又能够计算分布的统计量,来推断 H_0 是否成立. 一般来说,若频数的期望值较大,则($**$)中相应的差的绝对值也会较大;而若频数的期望值较小,则($**$)中相应的差的绝对值也会较小. 为了合理地平衡这种影响,历史上数学家通常将四个差的绝对值取平方后分别除以相应的期望值再求和,得到如下的统计量:

$$\chi^2 = \dfrac{\left|a-\dfrac{(a+b)(a+c)}{n}\right|^2}{\dfrac{(a+b)(a+c)}{n}} + \dfrac{\left|b-\dfrac{(a+b)(b+d)}{n}\right|^2}{\dfrac{(a+b)(b+d)}{n}} + \dfrac{\left|c-\dfrac{(c+d)(a+c)}{n}\right|^2}{\dfrac{(c+d)(a+c)}{n}} + \dfrac{\left|d-\dfrac{(c+d)(b+d)}{n}\right|^2}{\dfrac{(c+d)(b+d)}{n}},$$

该表达式可化简为 $\chi^2 = \dfrac{n(ad-bc)^2}{(a+b)(c+d)(a+c)(b+d)}$.

正像一元线性回归中遇到的那样,取 $\sum_{i=1}^{n}(y_i-ax_i-b)^2$,而不取 $\sum_{i=1}^{n}\dfrac{(y_i-ax_i-b)^2}{a^2+1}$;此处不取绝对误差(或其平方),也不取相对误差(或其平方),其更深刻的道理尚待深究(可能要考虑更深层的数学背景,如卡方分布等;考虑实际操作的有效性;考虑统计量的各种结构下基于误差比较的最小化等等). 生命有限,知识无涯;人生意义,勇探未知!

4.2.4 数列是数?

我们知道有理数系可以扩充到实数系,实数包括有理数和无理数两部分. 从历史上看,早在公元前古希腊时期,就已经发现不可公度线段,指出"无理数"的存在. 但有关实数的理论却直到 19 世纪末,为奠定微积分基础的需要才完整地建立起来.

我们先看中学数学教材中是如何介绍实数的.

在沪教版《九年义务教育课本 数学七年级 第二学期(试用本)》"第十二章 实数"的"第 1 节 实数的概念"中,先介绍有理数的意义:有理数就是分数,一个分数可以表示为有限小数(包括整数),或者表示为无限循环小数. 然后再介绍公元前 470 年的古希腊数学家希帕斯发现单位正方形的对角线长(即后来的 $\sqrt{2}$)不能是有限小数,也不能是无限循环小数. 于是,$\sqrt{2}$ 只能是无限不循环小数. 接下来就把这种新的数,即"无限不循环小数"叫作无理数. 可以看到,这是在与有理数的意义进行比较后,通过理性思考得到的结论.

接下来,课本上阐述了用有理数列左右夹逼的方法得到无理数、用数轴上的点表示实数等. 又在第十二章末的"阅读材料"中证明了为什么$\sqrt{2}$不可能是有理数,并又特别总结了希帕斯数学发现的意义:"希帕斯的发现,第一次向人们揭示了原来的有理数存在缺陷,说明并不是任意线段的长度都能用有理数来表示;也说明有理数并没有布满数轴,在数轴上存在着不能用有理数表示的'孔隙'. 这一伟大的发现,引起了人们对一种新的数的研究,促使人们从依靠直觉、经验而转向重视理性分析和论证,推动了公理几何学与逻辑学的发展,并且孕育了微积分的思想萌芽. 这种新的数是无限不循环小数,被称为无理数. 数学家经过长期的坚持不懈的努力,在这一认识的基础上逐步建立了实数的理论."

作为教师自然要问:"数学家是如何逐步建立实数理论的?"尤其是高中数学教师,如果不了解这一点,在教授高中"指数幂的拓展"内容时便会面临困惑.

当笔者在相关参考文献中读到"用'基本数列'定义实数"时便深深被其吸引,这便是康托尔的实数理论.

一、建立实数的原则

有理数全体所组成的集合 **Q**,构成一个阿基米德有序域,数学家们希望有理数扩充到实数之后,全体实数的集合也构成阿基米德有序域.

所谓集合 F 构成一个阿基米德有序域,是说它满足以下三个条件:

(1) F 是域　在 F 中定义了加法"＋"与乘法"·"两个运算. 满足加法结合律与交换律;乘法结合律与交换律;乘法关于加法的分配律. 存在零元素和负元素;存在单位元素与逆元素.

(2) F 是有序域　在 F 中定义了序关系"＜". 具有如下(全序)性质:传递性,三歧性,加法保序性与乘正数保序性.

(3) F 中的元素满足阿基米德公理　对 F 中任意两个正元素 a，b,必存在正整数 n,使得 $na > b$.

有理数集 **Q** 满足上述所有条件,所以它是一个阿基米德有序域. 数学家们现在的目标是:(ⅰ)利用有理数作材料,构造出一种足以建立圆满极限理论的新的数,而把有理数作为它的一部分. (ⅱ)新数全体仍然构成阿基米德有序域(而且是最大的). 特别当有理数作为新数进行运算时,仍保持原来的运算规律,这种新数就称为实数. 用有理数构造新数的方法很多,例如用无限小数、区间套说、戴德金的分划说、康托尔的"基本数列"说. 下面介绍的是康托尔的实数理论,希望能从大师的思想脉络中获得一些启发.

二、用"基本数列"定义实数

康托尔实数理论的基本思想,就是要定义实数为有理数的极限,但又要避免循环定义.

设 $a_1, a_2, \cdots, a_n, \cdots$ 是有理数所组成的数列. 若对任给的正有理数 ε,总存在正整数 N,使得当 $p, q > N$ 时,都有 $|a_p - a_q| < \varepsilon$,则称 $\{a_n\}$ 是有理数所构成的基本数列. 下文出现的基本数列均指由有理数所构成的基本数列.

由极限理论可知,有极限的有理数列都应该是基本数列. a 为有理数的常数数列 $\{a\}$ 当然是基本数列,它的极限就是 a 本身. 对 2 进行开平方,可依次得出的一列有限小数:1,1.4,1.41,1.414,1.4142,$\cdots$也是一个基本数列. 如果已经定义了实数的话,那么它的极限应该是 $\sqrt{2}$. 但是在尚未引入无理数而只有有理数的时候,上述基本数列是没有极限的,因为任何有理数都不是它的极限. 这就启示我们,干脆把"基本数列"当作一种新的"数"来看岂不是好? 这样一来凡收敛于有理数 a 的基本数列,把它看作有理数;凡不能收敛于有理数的基本数列,就看作新的"数"——无理数. 从而把基本数列全体当作一个"数集"来看待时,称它为实数集. 这正是康托尔由有理数扩充为实数的思想.

接下来需将上述设想通过严格的论述变为现实.

设 $\{a_n\}$ 和 $\{b_n\}$ 是两个基本数列. 假如对任意的有理数 $\varepsilon>0$,都存在正整数 N,使得当 $n>N$ 时总有 $|a_n-b_n|<\varepsilon$,则称 $\{a_n\}$ 和 $\{b_n\}$ 等价,记作 $\{a_n\}\sim\{b_n\}$ 或 $a_n-b_n\to 0$.

例如:$\left\{\dfrac{1}{n}\right\}\sim\left\{\dfrac{1}{n^2}\right\}$,$\left\{\left(1+\dfrac{1}{n}\right)^n\right\}\sim\left\{\left(1+\dfrac{1}{n+1}\right)^n\right\}$.

容易验证,关系"$\sim$"具有自反性、对称性和传递性.

定义 1(实数) 我们考虑基本数列的全体.把彼此等价的基本数列归为一类,每一类称为一个实数.记号 $\alpha=[a_n]$ 表示与 $\{a_n\}$ 等价的基本数列类构成的实数是 α,$\{a_n\}$ 叫作 α 的一个代表.凡和任一有理数 a 组成的常数列 $\{a\}$ 等价的类称为有理数,不能和任一有理数常数列等价的类称为无理数.

其实,等价类的概念在过去就出现过.如在有理数背景下,$\dfrac{1}{2}$ 就表示一个等价类 $\left\{\dfrac{1}{2},\dfrac{2}{4},\dfrac{3}{6},\dfrac{4}{8},\cdots\right\}$,其中每个元素都可作为这个等价类的代表(习惯上取既约分数 $\dfrac{1}{2}$ 为其代表).在这里用的是相同的思想,不同的地方在于:有理数用一对整数表示,而无理数要用无限多个有理数组成的基本数列才能定义.

有理数的等价类表明它们具有同样的比值,而实数的等价类则保证了同一类基本数列如有极限的话它们的极限值彼此相同.从基本数列到等价类,体现了进一步的抽象.今后不只是研究基本数列的性质,而主要是着眼于等价的基本数列所共有的性质.

接下来要在全体实数集 **R** 中引入序和四则运算,并证明它构成阿基米德有序域.

三、实数的有序性

有理数之间可以比较大小,这种大小关系是一种"序",它具备三歧性与传递性.现在要设法在 **R** 中规定一种大小关系,证明这种关系也满足上述两条性质.这一大小关系就称为 **R** 的序.并且这个序对有理数而言,必须正好就是有理数原来的大小.

定义 2(实数的大小) 设 $\alpha=[a_n]$ 和 $\beta=[b_n]$ 是两个实数.若 $\{a_n\}\sim\{b_n\}$,则称 α 和 β 相等,记为 $\alpha=\beta$.若存在正有理数 δ 和自然数 N,使得当 $n>N$ 时总有 $a_n-b_n>\delta$,则称 $[a_n]$ 类大于 $[b_n]$ 类,记为 $\alpha>\beta$,也称为 $[b_n]$ 类小于 $[a_n]$ 类,记为 $\beta<\alpha$.

按上述定义的相等以及大于、小于有意义吗?

首先,这样定义的相等是有意义的.因为等价关系具有对称性与传递性,所以 α 和 β 中只要有一组代表 $\{a_n\}$ 和 $\{b_n\}$ 等价,则任何两个代表之间也都彼此等价,就是说两实数相等不依赖于代表的选择.其次,上述定义的"大于"和"小于"也是有意义的.这是因为设 $\{a'_n\}\sim\{a_n\}$,$\{b'_n\}\sim\{b_n\}$,存在 $\delta>0$ 和 N,当 $n>N$ 时,总有 $a_n-b_n>\delta$.那么,由于存在 N',当 $n>N'$ 时,$|a'_n-a_n|<\dfrac{\delta}{3}$,$|b'_n-b_n|<\dfrac{\delta}{3}$.故当 $n>\max\{N,N'\}$ 时,就有

$$a'_n-b'_n=a'_n-a_n+a_n-b_n+b_n-b'_n\geqslant a_n-b_n-|a'_n-a_n|-|b'_n-b_n|>\delta-\dfrac{\delta}{3}-\dfrac{\delta}{3}=\dfrac{\delta}{3},$$

由此可知只需取 $\delta_1=\dfrac{\delta}{3}$,$N_1=\max\{N,N'\}$,则当 $n>N_1$ 时总有 $a'_n-b'_n>\delta_1$. 即 $\alpha>\beta$ 不依赖于代表的选择.对于 $\alpha<\beta$ 当然也是如此.

在上述定义下,可证三歧性满足,即有下面的定理 1(证略).

定理 1 设 $\alpha=[a_n]$ 和 $\beta=[b_n]$ 是两个实数,则下列三个关系式:$\alpha=\beta$, $\alpha<\beta$, $\alpha>\beta$ 中必有一个且只有一个成立.

由定义很容易推出,若 $\alpha<\beta$, $\beta<\gamma$,则 $\alpha<\gamma$. 把这一事实和定理 1 的结论结合起来,说明实数的这种大小关系满足三歧性与传递性.

由于常数列是基本数列,按实数的大小定义和有理数原来的定义显然是一致的(证略).

这样,我们就得到了实数的序,它是有理数原来序的扩充.

定理 1 的推论 若 $\alpha=[a_n]\neq 0$,则必存在一个有理常数 $d>0$ 以及某个正整数 N,使得当 $n>N$ 时,总有 $|a_n|\geqslant d$,而且或者恒为 $a_n\geqslant d$,或者恒为 $a_n\leqslant -d$. 前者相当于 $\alpha>0$,后者相当于 $\alpha<0$.

证明从略.

四、全体实数构成阿基米德有序域

下文出现的定理也只呈现结论,不再证明,感兴趣的读者朋友可以在相关数学文献中查到.

现在要在 **R** 中引入加法和乘法,以及它们的逆运算减法和除法. 这需要下面的定理 2.

定理 2 基本数列是有界数列. 若 $\{a_n\}$ 和 $\{b_n\}$ 是两个基本数列,那么 $\{a_n+b_n\}$, $\{a_n-b_n\}$, $\{a_nb_n\}$ 都是基本数列. 如果存在一个正数 $c>0$ 适合 $|b_n|>c>0$, $n=1,2,\cdots$,则 $\left\{\dfrac{a_n}{b_n}\right\}$ 也是基本数列.

定义 3(实数的四则运算) 设 α 和 β 是两个实数,其代表分别是 $\{a_n\}$ 及 $\{b_n\}$. 这时 $\{a_n+b_n\}$, $\{a_n-b_n\}$, $\{a_nb_n\}$ 及 $\left\{\dfrac{a_n}{b_n}\right\}$ ($b_n\neq 0$, $\{b_n\}\neq 0$) 都是基本数列,以它们为代表的实数分别称为 α 与 β 的和、差、积、商,记为 $\alpha+\beta$, $\alpha-\beta$, $\alpha\cdot\beta$, $\dfrac{\alpha}{\beta}$.

这一定义指出了实数应该怎样进行四则运算,但是没有说明运算的结果是否唯一,即随着 α,β 的代表选得不同,运算的结果会不会不同? 事实上,这个问题的答案是否定的,这由下面的定理 3 可以保证.

定理 3 如果 $\{a_n\}\sim\{a'_n\}$, $\{b_n\}\sim\{b'_n\}$,则必有 $\{a_n\pm b_n\}\sim\{a'_n\pm b'_n\}$, $\{a_n\cdot b_n\}\sim\{a'_n\cdot b'_n\}$. 又若 $b_n\neq 0$, $b'_n\neq 0$, $\{b_n\}\neq 0$, $\{b'_n\}\neq 0$,则 $\left\{\dfrac{a_n}{b_n}\right\}\sim\left\{\dfrac{a'_n}{b'_n}\right\}$.

有了上面的四则运算,实际上已经定义了 $\{a_n\}$ 的负元素是 $\{-a_n\}$,$\{a_n\}$ 的逆元素是 $\left\{\dfrac{1}{a_n}\right\}$ ($a_n\neq 0$, $\{a_n\}\neq 0$). 还可以逐条地验证在"一、建立实数的原则"中提出的关于 **R** 构成域的所有条件,如加法的结合律、交换律、乘法的结合律、交换律以及乘法对加法的分配律等等.

下面的定理 4 与定理 5 保证了 **R** 是有序域且具有阿基米德性质.

定理 4 设 α,β,γ 为实数,则:(i)若 $\alpha<\beta$,则 $\alpha+\gamma<\beta+\gamma$;(ii)若 $\gamma>0$, $\alpha<\beta$,则 $\alpha\gamma<\beta\gamma$.

定理 5(阿基米德性) 对任意实数 α,β,若 $\beta>\alpha>0$,则存在正整数 N,使得 $N\alpha>\beta$.

下面的定理 6 验证了所定义的实数与有理数一样具有稠密性.

定理 6(稠密性) 任意两个不相等的实数之间有有理数,也有无理数.

五、实数的完备性

前已证明,实数域 **R** 和有理数域 **Q** 一样,都是阿基米德有序域,且 **R** 包含 **Q** 作为真子集. 那么自然要问:能否用 **R** 中的数再构成基本数列,进一步扩张为更大的阿基米德有序域呢?

回答是否定的.也就是说,把有理数包含在内的阿基米德有序域中,实数域 **R** 已经是最大的,实数全体已足够完备,拿实数构成基本数列再也扩不出"新"的数来了(当然扩张为其他数域是可以的,例如复数域,但那里已没有"序",也没有阿基米德性质).

在康托尔引入的实数域 **R** 中,有理数 a 就是和常数列 $a, a, \cdots, a, \cdots$ 等价的基本数列类. 我们用 $[a]$ 记这个新的有理数,a 是有理数域 **Q** 中的元素,$[a]$ 则是 **R** 中的元素,a 和 $[a]$ 是一一对应的,而且大小次序四则运算都能保持对应关系. 即 **Q** 和全体 $[a]$ 形成的集合 $\mathbf{Q}^0$ 形成同构. 故由 **Q** 中有理数 a_n 构成的基本数列 $a_1, a_2, \cdots, a_n, \cdots$ 和由 **R** 中有理数构成的基本数列 $[a_1], [a_2], \cdots, [a_n], \cdots$ 可以不加区别,将后者记作 $\{[a_n]\}$.

现在证明 **R** 中任意实数 $\alpha = \{a_n\}$ 都能用 **R** 中有理数任意逼近. 因为 $\{a_n\}$ 是基本数列,故对有理数 $\varepsilon > 0$,总有 N,当 $p, q > N$ 时,$|a_p - a_q| < \varepsilon$. 考虑 **R** 中序列

$$[a_1], [a_2], \cdots, [a_k], \cdots,$$

对任意常数 $\varepsilon > 0$,总可找到自然数 N,当 $p > N$ 时,

$$\alpha - \{a_p\} = \{a_1 - a_p, a_2 - a_p, \cdots, a_N - a_p, \cdots, a_p - a_p, \cdots, a_n - a_p, \cdots\}$$

显然是一个基本数列,而且当 $n > N$,$p > N$ 时,不等式 $|a_n - a_p| < \varepsilon$ 成立,这也就是说在 **R** 中 $|\alpha - [a_p]| < \varepsilon$ 成立. 用极限的语言来说,就是在新数系 **R** 中 $\lim\limits_{p \to \infty} [a_p] = \alpha$,或者当 $p \to \infty$ 时,$\alpha - \{[a_p]\} \to 0$. 因 $[a_p]$ 和 a_p 不加区别,也可以认为 $\lim\limits_{p \to \infty} a_p = \alpha$.

在上述诸多准备基础上可以得到定理 7.

定理 7(实数的完备性) **R** 中实数的基本数列等价类和 **R** 中有理数的基本数列等价类是一一对应的. 也就是说用 **R** 中实数构成基本数列所得到的集合仍是由有理数基本数列全体形成的 **R** 本身.

定理 7 实际上证明了任何由实数所组成的基本数列都有极限. 因此在所建立的实数系中,"数学分析"中所讲的极限存在的柯西收敛准则也是成立的.

为了完善实数理论,还需指出在所建立的实数系中,"数学分析"中所讲的几个实数的基本定理仍然成立,如单调有界定理、区间套定理、确界存在定理、聚点定理、有限覆盖定理等.

在中学教科书等一些课本中是用无限小数来定义实数的. 这实际上是把实数看成不足近似值数列和过剩近似值数列的极限,而这两个数列都是有理数基本数列. 我们前面所叙述的康托尔方法则是从更一般的基本数列出发定义实数,有其简便之处,例如基本数列的加减乘除都仍是基本数列,但两个不足近似值相减就未必是不足近似值. 再如用无限小数来表示有理数不唯一,叙述起来较为烦琐,所以用无限小数定义实数,虽较直观易懂,但实际采用者不多.

回顾数系的扩展,我们发现:由 **N** 到 **Z** 的扩充,是为了减法的缘故(群),不过却因此"丧失"了"首元";由 **Z** 到 **Q** 是为了除法(域),但是没有了"下一个元",如在 **Z** 中 7 的下一个元素是 8,但在 **Q** 中 $\frac{7}{8}$ 的下一个元素是没有意义的;由 **Q** 到 **R** 并不是为了 $x^2 - 2 = 0$ 有解,而是使得所有收敛序列均有极限(即拓扑完备),不过 **R** 却丧失了"可数性";由 **R** 扩展到 **C**,才能使所有非常数的多项式皆有根(即代数封闭),然而 **C** 中却没有了序关系.

数是什么? 它似乎是最自然、最简单不过的东西,但从数系的扩充来看,数其实有很多"种". 有些比较贴近现实生活,如自然数、整数等,有些已渐渐有了"人造物"的意味,如虚数即是理性思维的结果. 由无到有,无中生有是最困难的事情,在有理数基础上建立严格的实数理

论,有些操作看起来好像自然但其实不然,别人写出来自己能看懂与自己独立发现有天壤之别.因此,尽管在有理数基础上建立实数理论只是康托尔的一项小成就,但在常人看来已然极为了不起.其成功的自然性在于坚持不懈.正如反过来分析问题与换一个角度分析问题看起来很自然,但想不想得到、用不用得好则另当别论.否则也不会直到拉格朗日逆向思考的灵光闪现才止住了瞎蒙乱撞寻求代数方程根式解的探索进程,从而为伽罗瓦的最终登顶带来光明;由垂直划分的黎曼积分到水平划分的勒贝格积分看起来是一种十分自然的迁移,但勒贝格所用的这种简单而富有想象力的思想"采用函数值域的划分代替定义域的划分"又有几人想得到呢?马克思有一句名言:"在科学上是没有平坦的大路可走的,只有那些在崎岖小路的攀登上不畏劳苦的人,才有希望到达光辉的顶点."数学家是如此,每一个平凡人不也是如此吗?大家在自己人生的道路上都会面对一座座高低不等的山峰,我们都可以也应当尽力去征服这一座座山峰,并达到自己力所能及的顶点.

4.2.5 指导解析几何学习的射影几何

运用射影几何中的结论命制、理解或分析解析几何试题一直是教师津津乐道的话题与研究课题,也是高观点下的中学数学研究的一个重要方向.而2024年,大概是为了引起教师或学生进一步的重视,射影几何作为压轴题走向了前台(不隐藏在题后了).

一、一道试题

江苏省四校联合2024届高三新题型适应性考试数学试卷是一套采用了新模式的考卷[总题量共19题:八道单选每题5分共40分;三道多选每题6分共18分;三道填空每题5分共15分;五道解答共77(13+15+15+17+17)分],最后一题追随九省联考(2024年1月普通高等学校招生全国统一考试适应性测试数学试题)模式,是一道新定义问题.该题背景是射影几何,第(1)问是证明交比的两个性质;第(2)问是证明交比的射影不变性定理(透视保交比);第(3)问则是要证明射影几何中的笛沙格定理,原题如下:

> 19.（17分）
> 交比是射影几何中最基本的不变量,在欧氏几何中亦有应用.设 A,B,C,D 是直线 l 上互异且非无穷远的四点,则称 $\dfrac{AC}{BC} \cdot \dfrac{BD}{AD}$（分式中各项均为有向线段长度,例如 $AB=-BA$）为 A,B,C,D 四点的交比,记为 $(A,B;C,D)$.
>
> （1）证明:$1-(D,B;C,A)=\dfrac{1}{(B,A;C,D)}$;
>
> （2）若 l_1,l_2,l_3,l_4 为平面上过定点 P 且互异的四条直线,L_1,L_2 为不过点 P 且互异的两条直线,L_1 与 l_1,l_2,l_3,l_4 的交点分别为 A_1,B_1,C_1,D_1,L_2 与 l_1,l_2,l_3,l_4 的交点分别为 A_2,B_2,C_2,D_2,证明:$(A_1,B_1;C_1,D_1)=(A_2,B_2;C_2,D_2)$;
>
> （3）已知第（2）问的逆命题成立,证明:若 $\triangle EFG$ 与 $\triangle E'F'G'$ 的对应边不平行,对应顶点的连线交于同一点,则 $\triangle EFG$ 与 $\triangle E'F'G'$ 的对应边的交点在一条直线上.

试题分析 面对陌生情境,特别是面对新定义问题,通过将符号语言翻译为文字语言可跨越字母繁多、眼花缭乱、思绪错乱的慌张之态,继而从表面的乱象中读出形式之序与思维之序.

题设中所定义的交比 $(A,B;C,D)=\dfrac{AC}{BC}\cdot\dfrac{BD}{AD}$ 其实是"比的比",即 $(A,B;C,D)=\dfrac{\dfrac{AC}{BC}}{\dfrac{AD}{BD}}$.

第(1)小问中出现的两个交比$(B,A;C,D)$,$(D,B;C,A)$相对于交比$(A,B;C,D)$在形式上的变化是:保持$(A,B;C,D)$中的字母C,D的位置不变,而交换字母A,B的位置即得$(B,A;C,D)$;保持$(A,B;C,D)$中的字母B,C的位置不变,而交换字母A,D的位置即得$(D,B;C,A)$.

在射影几何中,交比$(P_1,P_2;P_3,P_4)$中的P_1,P_2称为基点偶(或基点对),P_3,P_4称为分点偶(或分点对).第(1)小问其实考查了交比的两个性质.

性质1 基点偶的两个字母交换,或者分点偶的两个字母交换,交比值变为原来交比值的倒数,即 $(P_2,P_1;P_3,P_4)=(P_1,P_2;P_4,P_3)=\dfrac{1}{(P_1,P_2;P_3,P_4)}$(若同时交换每个点偶里的字母,交比值不变).

性质2 交换中间两个字母,或交换两端的两个字母,交比的值变为1减去原来的交比值,即 $(P_1,P_3;P_2,P_4)=(P_4,P_2;P_3,P_1)=1-(P_1,P_2;P_3,P_4)$(若同时交换中间两个字母与两端两个字母,交比值不变).

因此,第(1)小问等式的左端与右端的值均等于交比$(A,B;C,D)$的值. 与所有多问型新定义问题相同,第(1)小问的作用主要是让学生熟悉题设中所给的新定义的含义,属于初步应用.

第(2)小问对学生来讲其实并不陌生,在正弦定理单元曾遇到过类似背景的问题,其关键是"心有整体",即我们所需要的是"比的值",而不是每一条有向线段的数量值. 有了这种思考就可诱发出将面积作为转化的桥梁. 第(2)小问证明的其实是交比的射影不变性定理(即交比的透视不变性,或称透视保交比).

第(3)小问容易让人想起立体几何中的相关问题(线共点与点共线),但需避免负迁移,因为此处的平台是平面,而不是空间(就像有些教过多年立体几何的教师在看初中平面几何试题时会看成立体图). 第(3)小问的证明需紧紧扣住题设所给的新定义,并有意识地想着运用前两小问的结论(甚至方法). 当然,第(3)小问的难点首先在于作图与理解题意(已知什么? 要做什么?). 在作出图、理解清楚题意后正用两次第(2)小问的结论,再逆用一次第(2)小问的结论即得证.

第(3)小问证明的其实是高数背景下的笛沙格定理(也出现在平面几何中):

若两个三角形$\triangle EFG$和$\triangle E'F'G'$的对应顶点的连线EE',FF',GG'交于同一点,则两三角形的对应边EF和$E'F'$、FG和$F'G'$、GE和$G'E'$全部交在同一条直线上.

另外,笛沙格定理也有逆定理:

若两个三角形$\triangle EFG$和$\triangle E'F'G'$的对应边EF和$E'F'$、FG和$F'G'$、GE和$G'E'$的三个交点在同一条直线上,则两三角形对应顶点的连线EE',FF',GG'交于同一点.

当然,该逆定理只是射影几何中对偶原理的自然体现. 在射影几何中,一些成对的概念:"直线的点"和"线束的直线","连结"和"相交","落在"和"通过"可以相互交换,因为它们由等价的代数运算或方程表示. 在这种意义下,存在一个对偶原理:射影几何的真命题可通过相互交换变成另一真命题. 例如,"两个不同点恰在一条直线上"的定理可变成"两条不同直线恰过一个点"的定理. 因此,对于射影几何的每一个定理都有一个对偶形式,它的证明可以从原定理的证明中得到. 对偶是射影几何的核心概念.

上述19题中三小问的具体解答此处从略,它们可在网络上容易找到.

解完本题后,作为教师,一个自然的问题是:本题非平面几何,亦非解析几何、立体几何,那么,本题究竟考学生什么呢? 与高中数学知识、方法、思想有何联系? 课本中能找到其原型或来源吗？对高三第二学期的数学复习有何助益或启发？中国数学教育的软肋"高中空转"只靠高考试卷结构与压轴题模式的改变能消解吗？

仔细审视这道江苏四校联考卷的第19题（如下），发现与九省联考卷的第19题的命题意图十分相似．重点考查考生数学阅读、独立思考、逻辑推理、数学表达等关键能力．试题任务所驱动的不是单纯的旧知记忆和理解，而是关注了新概念的引入、理解、探究和表达．

19.（17分）

离散对数在密码学中有重要的应用．设 p 是素数，集合 $X=\{1,2,\cdots,p-1\}$，若 u，$v\in X$，$m\in \mathbf{N}$，记 $u\otimes v$ 为 uv 除以 p 的余数，$u^{m,\otimes}$ 为 u^m 除以 p 的余数；设 $a\in X$，1，a，$a^{2,\otimes}$，$\cdots$，$a^{p-2,\otimes}$ 两两不同，若 $a^{n,\otimes}=b(n\in\{0,1,\cdots,p-2\})$，则称 n 是以 a 为底 b 的离散对数，记为 $n=\log(p)_a b$．

（1）若 $p=11$，$a=2$，求 $a^{p-1,\otimes}$．

（2）对 m_1，$m_2\in\{0,1,\cdots,p-2\}$，记 $m_1\oplus m_2$ 为 m_1+m_2 除以 $p-1$ 的余数（当 m_1+m_2 能被 $p-1$ 整除时，$m_1\oplus m_2=0$）．证明：$\log(p)_a(b\otimes c)=\log(p)_a b\oplus \log(p)_a c$，其中 b，$c\in X$．

（3）已知 $n=\log(p)_a b$．对 $x\in X$，$k\in\{1,2,\cdots,p-2\}$，令 $y_1=a^{k,\otimes}$，$y_2=x\otimes b^{k,\otimes}$．证明：$x=y_2\otimes y_1^{n(p-2),\otimes}$．

若仔细研读高考数学评价体系，如"考查理性思维、数学应用、数学探索、数学文化四类学科素养；突出考查逻辑思维能力、运算求解能力、空间想象能力、数学建模能力、创新能力五种关键能力；考查要求是试题具有学科特点的基础性、综合性、应用性、创新性；通过设置课程学习情境、探索创新情境、生活实践情境为试题情境更好地落实考查内容和考查要求"，我们就能理解适应考卷中命制如以上两题类似的题并不奇怪．因此，教师一定要以高考评价体系为指导，结合适应考卷，引领学生做好高三数学复习．具体来讲，教师必须从教知识转变到培养数学思维，从多刷题到带着学生研究经典好题，多做变式，多做归纳总结，多自己去发现和研究．两道第19题考查的都是学生的思维方式，包括对研究对象定义的理解，基于定义的逻辑推理、数学运算，当然还有阅读理解、数学表达等．事实上，在阅读题目时，数学符号是很大的拦路虎，而符号化正是数学文本的独特之处．所以，教学中务必加强对教材的阅读理解，引导学生读一点数学书，加强实际问题转化为数学问题的训练（包括符号化表达的训练），对提升学生的应试水平是非常重要的．

人民教育出版社章建跃博士曾对九省联考的第19题表达过这样的观点：它本来就不是为大多数学生命制的，而是为了拔尖人才选拔的需要，更何况这只是一次"适应性演练"，所以我们也不必太在意，对压轴大题应平常心待之．进一步地，如果高考命题只追求均值而不顾方差，优秀学生不能脱颖而出，那么我国基础科学研究人才培养就会受到极大阻碍，建设创新型国家的目标也就很难实现．另外，这类题目的解答其实并不是靠老师教会的，因为它考查的不是具体知识，而是数学的思维方式．我认为，老师应树立这样的观念：课堂上应该以解决基础题、中档题为主，"压轴题"是给那些数理尖子生做的，应通过差异化教学，做个别辅导来解决；进一步地，高分是学生自己有这个水平，并不是教出来的．这样，有些老师提出的疑惑，如：一线教师是否能用数论的知识（同余的概念及费马小定理）讲解这一问题？今后数论的知识是否会进入高中数学课堂？等等是完全没有必要的．其实，你就根本不需要讲解这个题目．

章博士提到的"是为了拔尖人才选拔的需要，使优秀学生脱颖而出"，当然是我们对高考试卷的希望.但事实是,从笔者执教2024届高三学生以来,无论是区一模,还是市春考,从这两套试卷的得分来看,远没甄别出数学优生!甄别优生靠什么,当然是靠分数,但在数学水平、能力、悟性、潜力上有天壤之别的两个学生在这两份试卷上的得分要么相差无几,要么本末倒置.出一份有区分度的好试卷很重要,但笔者认为,健全阅卷制度、透明评分标准、公布评分细节同样重要.当然,最最关键的是教师的教与学生的学.不排除有些"平时的数学优生"可能并非"应试优生",或者其本身就存在未被觉察的软肋,而这种软肋往往经不住"优秀试卷"的考查.因此,教、学、评、考之路仍旧漫长,研无止境.

二、射影几何是什么?

我们先简单介绍一下变换群的概念及用变换群的观点研究相应的几何学的思想,然后将欧氏、仿射、射影三种几何学做简单比较.

(一) 变换群与相应的几何学

1. 变换群的概念

由近世代数中群的定义可得一个集合 S 的所有一一变换的集合 G,对于变换的乘法构成群.一个集合 S 的若干个一一变换对于变换的乘法构成的群,叫作 S 的一个变换群.集合 S 的若干个一一变换所组成的集合 G 构成变换群的充要条件是:变换乘法具有封闭性且存在逆变换.

2. 平面上几个重要的变换群

平面上所有射影变换的集合构成一个群.这个群称为射影变换群,因为每一个射影变换可以由八个参数来决定,所以射影群是一个八项群,记作 G_8.

平面上所有仿射变换的集合构成一个群.这个群称为仿射变换群,仿射群是一个六项群,记作 G_6,它是射影群的子群.

平面上所有相似变换的集合构成一个群.这个群称为相似变换群.相似群是一个四项群,记作 G_4,它是仿射群的子群.

平面上所有运动变换的集合构成一个群.这个群称为运动变换群(或正交变换群).运动群是一个三项群,记作 G_3.它是相似群的子群.

上述平面上的射影变换群及其三个子群之间的关系如下:

$$\text{射影群 } G_8 \supset \text{仿射群 } G_6 \supset \text{相似群 } G_4 \supset \text{运动群 } G_3.$$

上文中提到的射影变换、仿射变换、相似变换、运动变换的具体含义可参阅《高等几何》等高等学校教学用书.

3. 克莱因的变换群观点

德国数学家克莱因于1872年在埃尔朗根大学做了题为《近世几何学研究的比较评论》的报告,历史上称为"埃尔朗根纲领".他在报告中用变换群的观点阐述了各种几何学之间的联系与区别,并给出了几何学的定义.他认为所谓几何学,就是研究在相应的主变换群的变换下图形的不变性质和不变量的科学.克莱因的这一观点,不仅把原来处于孤立状态的几何系统化成了统一的形式,而且对近代几何学的发展起了重大的促进作用.

克莱因的变换群观点,在几何学的发展史上整整支配了半个世纪,直到1917年才发现了没有相应变换群的几何学.

(二) 欧氏、仿射、射影三种几何学的比较

1. 射影几何学

射影几何学是研究在射影变换群下图形的不变性质和不变量的科学.在射影变换下主要

的不变性质有：点和直线及其接合性；点列和线束及其射影对应；共线四点或共点四直线的交比.

2. 仿射几何学

仿射几何学是研究在仿射变换群下图形的不变性质和不变量的科学.它可以看作从欧氏几何过渡到射影几何的桥梁，也是射影几何的子几何.

在仿射变换下，图形除保留射影不变性以外，还具有纯仿射不变性，主要的有：共线三点的简比（或线段的定比分点）；两直线间的平行性；矢量的线性运算：若 $u \to u'$，$v \to v'$，则 $u \pm v \to u' \pm v'$，$\lambda u \to \lambda u'$.

3. 欧氏几何学

欧氏几何学是研究在运动变换群下图形的不变性质和不变量的科学.在运动变换下，图形除保留射影不变性和仿射不变性以外，还具有纯运动不变性，主要的有：两点间的距离（或线段的长度）；两直线间的交角；两矢量的数性积：$u \cdot v \to u' \cdot v'$.

4. 三种几何学的比较

我们知道，有一个变换群就有一种相应的几何学，几何学范围的大小取决于变换群范围的大小.就几何学范围的大小而言，有如下关系：射影几何学⊃仿射几何学⊃欧氏几何学.随着几何学范围的扩大，对应的变换群所包含的变换就增多，从而可研究的图形的不变性就减少.由此可见，在上述三种几何学里，欧氏几何学的内容最丰富，射影几何学的内容最贫乏，即就几何学内容的多少而言，有如下关系：射影几何学⊂仿射几何学⊂欧氏几何学.在欧氏几何学里也可以讨论仿射几何学的对象（如平行性、简比等）和射影几何学的对象（如接合性、交比等），但在射影几何学里就不能讨论图形的仿射性质和度量性质.

值得注意的是，所谓一个变换群下的不变性质，乃是指被这个群的一切变换保持不变的性质.如圆在射影变换和仿射变换下的像一般说来不是圆，但在运动变换下的像一定是圆，故圆是欧氏几何研究的对象，但不是射影几何和仿射几何研究的对象.

三、射影几何视角下解析几何的命题规律一瞥

比较常见的首先是单纯以极点、极线为背景的试题.在圆锥曲线背景下，平面内任一点和直线之间建立了一一对应关系，即极点、极线，为圆锥曲线性质的研究尤其是定点定值问题的研究提供了强大的几何直观.如，圆锥曲线的一个焦点与相应准线、圆锥曲线外一点和该点对应的切点弦所在直线、圆锥曲线上一点和该点处的切线都是在该圆锥曲线下的一个极点与极线的对应.射影几何中有"配极原则"：如果点 P 的极线通过点 Q，则点 Q 的极线也通过点 P.由此可得共线点的极线必共点；共点线的极点必共线.解析几何中以极点、极线、割线为背景的试题非常之多，如 2010 年全国Ⅰ卷理科、2011 年四川文科卷、2012 年贵州省数学竞赛等试卷中的解析几何大题均是如此.

其次是极点、极线与调和点列的综合.在射影平面中并没有距离、长度、角度等概念，因此涉及这些概念的命题不在射影几何的对偶命题研究范围.一个例外是调和点列——调和点列的概念在射影变换下不变，因此可以在射影平面上定义.如 1995 年全国卷理科、2008 年安徽卷理科、2015 年四川卷理科等试卷中的解析几何大题均是如此.

另外还有调和点列与调和线束的综合.如 2009 年辽宁卷理科、2013 年陕西卷理科、2015 年全国Ⅰ卷理科、2015 年福建卷文科、2017 年北京卷理科、2017 年全国Ⅰ卷理科、2018 年全国Ⅰ卷理科等试卷中的解析几何大题均有所涉及.

由此可以一窥射影几何对解析几何学习的指导作用与引领价值.

四、射影几何这门几何学被发现的自然意味

对射影几何做出贡献的第一个人是笛沙格,他自学成才,当过陆军军官、工程师、建筑师.笛卡儿高度推崇笛沙格,费马认为笛沙格是圆锥曲线理论的真正奠基人,但一般人欣赏不来他的著作(他采用了一些古怪的术语,因此难以阅读).

他引入了无穷远点和无穷远线(假设平行线交于无穷远点,平行面交于无穷远线),笛沙格定理称,从一点透视出去的两个三角形,三对对边的延长线交点共线,反之若三对对边延长线交点共线,则连接对应顶点的三条直线必交于一点.

笛沙格进而阐释极点与极带理论,接着他把圆锥曲线的直径看作无穷远点的极带,进而证明双曲线、共轭直径以及渐近线的一些事实.他通过投影和截景统一处理了不同种类的圆锥曲线,富有创新精神.

第二个主要人物是帕斯卡,在他短暂多病的一生中不仅研究了射影几何,也是微积分的创始人之一,概率论的开创者,19 岁时发明了第一台计算器;物理上发现了气压随高度升高而降低,阐明了液体压力的概念;他还是散文大师和神学辩论家.他的数学工作主要凭直观,在去世不久前他给费马的信中称他对数学有些厌倦.(感觉天才数学家分成三类:一类是早早做出大成就早早去世;一类是早早做出大成就晚年干别的;还有一类是早早做出大成就晚年还在奋斗的.)

帕斯卡在射影几何中得到一个著名结果:内接于圆锥曲线的六边形,每两条对边相交而得的三个点共线,若六边形对边两两平行,则 P,Q,R 在无穷远线上,如图 4.7 所示.

拉伊尔也受笛沙格影响研究圆锥曲线,阿波罗尼奥斯叙述了 364 个关于圆锥曲线的定理,拉伊尔证明了约 300 个.总之他的结果并未超过笛沙格和帕斯卡,不过他为极点、极带提供了新结果:若一点在直线上移动,则该点的极带绕那条直线的极点转动.

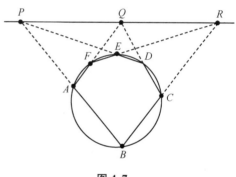

图 4.7

这一时期也出现了一些新的观点.其一是形状变换.开普勒设想一个焦点固定,另一个则在连线上移动,椭圆可以变成抛物线、双曲线,他还指出改变切割圆锥体的倾角可得到不同的圆锥曲线.其二是变换和不变性.作投射取截景,研究与原图中保持不变的特性.

射影几何学家也像韦达等代数学家一样寻求一般方法的研究.特别是在拉伊尔 1685 年的著作中,因他的目的是为了显示射影法比阿波罗尼奥斯的方法,甚至比笛卡儿的代数几何方法优越.他们挖掘方法的一般性,无意中处理了点和线的相交问题,比起欧氏几何注重大小和度量等性质,射影几何更注重位置和相交的性质,但直到 19 世纪才认识到他们的工作蕴含着几何的新分支.

我们认为,射影几何的发现与逐渐成熟,其自然性一是在于对阿波罗尼奥斯《圆锥曲线》中证明方法缺乏一般性的不满.另外,实际应用如天文、透镜、绘制地图、算弹道射程、计算面积体积等也推动了人们对曲线的研究.一个小变动是人们把曲线定义为平面上的轨迹,而非阿波罗尼奥斯所述的圆锥面截线.为了回答画家提出的透视法问题,几何学者开展了新课题,这一分支到 19 世纪被称为射影几何.1822 年法国数学家彭赛列(画法几何创始人蒙日的学生)发表了射影几何的第一部系统著作,他是认识到射影几何是一个新的数学分支的第一个数学家.

4.2.6 表征与表示 分类与实现 分解与展开 分化与类化

作为本章的最后一节，笔者想谈一谈几个自己比较感兴趣的词. 数学家（或数学教育家、心理学家等）是如何想到使用这些词的？这些词对教师的教学与专业发展、学生的学习有何助益？

一、表征

在中国，表征一词最早出现在《庄子·外物》一章中，庄子说："夫物表非常，表征也."意思是物体的外表并不是真实的本质，而是一种表征. 这个故事告诉我们，表征是一种相对的概念，不同的人可能通过不同的方式来理解和表达事物. 在词语"表征"中，"表"是动词，表示展示或表示的意思；"征"是名词，表示特征或状态的意思. 因此可以将表征理解为"表达特征".

表征不是一种专门的活动，而是人类的本能行为. 表征对应的英文单词是"representation"，意思是代表、象征. 即以一物代表另一物，或者用一种信号代表一种事物. 当外部信息还没进入人脑的时候，叫作"外部表征"，它可以是一篇文章、一本书、一门课程等等. 当外部事物进入人脑之后，它会被我们的大脑加工，必须在头脑中选一个东西来"代表"事物本体，被选中的这个东西就是"心理表征". 人用各种表征方式反映外部现实和心理过程. 比如婴儿用摸摸肚子的手势来表征自己肚子饿了，小孩用搭积木来表征自己看到的建筑工地，画家用绘画来表征自己对花园的观察等等.

表征是认知心理学的核心概念之一，又称心理表征或知识表征. 总的来讲是指信息或知识在心理活动中的表现和记载的方式. 表征是外部事物在心理活动中的内部再现，因此，它一方面反映客观事物，代表客观事物，另一方面又是心理活动进一步加工的对象. 表征有不同的方式，可以是具体形象的，也可以是语词的或要领的.

布鲁纳认为，认知中的"表征"指儿童将知觉到的外在物体或事件，转换为内在的心理事件的过程. 在人类智慧生长期间，经历了三种表征系统的阶段.

（1）动作表征阶段：儿童能根据自己的行动来认识、了解周围的世界. 也就是说，通过动作来获得知识. 动作的主要方式为抓、触摸、咬、舔等. 该阶段相当于皮亚杰提出的感觉运动阶段.

（2）形象表征阶段：儿童通过对物体的知觉所形成的表征来认识、了解周围世界. 也就是说，通过表征来获得知识. 例如，儿童通过表征就能回答"有5支铅笔，借出去一支，还剩几支？"的问题，而不需要实际动手去数一下. 该阶段相当于皮亚杰的前运算阶段和具体运算阶段.

（3）符号表征阶段：儿童运用符号、语言文字来认知、了解周围世界. 也就是说，通过符号和语言文字来获得知识. 认知发展到该阶段，标志着儿童认知已趋于成熟，儿童能运用逻辑思维来解决问题. 该阶段相当于皮亚杰的形式运算阶段.

在教学上，"以多元表征外化学生思维"是课堂教学最基本的原则之一，只有把意义变成需要学生动用各种表征的活动，教学才是有效的. 例如，数学概念的内涵的东西必须通过去操作它的那些表征层面的（比如学具、话语、图画等）才能够让学习发生，才能够建立一种表征和被表征之间的联系，这种联系越强，就可以理解为孩子对概念的理解就越稳固. 需要注意的是，教学不仅仅是一种单一的表征去和意思之间发生联系，更关键的恰恰是在表征与表征之间的一种勾连. 比如小学对数字 $\frac{1}{2}$ 的理解，需要读、写、画、说多元表征才有效.

笔者体会，"表征"对于教学至少有三个作用：①为了沟通交流. 表征的功能就像名片. ②教学操作层面的功能. 要以多元表征指导的活动外化学生思维. ③表征的评价功能. 孩子能不能用多元的方式来表现同一个意义或意思，并且在不同的场合用合适的方式来选择，根据特定的问题与情境选择合适的表征，可以评价孩子对这个概念有没有理解、对技能有没有掌握，而有没有这种迁移能力是评价是否具备高阶思维的一个标准.

从上面我们所阐述的布鲁纳针对"人类智慧生长"所划分的三个阶段以及表征对教育教学的作用可以看到哲学家、心理学家等专家提出"表征"这个概念的良苦用意.

二、表示

我是在读研究生期间才对"表示"这个词有深刻印象的. 当时读的是基础数学专业的李代数方向. 知道表示理论是代数学中具有根本性的问题,是国际数学研究的前沿课题,在数学的其他分支,量子物理与粒子物理以及化学等其他学科中有深刻而广泛的应用. 研究生期间主要学李代数及其表示、量子群等. 还了解到,通过一般的表示方法,有限群、代数群、量子群、赫克代数等理论正密切地联系在一起,而非半单代数的表示理论促进了这种联系的发展. 拜读过肖杰教授的《代数表示论》、石生明教授的《有限群模表示论的研究在中国的开展》、张继平教授的《有限群模表示论》、G. 莱瑞教授的《表示论中的几个论题》、席南华院士的《几何表示论》(用几何手段研究表示论问题)等文章或书籍.

一般认为,中文"表示"所对应的日语是"表现",英语是"representation",其通常含义是把一个对象的某种性质或结构再现于另一个对象上. 具体到数学中,其准确含义是"把一个对象的代数结构再现于一个由线性变换(矩阵)构成的具体对象上",表示论关注的代数结构主要有:群、代数、李代数. 我们知道,代数结构由运算确定,两个数学对象一般通过映射建立联系,保持运算的映射反映了结构之间的联系,称为同态. 表示就是同态,其目标对象由线性变换组成. 表示论大致分成群的表示论、代数的表示论、李代数的表示论.

（1）群表示：

$$\text{群} \xrightarrow{\text{群同态}} \{\text{线性空间的可逆线性变换}\}$$

（2）代数表示：

$$\text{代数} \xrightarrow{\text{代数同态}} \{\text{线性空间的线性变换}\}$$

（3）李代数表示：

$$\text{李代数} \xrightarrow{\text{李代数同态}} \{\text{线性空间的线性变换}\}$$

表示可分为"有限维表示"与"无限维表示"两大类,此处的维数是指线性空间的维数. 其中,有限维表示的另一种形式如下.

（1）群表示：

$$\text{群} \xrightarrow{\text{群同态}} \{\text{某个域上的 } n \text{ 阶可逆方阵}\}$$

（2）代数表示：

$$\text{代数} \xrightarrow{\text{代数同态}} \{\text{某个域上的 } n \text{ 阶方阵}\}$$

（3）李代数表示：

$$\text{李代数} \xrightarrow{\text{李代数同态}} \{\text{某个域上的 } n \text{ 阶方阵}\}$$

表示论的基本问题有：什么样的表示是最基本的；一般的表示如何从最基本的表示构建；如何构造最基本的表示；最基本的表示的性质,如分类、维数、特征标等；一些自然得到的表示的性质.

笔者体会,他山之石可以攻玉,表示问题的本质是转化,转化的手段是同态映射,将陌生的在研究的数学对象通过同态映射转化到已研究清楚的数学对象上去,是一种间接的研究手法,这应该也是数学家开创表示论的用意吧.

显然,数学专业中的"表示"含义与汉语中的"表示"有较大区别,那么,中学数学教师了解

"表示论"的意义何在呢？

把不熟悉的数学转化为(或表示成)熟悉的东西是小、中、高数学的共性. 表示论本身更像是一种哲学，是把抽象的东西(比如公理化定义的群)转化为人类可以直观理解的东西(比如矩阵、线性变换)的一种方式，所以从这个意义上说，苏联数学家盖尔方德的"一切数学都是表示论"的论断也有道理.

如何用熟悉的表示不熟悉的，并以教育的方式让学生学会，是每一位数学教师教学功力的体现，也是专业发展的重要方向，而表示论可以提供思想、方法及模型的启发.

三、分类与实现

"分类"在中学数学中是常见、常用词，分类讨论思想是四大数学思想之一. 而"实现"一词在中学数学中很少提到. 但"分类与实现"在我读研期间是经常出现的，如"李群表示是李群研究的重要方面，它的核心问题是表示的分类与实现". 举一个与分类有关的著名例子. 对有限群理论来说，整个20世纪是围绕有限单群分类而展开的. 1981年2月，随着剑桥大学的西蒙·诺顿对大魔群 M 唯一性的证明，有限单群分类工作最终宣告完成，有限单群分类定理可谓是世纪大定理，是数学发展史上的又一里程碑.

对"实现"一词，我们会听到"怎么实现你的目标""如何实现从中国制造到中国创造""如何实现经济自由""视频截取片段怎么实现""计算机二维动画的实现"等等. 简单来讲，数学中的"实现"有些"构造""呈现""可视化""将抽象的想法具体化或物化""举个例子""给出过程""变为现实"的味道. 如在拙著《师说高中数学拓展课》(复旦大学出版社，2016年)的"第4章'投影与画图'教学研究"中给出了斜等测、斜二测、斜三测坐标系的具体实现.

我们知道，数学不仅要讲推理，更要讲道理. 而无例则无理，因此学会将研究对象实现(或分类后逐个实现)的途径与方法就是数学教师专业素养的表现.

四、分解与展开

这两个词在初等数学中有所出现. 如分解质因数、分解因式、平面向量分解定理(新教材中称"向量基本定理")、空间向量分解定理(新教材中称"空间向量基本定理")、裂项相消法(一个分解为两个的差)、二项展开式等. 在高等数学中，这两个词也时有出现. 如"数学分析"中的"实系数多项式的因式分解定理""部分分式定理"等. 其中的"部分分式定理"断言任何有理函数(真分式)的积分都可分解为求下述两种类型的积分：(Ⅰ) $\int \dfrac{\mathrm{d}x}{(x-c)^m}$；(Ⅱ) $\int \dfrac{Mx+N}{(x^2+px+q)^n}\mathrm{d}x$ $(p^2-4q<0)$. 而展开更是"级数"中的高频词，著名的如泰勒展开、麦克劳林展开、傅里叶级数展开等. 如：

(1) 函数 $f(x)=\ln x$ 在 $x=1$ 处的泰勒展开式为

$$\ln x = (x-1) - \frac{(x-1)^2}{2} + \frac{(x-1)^3}{3} + \cdots + (-1)^{n-1}\frac{(x-1)^n}{n} + \cdots,$$ 其收敛域为 $(0, 2]$.

(2) ① $f(x)=\sin x$ 在 $(-\infty, +\infty)$ 内的麦克劳林级数展开式为

$$\sin x = x - \frac{x^3}{3!} + \frac{x^5}{5!} + \cdots + (-1)^{n+1}\frac{x^{2n-1}}{(2n-1)!} + \cdots.$$

② 二项式函数 $f(x)=(1+x)^\alpha (\alpha \in \mathbf{R})$ 的麦克劳林级数展开式为

$$(1+x)^\alpha = 1 + \alpha x + \frac{\alpha(\alpha-1)}{2!}x^2 + \cdots + \frac{\alpha(\alpha-1)\cdots(\alpha-n+1)}{n!}x^n + \cdots.$$

其中,当 $\alpha \leqslant -1$ 时,收敛域为 $(-1, 1)$;当 $-1 < \alpha < 0$ 时,收敛域为 $(-1, 1]$;当 $\alpha > 0$ 时,收敛域为 $[-1, 1]$.

(3) 函数 $f(x) = \begin{cases} 0, & -5 < x < 0, \\ 3, & 0 \leqslant x < 5 \end{cases}$ 的傅里叶级数展开式为

$$f(x) = \frac{3}{2} + \sum_{k=1}^{\infty} \frac{6}{(2k-1)\pi} \sin \frac{(2k-1)\pi x}{5}$$
$$= \frac{3}{2} + \frac{6}{\pi}\left(\sin\frac{\pi x}{5} + \frac{1}{3}\sin\frac{3\pi x}{5} + \frac{1}{5}\sin\frac{5\pi x}{5} + \cdots\right).$$

这里 $x \in (-5, 0) \cup (0, 5)$. 但当 $x = 0$ 和 ± 5 时级数收敛于 $\frac{3}{2}$.

在高中当遇到

$$f(x) = \frac{f(x) + f(-x)}{2} + \frac{f(x) - f(-x)}{2},$$
$$f(x) = \frac{f(x) + g(x)}{2} + \frac{f(x) - g(x)}{2},$$
$$g(x) = \frac{f(x) + g(x)}{2} - \frac{f(x) - g(x)}{2}$$

时总会惊叹变形的美妙,然而这些相对于高数中的诸多"展开"操作只是"小儿科",更惊艳的是它们的一般性(中学相关知识或结论只是其特例或极简单的推论而已).在中学数学拓展课"数学欣赏"中理应有它们的一席之地.笔者在 2005 年就曾以正弦函数的麦克劳林级数展开为资源(用多项式函数逼近正弦函数),在 TI-nspire 图形计算器辅助下开过市级公开课,学生兴趣很高,所写成的相关论文也在上海市 TI 图形计算器与高中数学教学整合研讨活动中获奖,自此开启了我长达 20 余年与 TI 技术的相知相伴.

五、分化与类化

对中学数学教师来讲,这两个词显得比较陌生.它们一般出现在心理学的相关书籍中.在心理学中,类化通常是指:概括当前问题与原有知识的共同本质特征,将所要解决的问题纳入到原有的同类知识结构中去,对问题加以解决.分化又称辨别化,是一种与类化相反的现象,指的是个体能对不同的刺激做出不同的行为反应.分化与类化均可归入思维活动,是概念形成过程的两个阶段.概念形成过程本质上抽象出一类对象或事物的共同本质特征的过程,概念形成一般经历"辨别、分化、类化、抽象、检验、概括、形式"等过程,即:①辨别各种刺激模式;②分化出各种刺激模式的属性;③概括出各个刺激模式的共同属性,并提出它们的共同关键属性的种种假设;④抽象出本质属性;⑤在特定的情境中检验假设,确认关键属性;⑥概括,形成概念;⑦把新概念的共同属性推广到同类事物中去,并用习惯的形式符号表示新概念.

显而易见,上述相关理论对中学数学教师的教学、教研及学生的学习都具有较强的指导作用,更详细的论述可参见《数学教育心理学》(曹才翰,章建跃,北京师范大学出版社,2014 年)、《数学学习的心理基础与过程》(鲍建生,周超,上海教育出版社,2012 年)等著作.

参 考 文 献

[1] 中华人民共和国教育部.普通高中数学课程标准(2017年版).人民教育出版社,2017.
[2] 史宁中,王尚志.普通高中数学课程标准(2017年版)解读.高等教育出版社,2018.
[3] 中华人民共和国教育部.普通高中数学课程标准(2017年版2020年修订).人民教育出版社,2020.
[4] 上海市教育委员会教学研究室.上海市高中数学学科教学基本要求(试验本).华东师范大学出版社,2021.
[5] 上海市教育委员会教学研究室.高中数学单元教学设计指南.人民教育出版社,2018.
[6] 普通高中教科书 数学 必修第一册.上海教育出版社,2022.
[7] 普通高中数学教学参考资料 必修第一册.上海教育出版社,2022.
[8] 普通高中教科书 数学 必修第二册.上海教育出版社,2022.
[9] 普通高中数学教学参考资料 必修第二册.上海教育出版社,2022.
[10] 普通高中教科书 数学 必修第三册.上海教育出版社,2022.
[11] 普通高中数学教学参考资料 必修第三册.上海教育出版社,2022.
[12] 普通高中教科书 数学 必修第四册.上海教育出版社,2022.
[13] 普通高中数学教学参考资料 必修第四册.上海教育出版社,2022.
[14] 普通高中教科书 数学 选择性必修第一册.上海教育出版社,2022.
[15] 普通高中数学教学参考资料 选择性必修第一册.上海教育出版社,2022.
[16] 普通高中教科书 数学 选择性必修第二册.上海教育出版社,2022.
[17] 普通高中数学教学参考资料 选择性必修第二册.上海教育出版社,2022.
[18] 普通高中教科书 数学 选择性必修第三册.上海教育出版社,2022.
[19] 普通高中数学教学参考资料 选择性必修第三册.上海教育出版社,2022.
[20] 师前.掌中求索——高中学习中的TI技术.复旦大学出版社,2011.
[21] 师前.师说高中数学拓展课.复旦大学出版社,2016.
[22] 师前.高中数学教学"三思".上海交通大学出版社,2018.
[23] 师前.走在理解数学的路上.复旦大学出版社,2024.
[24] 王华,任升录.高中数学核心知识的认知与教学策略.上海教育出版社,2020.
[25] 王华,汪晓勤.中小学数学"留白创造式"教学——理论、实践与案例.华东师范大学出版社,2023.
[26] 鲍建生,周超.数学学习的心理基础与过程.上海教育出版社,2012.
[27] 张继平.新世纪代数学.北京大学出版社,2002.
[28] [美] G.波利亚.怎样解题.涂泓,冯承天,译.上海科技教育出版社,2015.
[29] 章建跃.章建跃数学教育随想录(上、下卷).浙江教育出版社,2017.
[30] 徐利治.数学方法论选讲.华中科技大学出版社,2000.

[31] 李俊.中小学概率统计教学研究.华东师范大学出版社,2018.
[32] 普通高中教科书 数学 必修第一册 A 版.人民教育出版社,2021.
[33] 普通高中教科书教师教学用书 数学 必修第一册 A 版.人民教育出版社,2021.
[34] 普通高中教科书 数学 必修第二册 A 版.人民教育出版社,2021.
[35] 普通高中教科书教师教学用书 数学 必修第二册 A 版.人民教育出版社,2021.
[36] 普通高中教科书 数学 选择性必修第一册 A 版.人民教育出版社,2021.
[37] 普通高中教科书教师教学用书 数学 选择性必修第一册 A 版.人民教育出版社,2021.
[38] 普通高中教科书 数学 选择性必修第二册 A 版.人民教育出版社,2021.
[39] 普通高中教科书教师教学用书 数学 选择性必修第二册 A 版.人民教育出版社,2021.
[40] 普通高中教科书 数学 选择性必修第三册 A 版.人民教育出版社,2021.
[41] 普通高中教科书教师教学用书 数学 选择性必修第三册 A 版.人民教育出版社,2021.

图书在版编目(CIP)数据
追求自然的数学思考/师前著. -- 上海：复旦大学出版社,2024.9. -- ISBN 978-7-309-17636-0
Ⅰ.G633.602
中国国家版本馆CIP数据核字第2024NV0736号

追求自然的数学思考
师　前　著
责任编辑/梁　玲

复旦大学出版社有限公司出版发行
上海市国权路579号　邮编：200433
网址：fupnet@fudanpress.com　http://www.fudanpress.com
门市零售：86-21-65102580　　团体订购：86-21-65104505
出版部电话：86-21-65642845
常熟市华顺印刷有限公司

开本787毫米×1092毫米　1/16　印张17.75　字数454千字
2024年9月第1版
2024年9月第1版第1次印刷

ISBN 978-7-309-17636-0/G·2629
定价：79.00元

如有印装质量问题，请向复旦大学出版社有限公司出版部调换。
版权所有　　侵权必究